Modern Course in QUANTUM MECHANICS

量子力学现代教程

孙昌璞 ◎编著

北京大学出版社
PEKING UNIVERSITY PRESS

图书在版编目 (CIP) 数据

量子力学现代教程 / 孙昌璞编著 . — 北京：北京大学出版社，2024.4
ISBN 978-7-301-34918-2

Ⅰ . ①量… Ⅱ . ①孙… Ⅲ . ①量子力学 – 教材 Ⅳ . ① O413.1

中国国家版本馆 CIP 数据核字 (2024) 第 058284 号

书　　　名	量子力学现代教程
	LIANGZI LIXUE XIANDAI JIAOCHENG
著作责任者	孙昌璞　编著
责 任 编 辑	刘　啸
标 准 书 号	ISBN 978-7-301-34918-2
出 版 发 行	北京大学出版社
地　　　址	北京市海淀区成府路 205 号　100871
网　　　址	http://www.pup.cn
电 子 邮 箱	zpup@pup.cn
电　　　话	邮购部 010-62752015　发行部 010-62750672　编辑部 010-62754271
印 刷 者	北京市科星印刷有限责任公司
经 销 者	新华书店
	787 毫米 ×960 毫米　16 开本　22.25 印张　436 千字
	2024 年 4 月第 1 版　2024 年 5 月第 2 次印刷
定　　　价	75.00 元

序　言

　　1987 年前后, 我在东北师范大学开始了量子绝热近似和几何相因子等量子力学前沿问题的科学研究, 同时也给高年级本科生和研究生开设了叫作 "高等量子力学" 的量子力学高级课程. 之后的三十多年里, 我在开展量子物理前沿问题研究的同时, 在不同的地方 (如清华大学、北京大学、北京师范大学等), 断断续续进行不同程度的量子力学教学, 特别是最近七八年, 在建设和升级中国工程物理研究院研究生院的教育实践中, 我系统地讲授了量子力学研究生教程, 并在线上向全国开放, 取得了一些预期的效果. 此后, 不少同事和出版社鼓励和敦促我把基本已经成稿的讲义成书出版. 然而, 对此我有不少顾虑, 因为出书前我必须想清楚以下几个问题 (以下的说明仅针对适合大学本科物理专业高年级学生和研究生的量子力学的现代教程而言).

　　一、国内外已经有不少优秀的量子力学现代教程, 我为什么还要出版这样一本书?

　　在国内, 曾谨言先生的《量子力学: 卷 Ⅱ》内容全面准确, 强调计算能力和技巧培养, 其新版涵盖了学科前沿的进展; 喀兴林先生的《高等量子力学》系统性强、推演细致、规矩行文、可读性强, 但内容取材强调 "老" 与 "细"; 吴兆颜先生是我在东北师范大学攻读硕士学位的导师, 他的《高等量子力学》数学逻辑缜密、物理概念精准, 但表述过于洗练. 他曾经教导我, "量子物理直观和几何形象都不能代替数学证明", 这一理念在他的高等量子力学教科书中有明显的体现, 希望我的书能够在这一点上发扬光大. 国内还有不少优秀的本科和研究生量子力学教科书, 这里不一一列举, 但需要提及的是, 邹鹏程先生的本科教科书《量子力学》对二次量子化和偶然简并的处理极有特色, 本书从中吸取了相关的理念.

　　在国际上, 狄拉克的《量子力学原理》(以下简称狄书) 堪称经典, 无需我锦上添花的赞誉, 但因其出版早、表述方式个性化强, 自然也就没有采用今天大家习惯的对偶空间的语言, 也不会使用在狄拉克早年符号基础上发展起来的广义函数. 本书在尽可能准确传达狄书理念的同时, 使用现代简化后严谨的数学语言. 玻姆的《量子理论》亦可视为量子力学经典, 但它的侧重点是对量子力学的基本思想和观念做系统而深入的表述. 它用相当的篇幅从物理的角度极为准确地阐述量子测量问题, 对量子力学的诠释及其相关哲学问题的理解, 堪称一本权威的参考书.

　　我在教学和本书写作的过程中, 参考较多的国际上的现代教科书是温伯格的《量子力学讲义》和樱井的《现代量子力学》, 前者是可以和狄书相媲美的经典教科书. 作为一位物理学大家, 温伯格科学研究和教育教学并重. 这本书既注重形式理论, 又强调历史发展的科学逻辑, 同时还照应了量子力学发展的学科前沿, 是一本顶级科学家著作, 并长期使用过的一流教科书. 当然, 这本书采用了与标准教科书不一样的符号体系, 全书没有一张图, 读者必须对 "高等" 的抽象表述有较好适应性. 樱井的书取材得体, 数学表述简练, 物理图像简洁而明晰, 不拖泥带水, 习题采用了很多贴近物理前沿研究的例子, 切中正文主题, 是一本宜教、易读、宜学的好书, 但作为一本量子力学现代教程, 对多体问题等内容取材较少. 至于朗道的《量子力学》, 无疑是一部鸿篇巨作, 对科学研究工作极具启发性和参考价值, 但这不是一本标准的教科书, 其中很多 "易证明 (推导)" 的地方是很难证明、推导过去的.

另外, 非常值得推荐的是吴大猷先生的《理论物理 (第六册): 量子力学 (甲部)》(该书的乙部主要是讲量子场论和群论). 这本书自然地在教学中融合了中西文化的要素, 从矩阵力学入手连贯一致地讲授量子力学, 在当代教科书中是极为少有的. 吴先生的书还原了量子力学发展的历史逻辑, 读后使大家觉得量子力学是 "讲道理" 的, 并感觉到矩阵力学的引入是旧量子论和爱因斯坦可观察观念结合的自然结果, 且此书对薛定谔方程的由来的科学思想也有详尽阐述. 吴先生书的风格严谨而有深度, 偏于简练, 给读者留下更多的思考空间和触类旁通的发挥余地.

我希望通过长期教学并历经数年撰写的《量子力学现代教程》能够致敬并学习、效法上述经典教科书, 虽不奢望成为各种优点的集大成者, 但要尽我所能消化吸收前人教科书蕴藏的宝贵经验, 融入自己的科学研究工作体会, 形成自己的特色. 我通览了这些年国内外的量子力学教科书 (特别是中文教科书), 感觉到它们的发展趋势是: 面向本科的初等量子力学教科书, 其发展主要在于扩大 (应用) 领域, 如介绍量子信息和量子技术; 面向研究生的高等量子力学教科书, 其提升在于强调解决问题的技巧方法和面向多体系统的形式理论 (与量子场论有重叠). 因此, 量子力学教科书的建设和发展仍然留下一些间隙: 对于量子力学形成的逻辑和科学思想演进讲述得不够, 使得大家还是觉得 "量子力学不讲理" "是天上掉下来的" (曾谨言. 物理, 2000, 24: 436), 具体地说, 没有把薛定谔方程、海森堡方程乃至基本对易关系的由来讲深讲透, 使量子力学课程变得更 "讲道理". 究其根源, 是因为内容取材和讲述方法从教科书到教科书, 常常忘却了量子力学原始文章和相关的经典著作中对教科书写作而言不可或缺的内容. 我写作这本书的目的之一是要解决这个问题, 用简洁易懂的教学语言, 尽可能以不烦琐的方式讲清楚薛定谔方程、海森堡方程, 乃至基本对易关系等方面的思想起源, 使得年轻一代在学习量子力学时能够深刻理解和体会科学上的原始创新, 在以后的科学研究中养成自己的科学品味.

二、如何避免从事科学研究的人在讲课和写作教科书时 "喜新厌旧" 的 "职业病"?

大家知道, 写入教科书的东西都是经过时间考验沉淀下来的知识的精华. 然而量子力学的应用在过去三十年的发展看上去十分迅猛, 从包含量子计算、量子通信和量子精密测量的量子信息科学, 到基于冷原子玻色 – 爱因斯坦凝聚和新型低维结构的量子模拟 (如拓扑材料等), 新奇量子态的 "发现" 和 "超越" 经典的量子技术层出不穷, 一本新的量子力学教程要不要反映这方面的发展, 涉及相关内容? 如果取舍不当, 就会有个人价值判断影响未来发展的风险.

在科学研究中, 我努力学习 "保守的革命者" 的精神, 关注并随时准备投身于科学研究的前沿, 但对科学研究中时髦的东西保持足够的警惕. 类似地, 关于教学和本书写作的材料取舍, 我不会把科学前沿进展中重要性和正确性还没有定论的东西写进书中, 取材只是定位于最基础的知识集合及其有限的拓展 —— 支撑前沿科学研究的必要观念和基础知识. 例如, 面对当前量子计算能否实用化的科学研究, 本书安排了与其基础, 如量子退相干问题、量子纠缠和反映量子定域性的贝尔不等式等相关的章节; 针对基于涌现效应的量子模拟, 本书从多体基态变分的角度统一介绍了什么是对称性自发破缺, 通常量子力学教科书中并没有系统而有组织地介绍这些基础内容. 希望年轻一代读者通过学习这些必要的基础知识, 形成自己对量子科技前沿发展方向的科学判断力.

我认为, 矩阵力学、波动力学和玻恩概率诠释建立以后, 作为最基础的物理理论, 量子力学 "三位一体" 的大厦已经建成. 它不仅可以用来解决所有的实际问题, 而且可以拓展到各种新的微观物理系统, 迄今为止不存在任何解释不了的实验数据. 围绕着量子测量问题的关于量子力学诠释的学术争论, 只是哲学中知识论和本体论固有争议在量子力学上的反映, 它有助于提高人类认识客观世界的水平, 但不会增强直接解决具体问题的能力, 也不会直接促进物理本身知识的增长. 因此, 本书虽然也简略地介绍了量子力学诠释问题, 但着眼点也不在所谓的旷日持久的爱因斯坦和玻尔的学术争论, 而是按照 "逻辑自洽、符合实验" 的原则, 把与量子退相干相关的量子力学基本问题讲清楚. 我多年致力于退相干问题的研究, 以克服哥本哈根诠释中波包塌缩带来的哲学上的二元论问题: 量子力学完备性是否需要一个量子力学不能描述的经典世界来保证? 考虑到基于量子测量的量子力学诠释只是一个科学哲学上的问题, 无涉具体的物理, 建议初学者和不从事量子力学基本问题和科学哲学研究的人不必详细阅读和学习第七章的相关内容.

三、如何把近代科学史的研究成果结合到量子力学课程的教学中去?

我自己多年从事量子力学前沿科学问题的探索和研究, 在教学和研究的实践中也常常被问及与量子力学发展相关的科学史问题. 这些问题初看上去对具体学习和科学研究本身好像没有直接的影响, 但能够帮助大家正确理解量子力学的观念演进对人类思想进步的促进作用, 有时候也会对具体的科学研究有关键的启发作用.

一个典型例子是坐标 x 和动量 p 满足的基本对易关系 $xp - px = i\hbar$. 它常常被称为海森堡对易关系, 却被写在玻恩的墓碑上. 如果了解一点量子力学发展史, 重读量子力学建立时的 "两个人文章", 不难发现这个对易关系是玻恩和他的学生若尔当最早推导出来的: 要求海森堡运动方程有经典对应, 就可以推导出基本对易关系. 这个方法简单易懂, 又富有启发性, 但现有的教科书大多不介绍这个重大的科学发现过程. 其实, 弄懂了这一点, 对耗散系统的研究如法炮制, 从对易关系必须融合非保守系运动方程的角度出发, 就可以形式地解决耗散系统量子化的问题. 与吴大猷、温伯格和朗道的量子力学教程一样, 本书也尊重这个科学史事实, 以现代语言还原了玻恩和若尔当的工作, 使得大家觉得量子力学讲道理, 且更加深刻地理解量子力学不可对易性的起源.

传统的量子力学教科书证明量子力学两种形式 (波动力学与矩阵力学) 等价时, 常常用到了玻恩概率诠释或由它推及的期望值假设. 此事和量子力学发展史上一件公案有关: 有人与玻尔谈到了玻恩概率诠释, 玻尔有些看轻玻恩的工作, 认为薛定谔证明了 "两种形式" 的等价, 就自动隐含了概率诠释. 然而事实并非如此, 1926 年 3 月薛定谔证明 "两种形式" 等价时并没有引用玻恩 "稍后"(1926 年 6 月) 发表的概率诠释的文章, 而几乎同时在大洋彼岸埃卡特给出的证明也未涉及玻恩概率诠释. 从这些公开发表的结果来看, 玻尔的说法在科学逻辑上没有充足的理由. 本书的陈述将尊重这一科学史的事实, 以简单易懂的方式, 不依赖概率诠释, 证明量子力学的 "两种形式" 等价. 我认为, 这种做法, 不仅致敬了玻恩的科学贡献, 而且有助于大家对量子力学基本逻辑思想的理解, 从而体会什么是刨根问底的科学精神.

对上述三个问题的回答, 在一定程度上表明了这本《量子力学现代教程》的特色以及我所追求的写作和教学风格. 我没有采用通常的 "高等量子力学" 来命名本书, 是因为我心目中的量子力学教科书没有 "初等" 和 "高等" 之分, 它必须写成一个物理思想、逻辑结构和数学方法融合的整体. 我们需要一本深入浅出的量子力学教科书, 老师可以根据课程类型和学生情况教到一定的程度, 学生可以根据需要和自己的知识基础学到一定的深度, 教学相长, 不断地学习体悟, 从 "初等" 到 "高等" 不断提高, 形成自己对量子力学的正确理解. 在实实在在的量子力学教学中, 我不提倡宣传 "量子力学就是学不懂" 的不可知论以及 "量子力学会计算就行" 的工具主义观点.

本书的主体内容共有七章, 以下我们仅简述每一章的特色部分.

第一章是关于量子力学基本原理的阐述. 以谐振子量子化为例, 我们首先展示矩阵力学是如何基于对易关系建立起来, 对微观系统进行量子化的. 之后, 我们强调了玻恩概率诠释与其期望值假设的等价性. 在讨论表象和变换理论时, 我们特别指出海森堡绘景 (picture) 本身是一种基于时变基矢的表象 (representation). 以代数方法讨论谐振子量子化后, 我们定义了相干态, 并明晰了它的两个物理内涵: (1) 不确定关系最小的态, (2) 随时间演化不扩散的态. 在附录中我们指明狄拉克符号表述就是代数上的对偶空间理论.

第二章阐述量子系统的时间演化问题. 针对时间演化算子, 我们引入形式的哈密顿量, 要求力学量满足基本对易关系, 并服从与经典方程类似的海森堡方程, 从而证明形式哈密顿量就是经典哈密顿量的正则量子化. 我们进而表明, 由演化算子给出的波函数演化方程就是薛定谔方程, 从而证明矩阵力学与波动力学等价, 且不借助玻恩概率诠释. 我们还讨论了测量自由粒子和谐振子运动距离的标准量子极限, 通过赫尔曼 – 费曼定理讨论了化学键的物理意义. 量子绝热近似过程及其所诱导的人工规范场结构, 和相应的几何相因子概念也在这一章中介绍. 特别是, 我们通过几何相位的例子, 展示了微分几何纤维丛概念在物理学中应用的必要性.

第三章是关于多粒子系统和全同粒子的量子力学. 我们把产生算子视为由态矢定义的巨 (阶化) 希尔伯特空间 (由多粒子系统的不同粒子数希尔伯特空间直和而成) 上的算子, 它的作用使得费米子 (玻色子) 的斯莱特行列式 (对称式) 增加一行一列, 从而可以得到产生、湮灭算子满足的对易关系. 由此构造福克空间, 通过简洁的求和公式, 单体算子和二体算子可以方便地表述为产生、湮灭算子齐次型二次量子化形式, 这表明二次量子化本质上是一种表象变换. 把二次量子化方法应用到玻色系统, 我们通过基于相干态的变分原理展示了为什么玻色 – 爱因斯坦凝聚的形成意味着 U(1) 对称性自发破缺.

第四章讨论了电磁场中带电粒子的运动, 以及描述其相对论效应的狄拉克方程. 我们把基本电磁相互作用归因于满足 U(1) 规范对称性的最小作用量原理, 在特定规范下分析了朗道能级是如何导致量子霍尔效应的. 作为应用, 我们介绍了微腔中电磁场的量子化, 以及单原子或多原子与其量子场相互作用导致的各种量子效应, 如自发辐射. 本章讨论的另一个应用是电子系统的超导理论. 我们在基于费米子相干态变分原理的框架下, 把超导也描述为有长程序的 U(1) 对称性自发破缺.

第五章主要阐述了什么是量子力学中的对称性, 如空间、时间反演对称性和转动对称性, 以及对称性的存在与守恒量和能级结构的关系. 对于旋转对称性 SO(3), 我们采用了玻色子实现 (二次量子化) 办法, 构造了标准角动量的表示. 由于现代计算机能力的大幅度提升, 我们对传统角动量理论的内容, 如 CG 系数, 6-j、9-j 符号和母分子数等没有着笔太多. 这是因为三十年前各种技巧性强的求和方法, 现在由计算机的符号计算十分容易替代. 我们关于角动量理论的讨论强调了维格纳 – 埃卡特定理, 因为它不仅能大大简化矩阵元的计算, 而且可以在不进行解析计算的前提下, 给出跃迁选择定则. 本章还给出了氢原子的对称性是 SO(4), 而并非 SO(3) 的物理分析, 强调了动力学对称性的基本内涵, 并特别指出了 "偶然简并" 意味着更大对称性出现.

　　第六章是关于散射和碰撞过程的量子力学分析. 本章简洁地描述了以李普曼 – 施温格方程为核心的形式散射理论. 以 δ 势上的一维散射为例, 以显式的方式, 我们分析了在什么情况下散射过程波包运动描述的时间演化问题可以等价于定态散射来处理. 我们还分析了散射过程中束缚态出现时的物理效应.

　　第七章是关于量子测量问题的讨论, 它们是量子力学诠释的核心内容, 但这并不是量子力学实际应用所必需的. 针对哥本哈根诠释经常出现的科学诘问是: "为什么量子力学不能既描述测量对象, 又描述仪器和观察者?" 如果没有基于哥本哈根诠释的量子力学二元论表述, 我们不必过多地讨论量子力学测量理论, 因为量子测量的物理内容自动地包含于玻恩的概率诠释 (这是哥廷根诠释, 而非哥本哈根诠释!) 中. 本章关于贝尔不等式描述量子非定域性的内容是现代量子力学必需的部分, 但没有波包塌缩的假设, 非定域性并不意味着有违反狭义相对论的超光速效应. 量子退相干理论是用来解释宏观量子效应通常为什么不存在的, 由此从根本上解决薛定谔猫佯谬带来的量子力学理解问题. 将量子退相干理论应用到量子测量问题的讨论中, 可以澄清什么是客观的量子测量.

　　我非常感谢在量子力学研究方面的合作者和听过我课的学生. 他们的提问和建议, 使得本书得到诸多实质性的改进. 特别是近几年, 中国工程物理研究院研究生院的几届学生 (房一楠、马宇翰、刘崇龙、袁红、陈劲夫、李韬、王武、乔国健、崔廉相、岳鑫、许康、张智磊、周谭吉) 帮助我不断检查、改进书中的推导和表述, 才使得本书最后得以成稿. 特别感谢马宇翰博士为本书封面绘制了 "醒猫" 和 "睡猫" 的水墨画, 翟若迅、崔廉相帮助绘制了本书全部插图. 张慧琴博士、王川西博士在形成书稿和准备出版方面也有许多贡献. 此外, 冯波教授十分认真地审读了书稿, 提出了宝贵的修改意见, 使本书得以进一步完善. 对他们的帮助我表示由衷的谢意!

孙昌璞

2023 年 9 月

于北京阳春光华橡树园

目　　录

绪　　论

　　量子力学是研究微观世界基本运动规律的物理学科, 是当代物理学最重要的基础理论之一, 它与相对论一起构成了当代物质科学两个基础性支柱. 量子力学不仅奠定了人们探索基本粒子、原子核、原子、分子和凝聚态物质的物理基础, 而且在化学、生物学等学科和当代技术创新中得到了广泛的应用. 量子力学的建立, 导致了人们对物质运动形式和运动规律认识的根本性飞跃, 解决了在 20 世纪前建立起来的经典物理学 (如经典力学、电动力学、热力学与统计物理学等) 难以克服的问题, 如它们只适用于描述常规情况下宏观物体的运动, 不能很好地描述包含原子和亚原子在内的微观世界.

　　量子力学使得人们能够正确理解物质基本属性与微观结构的关系, 如物体为什么有导体、半导体和绝缘体之分, 元素周期律的本质是什么, 原子是怎样结合成分子的, 以及化学键如何形成. 借助量子力学, 人们还能够解释多体系统的涌现 (emergence) 现象, 如超导、超流、玻色 (Bose) – 爱因斯坦 (Einstein) 凝聚等极低温下的宏观量子效应. 在实际应用方面, 量子力学导致了诸多技术创新, 包括激光器、半导体、计算机、电视、光纤电子通信和互联网技术、电子显微镜、核磁共振成像和核能等. 可以说, 量子力学和相对论的建立, 给人类带来了前所未有的物质文明和精神文明.

1　从经典物理到量子理论

　　自 17 世纪创立了牛顿 (Newton) 力学体系、19 世纪建立了电动力学以及热力学和分子运动论之后, 物理学家普遍形成了一种观点, 认为物理学大厦已经建成, 对物质世界本质的认识已经到了终点. 然而 19 世纪末物理学的一些新发现预示着经典物理学中可能潜伏着严重的危机, 这就是经典物理学上空悬浮着的两团乌云: 一是电动力学中的以太, 二是热学中能量均分定理与实验的出入, 例如固体比热问题和黑体辐射中出现的紫外发散. 实验观测到的物体比热总是低于能量均分定理给出的值 $3R$ (R 是气体常量, 其值为 $(8.314510 \pm 8.4 \times 10^{-6})$ J·mol^{-1}·K^{-1}), 这表明, 低温时固体的部分自由度会被冻结, 固体能量可能是分立的 —— 量子化. 1900 年, 普朗克 (Planck) 发现了黑体辐射能量密度在红外波段的测量结果, 与维恩 (Wien) 半经验公式在低频区存在偏离, 而从经典麦克斯韦 (Maxwell) 理论出发得到的适用于低频区的瑞利 (Rayleigh) – 金斯 (Jeans) 公式在高频极限下却是发散的 (紫外发散). 为此, 普朗克提出了一个后来被称为普朗克公式的辐射场能量密度分布公式, 它在全波段与实验很好地符合.

不久之后, 人们就意识到普朗克公式中必定蕴藏着一个非常重要的科学原理. 经过一番艰苦探索, 普朗克发现, 如果假设物体吸收或发射电磁辐射时, 只能以 "量子" 的方式进行, 每个量子的能量为 $E = \hbar\omega$ ($\hbar \equiv h/(2\pi)$, h 后来被称为普朗克常量), 可从理论上唯象地给出他的黑体辐射公式. 虽然能量不连续的观念是经典物理不允许的, 但爱因斯坦在 1905 年进一步发现, 不连续量子假设还能解决经典物理学所碰到的其他困难 (如解释光电效应). 由此, 爱因斯坦提出了光量子假说, 认为辐射场就是由光量子组成的, 每一个光量子的能量 E 与辐射的频率 ω 的关系是 $E = \hbar\omega$. 根据狭义相对论, 他又给出光子的动量和能量的关系 $p = E/c$, 提出光量子的动量 p 与辐射波矢的关系 $p = hk/(2\pi)$. 爱因斯坦和德拜 (Debye) (1907 年) 还进一步把能量不连续的概念应用于固体中原子振动的研究, 成功地解释了当温度 T 接近于 0 K 时固体比热趋于零的现象.

量子理论另一个起源是卢瑟福 (Rutherford) 提出的原子有核模型. J. J. 汤姆孙 (Thomson) 在 1896 年发现电子后, 曾经认为正电荷均匀分布于半径约为 10^{-10} m 的原子当中. 但这个图像不能解释为什么 α 粒子穿过原子时有大角度偏转. 为此, 卢瑟福在 1911 年提出了原子的有核模型 (日本物理学家长冈半太郎 (Nagaoka Hantaro) 也几乎同时提出了类似的模型): 原子几乎全部的质量都集中在中心半径约 10^{-14} m 以下的很小区域中 (即带正电的原子核), 而带负电的电子则围绕原子核旋转. 此模型能够很好地解释 α 粒子在原子核上散射的大角度偏转现象, 但不能解释为什么原子中电子的运动是稳定的. 按照经典电动力学, 电子围绕原子核旋转的运动是加速运动, 将不断辐射能量而减速, 轨道半径会不断缩小, 约在 10^{-12} s 内就会完全塌缩掉, 并发射出宽频的连续电磁波辐射. 这个依据经典电动力学的推论, 与原子稳定地存在于自然界的相关观测事实明显矛盾.

面对这个矛盾, 丹麦物理学家玻尔 (Bohr) 认识到原子世界的微观运动规律一定背离经典电动力学, 他深信考虑有作用量量纲的普朗克常量 h 的效应是解决原子结构问题的关键. 玻尔假定, 氢原子核外电子的轨道不是连续的, 而是分立的, 在轨道上运行的电子具有一定的角动量 $L = mvr$ (其中 m 为电子质量, v 为电子线速度, r 为电子轨道的半径), 只能取普朗克常量 h 的整数倍 (除以 2π): $L = nh/(2\pi)$ ($n = 1, 2, 3, \cdots$ 称为主量子数), 这就是玻尔量子化条件, 是解释氢原子光谱分立化的革命性假设. 只有当原子从一个较高能量 E_m 的稳定状态跃迁到另一较低能量 E_n 的稳定状态时, 才发生量子跃迁, 发射单色光, 其频率 $\omega_{mn} = (E_m - E_n)/\hbar$.

玻尔建立的量子理论 (今称之为旧量子论) 打开了人们认识原子结构的大门, 成功地解释了 (类) 氢原子光谱的一般规律 (见图 1). 然而, 玻尔量子论无法定量地解释谱

线的 (相对) 强度, 对于更复杂的原子 (如氦原子) 的光谱, 玻尔量子论就更加无能为力了. 从理论体系来讲, 能量量子化概念也与经典力学运动的连续性是不相容的. 而量子力学正是为进一步解决这些问题才应运而生的. 量子力学有海森堡 (Heisenberg) 矩阵形式 —— 矩阵力学, 和薛定谔 (Schrödinger) 方程 —— 波动力学两种表达方式.

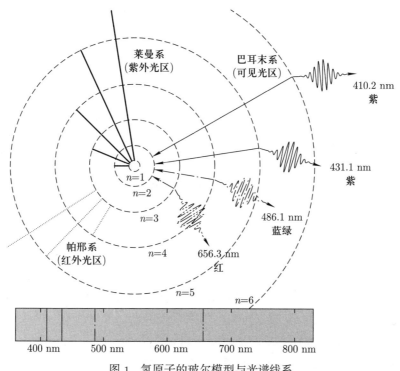

图 1 氢原子的玻尔模型与光谱线系

2 矩 阵 力 学

量子力学的矩阵形式或称矩阵力学起源于三篇划时代的论文: 海森堡的 "一个人文章" (Heisenberg, 1925)、玻恩 (Born) 和若尔当 (Jordan) 的 "两个人文章" (Born, et al., 1925), 以及海森堡、玻恩和若尔当的 "三个人文章" (Born, et al., 1926). 英国物理学家狄拉克 (Dirac) 在 "两个人文章" 之后, 用 c 数和 q 数重新表达了矩阵力学 (Dirac, 1925). 通常认为 "一个人文章" 是海森堡的独创, "两个人文章" 是 "一个人文章" 的严谨数学表示, 而 "三个人文章" 则是系统性综合和应用推广.

1924 年, 海森堡首先意识到描述微观世界的力学量必须是可观测量, 诸如坐标和动量之类的经典物理概念不能同时用来描述微观粒子的运动. 他指出, 对原子之类微观系统的描述, 人们主要依据光谱学的观察, 原子的光辐射体现了电子运动的全部特征. 根据经典物理和对应原理, 一方面电子变速运动会导致电磁辐射, 其频率分布是由电子坐标 $q(t)$ 的傅里叶 (Fourier) 变换中出现的谐振频率决定的; 另一方面, 在玻尔的原子模型中, 根据里兹 (Ritz) 组合定律, 辐射的频率 $\omega_{mn} = (E_m - E_n)/\hbar$ 与两个原子轨道的能级 E_m 和 E_n 相联系. 因此, 相应的量子系统中坐标的傅里叶变换必须是依赖于两个指标的二维傅里叶变换 $Q = \sum_{m,n} Q_{mn} \exp(\mathrm{i}\omega_{mn}t)$. 对动量也要做类似的处理, $P = \sum_{m,n} P_{mn} \exp(\mathrm{i}\omega_{mn}t)$. 在此基础上, 海森堡引用了 1924 年 7 月玻恩发表的一篇题目为 "量子力学" (Born, 1924, 德文名为 Über Quantenmechanik) 的论文所给出的量子化条件 (索末菲 (Sommerfeld) 量子化条件的微分 – 差分形式), 直接给出了谐振子能量的量子化. 也是在这篇经典文献中, 玻恩首先使用了 "量子力学" 一词. 玻恩推广了克拉默斯 (Kramers) 处理原子内电子系统和电磁场之间相互作用的方法, 从而能够处理带电系统之间的相互作用. 玻恩的做法是将微分方程用差分方程代替, 依据玻尔的对应原理, 就可以完成经典力学向当时旧量子论 —— 原生态的量子力学的过渡.

　　"两个人文章" 把海森堡猜测性的工作推向系统化科学理论的高度. 玻恩意识到, 海森堡把可观测力学量用两指标傅里叶变换描述, 其本质是赋予每一个物理量 (如粒子的坐标、动量、能量等) 一个矩阵表示 (后来狄拉克称之为 q 数, 冯·诺依曼 (von Neumann) 称之为算子), 它们的代数运算规则与经典物理量不同, 两个量的乘积一般不满足交换律. 更重要的是, 玻恩和自己的助手若尔当合作, 在 "两个人文章" 里明确给出了基本可观测量的对易关系 (或称基本对易关系) $[\hat{Q}, \hat{P}] = \mathrm{i}\hbar$. 这个由玻恩最早提出的对易关系本应命名为玻恩对易关系, 但在很长时间内 (甚至到现在) 常常被误称为海森堡对易关系.

　　海森堡关于量子力学的基本思想是划时代的, 但在 "两个人文章" 之前, 其科学逻辑是不完整的: 一方面, 虽然海森堡原来就强调可观测量的作用, 但其理论在具体表述上仍然沿用了坐标、动量等经典观念, 以及电动力学中带电粒子速度变化导致电磁辐射的经典定律. 因此, 海森堡最早提出的 "量子力学" 从概念逻辑上无法摆脱经典观念的束缚. 另一方面, 由于海森堡当时并不知道矩阵的概念, 理论背后的数学观念并不清楚, 因此无法对稍加复杂的系统 (如氢分子) 进行有效的计算. 玻恩和若尔当的工作使得海森堡量子力学走出 "原生态": 对于微观系统, 玻恩把量子力学的可观测量当成算子而不是可对易的数, 避免了在微观世界描述中继续使用不可直接观测的经典力学量的逻辑尴尬, 彻底贯彻了海森堡 "理论必须建立在可观测量之上" 的核心精神, 使得新的量子理论成为一个逻辑自洽的矩阵力学思想体系. 此外, "玻恩对易关系" 的建立, 使得量子条件变得十分简洁、直观. 此后不久, 物理学家泡利 (Pauli) 利用 "玻恩对易关系", 对氢原子能谱给出了一个十分漂亮的代数计算 (Pauli, 1926). 另外 "玻恩对易关系" 在物理上非常直观地展示了约化普朗克常量 $\hbar = h/(2\pi)$ 是刻画经典和量子边界的重要物理参数: 在一些物理过程中, $\hbar$ 的作用可以不予考虑, 则动量和坐标可以看成对易的, 因而基本上可以用经典物理来近似地描述实际的物理过程.

总之, 矩阵力学继承了旧量子论的关键要素 (如原子的离散能级和定态、量子跃迁、频率条件等概念), 同时又摒弃了一些没有实验根据的传统概念 (如粒子轨道运动的概念). 亦如海森堡特别强调的, 理论中只出现可观测的物理量, 如光谱线的波长 (波数)、光谱项、量子数、谱线强度等.

3   波 动 力 学

1925 年, 在普朗克 – 爱因斯坦的光量子论和玻尔的原子论的启发下, 法国物理学家德布罗意 (De Broglie) 注意到几何光学与经典粒子力学有一定的相似性, 他通过逆向类比, 设想实物 (静质量 $m \neq 0$) 粒子也和光一样, 具有波动性. 他假定与一定能量 E 和动量 p 的实物粒子相联系的 "物质波" 的频率和波长分别为 $\nu = E/h, \lambda = h/p$ (今天称为德布罗意关系). 这个假定把物质存在的两种形式统一起来: 无论是实物粒子还是光波, 都具有波动和粒子的二重属性 —— 波粒二象性. 德布罗意进一步把原子定态与驻波联系起来, 即把束缚运动实物粒子的能量量子化与有限空间中驻波的波长 (或频率) 的离散性联系起来. 例如, 氢原子中做稳定的圆周运动的电子应具有驻波的形状, 绕原子核传播一周之后, 驻波应当光滑地衔接起来, 这就要求圆周长是波长的整数倍, $2\pi r = n\lambda$ ($n = 1, 2, 3, \cdots$), r 是圆轨道半径. 用 $\lambda = 2\pi r/n$ 代入德布罗意关系, 可求出角动量 $J = rp = n\hbar$ ($n = 1, 2, 3, \cdots$). 于是, 根据驻波条件就很自然地得出了角动量量子化条件, 从而说明粒子能量的分立性. 实物粒子的波动性的直接实验验证是在 1927 年完成的.

在德布罗意工作的基础上, 奥地利物理学家薛定谔于 1926 年初提出了描述物质波的基本波动方程 —— 薛定谔方程 (Schrödinger, 1926a,b):

$$i\hbar \frac{\partial}{\partial t} \psi(x,t) = \widehat{H} \psi(x,t), \tag{1}$$

其中 $\widehat{H} = \widehat{p}^2/2m + \widehat{V}(x)$ 是系统哈密顿量的算子形式, $\widehat{p} = -i\hbar \partial/\partial x$ 是动量算子, $\widehat{V}(x)$ 代表粒子所处的势场. 这是一个包含波函数 $\psi(x,t)$ 对空间坐标的二阶微商的偏微分方程. 它把原子的离散能级与微分方程在一定边界条件下的本征值问题联系起来, 成功说明了氢原子、谐振子等的能级和光谱的规律. 应用薛定谔方程时, 必须先给出哈密顿算子的表达式, 涉及系统的动能与势能, 并根据物理情况给出方程边界条件. 将算子微分表达式代入薛定谔方程, 在给定边界条件下求解所得到的偏微分方程, 即可找到波函数. 关于微观系统的量子态的信息, 全部都会包含在得到的波函数之中.

薛定谔在创建波动力学时运用类比的方法, 犹如哈密顿 (Hamilton) 过去对力学和几何光学进行的类比: 光学中的费马 (Fermat) 原理 (光走的路程最短) 同理论力学中的最小作用量原理是很相似的. 薛定谔考虑到在光学中有牛顿的几何光学和惠更斯 (Huygens) 的波动光学, 物质具有波动性意味着应当有相应的波动力学. 他说: "从通常的力学走向波动力学的一步, 就像光学中用惠更斯理论来代替牛顿理论所迈进的一步." 提出薛定谔方程之前, 薛定谔就考虑过德布罗意思想的相对论性推广, 他将推导出的相对论性波动方程应用于氢原子, 计算出束缚电子的波函数. 但很可惜, 因为薛定谔没有将电子自旋考虑进来, 推导出的精细结构公式不符合索末菲模型. 为此他只好将这方程加以修改, 除去相对论性部分, 并用剩下的非相对论性结果计算氢原子的谱线. 求解这种微分方程的工作相当困难, 在数学家外尔 (Weyl) 的鼎力相助下, 他重复出了与玻尔模型完全相同的答案. 因此, 他决定暂且不发表相对论性部分, 只把非相对论性波动方程与氢原子光谱分析结果写为一篇论文. 1926 年, 他正式发表了关于波动力学的划时代论文.

薛定谔独立创建的这种量子力学形式 (今称之为波动力学), 赢得了爱因斯坦等老一代物理学家众口一词的喝彩, 因为当时老一代物理学家中很多人在数学上并不熟悉矩阵, 也就不能很好地理解矩阵力学表达物理问题的思想方式, 在物理上不理解为什么 "理论必须建立在可观测量之上". 基于同样的原因, 薛定谔和海森堡之间有过诸多言辞激烈的争论, 但最终薛定谔还是证明, 两种形式是等价的 (Schrödinger, 1926b). 几乎同时, 美国物理学家埃卡特 (Eckart) 也独立地证明了这种等价性 (Eckart, 1926a, b). 其实, 狄拉克在 "两个人文章" 完成后不久, 特立独行地用 c 数、q 数重新表达了矩阵力学 (Dirac, 1925), 与经典力学的泊松 (Poisson) 括号类比, 狄拉克直觉地给出坐标 – 动量不可对易关系, 狄拉克符号法则从另一个角度展示了矩阵力学与波动力学的等价性. 此外, 狄拉克和若尔当后来提出了一种基于变换理论的更普遍形式的量子力学表示, 这显示出矩阵力学和波动力学只不过是量子力学规律的无限多种表述形式中的两种.

4 量子力学波函数的意义

1926 年 6 月, 玻恩发表了《论碰撞过程中的量子力学》一文 (Born, 1926), 提出了应用波动力学解决散射问题的基本方法 —— 玻恩近似. 值得指出的是, 在这个文章中, 玻恩正式提出了波函数的概率诠释. 在这里波函数的概率诠释虽然是作为副产品出现的, 但它是量子力学正确描述微观系统物理实验最核心、最重要的物理概念.

当时玻恩意识到, 只有薛定谔的波动方程才适合于描述碰撞过程. 他曾经尝试用矩阵力学解决碰撞问题, 但是没有成功. 他意识到, 要解决碰撞问题, 必须在特定边界条件下求解定态薛定谔方程, 边界条件的正确选取是解决碰撞和散射问题的关键. 以一个电子入射到原子上为例, 如果电子沿着一个给定方向入射, 那么散射波在传播方向的无穷远处是一个渐近的平面波. 在这个过程中, 质心静止的原子内态将被激发到分立的本征态的叠加上. 怎么理解和解释这些描述电子和原子联合状态的叠加系数的物理含义是问题的关键. 采用碰撞和散射的波动图像表述, 那些叠加系数显然不可能代表从原子散射出去的物质密度分布.

如果回到粒子图像, 考虑电子是一个不可分割的点粒子, 粒子散射单纯的波动图像就会与波粒二象性的描述矛盾: 如果波函数代表了散射出去的电子的密度分布, 粒子散射以后怎么就会变成弥散在整个空间中的波呢? 为了解决这一矛盾, 玻恩明确地指出, 回到粒子图像唯一正确的解释是, 这些叠加系数代表了粒子沿特定方向入射, 然后被散射到特定方向的概率, 因此物质波只是一种概率波. "一种更加精密的考虑表明, 概率与'叠加系数函数'的平方成正比". 当然, 今天知道, 更准确的说法应该是绝对值或者模的平方. 玻恩说是叠加系数函数的平方, 是因为他讨论问题时采用的是入射态和出射态的实部. 在这里, 玻恩的考虑抓住了一个伟大科学发现的关键 —— 量子跃迁概率的概念. 在紧接着的同名文章中, 玻恩进一步明确, 并一般地阐述了概率诠释: 归一化的波函数, 可以写成几个有离散本征值的非简并本征态的线性叠加, 展开式的系数, 其模的平方是系统在相应本征态的概率. 至此, 人们终于发现了波动力学是描述粒子运动的概率性定律, 而且概率的改变遵守因果定律.

历史上, 爱因斯坦曾经对波函数的概率诠释提出过尖锐的反对意见, 他倾向于量子力学应当是决定论性的描述. 爱因斯坦说: "无论如何, 我都确信, 上帝不会掷骰子." 薛定谔也反对 "概率波" 观点. 他认为, 波函数本身应当代表一个实在的物理上的可观测量, 一个粒子可想象为一个物质波包. 在 1927 年索尔维会议之后, 在玻恩概率诠释基础上, 以玻尔和海森堡为代表的观点形成了量子力学的哥本哈根诠释, 它的两个理论支柱就是玻尔的互补原理和海森堡的不确定关系. 但是, 以爱因斯坦和薛定谔为代表的另一方, 却对哥本哈根诠释提出了进一步的批评, 它集中反映在 "薛定谔猫佯谬" 和 "爱因斯坦 – 波多尔斯基 (Podolsky) – 罗森 (Rosen) (EPR) 佯谬" 两个理想实验的思辨中. 薛定谔在关于薛定谔猫佯谬的文章中首次提出纠缠态 (entangled state, 复合系统不能表达为直积形式的叠加态) 的概念, 并用一个假想实验来说明, 波函数的概率诠释直接应用于宏观物体, 会得出荒谬的结论. "EPR 佯谬" 一文则主要针对波函数的概率诠释, 以叠加态来说明 "波函数对物理实在的描述是不完备的", 并坚持定域实在论的观点, 用纠缠态来说明量子力学对物理实在的描述是不自洽的.

后来, 玻姆 (Bohm) 用两个自旋为 1/2 的粒子的自旋纠缠态, 把纠缠态更为明确地表述出来. 贝尔 (Bell) 基于定域实在论和隐变量理论, 分析了自旋纠缠态的性质: 自旋单态下的两个自旋为 1/2 的粒子, 存在自旋沿不同方向的投影关联, 从而给出一个著名的不等式 (贝尔不等式), 用来判断非定域关联的存在. 根据这个不等式, 可在实验上检验究竟是量子力学正确, 还是定域实在论和隐变量理论正确. 阿斯佩 (Aspect) 等的实验观测以及后来所有有关的实验都证明, 量子力学关于非定域效应的预言是正确的, 而定域实在论和隐变量理论给出的不等式与实验相悖. 有人依据非定域性引发的 "信号" 超光速现象推断量子力学和狭义相对论是有矛盾的, 然而, 如果不使用波包塌缩去理解量子力学非定域效应, 不对量子力学的统计预言进行过度的因果性解读, 量子力学与狭义相对论就没有矛盾.

5　量子力学的发展

量子力学的建立不仅成功地解释了氢原子光谱结构, 而且为探索原子核、原子、分子、固体、液体和气体开辟了道路. 海特勒 (Heitler) 和伦敦 (London) 对氢分子结合机制的研究, 奠定了鲍林 (Pauling) 等人理解化学键理论的物理基础; 布洛赫 (Bloch) 基于量子力学提出了能带论, 阐明了固体有导体、半导体和绝缘体之分; 伽莫夫 (Gamow) 用粒子的势垒隧穿概念, 阐明了原子核衰变机制, 对后来核能的利用有重要意义.

1928 年狄拉克独立创建了描述电子运动的相对论性波动方程 —— 狄拉克方程, 对氢原子光谱的精细结构和电子自旋的本质给予了正确的描述. 由此, 狄拉克预言了反粒子构成的物质新世界. 狄拉克关于电磁场量子化的工作进一步补充了量子力学对场的描述, 使得实物粒子与电磁场相互作用相关的所有问题原则上得到解决. 在狄拉克上述两项工作的基础上, 20 世纪 30 年代诞生了量子场论, 这是量子力学发展的另一个重大领域.

关于非相对论性量子力学后期进展, 必须提及费曼 (Feynman) 在 20 世纪 40 年代发展的路径积分理论. 量子力学与经典力学的关系在路径积分形式下展现得格外清楚: 如果说海森堡的矩阵力学是经典正则方程的量子对应、薛定谔的波动力学是经典雅可比 (Jacobi) – 哈密顿方程的量子对应, 费曼的路径积分理论则与经典力学的拉格朗日 (Lagrange) 作用量有密切关系. 量子力学路径积分形式不仅对量子干涉效应给出了直观物理图像, 而且易于推广到相对论情况, 在量子场论中得到广泛而方便的应用.

量子力学的近期发展主要是应用到信息、能源和生命等交叉领域. 根据计算机发展的摩尔 (Moore) 定律, 计算机芯片元件不久将会达到它的极限尺度, 因此突破芯片元件尺度的极限是当前信息科学所面临的一个重大科学问题. 从物理学角度看, 信息的载体必定是一些特定的物理系统, 信息的传递和处理必定是某种物理过程. 随着物理的存储单元变得越来越小 (甚至变成单个原子), 量子效应会越来越明显地表现出来, 基本量子特性 —— 量子相干性会在信息的存储、传递和处理过程中起到核心作用. 以量子力学原理为基础, 充分利用量子相干性的独特性质 (量子并行、量子纠缠和量子克隆), 我们可以探索以全新的方式进行计算、编码和信息传输的可能性, 为突破芯片极限提供新概念、新思路和新途径. 由此已经孕育出了一门新兴学科 —— 量子信息论, 它包括量子计算、量子通信和量子密码学等新兴量子科学与技术. 除了量子信息论领域之外, 量子力学正逐步渗透到生命科学领域, 探索量子相干性在生命过程中的作用, 如生物罗盘和光合作用中的量子效应.

6　量子力学的未来前景

量子力学是一门被实验完全证实、在应用上十分成功的理论学科. 与任何一门自然科学一样, 我们应该把量子力学看成一门还在发展中的学科, 而并非终极真理, 量子力学的成功并没有, 也不可能关闭人们进一步认识自然界、探索微观世界的前进道路.

从 20 世纪 90 年代中期开始, 诺贝尔物理学奖获得者特霍夫特 ('t Hooft) 从引力量子化角度出发, 考虑量子态是否是一种更深物质层次上状态的粗粒化, 而量子力学恰是某种更深层次理论的有效理论. 特霍夫特证明, 黑洞内部全部量子态的运动, 可以由其表面上布尔 (Boole) 态的行为完整地描述, 这就是量子引力的全息原理 (holographic principle). 这个研究结果预示着, 黑洞表面的布尔态也许是黑洞全部内态的粗粒化代表. 而描述布尔态的量子引力理论只能是某种未知理论的有效理论. 这个观点能很好地说明为什么量子引力理论通常是非定域的. 1999 年, 特霍夫特把这种等价类的思想进一步推广到整个量子力学: 在原子尺度 (量子力学有效工作的夸克以上物理尺度) 上展现出的量子态, 是普朗克尺度 (一种极高能量的物理尺度) 上 "原初态" (primordial states) 的等价类, 这些原初态服从某种确定的 (deterministic)、耗散的 (dissipative) 或不可逆的物理定律. 通过粗粒化损失了内部信息, 幺正的量子力学可以从这种更底层的定律涌现出来. 从这个意义上讲, 这种理论也可以视为某种经典隐变量理论. 此前, 美国物理学家阿德勒 (Adler) 提出了另外一种类似的底层理论 —— 矩阵迹动力学 (trace dynamics): 把经典拉格朗日力学中的变量看成算子并求迹得到可微分运算的广义经典拉格朗日量, 其动力学方程包含比海森堡方程多的残余项, 在统计粗粒化平均下残余项贡献消逝, 量子力学作为一个有效理论就涌现出来. 这个理论在一定程度上可以定量描述吉拉尔迪 (Ghirardi) – 里米尼 (Rimini) – 韦伯 (Weber) (GRW) 理论的唯象参数 —— 自发塌缩率 (rate of spontaneous collapse).

　　事实上, 撇开对其诠释上的差异, 量子力学已经在令人震惊的精度上正确地描述了 "原子尺度" 的物理. 在这个 "原子尺度" 上另起炉灶建立全新的理论既不可能, 也没有意义. 特霍夫特和阿德勒等人的理论是工作在更小尺度和更高能标上, 量子力学是它们的低能 (或较大尺度极限时的) 有效理论, 因而自然要克服以前各种新理论的困难和不足. 应当指出, 量子力学与引力的完美结合, 是物理学未解决的重大科学问题, 它的深入研究或许会导致物理学的革命性进展, 量子力学将在这个方向发展并大展宏图.

第一章　量子力学的基本思想和数学表述

本章将追溯量子力学建立和发展的思想脉络及其科学逻辑, 着重介绍矩阵力学建立的科学思想和量子力学所必需的数学方法, 并通过具体例子 —— 谐振子量子化的讨论, 使读者切实掌握量子力学的基本精神. 我们的论述既强调思想观念之间的逻辑关系, 也注重分析解决问题的数学技巧.

1.1　从玻尔模型到矩阵力学

1913 年, 针对卢瑟福的散射实验, 玻尔提出了著名的玻尔原子模型, 指出原子的能量是量子化的, 他假设:

(1) 原子能量只能取分立值

$$E = E_1, E_2, \cdots, E_n, \cdots, \tag{1.1}$$

其中, 每一个下标 n 对应于一个 "原子轨道".

(2) 当原子从一个轨道跃迁到另一个轨道 $(n \to m)$ 时, 原子将吸收或发射光子, 其频率为

$$\omega_{mn} = (E_m - E_n)/\hbar, \tag{1.2}$$

其中 $\hbar \approx 1.544 \times 10^{-27}$ erg·s, 是约化普朗克常量.

(3) 轨道角动量是量子化的,

$$Mvr = n\hbar, \quad n = 1, 2, \cdots, \tag{1.3}$$

其中 M 是电子质量, v 是电子速度, r 是原子半径, 而 $p = Mv$ 是电子动量.

基于玻尔理论的这些基本假设, 我们可以直接推导出与实验相符合的, 关于氢原子谱线的里兹组合公式:

$$\omega_{mn} = \xi \left(\frac{1}{n^2} - \frac{1}{m^2} \right), \tag{1.4}$$

其中 ξ 是一个已知物理常量. 根据经典电动力学, 电荷 e 做加速运动时可能辐射出的光的频率, 必须出现在电荷坐标 X 的傅里叶变换的每一个谐振项 $X_n \exp(\mathrm{i}\omega_n t)$ 中.

1925 年, 海森堡意识到, 对于原子而言, 轨道和动量不是可直接观测的量, 实验能够观测到的辐射吸收必须与两个指标 (轨道) 有关, 它们决定了原子的跃迁频率, 因此,

相应的坐标的傅里叶变换必须与两个指标有关, 即

$$X = \sum_{m,n} X_{mn} \mathrm{e}^{\mathrm{i}\omega_{mn}t}, \tag{1.5}$$

其中 $\omega_{mn} = (E_m - E_n)/\hbar$. 而在经典电动力学中, 电荷 e 做简谐振动

$$X = X_{mn} \exp(\mathrm{i}\omega_{mn}t) \tag{1.6}$$

时的辐射功率为

$$W = \frac{4e^2}{3c^3}|\ddot{X}|^2 \to W_{(m\to n)} \propto |\dot{X}_{mn}|^2\omega_{mn}^4, \tag{1.7}$$

即加速电荷辐射光子的功率与跃迁频率的 4 次方成正比.

海森堡也用相同的方法给出谐振子动量的二维傅里叶变换

$$P = \sum_{m,n} P_{mn} \mathrm{e}^{\mathrm{i}\omega_{mn}t}. \tag{1.8}$$

他进一步利用 1924 年玻恩在《量子力学》一文中提出的推广的玻尔 – 索末菲量子化条件, 得到谐振子能量量子化:

$$E_n = \left(n + \frac{1}{2}\right)\hbar\omega. \tag{1.9}$$

在用经典能量表达式 $M(\dot{X}^2 + \omega^2 X^2)/2$ 计算能量的过程中, 涉及 $[X^2]_{mn}$ 的计算, 他发现需要用 “新” 的规则 —— 计算中不能随意调换 X 和 $\dot{X}$ 的前后顺序:

$$[X^2]_{mn} = \sum_l X_{ml}X_{ln}, \quad [\dot{X}^2]_{mn} = \sum_l \dot{X}_{ml}\dot{X}_{ln} = -\sum_l \omega_{ml}\omega_{ln}X_{ml}X_{ln}, \tag{1.10}$$

这意味着 X_{mn} 和 P_{mn} 定义的 X 和 P 具有不可对易性. 对此, 玻恩意识到 X 和 P 可表示为矩阵

$$\widehat{X} = \begin{bmatrix} X_{11} & X_{12} & \cdots & X_{1n} \\ X_{21} & X_{22} & \cdots & X_{2n} \\ \cdots & \cdots & \cdots & \cdots \\ X_{n1} & X_{n2} & \cdots & X_{nn} \end{bmatrix}, \quad \widehat{P} = \begin{bmatrix} P_{11} & P_{12} & \cdots & P_{1n} \\ P_{21} & P_{22} & \cdots & P_{2n} \\ \cdots & \cdots & \cdots & \cdots \\ P_{n1} & P_{n2} & \cdots & P_{nn} \end{bmatrix}, \tag{1.11}$$

并给出了它们之间的基本对易关系.

以下我们遵循海森堡的精神, 按玻恩和若尔当的文章推导 $\widehat{X}$ 和 $\widehat{P}$ 满足的基本对易关系. 考虑一个动量为 $\widehat{P}$、坐标为 $\widehat{X}$、质量为 M 的质点在势场 $V(\widehat{X})$ 中运动. 假设 $\widehat{X}$ 和 $\widehat{P}$ 是矩阵或算子, 现在分析 $[\widehat{X}, \widehat{P}] \equiv \widehat{X}\widehat{P} - \widehat{P}\widehat{X} =?$ 为了能够形式上回到经典力学, $\widehat{X}$ 和 $\widehat{P}$ 随时间的变化仍然满足与经典情况形式一样的运动方程:

$$\dot{\widehat{P}} = -\frac{\partial V(\widehat{X})}{\partial \widehat{X}}, \quad \dot{\widehat{X}} = \frac{\widehat{P}}{M}, \tag{1.12}$$

其中 $V(\widehat{X})$ 是粒子所受外势. 由此, $[\widehat{X}, \widehat{P}]$ 满足如下的时间演化方程:

$$
\begin{aligned}
\frac{\mathrm{d}}{\mathrm{d}t}[\widehat{X}, \widehat{P}] &= \frac{\mathrm{d}}{\mathrm{d}t}(\widehat{X}\widehat{P} - \widehat{P}\widehat{X}) \\
&= \dot{\widehat{X}}\widehat{P} + \widehat{X}\dot{\widehat{P}} - \dot{\widehat{P}}\widehat{X} - \widehat{P}\dot{\widehat{X}} \\
&= \frac{\widehat{P}}{M}\widehat{P} + \widehat{X}\left(-\frac{\partial V(\widehat{X})}{\partial \widehat{X}}\right) - \left(-\frac{\partial V(\widehat{X})}{\partial \widehat{X}}\right)\widehat{X} - \widehat{P}\frac{\widehat{P}}{M} \\
&= 0,
\end{aligned}
\tag{1.13}
$$

其中第三个等号利用了运动方程 (1.12). 因而, 对易关系 $[\widehat{X}, \widehat{P}]$ 不随时间改变, 等于某个常数 C. 又因为

$$
C^{\dagger} = (\widehat{X}\widehat{P} - \widehat{P}\widehat{X})^{\dagger} = -\widehat{X}\widehat{P} + \widehat{P}\widehat{X} = -C,
\tag{1.14}
$$

C 应当是一个纯虚数, 即 $C = \mathrm{i}\hbar$. 由此证明了 $\widehat{X}$ 和 $\widehat{P}$ 满足的基本对易关系

$$
[\widehat{X}, \widehat{P}] = \mathrm{i}\hbar.
\tag{1.15}
$$

接下来把上述推论与普朗克假定的谐振子能量表达式相比较, 即可证明 $\hbar$ 就是约化普朗克常量.

在 1925 年海森堡的文章中, 谐振子量子化是演示矩阵力学的第一个例子. 谐振子的哈密顿量为

$$
\widehat{H} = \frac{\widehat{P}^2}{2M} + \frac{1}{2}M\omega^2\widehat{X}^2,
\tag{1.16}
$$

它给出的运动方程为坐标 $\widehat{X}$ 的二阶方程 $\ddot{\widehat{X}} + \omega^2\widehat{X} = 0$.

$\widehat{X}$ 的每一个傅里叶分量 $X_{mn}(t)$ 均满足矩阵方程 $\ddot{X}_{mn} + \omega^2 X_{mn} = 0$, 它对应于从定态 m 到定态 n 的跃迁频率 ω_{mn}. 令 $X_{mn}(t) = X_{mn}(0)\exp(\mathrm{i}\omega_{mn}t)$, 则 $(\omega_{mn}^2 - \omega^2)X_{mn}(0) = 0$. 这表明, 仅当 $\omega_{mn} = \pm\omega$ 时, X_{mn} 才不为零, 即除了两个矩阵元, 其他矩阵元均为零. 对定态进行编号, 可以设 $X_{m,m\pm 1}$ 非零. 跃迁 $m \to m\pm 1$ 存在且频率为 ω, 记 $\omega_{m,m\pm 1} = \pm\omega$. 这时, $\widehat{X}$ 的矩阵元为

$$
X_{mn} = X_{m,m+1}\delta_{n,m+1} + X_{m,m-1}\delta_{n,m-1}.
\tag{1.17}
$$

对易关系 $\dot{\widehat{X}}\widehat{X} - \widehat{X}\dot{\widehat{X}} = -\mathrm{i}\hbar M^{-1}$ 的矩阵元形式给出

$$
(\dot{\widehat{X}}\widehat{X})_{mn} - (\widehat{X}\dot{\widehat{X}})_{mn} = -\mathrm{i}\frac{\hbar}{M}\delta_{mn}.
\tag{1.18}
$$

当 $m = n$ 时, 利用矩阵乘法规则, 有

$$
\mathrm{i}\sum_{l}(\omega_{nl}X_{nl}X_{ln} - X_{nl}\omega_{ln}X_{ln}) = 2\mathrm{i}\sum_{l}\omega_{nl}X_{nl}X_{ln} = -\mathrm{i}\frac{\hbar}{M}.
\tag{1.19}
$$

在 (1.19) 式中对应取 $l = n \pm 1$ (非零项), 并注意到 $X_{mn} = X_{nm}$, 则

$$(X_{n,n+1})^2 - (X_{n,n-1})^2 = \frac{\hbar}{2M\omega}. \tag{1.20}$$

它给出 $X_{n+1,n}$ 的递推关系 $(n \geqslant 2)$:

$$X_{n+1,n}^2 - X_{n,n-1}^2 = \frac{\hbar}{2M\omega}. \tag{1.21}$$

首项

$$X_{21}^2 = \frac{\hbar}{2M\omega}. \tag{1.22}$$

因此有

$$X_{n+1,n}^2 = \frac{n\hbar}{2M\omega}. \tag{1.23}$$

这时, 谐振子的能量可以由 $X_{n,n-1}$ 或 $\dot{X}_{n,n-1}$ 表达:

$$
\begin{aligned}
E_n &= H_{nn} \\
&= \frac{1}{2}M[(\dot{\hat{X}}^2)_{nn} + \omega^2(\hat{X}^2)_{nn}] \\
&= \frac{1}{2}M\left(\sum_l \dot{X}_{nl}\dot{X}_{ln} + \omega^2 \sum_l X_{nl}X_{ln}\right).
\end{aligned} \tag{1.24}
$$

由于

$$\dot{X}_{nl}(t) = \mathrm{i}\omega_{nl}X_{nl}(0)\mathrm{e}^{\mathrm{i}\omega_{nl}t} = \mathrm{i}\omega_{nl}X_{nl}(t), \tag{1.25}$$

则

$$
\begin{aligned}
E_n &= \frac{1}{2}M\sum_l \left(-\mathrm{i}\omega_{nl}X_{nl}\mathrm{i}\omega_{nl}X_{nl} + \omega^2 X_{nl}X_{nl}\right) \\
&= \frac{1}{2}M\sum_l (\omega^2 + \omega_{nl}^2)X_{nl}^2 \\
&= M\omega^2(X_{n+1,n}^2 + X_{n,n-1}^2) \\
&= \left(n - \frac{1}{2}\right)\hbar\omega,
\end{aligned} \tag{1.26}
$$

其中 $n \geqslant 1$. 若重新定义能量最低时 $n = 0$, 则我们得到谐振子的分立的能量

$$E_n = \left(n + \frac{1}{2}\right)\hbar\omega, \tag{1.27}$$

其中 $n = 0, 1, 2, \cdots$. 上述讨论自然给出了谐振子能量的量子化. 与黑体辐射经验公式比较, 可以推断 $\hbar$ 就是约化普朗克常量.

1.2 波动力学与玻恩概率诠释

量子力学的另一种表示形式是波动力学, 它是由薛定谔在 1925 年初独立建立的, 不久后玻恩提出波函数的概率诠释赋予其完整的物理意义. 在经典物理学中, 粒子的性质以能量、动量表征, 波的行为以频率、波长表征. 然而, 在普朗克的黑体辐射、爱因斯坦的光电效应理论, 以及康普顿 (Compton) 效应中, 光在吸收、发射和散射过程中却表现出粒子行为, 即能量和动量都是量子化 (不连续) 的. 这表明, 光既有波动性 (干涉、衍射行为) 又有粒子性 (具有确定的动量).

1.2.1 德布罗意波理论

1924 年, 德布罗意在爱因斯坦的光量子假说的基础上意识到, 既然光可以表现出粒子的行为, 那么粒子也可以表现出波动行为, 由平面波

$$\varphi_k(x) \propto e^{ikx - i\omega t} \tag{1.28}$$

描述, 其中波矢 k 和频率 ω 分别由粒子的动量和能量确定:

$$k = \frac{p}{\hbar}, \quad \omega = \frac{E}{\hbar}. \tag{1.29}$$

上述方程也被称为德布罗意关系. 将这个关系用于氢原子的定态轨道上的电子, 根据玻尔理论给出的动量算出物质波的波长, 发现轨道周长正好是波长的整数倍. 后来一系列实验也证实了实物粒子波动性的存在: 1927 年, 戴维孙 (Davisson) 和革末 (Germer) 以及 G. P. 汤姆孙分别进行了电子束在晶体上的衍射实验, 证实了电子的波动性和德布罗意关系. 1989 年, 外村彰 (Akira Tonomura) 实现了电子的 "双缝干涉" 实验.

按照波粒二象性的观点, 任何实物粒子都可以表现出波动行为, 可以发生低能物体穿透顶点势能高于其能量的势垒的量子隧道效应. 关于微观系统, 诸如电子、原子、中子, 乃至 C_{60} 这样的大分子, 实验上已经展示了各种量子隧道效应, 并在实际技术中得到了广泛应用, 如扫描隧道显微镜 (STM). 现在的问题是: 一个宏观物体, 像足球、人, 可否发生量子隧道效应? 崂山道士可否穿墙而出、穿墙而入? 初步的看法是, 这是不可能的, 因为宏观物体的质量较大、物质波波长短, 远远小于物体的尺度, 不可能展示出相干的波动效应 (见表 1.1). 维也纳大学研究小组于 1999 年实现了 C_{60} 分子的干涉实验, 证实了波粒二象性在这样的大分子上仍然成立. 他们后来用结构相对松散的 C_{70} 分子进行同样的实验, 质心与内部结构以及外部环境的耦合会对物质波相干性进行破坏.

思考题 估算一下, 一个半径为 10 cm、质量为 1 kg 的球, 以 30 m/s 速度运动, 其物质波波长与半径相比如何? 由此, 怎样理解通常的宏观物体没有量子相干性?

表 1.1　各类物体的物质波波长

	能量	波长	波段
电子	100 eV	0.12 nm	硬 X 射线
冷原子	170 nK	$\sim 10^{-6}$ m	
子弹	10 g, 300 m/s	2×10^{-34} m	
崂山道士	50 kg, 30 m/s	4×10^{-37} m	远小于其尺度

1.2.2　薛定谔方程的由来

德布罗意提出物质波概念后不久, 薛定谔在一次学术报告会上介绍了德布罗意的新发现. 当时在场的德拜提问: 既然粒子是一个波, 它的波动方程是什么? 不久后, 薛定谔回答了德拜提出的问题, 对任意位势 $V(x)$ 的粒子给出了一般的波动方程

$$\mathrm{i}\hbar\frac{\partial}{\partial t}\psi(x,t) = \left(\frac{\widehat{p}^2}{2m} + V(x)\right)\psi(x,t), \tag{1.30}$$

其中 $\psi(x,t)$ 叫作波函数. 前面给出的平面波 $\varphi_k(x)$ 是 $V(x) = 0$ 时的特解, 是一个特殊的波函数. 对于给定能量 E, 定义定态波函数 $\psi(x,t) = \exp(-\mathrm{i}Et/\hbar)\psi(x)$, 则定态波函数 $\psi(x)$ 满足定态薛定谔方程

$$\left(\frac{\widehat{p}^2}{2m} + V(x)\right)\psi(x) = E\psi(x). \tag{1.31}$$

下面我们介绍薛定谔是如何得到在外场中物质波的波动方程的. 在分析力学中, 拉格朗日量 $L = L(q, \dot{q})$ 是坐标 q 和速度 $\dot{q}$ 的函数. 定义广义动量

$$p = \frac{\partial L}{\partial \dot{q}} \tag{1.32}$$

和哈密顿量 $H = H(p, q) = p\dot{q} - L(q, \dot{q})$, 由以下的正则方程描述动力学:

$$\dot{q} = \frac{\partial H}{\partial p}, \quad \dot{p} = -\frac{\partial H}{\partial q}, \tag{1.33}$$

它等价于作用量

$$S = S(q, t) = \int_{t_0}^{t} L\mathrm{d}t = \int_{t_0}^{t} (T - V)\mathrm{d}t \tag{1.34}$$

的变分极值给出的拉格朗日方程

$$\frac{\mathrm{d}}{\mathrm{d}t}\left(\frac{\partial L}{\partial \dot{q}}\right) - \frac{\partial L}{\partial q} = 0, \tag{1.35}$$

其中 $T = p^2/2m$ 和 $V = V(x)$ 分别为粒子的动能和势能. 我们注意到, 把 $q(t)$ 变为 $q(t) + \delta q(t)$,

$$\delta S = -\int_{t_0}^t \left[\frac{\mathrm{d}}{\mathrm{d}t}\left(\frac{\partial L}{\partial \dot{q}}\right) - \frac{\partial L}{\partial q}\right]\delta q\mathrm{d}t + \left[\frac{\partial L}{\partial \dot{q}}\delta q\right]_{t_0}^t = \left[\frac{\partial L}{\partial \dot{q}}\delta q\right]_{t_0}^t, \tag{1.36}$$

因此, 我们有 $\delta S/\delta q = \partial L/\partial \dot{q} = p$. 把 S 看成时间 t 的函数, 从而有

$$L = \frac{\mathrm{d}S}{\mathrm{d}t} = \frac{\partial S}{\partial t} + \frac{\partial S}{\partial q}\dot{q}, \tag{1.37}$$

亦即

$$\frac{\partial S}{\partial t} = \frac{\mathrm{d}S}{\mathrm{d}t} - \frac{\partial S}{\partial q}\dot{q} = L - \frac{\partial S}{\partial q}\dot{q} = -H(p, q). \tag{1.38}$$

于是, 我们得到哈密顿 – 雅可比方程

$$\frac{\partial S}{\partial t} + H\left(\frac{\partial S}{\partial q}, q\right) = 0, \tag{1.39}$$

也就是

$$\frac{\partial S}{\partial t} + \frac{1}{2m}\left(\frac{\partial S}{\partial q}\right)^2 + V(q) = 0. \tag{1.40}$$

推广到三维情况, 考虑在保守位势 $V(\boldsymbol{r})$ 中运动的一个粒子, 它的哈密顿 – 雅可比方程为

$$\frac{1}{2m}(\nabla S)^2 + V + \frac{\partial S}{\partial t} = 0, \tag{1.41}$$

其中 $S(\boldsymbol{r}, t)$ 是作用量. 由于位势与时间无关, 作用量可以分离成两部分:

$$S = W(\boldsymbol{r}) - Et, \tag{1.42}$$

其中, 不含时的函数 $W(\boldsymbol{r})$ 是哈密顿特征函数, E 是能量. 代入哈密顿 – 雅可比方程 (1.41), 该方程变为

$$(\nabla S)^2 = 2m(E - V(\boldsymbol{r})). \tag{1.43}$$

对于 S 的等值曲面

$$C : \{(\boldsymbol{r}, t)|S(\boldsymbol{r}, t) = S(x, y, z; t) = C(\text{常数})\}, \tag{1.44}$$

其切面上任何一矢量 $\mathrm{d}\boldsymbol{s} = (\mathrm{d}x, \mathrm{d}y, \mathrm{d}z)$ 皆满足如下方程:

$$\nabla S \cdot \mathrm{d}\boldsymbol{s} = \frac{\partial S}{\partial x}\mathrm{d}x + \frac{\partial S}{\partial y}\mathrm{d}y + \frac{\partial S}{\partial z}\mathrm{d}z = 0. \tag{1.45}$$

此方程表明, S 的梯度 ∇S 与 C 的切面垂直. 考虑作用量 S 对于时间的全导数

$$\frac{\mathrm{d}S}{\mathrm{d}t} = \frac{\partial S}{\partial t} + \nabla S \cdot \frac{\mathrm{d}\boldsymbol{r}}{\mathrm{d}t}, \tag{1.46}$$

因而 S 的等值曲面 C 的空间移动方程为

$$0 = \frac{\partial S}{\partial t} + \nabla S \cdot \frac{\mathrm{d}\boldsymbol{r}}{\mathrm{d}t} = -E + \nabla S \cdot \frac{\mathrm{d}\boldsymbol{r}}{\mathrm{d}t}, \tag{1.47}$$

所以, 在设定等值曲面的正负面后, C 沿着 ∇S 定义的法线方向移动, 速度

$$u = \frac{\mathrm{d}r}{\mathrm{d}t} = \frac{E}{|\nabla S|} = \frac{E}{\sqrt{2m(E-V)}}. \tag{1.48}$$

注意 u 是相速度, 不是粒子的移动速度 v:

$$v = \frac{p}{m} = \frac{|\nabla S|}{m} = \sqrt{\frac{2(E-V)}{m}}. \tag{1.49}$$

既然粒子具有波粒二象性, 可以想象 C 是物质波的等相位曲面 (可以与附录 1.4 中的光波 – 光线比较). 于是, 我们假设相位与 S 成比例、能量为 E 的如下物质波波函数:

$$\psi(\boldsymbol{r}, t) = \mathrm{e}^{\frac{\mathrm{i}S}{\mu}} = \mathrm{e}^{\frac{\mathrm{i}(W(\boldsymbol{r})-Et)}{\mu}}, \tag{1.50}$$

其中 μ 是常数, E/μ 必须是频率量纲. 没有外场时, 必须回到自由粒子德布罗意波情况. 利用德布罗意关系 $E = \hbar\omega$, 知 $\mu = \hbar$ 就是约化普朗克常量, ω 是角频率. 分离变量后, $\psi(\boldsymbol{r}, t) = \psi(\boldsymbol{r})\exp(-\mathrm{i}Et/\hbar)$, 其中

$$\psi(\boldsymbol{r}) = \mathrm{e}^{\frac{\mathrm{i}W(\boldsymbol{r})}{\hbar}}. \tag{1.51}$$

这意味着 $S = -\mathrm{i}\hbar\ln[\psi(\boldsymbol{r})] - Et$,

$$-\hbar^2\left(\frac{\nabla\psi(\boldsymbol{r}, t)}{\psi(\boldsymbol{r}, t)}\right)^2 = -\hbar^2\left(\frac{\nabla\psi(\boldsymbol{r})}{\psi(\boldsymbol{r})}\right)^2 = 2m[E-V(\boldsymbol{r})]. \tag{1.52}$$

由此得到如下方程:

$$\frac{\hbar^2}{2m}(\nabla\psi(\boldsymbol{r}))^2 + [E-V(\boldsymbol{r})](\psi(\boldsymbol{r}))^2 = 0. \tag{1.53}$$

上述方程是一个非线性方程, 我们要在短波近似的条件下把它线性化. 以一维情况为例, 我们注意到

$$\frac{\partial\psi}{\partial q} = \frac{\mathrm{i}}{\hbar}\psi\frac{\partial S}{\partial q}, \tag{1.54}$$

$$\frac{\partial^2\psi}{\partial q^2} = \frac{\mathrm{i}}{\hbar}\frac{\partial\psi}{\partial q}\frac{\partial S}{\partial q} + \frac{\mathrm{i}\psi}{\hbar}\frac{\partial^2 S}{\partial q^2} = -\frac{1}{\hbar^2}\psi\left(\frac{\partial S}{\partial q}\right)^2 + \frac{\mathrm{i}}{\hbar}\psi\frac{\partial^2 S}{\partial q^2}. \tag{1.55}$$

考虑物质波波长很短, 即 $\hbar$ 很小, 此时有

$$\frac{\partial^2 \psi}{\partial q^2} \to -\frac{1}{\hbar^2}\psi \left(\frac{\partial S}{\partial q}\right)^2 = \frac{1}{\psi}\left(\frac{\partial \psi}{\partial q}\right)^2. \tag{1.56}$$

可以推广到三维情况, 我们有 $(\nabla \psi)^2 \to \psi \nabla^2 \psi$. 方程 (1.53) 变为定态薛定谔方程

$$\frac{\hbar^2}{2m}\nabla^2 \psi(\boldsymbol{r}) + [E - V(\boldsymbol{r})]\psi(\boldsymbol{r}) = 0. \tag{1.57}$$

相应地我们也可以得到含时薛定谔方程 (1.30).

需要指出的是, 从根本上讲, 定态和含时薛定谔方程都是新理论中的基本假定. 虽然上文追溯了薛定谔建立波动力学的思想和思路, 但使用了各种类比, 不可认为薛定谔方程是可由经典物理导出来的. 反过来, 如果我们从薛定谔方程出发, 猜测 ψ 的形式为

$$\psi(\boldsymbol{r}, t) = \mathrm{e}^{\frac{\mathrm{i}S(\boldsymbol{r},t)}{\hbar}}. \tag{1.58}$$

将 $\psi(\boldsymbol{r}, t)$ 代入薛定谔方程得到

$$\frac{1}{2m}(\nabla S)^2 + V + \frac{\partial S}{\partial t} = \frac{\mathrm{i}\hbar}{2m}\nabla^2 S. \tag{1.59}$$

取经典极限, $\hbar \to 0$, 则可得到哈密顿 – 雅可比方程

$$\frac{1}{2m}(\nabla S)^2 + (V - U) + \frac{\partial S}{\partial t} = 0, \tag{1.60}$$

其中

$$U = \frac{\mathrm{i}\hbar}{2m}\nabla^2 S \tag{1.61}$$

代表了量子力学效应, 被称为量子势. 这个概念是在 1952 年由玻姆首次提出的, 是德布罗意物质波理论的中心思想. 1975 年, 玻姆和希利 (Hiley) 诠释其为作用在粒子上的信息势. 量子势又可称为玻姆势或量子玻姆势.

1.2.3 波函数的玻恩概率诠释

现在关键的问题是薛定谔方程中的波函数代表了什么? 它如何描述微观世界, 如何刻画对微观系统的测量或观察, 并与微观系统的实验相联系? 为了回答这些问题, 1926 年玻恩提出了应用波动力学解决微观粒子散射问题的基本方法 —— 玻恩近似, 从中发现了波函数概率诠释: 量子力学对微观系统的描述本质上是概率性的, 刻画量子系统的运动状态的波函数代表一个观察者对于量子系统所能知道的全部知识.

玻恩认为 $|\psi(x, t)|^2$ 代表 t 时刻在 x 附近发现粒子的概率密度, 要求 $\int_{-\infty}^{\infty} |\psi(x,t)|^2 \mathrm{d}x$ $= 1$, 后者意味着波函数在数学上是平方可积的. 如果波函数简单地代表粒子的密度,

则与 "粒子散射后还是一个粒子" 的事实相矛盾. 假设用一个波包 $\psi(x,t)$ 代表 t 时刻空间密度的分布, 则经过中心散射后粒子将分布在整个空间, 也就是说被打碎了, 这与直觉和波粒二象性图像相矛盾. 因此, 只有假设概率波才能与波粒二象性的要求相吻合, 如图 1.1 所示.

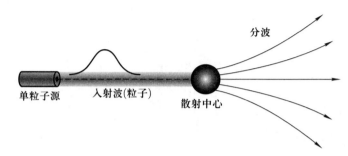

图 1.1 玻恩概率诠释: 波函数只有解释为概率波才能正确描述散射问题

光和实物粒子的波粒二象性中涉及的粒子与波已不再是经典意义下的粒子与波. 由于不确定关系, 电子的运动轨道概念 (或粒子的概念) 的使用是有限制的. 作为物质波, 描述电子的波函数并不代表电子时空分布的实体波, 也不代表电荷或质量的分布, 而是电子出现在时空中的概率振幅. 波的本质在于它的相位效应, 确定的相位差导致的量子相干体现在干涉实验中. 然而, 电子是费米子, 要服从泡利不相容原理, 在一个量子态上只能有一个电子. 因此, 电子的干涉条纹是许多个位于相同状态上的电子构成的系综, 通过双缝和单缝积累的统计效应. 人们还探讨了极端条件下宏观物体的物质波效应, 发现波粒二象性在超冷气体原子的玻色 – 爱因斯坦凝聚中可以得到充分的展现, 这些玻色型原子如同光子一样凝聚在同一个量子状态上, 形成相干的宏观量子系统. 此时, 若原子束被引出, 可以表现出光波形成激光一样的相干性.

1.2.4 玻尔互补原理

以上表明, 波粒二象性深刻地反映了量子力学基本特征. 1928 年, 玻尔把它们进一步提升为互补原理 (complementarity principle, 又称并协原理). 玻尔认为, 对微观现象的描述不能像刻画经典世界那样进行完备的理想描述. 构成完备经典描述的某些互相补充的元素, 在微观世界里通常是互相排斥的, 但这些互补元素代表了微观现象的不同侧面, 是微观描述中必不可少的. 例如, 微观粒子在同一方向的坐标和动量是认识微观粒子运动的两个要素, 但不能同时测量它们, 这个结果定量表述就是不确定关系. 再如, 对微观系统的描述有粒子 (以能量和动量为表征) 与波动 (以频率和波长为表征) 互补的两个方面, 但同一个实验中它们不能同时使用. 如图 1.2 所示, 电子通过双缝在屏幕上给出干涉图样, 呈现了其波动性的一面, 如果要同时展现粒子性, 测量它从哪一个狭缝穿过, 即 "走哪一条路径" (which-way), 干涉图样就会消失.

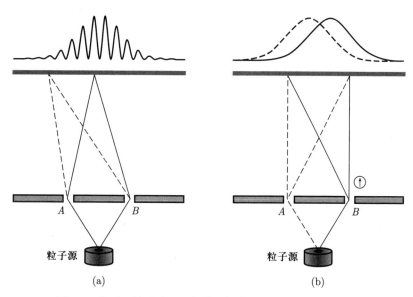

图 1.2 电子双缝干涉及 "走哪一条路径" 探测导致的退相干

我们可以通过电子双缝干涉实验说明互补原理. 物理上, 为了确定它走哪一条路径, 可在双缝后面放置一个光探测器, 当电子通过时与光子发生散射, 从散射光子的动量方向就能判断电子的路径. 然而, 电子在散射时与光子交换动量, 会导致德布罗意波的相位差发生变化. 单光子的频率越高, 波长就越短, 位置测量就越准, 相位的扰动就越大, 从而导致干涉图样消逝. 因此, 虽然电子有粒子和波动两个互补的属性, 但当它明显呈现一种属性时, 另一种属性则自动隐退了. 在实验上直接展示这种互补性是十分困难的, 这主要是由于光和电子的相互作用太弱, 发生散射的概率太小. 准确验证互补原理的第一个实验是美国麻省理工学院普里查德 (Pritchard) 研究组在 1995 年通过原子干涉实验完成的. 他们用共振光照射原子干涉仪中的原子, 保证原子在通过光束时发生散射的可能性很大, 当相移的幅度增大时, 干涉条纹分辨度很快下降.

当年玻尔对于海森堡用动量 – 坐标不确定关系解释量子互补性并不满意, 他坚持互补性才是最根本的. 1997 年, 德国兰佩 (Rampe) 小组的冷原子布拉格 (Bragg) 散射实验看上去证实了玻尔的这一观点. 在这个实验中, 测量仪器 (内部状态) 和被测系统 (空间分束) 相互作用形成内部态和空间路径的量子纠缠, 因此通过内部状态可以确定原子通过哪条路径, 并不扰动原子的动量. 实验表明, 路径探测越准确, 干涉条纹消逝越厉害. 当然, 有人也认为是动量 – 坐标不确定关系以外的广义不确定关系在起作用.

1.3　量子力学基本原理的数学表述

微观物理系统的状态可以由定义在其位形空间 $\mathbb{R}^3$ 上的希尔伯特 (Hilbert) 空间 V 上的一个非零向量 —— 态矢量 $\psi(x)$ 描述, 系统的每一个力学量 A 都可以用一个厄米算子 (Hermitian operator) $\widehat{A}$ 来表示. 以下证明, 作为基本力学量, 动量的算子在坐标表象下表达为

$$\widehat{p} = -\mathrm{i}\hbar\frac{\partial}{\partial x}, \tag{1.62}$$

相应地, 一个复合力学量 $F(\widehat{p}, \widehat{x})$ 可表示为多元算子函数

$$\widehat{F} = F\left(-\mathrm{i}\hbar\frac{\partial}{\partial x}, x\right). \tag{1.63}$$

但要注意, 经典函数 $F(p, x) = \displaystyle\sum_{m,n} C_{mn} p^m x^n$ 的 "量子化" 要考虑不可对易算子 $\widehat{p}$ 和 $\widehat{x}$ 的顺序和 $\widehat{F}$ 的厄米性问题, 就是外尔编序问题, 可以在文献中找到详述.

从量子力学的逻辑架构角度讲, 为了把薛定谔方程及其玻恩概率诠释表达为更普遍的形式, 我们需要把坐标空间波函数 $\psi(x)$ 变换为任意力学量 $\widehat{A}$ 的本征函数基矢下的一般表述, 这就需要所谓的变换理论, 用狄拉克符号可以给出变换理论的简洁表示. 在数学上, 狄拉克符号本质上是对偶空间表示, 详细讨论见附录 1.1.

1.3.1　量子态与狄拉克符号

在狄拉克的描述中, 物理状态可以由 "右矢" (ket) $|\psi\rangle, |\varphi\rangle, \cdots$ 表示, 它们张成了空间 V. 定义 V 上的内积

$$(|\varphi\rangle, |\psi\rangle) \equiv \langle\varphi|\psi\rangle \quad (\forall |\varphi\rangle, |\psi\rangle \in V), \tag{1.64}$$

则 V 变成一个内积空间. 需要指出的是, 内积定义是不唯一的.

定义 $\widehat{A}$ 的厄米共轭 $\widehat{A}^\dagger$: $\langle\varphi|\widehat{A}\psi\rangle = \langle\widehat{A}^\dagger\varphi|\psi\rangle$. 给定 $\widehat{A}$, 如果对于任意的 $|\psi\rangle, |\varphi\rangle \in V$ 有 $\langle\widehat{A}\varphi|\psi\rangle = \langle\varphi|\widehat{A}|\psi\rangle$, 则称 $\widehat{A}$ 是厄米的. 厄米算子 $\widehat{A} = \widehat{A}^\dagger$ 的本征方程

$$\widehat{A}|n\rangle = a_n|n\rangle, \quad n = 1, 2, \cdots \tag{1.65}$$

给出归一化的本征矢 $|n\rangle$ 和相应本征值 a_n. $\{|n\rangle\}$ 完备地张成了希尔伯特空间 V, 即对于任何一个态矢 $|\psi\rangle \in V$, 都有 $|\psi\rangle = \displaystyle\sum_n C_n|n\rangle$. 物理上, 要求所有可观测量 (下称力学量) 的算子 $\widehat{A}$ 必须是厄米的. 对 $|\psi\rangle, |\varphi\rangle \in V$, 如果 $\langle\psi|\varphi\rangle = 0$, 则称 $\langle\psi|\varphi\rangle$ 是正交的. 现在证明, $\langle m|n\rangle = \delta_{mn}$, 即厄米算子对应不同本征值的本征矢是正交的.

显然, $a_n \langle n|n \rangle = \langle n|\widehat{A}|n \rangle = \langle \widehat{A}^\dagger n|n \rangle = a_n^* \langle n|n \rangle$. 因为 $\langle n|n \rangle = 1$, 则 $a_n = a_n^*$. 取 $m \neq n$, 则有

$$\langle m|\widehat{A}|n \rangle = a_n \langle m|n \rangle = A_{mn}, \tag{1.66}$$

$$\langle \widehat{A}^\dagger m|n \rangle = a_m^* \langle m|n \rangle = a_m \langle m|n \rangle = A_{mn}^\dagger. \tag{1.67}$$

由厄米性 $A_{mn} = A_{mn}^\dagger$, 有 $a_n \langle m|n \rangle = a_m \langle m|n \rangle$, 或 $(a_n - a_m)\langle m|n \rangle = 0$. 假设 a_n 是非简并的, $a_n \neq a_m (n \neq m)$, 则证得

$$\langle m|n \rangle = \delta_{mn}. \tag{1.68}$$

力学量 $\widehat{A}$ 的本征矢集合 $\{|n\rangle\}$ 的完备性是指 V 上的任何一个矢量都可由 $\{|n\rangle\}$ 展开, 即

$$|\psi\rangle = \sum_m C_m|m\rangle, \quad \langle n|\psi\rangle = \sum_m C_m \langle n|m \rangle = \sum_m \delta_{nm} C_m = C_n. \tag{1.69}$$

这就是说, 在基矢 $\{|n\rangle\}$ 上, 任何 $|\psi\rangle$ 都可以被展开, 展开系数为相应基矢与被展开态矢的内积:

$$C_n = \langle n|\psi\rangle. \tag{1.70}$$

既然对任意的 $|\psi\rangle$, 有

$$|\psi\rangle = \sum_m |m\rangle\langle m|\psi\rangle, \tag{1.71}$$

于是得到完备性关系

$$\sum_m |m\rangle\langle m| = 1.$$

以上完备性关系是针对有限维空间证明的, 它可以推广到一般情况: 任何一个有上确界或下确界的厄米算子, 其本征态都是完备的. 其证明可见泛函分析或希尔伯特空间理论相关的图书. 物理学家易理解的证明见李政道的《场论与粒子物理学: 上册》, 曾谨言的《量子力学: 卷 I》也提到了该结论.

在不要求数学上严格论证的情况下, 我们把上述离散情形的所有结论推广到连续态情况, 如坐标本征函数 $|x\rangle$ 是坐标算子 $\widehat{X}$ 的本征态, 满足

$$\langle x|x'\rangle = \delta(x - x'), \quad \int |x\rangle\langle x|\mathrm{d}x = 1. \tag{1.72}$$

由此构成所谓的坐标表象. 在坐标表象下, 任意波函数 $|\psi\rangle = \int \psi(x)|x\rangle\mathrm{d}x$, 其中展开系

数 $\psi(x) = \langle x|\psi\rangle$. 以下我们证明动量算子的坐标表示 $\hat{p} = -\mathrm{i}\hbar\partial_x$. 由对易关系 $[\hat{x},\hat{p}] = \mathrm{i}\hbar$ 得

$$\langle x'|[\hat{x},\hat{p}]|x\rangle = \mathrm{i}\hbar\delta(x - x'). \tag{1.73}$$

代入 $[\hat{x},\hat{p}] = \hat{x}\hat{p} - \hat{p}\hat{x}$, 有

$$(x' - x)\langle x|\hat{p}|x'\rangle = \mathrm{i}\hbar\delta(x' - x). \tag{1.74}$$

这意味着动量算子在坐标表象下的矩阵元

$$\langle x'|\hat{p}|x\rangle = \frac{\mathrm{i}\hbar\delta(x' - x)}{x' - x}. \tag{1.75}$$

事实上, 根据

$$\int_{-\infty}^{\infty}\mathrm{d}x x\frac{\mathrm{d}}{\mathrm{d}x}\delta(x) = x\delta(x)\Big|_{-\infty}^{\infty} - \int_{-\infty}^{\infty}\mathrm{d}x\delta(x) = -1, \tag{1.76}$$

可以得到 δ 函数的如下性质:

$$x\frac{\mathrm{d}}{\mathrm{d}x}\delta(x) = -\delta(x). \tag{1.77}$$

利用该性质得到

$$\langle x'|\hat{p}|x\rangle = -\mathrm{i}\hbar\frac{\partial}{\partial x'}\delta(x' - x). \tag{1.78}$$

上述 $\hat{p}$ 在坐标表象中的矩阵表达式意味着 $\hat{p} = -\mathrm{i}\hbar\partial_x$.

现在把 $\hat{p}$ 作用在任意波函数 $|\psi\rangle$ 上, 检验上述结果的正确性:

$$\begin{aligned}
\langle x'|\hat{p}|\psi\rangle &= \int_{-\infty}^{\infty}\mathrm{d}x\langle x'|\hat{p}|x\rangle\langle x|\psi\rangle \\
&= \mathrm{i}\hbar\int_{-\infty}^{\infty}\mathrm{d}x\frac{\delta(x' - x)}{x' - x}\psi(x) \\
&= -\mathrm{i}\hbar\int_{-\infty}^{\infty}\mathrm{d}x\frac{\partial}{\partial x'}\delta(x' - x)\psi(x).
\end{aligned} \tag{1.79}$$

利用 $\hat{p}$ 的坐标表达式, 可以计算 $\hat{p}$ 在坐标表象中的本征函数 $|p\rangle$, $\hat{p}|p\rangle = p|p\rangle$. 令 $\varphi_p(x) = \langle x|p\rangle$, 则本征方程可写为 $\langle x|\hat{p}|p\rangle = p\langle x|p\rangle$. 故

$$\int\mathrm{d}x'\langle x|\hat{p}|x'\rangle\langle x'|p\rangle = p\varphi_p(x),$$

也就是说

$$-\mathrm{i}\hbar\frac{\partial}{\partial x}\varphi_p(x) = p\varphi_p(x), \tag{1.80}$$

由此解出

$$\varphi_p(x) = \frac{1}{\sqrt{2\pi\hbar}}\mathrm{e}^{\mathrm{i}px/\hbar}, \tag{1.81}$$

其中系数来自归一化条件.

1.3.2 算子、变换与测量

以上我们给出了量子态的基本数学描述. 其实, 我们可以分别用不同力学量 $\widehat{A}$ 和 $\widehat{B}$ 的本征态 $\{|n\rangle\}$ 和 $\{|\overline{n}\rangle\}$ 表达同一个量子态 $|\psi\rangle$:

$$|\psi\rangle = \sum_n A_n |n\rangle = \sum_n B_n |\overline{n}\rangle, \tag{1.82}$$

其中展开系数

$$A_n = \langle n|\psi\rangle = \sum_m \langle n|\overline{m}\rangle\langle\overline{m}|\psi\rangle. \tag{1.83}$$

由于 $B_m = \langle\overline{m}|\psi\rangle$, 我们得到不同表达系数 A_n 和 B_n 之间的线性变换 —— 表象变换:

$$A_n = \sum_m \langle n|\overline{m}\rangle B_m. \tag{1.84}$$

这个变换可写成矩阵形式

$$\boldsymbol{A} = \widehat{S}\boldsymbol{B}, \tag{1.85}$$

其中

$$\boldsymbol{A} = \begin{bmatrix} A_1 \\ A_2 \\ \vdots \\ A_N \end{bmatrix}, \quad \boldsymbol{B} = \begin{bmatrix} B_1 \\ B_2 \\ \vdots \\ B_N \end{bmatrix}, \quad \widehat{S} = \begin{bmatrix} \langle 1|\overline{1}\rangle & \langle 1|\overline{2}\rangle & \cdots & \langle 1|\overline{N}\rangle \\ \langle 2|\overline{1}\rangle & \langle 2|\overline{2}\rangle & \cdots & \langle 2|\overline{N}\rangle \\ \cdots & \cdots & \cdots & \cdots \\ \langle N|\overline{1}\rangle & \langle N|\overline{2}\rangle & \cdots & \langle N|\overline{N}\rangle \end{bmatrix}. \tag{1.86}$$

伴随着基矢的变换, 力学量 $\widehat{W}$ 要做相应的变换. 在 $\widehat{A}$ 表象下,

$$\widehat{W} = \sum_{m,n} \langle m|\widehat{W}|n\rangle |m\rangle\langle n| \equiv \sum_{m,n} W_{mn}|m\rangle\langle n|, \tag{1.87}$$

在 $\widehat{B}$ 表象下,

$$\widehat{W} = \sum_{m',n'} \langle \overline{m'}|\widehat{W}|\overline{n'}\rangle |\overline{m'}\rangle\langle \overline{n'}| \equiv \sum_{m',n'} W'_{m'n'}|\overline{m'}\rangle\langle \overline{n'}|, \tag{1.88}$$

则不难证明

$$\widehat{W'} = \widehat{S}^\dagger \widehat{W} \widehat{S}. \tag{1.89}$$

有了以上的表象与变换理论, 我们可以把坐标表象中的玻恩概率诠释在任意表象中加以表达. 根据玻恩概率诠释, 在坐标表象中, $|\psi\rangle = \int \psi(x)|x\rangle \mathrm{d}x$, 则 $\psi(x) = \langle x|\psi\rangle$ 和 $P(x) = |\psi(x)|^2$ 分别为在 x 点附近发现粒子的概率幅和概率密度, 概率密度满足归一化要求

$$\int P(x)\mathrm{d}x = \int \psi^*(x)\psi(x)\mathrm{d}x = 1, \tag{1.90}$$

或 $\langle\psi|\psi\rangle = 1$. 显然, 对于任意力学量 $\widehat{A}$ 的本征态 $|n\rangle$ (相应的本征值为 a_n), $|\psi\rangle = \sum_n C_n|n\rangle$, 展开系数可以由坐标表象中的波函数给出:

$$C_n = \langle n|\psi\rangle = \int \langle n|x\rangle\langle x|\psi\rangle \mathrm{d}x = \int \psi_n^*(x)\psi(x)\mathrm{d}x, \tag{1.91}$$

其中 $\psi_n(x) = \langle x|n\rangle$ 是本征态 $|n\rangle$ 的坐标表示, 而 C_n 代表了波包 $\psi(x)$ 与本征态波函数 $\psi_n(x)$ 重叠积分 (见图 1.3).

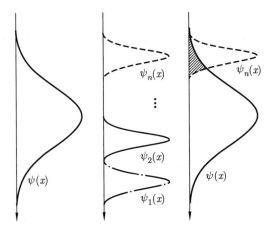

图 1.3   波包与展开系数的物理含义

根据玻恩概率诠释, $P(x) = |\psi(x)|^2$ 代表在 x 点发现粒子的概率密度, 则

$$\overline{x} = \langle\psi|x|\psi\rangle \tag{1.92}$$

代表粒子的平均位置. 如果 $\psi(x)$ 是一个波包, 例如高斯 (Gauss) 波包 (见图 1.4)

$$\psi(x) = \left(\frac{1}{2\pi a^2}\right)^{\frac{1}{4}} \mathrm{e}^{\mathrm{i}kx - \frac{(x-x_0)^2}{4a^2}}, \tag{1.93}$$

其中 a 是波包宽度, 则平均位置 $\overline{x} = x_0$ 与位置平方的平均值 $\overline{x^2} = a^2 + x_0^2$, 给出均方根涨落, 它代表波包宽度:

$$\Delta x = \sqrt{\overline{x^2} - \overline{x}^2} = a \tag{1.94}$$

(计算中我们用了积分公式 $\int \mathrm{d}x \exp(-a^2x^2 \pm 2\mathrm{i}bx) = \sqrt{\pi}a^{-1}\exp(-b^2/a^2)$). 当 $a \to 0$ 时, $\psi(x)$ 趋近 δ 函数, $\psi(x) \to \delta(x - x_0)$, 这正是 x 的本征函数 $|x\rangle$. 我们还可以计算动量 $\widehat{p}$ 的平均值:

$$\overline{p} = \int |\psi(p)|^2 p\mathrm{d}p = \langle\psi|p|\psi\rangle = \int \psi^*(x)\langle x|\widehat{p}|x'\rangle\psi(x')\mathrm{d}x\mathrm{d}x' = k. \tag{1.95}$$

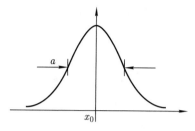

图 1.4 高斯波包

类比 x 和 p 的平均值定义 (1.92) 和 (1.95), 我们可以定义任意力学量 $\widehat{A}$ 的平均值, 或称期望值 (expectation):

$$\overline{A} = \int \psi^*(x)\langle x|\widehat{A}|x'\rangle\psi(x')\mathrm{d}x\mathrm{d}x' = \langle\psi|\widehat{A}|\psi\rangle.$$

对于 $\psi(x)$ 的 A 表象表示 $\psi(x) = \sum_n C_n\psi_n(x)$, 由波函数的归一化条件可以得到 $P_n = |C_n|^2$ 及其满足的要求

$$\sum_n P_n = \sum_n |C_n|^2 = \langle\psi|\psi\rangle = \int \psi^*(x)\psi(x)\mathrm{d}x = 1, \tag{1.96}$$

我们有力学量 $\widehat{A}$ 的 "期望值" 的一般表达式

$$\overline{A} \equiv \langle\psi|\widehat{A}|\psi\rangle = \sum_n |C_n|^2 a_n = \sum_n P_n a_n. \tag{1.97}$$

上述分析给出玻恩概率诠释在任意表象中的表述.

玻恩概率诠释　在 $|\psi\rangle = \sum_n C_n|n\rangle$ 上测量 $\widehat{A}$ 得到的结果是随机的, 每次测量只给出一个值 a_n, 其概率为 P_n, 它的期望值就是平均值.

我们注意到在本征态 $|n\rangle$ 上测得 $\widehat{A}$ 的平均值为 $\langle n|\widehat{A}|n\rangle = a_n$, 是 $\widehat{A}$ 的本征值 a_n 本身.

现在我们进一步证明如下命题.

命题 1.1　只有在本征态 $|n\rangle$ 上测得力学量 $\widehat{A}$ 的结果是 "确定的", 即测量值为 $\overline{A}$ 时的涨落均方差为最小.

证明　计算在 $|\psi\rangle$ 上测 $\widehat{A}$ 得到平均值 $\overline{A}$ 的均方差涨落:

$$\begin{aligned}
\overline{(\Delta A)^2} &= \langle\psi|(\widehat{A} - \overline{A})^2|\psi\rangle \\
&= \langle\psi|\widehat{A}^2|\psi\rangle - \overline{A}^2 \\
&= \langle(\widehat{A} - \overline{A})\psi|(\widehat{A} - \overline{A})\psi\rangle, \tag{1.98}
\end{aligned}$$

即 $\overline{(\Delta A)^2}$ 是一个矢量 $|\phi\rangle = (\widehat{A} - \overline{A})|\psi\rangle$ 的模平方. 因此, 当且仅当 $|\phi\rangle = (\widehat{A} - \overline{A})|\psi\rangle = 0$ 时, $\overline{(\Delta A)^2} = 0$, 这时我们得到的结果是确切的, $\widehat{A}|\psi\rangle = \overline{A}|\psi\rangle$, 在 $|\psi\rangle$ 上测得的只能是 $\widehat{A}$ 的一个本征值.

上述分析表明, 基于坐标表象的玻恩概率诠释, 我们定义的期望值 $\overline{A} = \langle\psi|\widehat{A}|\psi\rangle$ 可以作为实验测量 $\widehat{A}$ 的平均结果, 在 $\widehat{A}$ 的本征态上, 这个结果是确定的.

思考题 如果要求测量的高阶 (如三阶、四阶等) 涨落为零, 是否也能判定系统必须处于本征态上?

1.3.3 量子力学公设与不确定关系

由上述讨论可以得出玻恩诠释在一般表象下的推广 —— 量子力学第二公设的一般形式.

量子力学第二公设 设 $|n\rangle$ 是厄米算子 $\widehat{A}$ 对应于本征值 λ_n 的本征态, $\widehat{A}|n\rangle = \lambda_n|n\rangle$. 在任意波函数 $|\psi\rangle = \sum_n C_n|n\rangle$ 上测量 $\widehat{A}$, $P_n = |C_n|^2$ 代表在 $|\psi\rangle$ 态上测得 λ_n 的概率.

综上所述, 到目前为止, 量子力学的原理可简洁地归纳如下.

(1) 量子态与力学量公设.

波函数公设 量子系统的每一个状态, 都可以由希尔伯特空间中的一个非零向量来描述. 这个向量叫作系统的量子态, 其坐标空间表示叫作波函数. 希尔伯特空间是由定义在物理系统位形空间上平方可积复值函数的全体构成的, 这个空间也称为系统的状态空间.

算子公设 物理系统的每一个力学量 $\widehat{A}$, 都可以描述成系统状态空间上的一个厄米算子, 特别是动量算子 $\widehat{p}$ 和坐标算子 $\widehat{x}$, 满足基本对易关系 $[\widehat{x}, \widehat{p}] = i\hbar$, 对于经典力学量函数 $F(p, q)$, 按照一定次序的级数展开可以把 p 和 q 换为它们的算子.

(2) 力学量期望值公设.

力学量期望值公设 当系统处于状态 $|\psi\rangle$ 时, 测量任何一个力学量 $\widehat{A}$ 的测量结果都是不确定的, 每一次测得的可能值是其本征值之一, 但其平均值是

$$\overline{A} \equiv \langle\widehat{A}\rangle = \frac{\langle\psi|\widehat{A}|\psi\rangle}{\langle\psi|\psi\rangle}. \tag{1.99}$$

若要求 $|\psi\rangle$ 是归一化的, $\langle\psi|\psi\rangle = 1$, 则 $\overline{A} = \langle\psi|\widehat{A}|\psi\rangle$.

根据以上证明, 这个公设与上述 "量子力学第二公设" 完全等价.

(3) 动力学演化公设 (见第二章).

动力学演化公设 微观系统演化满足薛定谔方程 $i\hbar\partial_t\psi(t) = \widehat{H}\psi(t)$, 它的解由初值 $|\psi(0)\rangle$ 唯一确定, 其中哈密顿算子 $\widehat{H}$ 由经典哈密顿量 $H(p,q)$ 把 p 和 q 变成算子得到.

需要说明的是, 从薛定谔方程出发, 可以得到力学量 $\widehat{A}$ 满足的算子方程

$$\dot{\widehat{A}} = \frac{1}{i\hbar}[\widehat{A}, \widehat{H}]. \tag{1.100}$$

这个方程称为海森堡方程, 详细讨论见第二章.

(4) 全同粒子公设 (见第三章).

全同粒子公设 在四维时空中, 全同的多粒子系统的波函数, 在粒子交换下对称或反对称.

以上几条公设, 构成了量子力学公理体系, 与它们的推论一道, 可用来完整地描述微观世界运动, 解释迄今为止所有的实验. 在很多量子力学教科书或专著中, 把上述四条基本公设的若干推论 (如不确定关系、互补原理、对应原理) 也放在量子力学公理体系中来. 从构造理论体系的角度讲, 这是不够严谨的. 而根据哥本哈根诠释把波包塌缩作为基本公设也引入量子力学, 会造成量子力学思想上的混乱. 这方面的详细讨论参见孙昌璞的《量子力学诠释问题》(物理, 2017, 46 (8): 481) 一文及其引文, 或后面章节中对量子力学基本问题的讨论.

例如, 不确定关系是玻恩诠释的一个推论. 定义 $\Delta A = \widehat{A} - \overline{A}$ 和 $\Delta B = \widehat{B} - \overline{B}$ 为可观测量 $\widehat{A}$ 和 $\widehat{B}$ 的涨落算子, 则 $\overline{(\Delta A)^2} = \overline{A^2} - \overline{A}^2$. 通常不确定关系可表达为

$$\overline{(\Delta A)^2}\,\overline{(\Delta B)^2} \geqslant \frac{1}{4}\overline{[\widehat{A},\widehat{B}]^2}, \tag{1.101}$$

简记为

$$\Delta A\Delta B \geqslant \frac{1}{2}\left|\overline{[\widehat{A},\widehat{B}]}\right|. \tag{1.102}$$

它限制了同时测量 $\widehat{A}$ 和 $\widehat{B}$ 的理论精度. 对于特例 $[\widehat{x},\widehat{p}] = i\hbar$, 则 $\Delta x\Delta p \geqslant \hbar/2$.

可以在一个有更大下限的情形下证明上述对易关系, 即我们先证明更紧致的不确定关系

$$\overline{(\Delta A)^2}\,\overline{(\Delta B)^2} \geqslant \frac{1}{4}\left|\overline{[A,B]}\right|^2 + \frac{1}{4}\left|\overline{\{\Delta A,\Delta B\}}\right|^2. \tag{1.103}$$

设系统的态矢为 $|\psi\rangle$, 并记

$$|\alpha\rangle = \Delta A|\psi\rangle, \quad |\beta\rangle = \Delta B|\psi\rangle,$$

于是 $\overline{(\Delta A)^2} = \langle\alpha|\alpha\rangle$, $\overline{(\Delta B)^2} = \langle\beta|\beta\rangle$, $\overline{\Delta A\Delta B} = \langle\alpha|\beta\rangle$. 根据施瓦茨 (Schwarz) 不等式,

$$\langle\alpha|\alpha\rangle\langle\beta|\beta\rangle \geqslant |\langle\alpha|\beta\rangle|^2,$$

即

$$\overline{(\Delta A)^2}\,\overline{(\Delta B)^2} \geqslant \left|\overline{\Delta A \Delta B}\right|^2.$$

任意两算子乘积都可以分解为其对易子与反对易子:

$$\Delta A \Delta B = \frac{1}{2}[\Delta A, \Delta B] + \frac{1}{2}\{\Delta A, \Delta B\}.$$

对易子为厄米算子, 其期望值为实数, 反对易子为反厄米算子, 其期望值为纯虚数, 故

$$\left|\overline{\Delta A \Delta B}\right|^2 = \frac{1}{4}\left|\overline{[\Delta A, \Delta B]}\right|^2 + \frac{1}{4}\left|\overline{\{\Delta A, \Delta B\}}\right|^2.$$

考虑到 $[\Delta A, \Delta B] = [A, B]$, 我们即证明了上述不确定关系.

1.4 表象理论: 薛定谔表象和海森堡表象

设 V 是系统的希尔伯特空间, $\widehat{H} = \widehat{H}_{\mathrm{S}}(t)$ 为系统的哈密顿量 (一般可以含时), 薛定谔表象由不含时正交归一基矢 $\{|1\rangle, |2\rangle, \cdots, |m\rangle, \cdots\}$ 定义. 相应的海森堡表象由基矢 $\{|1(t)\rangle, |2(t)\rangle, \cdots, |m(t)\rangle, \cdots\}$ 定义, 它们满足如下的运动方程和初值条件:

$$\begin{cases} \mathrm{i}\hbar\dfrac{\partial}{\partial t}|m(t)\rangle = \widehat{H}_{\mathrm{S}}(t)|m(t)\rangle, \\ |m(0)\rangle = |m\rangle. \end{cases} \tag{1.104}$$

下面我们证明该组基矢满足正交归一条件 $\langle m(t)|n(t)\rangle = \delta_{mn}$.

事实上, 对上述运动方程两边取厄米共轭, 有

$$\frac{\partial}{\partial t}\langle m(t)| = -\frac{1}{\mathrm{i}\hbar}\langle m(t)|\widehat{H}_{\mathrm{S}}(t). \tag{1.105}$$

结合运动方程, 计算内积随时间的演化:

$$\begin{aligned} \frac{\partial}{\partial t}\langle m(t)|n(t)\rangle &= \left[\frac{\partial}{\partial t}\langle m(t)|\right]|n(t)\rangle + \langle m(t)|\left[\frac{\partial}{\partial t}|n(t)\rangle\right] \\ &= \frac{1}{\mathrm{i}\hbar}[-\langle m(t)|\widehat{H}_{\mathrm{S}}(t)|n(t)\rangle + \langle m(t)|\widehat{H}_{\mathrm{S}}(t)|n(t)\rangle] = 0, \end{aligned} \tag{1.106}$$

亦即 $\partial_t\langle m(t)|n(t)\rangle = 0$, 即 $\langle m(t)|n(t)\rangle =$ 常数. 再利用初始条件

$$\langle m(t)|n(t)\rangle = \langle m(0)|n(0)\rangle = \delta_{mn}, \tag{1.107}$$

即 t 时刻海森堡表象基矢的内积与零时刻的相同, 而零时刻该基矢与薛定谔表象下的一致, 因此, $\{|m(t)\rangle\}$ 满足正交归一关系.

在原来的薛定谔表象下, 波函数满足

$$\begin{cases} i\hbar\dfrac{\partial}{\partial t}|\psi(t)\rangle = \widehat{H}_S(t)|\psi(t)\rangle, \\ |\psi(t=0)\rangle = |\psi(0)\rangle. \end{cases} \tag{1.108}$$

按照海森堡表象基矢展开波函数 $|\psi(t)\rangle$:

$$|\psi(t)\rangle = \sum_n C_n(t)|n(t)\rangle. \tag{1.109}$$

利用 $\langle m(t)|n(t)\rangle = \delta_{mn}$, 可得

$$C_n(t) = \langle n(t)|\psi(t)\rangle = \langle n(0)|\psi(0)\rangle = \langle n|\psi(0)\rangle = C_n, \tag{1.110}$$

即展开系数 $C_n(t)$ 与初态在薛定谔表象基矢上的展开系数 C_n 相同.

设 $A_S(t)$ 是薛定谔表象中的力学量 (如交变电磁场中电子运动的含时哈密顿量), 时变力学量在海森堡表象下的矩阵表示为

$$A_{mn}(t) = \langle m(t)|\widehat{A}_S(t)|n(t)\rangle. \tag{1.111}$$

下面我们证明, 写为矩阵形式的力学量 $\widehat{A}(t)$ 满足以下的海森堡运动方程:

$$i\hbar\dot{\widehat{A}}(t) = [\widehat{A}(t), \widehat{H}(t)] + i\hbar\frac{\partial\widehat{A}_S(t)}{\partial t}. \tag{1.112}$$

这个关于力学量的方程被称为海森堡运动方程.

下面采用记号 $f(t) = f$. 我们先计算

$$\begin{aligned} i\hbar\frac{\partial}{\partial t}\langle m|\widehat{A}_S|n\rangle &= i\hbar\langle\frac{\partial}{\partial t}m|\widehat{A}_S|n\rangle + i\hbar\langle m|\widehat{A}_S\frac{\partial}{\partial t}|n\rangle + i\hbar\langle m|\left(\frac{\partial}{\partial t}\widehat{A}_S\right)|n\rangle \\ &= \langle m| - \widehat{H}_S\widehat{A}_S + \widehat{A}_S\widehat{H}_S|n\rangle + i\hbar\langle m|\left(\frac{\partial}{\partial t}\widehat{A}_S\right)|n\rangle \\ &= \sum_l (\langle m|\widehat{A}_S|l\rangle\langle l|\widehat{H}_S|n\rangle - \langle m|\widehat{H}_S|l\rangle\langle l|\widehat{A}_S|n\rangle) + i\hbar\langle m|\left(\frac{\partial}{\partial t}\widehat{A}_S\right)|n\rangle. \end{aligned}$$

这里, 我们特别强调海森堡方程最后一项 $i\hbar\partial_t\widehat{A}_S(t)$ 的定义是 $\partial\widehat{A}_S(t)/\partial t$ 在时变基矢 $\{|n(t)\rangle\}$ 下的矩阵元, 和运动方程没有任何关系. 当薛定谔表象中的算子 $\widehat{A}_S$ 不显含时间时, 海森堡方程变为

$$i\hbar\frac{\partial}{\partial t}\widehat{A}(t) = [\widehat{A}(t), \widehat{H}(t)]. \tag{1.113}$$

定义演化算子 $\widehat{U}(t)$:

$$\begin{aligned} i\hbar\frac{\partial}{\partial t}\widehat{U}(t) &= \widehat{H}\widehat{U}(t), \\ \widehat{U}(0) &= \widehat{I}, \end{aligned}$$

我们得到描述量子力学的两种等价的基本方式 (见表 1.2, $\widehat{A}_{\mathrm{S}}$ 不显含时间 t).

表 1.2 海森堡表象与薛定谔表象

海森堡表象	薛定谔表象
波函数 $|\psi_{\mathrm{H}}(t)\rangle = |\psi(0)\rangle$ 不随时间变化	波函数 $|\psi(t)\rangle$ 随时间变化
算子 $\widehat{A}(t)$ 随时间变化	算子 $\widehat{A}$ 不随时间变化
矩阵方程: $\dot{\widehat{A}}(t) = \dfrac{1}{\mathrm{i}\hbar}[\widehat{A}(t), \widehat{H}(t)]$	波动方程: $\mathrm{i}\hbar\dfrac{\partial}{\partial t}|\psi(t)\rangle = \widehat{H}|\psi(t)\rangle$
初值条件: $\widehat{A}(0) = \widehat{A}$	初值条件: $|\psi(0)\rangle = |\psi(0)\rangle$
$|\psi(t)\rangle = \widehat{U}(t)|\psi(0)\rangle, \widehat{A}(t) = \widehat{U}^{\dagger}(t)\widehat{A}\widehat{U}(t)$	

以上讨论在没有引入玻恩概率诠释的前提下证明了薛定谔方程和海森堡方程在动力学的意义上是等价的. 因此, 上述关于薛定谔方程和海森堡方程等价性的证明与玻恩概率诠释无关. 以下进一步证明这两种表象在测量的意义下也是等价的, 而玻恩概率诠释决定了两种表象测量意义下的等价性. 在薛定谔表象中, 量子系统在 $t = 0$ 时处于 $|\psi(0)\rangle = \sum\limits_{n} C_n|n\rangle$, 其中 $|n\rangle$ 是 $\widehat{A}$ 的本征态, 相应本征值为 a_n. 在 t 时刻, 波函数变为

$$|\psi(t)\rangle = \widehat{U}(t)|\psi(0)\rangle = \sum_n C_n\widehat{U}(t)|n\rangle = \sum_m \left(\sum_n C_n\langle m|\widehat{U}(t)|n\rangle\right)|m\rangle. \tag{1.114}$$

此时测得 $\widehat{A}$ 取值为 a_m 的概率为

$$P_m^{\mathrm{S}} = \left|\sum_n C_n\langle m|\widehat{U}(t)|n\rangle\right|^2 = |\langle m|\widehat{U}(t)|\psi(0)\rangle|^2, \tag{1.115}$$

其中利用了 $C_n = \langle n|\psi(0)\rangle$. 因此, 测得 $\widehat{A}$ 的平均值为

$$\overline{A}_{\mathrm{S}} = \sum_m P_m^{\mathrm{S}} a_m = \langle\psi(0)|\widehat{U}^{\dagger}(t)\widehat{A}\widehat{U}(t)|\psi(0)\rangle. \tag{1.116}$$

在海森堡表象下, 考虑如何测量 $\widehat{A}(t) = \widehat{U}^{\dagger}(t)A\widehat{U}(t)$. $\widehat{A}(t)$ 的本征函数

$$|m(t)\rangle = \widehat{U}^{\dagger}(t)|m\rangle \tag{1.117}$$

对应于本征值 a_m. 在海森堡表象态 $|\psi(0)\rangle = \sum\limits_{m}\langle m(t)|\psi(0)\rangle|m(t)\rangle$ 上测得 a_m 的概率为

$$P_m^{\mathrm{H}} = |\langle m(t)|\psi(0)\rangle|^2 = |\langle m|\widehat{U}(t)|\psi(0)\rangle|^2 = P_m^{\mathrm{S}}, \tag{1.118}$$

与薛定谔表象测得的概率是一样的, 从而相应的期望值也是一样的, 即

$$\overline{A_{\mathrm{H}}} = \langle \psi(0)|\widehat{A}(t)|\psi(0)\rangle = \overline{A_{\mathrm{S}}}. \tag{1.119}$$

以上分析表明, 基于量子力学的标准诠释 —— 玻恩诠释, 在两种表象下描述力学量的测量, 不仅得到的期望值是一样的, 而且测得每一个随机结果, 事件发生的概率也是一样的. 历史上, 薛定谔和埃卡特几乎同时证明了量子力学这两种表述的等价性. 从这个意义上讲, 矩阵力学和波动力学对微观世界的描述是等价的.

1.5 量子态的密度矩阵

密度矩阵最早是冯·诺依曼在 1927 年引入的, 不久后朗道 (Landau) 对它的物理应用进行了系统的讨论. 在量子信息论的研究中, 密度矩阵方法普遍地被用来处理实际问题.

1.5.1 纯态密度矩阵

设 $|\psi\rangle = \sum_n C_n |n\rangle$, 则在 $|\psi\rangle$ 测得 $\widehat{A}$ 的平均值为

$$\overline{A} = \sum_n |C_n|^2 a_n = \sum_n \langle n|\psi\rangle\langle\psi|n\rangle a_n = \sum_n \langle n|\psi\rangle\langle\psi|\widehat{A}|n\rangle = \mathrm{Tr}(\widehat{A}\widehat{\rho}_\psi). \tag{1.120}$$

以上引入的纯态密度矩阵 $\widehat{\rho}_\psi = |\psi\rangle\langle\psi|$ 是一个厄米算子. 其中操作 Tr 代表对矩阵 $\widehat{W}$ 的求迹, 即对其对角元求和:

$$\mathrm{Tr}(\widehat{W}) = \sum_n \langle n|\widehat{W}|n\rangle. \tag{1.121}$$

其实, $\widehat{\rho}_\psi$ 是一个投影算子, $\widehat{\rho}_\psi\widehat{\rho}_\psi = \widehat{\rho}_\psi$, 这表明其本征值是 1, 特别是 $\mathrm{Tr}(\widehat{\rho}_\psi) = 1$. 显然纯态 $\widehat{\rho}_\psi$ 的矩阵元 $(\widehat{\rho}_\psi)_{mn} = \langle m|\widehat{\rho}_\psi|n\rangle = \psi_m\psi_n^*$, 其中 $\psi_m = \langle m|\psi\rangle$.

提出密度矩阵的基本目的是进一步描述量子态的混合. 对于大量微观系统组成的集合, 我们就某一力学量进行测量, 并且只收集特定测量结果的样品集合. 如果它们都处在同一个量子态上, 则这个集合称为纯态系综; 如果收集不同结果的样品, 它们按照一定的相对丰度处于不同的量子态, 这样样品的集合称为混合态系综. 这个描述性定义包含了未加预先定义的基本观念, 涉及量子力学相当基础的物理问题, 如: (1) 什么是量子力学中的测量? (2) 什么是量子系统构成的系综? 混合与相干叠加有什么关系?

现在我们讨论密度矩阵的物理含义. 考虑如图 1.5 所示的双缝实验, 我们笼统地用 $|\psi_1\rangle$ ($|\psi_2\rangle$) 代表只打开缝 1 (缝 2) 时的波函数, 则 $|\psi\rangle = \dfrac{1}{\sqrt{2}}(|\psi_1\rangle + |\psi_2\rangle)$ 代表两个

缝同时打开时的波函数. 对于纯态系统, 在粒子离开双缝之前不做任何测量, 只是在屏上收集所有样品, 系统状态的纯态密度矩阵

$$\widehat{\rho} = |\psi\rangle\langle\psi| = \frac{1}{2}[|\psi_1\rangle\langle\psi_1| + |\psi_2\rangle\langle\psi_2| + (|\psi_1\rangle\langle\psi_2| + h.c.)], \tag{1.122}$$

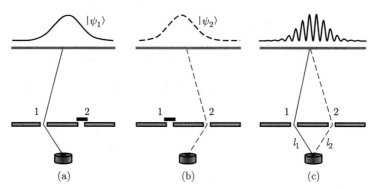

图 1.5　双缝实验示意图

或者在基矢 $\{|\psi_1\rangle, |\psi_2\rangle\}$ 上, $|\psi\rangle$ 的密度矩阵写成矩阵形式

$$\widehat{\rho} = \frac{1}{2}\begin{bmatrix} 1 & 1 \\ 1 & 1 \end{bmatrix}, \tag{1.123}$$

它代表了一个纯态系综. 密度矩阵坐标表示的对角元

$$\rho(x) \equiv \langle x|\widehat{\rho}|x\rangle = |\psi(x)|^2 \equiv |\langle x|\psi\rangle|^2, \tag{1.124}$$

代表空间上的概率密度分布. 展开得到

$$\rho(x) = \langle x|\widehat{\rho}|x\rangle = \frac{1}{2}[|\psi_1(x)|^2 + |\psi_2(x)|^2 + \psi_1^*(x)\psi_2(x) + \psi_2^*(x)\psi_1(x)], \tag{1.125}$$

其中 $\psi_\alpha(x) = \langle x|\psi_\alpha\rangle$ $(\alpha = 1, 2)$ 代表仅单缝开放时的密度分布的概率幅, 而 (1.122) 式中的非对角项意味着量子相干给出干涉条纹.

　　为了具体理解非对角项的物理意义, 我们考虑物质波的干涉. 假设源远离双缝, $|\psi_1\rangle$ 和 $|\psi_2\rangle$ 近似为平面波, 即

$$\psi_1(x) \sim \mathrm{e}^{\mathrm{i}kx}, \quad \psi_2(x) \sim \mathrm{e}^{\mathrm{i}k(x+d)}, \tag{1.126}$$

d 代表在屏上物质波的 "光程" 差. 由此计算密度矩阵的坐标表示, 有

$$\rho(x) = 1 + \frac{1}{2}(\mathrm{e}^{\mathrm{i}kd} + \mathrm{e}^{-\mathrm{i}kd}) = 1 + \cos kd. \tag{1.127}$$

一般说来, 在屏上不同位置对应的 d 是不相同的, 因此 $\rho(x)$ 的非对角项描述出现在屏上的干涉条纹.

可以证明纯态密度矩阵有如下的基本性质:

(1) 厄米性:

$$\widehat{\rho}^\dagger = \widehat{\rho}. \tag{1.128}$$

(2) 归一性:

$$\mathrm{Tr}(\widehat{\rho}) = 1. \tag{1.129}$$

(3) 投影性:

$$\widehat{\rho}^2 = \widehat{\rho}. \tag{1.130}$$

(4) 正定性:

$$\widehat{\rho} \geqslant 0. \tag{1.131}$$

我们仅证明正定性: 一个算子 $\widehat{A}$ 是正定的, 当且仅当对任何 $|\psi\rangle$, $\langle\psi|\widehat{A}|\psi\rangle \geqslant 0$. 对于纯态 $\widehat{\rho} = |\phi\rangle\langle\phi|$, $\langle\psi|\widehat{\rho}|\psi\rangle = |\langle\phi|\psi\rangle|^2 \geqslant 0$, 故 $\widehat{\rho}$ 是正定的.

1.5.2 混合态密度矩阵

下面讨论混合态的密度矩阵, 它描述了混合系综. 考虑由 N 个系统所组成的系综, 其中处在 $\widehat{A}$ 的本征态 $|n\rangle$ 上的概率为 P_n, 则相对于系综而言测量 $\widehat{A}$ 得到的平均值是

$$\langle\widehat{A}\rangle = \sum_n P_n a_n = \sum_n P_n \langle n|\widehat{A}|n\rangle = \mathrm{Tr}(\widehat{\rho}\widehat{A}), \tag{1.132}$$

这里混合态的密度矩阵定义为

$$\widehat{\rho} = \sum_n P_n |n\rangle\langle n|. \tag{1.133}$$

对于另一个与 $\widehat{A}$ 不对易的算子 $\widehat{B}([\widehat{A}, \widehat{B}] \neq 0)$, 在这个系综上, 其平均值为

$$\langle\widehat{B}\rangle = \sum_n P_n \overline{B}_n = \sum_n P_n \langle n|\widehat{B}|n\rangle = \mathrm{Tr}(\widehat{\rho}\widehat{B}). \tag{1.134}$$

这个平均包含了经典平均和量子平均两个步骤, 第一步在每一个态 $|n\rangle$ 上做算子平均 $\langle n|\widehat{B}|n\rangle = \overline{B}_n$, 第二步做统计平均 $\sum_n P_n \overline{B}_n$. 因此, 对于形如 (1.133) 式的混合态 $\widehat{\rho}$ 而言, 任何力学量期望值都与其非对角元无关. 对纯态或混合系统, 以上的求平均值公式都是适用的.

因而, 对于给定基矢的任意形式密度矩阵

$$\hat{\rho} = \sum_{m,n} \rho_{mn}|m\rangle\langle n| \quad (\rho_{mn} = \rho_{nm}^*) \tag{1.135}$$

描述的系统, 由于 $\hat{A}|n\rangle = a_n|n\rangle$, 则 $\hat{A}$ 的平均值只与对角元 ρ_{nn} 有关, 而 $\hat{B}$ 的平均值 $\langle \hat{B} \rangle = \sum_n P_n \langle n|\hat{B}|n\rangle + \sum_{m \neq n} \rho_{mn}\langle m|\hat{B}|n\rangle$ 却包含了非对角元的贡献.

可以证明, 一般的混合态密度矩阵 $\hat{\rho}$ 具有以下性质:

(1) 归一性:

$$\mathrm{Tr}(\hat{\rho}) = 1. \tag{1.136}$$

(2) 厄米性:

$$\hat{\rho}^\dagger = \hat{\rho}. \tag{1.137}$$

(3) 非投影性:

$$\hat{\rho}^2 \neq \hat{\rho}. \tag{1.138}$$

(4) 平方迹下限约束:

$$\mathrm{Tr}(\hat{\rho}^2) < 1. \tag{1.139}$$

以下只证明性质 (4).

对于任何一个混合态, 我们总可以找到一组基矢 $\{|n\rangle\}$, 使得 $\hat{\rho} = \sum_n P_n|n\rangle\langle n|$, 因此

$$\mathrm{Tr}(\hat{\rho}^2) = \mathrm{Tr}\left(\sum_n P_n|n\rangle\langle n| \sum_m P_m|m\rangle\langle m|\right) = \mathrm{Tr}\left(\sum_n P_n^2|n\rangle\langle n|\right)$$
$$= \sum_n P_n^2 < \sum_n P_n = 1. \tag{1.140}$$

密度矩阵的演化满足一定的运动方程, 为了找到这个运动方程, 我们从含时薛定谔方程

$$\mathrm{i}\hbar\frac{\partial}{\partial t}|\psi\rangle = \hat{H}|\psi\rangle \tag{1.141}$$

出发, 并取它的厄米共轭

$$-\mathrm{i}\hbar\frac{\partial}{\partial t}\langle\psi| = \langle\psi|\hat{H}, \tag{1.142}$$

然后, 对密度矩阵的定义式 $\hat{\rho} = \sum_n P_n|\psi_n\rangle\langle\psi_n|$ 求导数, 得到

$$\mathrm{i}\hbar\frac{\partial}{\partial t}\hat{\rho} = \mathrm{i}\hbar\sum_n P_n(|\dot{\psi}_n\rangle\langle\psi_n| + |\psi_n\rangle\langle\dot{\psi}_n|)$$
$$= \sum_n P_n(\hat{H}\hat{\rho}_n^{\mathrm{pure}} - \hat{\rho}_n^{\mathrm{pure}}\hat{H}) = [\hat{H}, \hat{\rho}]. \tag{1.143}$$

于是我们得到密度矩阵满足的冯·诺依曼方程

$$i\hbar\frac{\partial}{\partial t}\widehat{\rho} = [\widehat{H}, \widehat{\rho}]. \tag{1.144}$$

把量子力学中的冯·诺依曼方程与经典的刘维尔 (Liouville) 方程对应, 密度算子的演化同样可以通过一个幺正变换来描述, 这个时间演化算子 (也叫作传播子)$\widehat{U}(t, t_0)$ 定义为

$$\widehat{U}(t, t_0) = e^{-i\widehat{H}(t-t_0)/\hbar}. \tag{1.145}$$

它使我们可以将某时刻 t 的密度算子和稍早一些时候的 t_0 时的密度算子联系起来:

$$\widehat{\rho}(t) = \widehat{U}(t, t_0)\widehat{\rho}(t_0)\widehat{U}^{\dagger}(t, t_0). \tag{1.146}$$

有了 (1.146) 式, 我们可以立刻证明, 密度矩阵的纯度 $\mathrm{Tr}(\widehat{\rho}^2)$ 是不随时间演化的:

$$\mathrm{Tr}(\widehat{\rho}^2(t)) = \mathrm{Tr}(\widehat{U}\widehat{\rho}(t_0)\widehat{U}^{\dagger}\widehat{U}\widehat{\rho}(t_0)\widehat{U}^{\dagger}) = \mathrm{Tr}(\widehat{\rho}(t_0)\widehat{\rho}(t_0)\widehat{U}^{\dagger}\widehat{U}) = \mathrm{Tr}(\widehat{\rho}^2(t_0)). \tag{1.147}$$

上述证明中, 我们利用了求迹操作的循环性.

1.5.3 布洛赫球与量子比特

以下我们讨论二能级系统的密度矩阵表示及其时间演化. 如果用 $|0\rangle = |\downarrow\rangle$ 和 $|1\rangle = |\uparrow\rangle$ 代表二能级系统的两个态, 则构成了所谓的量子比特. 它是量子信息处理和量子计算的基本单元, 即用 $|0\rangle$ 和 $|1\rangle$ 代替经典比特 0 和 1, 并遵循量子力学的规律 (控制时间演化给出的幺正变换) 进行信息处理.

一般说来, 对于一个自旋 1/2 的粒子或二能级系统, 其自旋态的密度算子将是厄米的 2×2 的一个迹为 1 的矩阵, 这个矩阵是恒等映射 $\widehat{\sigma}_0 = \widehat{I}$ 和泡利算子

$$\widehat{\sigma}_1 = \widehat{\sigma}_x = \begin{bmatrix} 0 & 1 \\ 1 & 0 \end{bmatrix}, \quad \widehat{\sigma}_2 = \widehat{\sigma}_y = \begin{bmatrix} 0 & -i \\ i & 0 \end{bmatrix}, \quad \widehat{\sigma}_3 = \widehat{\sigma}_z = \begin{bmatrix} 1 & 0 \\ 0 & -1 \end{bmatrix} \tag{1.148}$$

的一个一般的线性组合:

$$\widehat{\rho} = \frac{1}{2}(\widehat{\sigma}_0 + \boldsymbol{a}\cdot\widehat{\boldsymbol{\sigma}}) = \frac{1}{2}\begin{bmatrix} 1+a_3 & a_1 - ia_2 \\ a_1 + ia_2 & 1 - a_3 \end{bmatrix}, \tag{1.149}$$

其中 $\boldsymbol{a} = (a_1, a_2, a_3)$ 叫作布洛赫矢量. 经过计算证明, 布洛赫矢量 $\boldsymbol{a}$ 就是泡利算子的期望值:

$$\boldsymbol{a} = \mathrm{Tr}(\widehat{\rho}\widehat{\boldsymbol{\sigma}}) = \langle\widehat{\boldsymbol{\sigma}}\rangle. \tag{1.150}$$

利用泡利矩阵的性质, 可以证明 (1.150) 式.

笼统地说, $|\boldsymbol{a}| = 1$, 布洛赫矢量 $\boldsymbol{a}$ 决定了布洛赫球面. 其表面和内部的点构成了布洛赫球 (BS). 严格一点, 我们在欧氏空间 $\mathbb{R}^3 : \{(x, y, z) | x, y, z \in \mathbb{R}\}$ 中定义布洛赫球 (见图 1.6):

$$\{\boldsymbol{r} = (x, y, z) | r = |\boldsymbol{r}| \leqslant 1\}. \tag{1.151}$$

下面讨论布洛赫球中点的物理意义.

所有的自旋 1/2 的纯态密度矩阵可以由布洛赫球面上的点描述, 它的半径是 1. 一般情况下布洛赫矢量的长度就给了我们有关混合程度的信息, 定量刻画了一个系综的混合程度, 也就是一束自旋 1/2 (如电子、中子) 的粒子的极化情况. 如果 $|\boldsymbol{a}| = 1$, 我们说这一束粒子是完全极化的; 如果 $|\boldsymbol{a}| = 0$, 我们说自旋完全非极化. 而一个完全的混合态, 可以写作

$$\widehat{\rho}_{\text{mix}} = \frac{1}{2}(|\uparrow\rangle\langle\uparrow| + |\downarrow\rangle\langle\downarrow|) = \frac{1}{2}\widehat{\sigma}_0, \tag{1.152}$$

所以有 $\text{Tr}(\widehat{\rho}_{\text{mix}}) = 1$ 和 $\text{Tr}(\widehat{\rho}_{\text{mix}}^2) = 1/2$. 需要注意的是, 上述分解 $|\uparrow\rangle\langle\uparrow| + |\downarrow\rangle\langle\downarrow|$ 并不是唯一的, 我们可以通过很多不同的方式来实现 $\widehat{\rho}_{\text{mix}} = \widehat{\sigma}_0/2$. 这时极化 ($\widehat{\sigma}_z$ 的平均值) 为零.

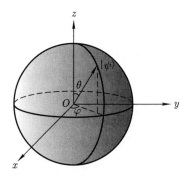

图 1.6   布洛赫球示意图. 球面上的点对应于纯态, 球内部的点对应于混合态

上述讨论可以总结为以下的定理.

定理 1.1   对二能级系统的量子态 (1.149), 布洛赫球中的点 $\boldsymbol{a}$ 代表了二能级系统的混合 (纯) 态, $\boldsymbol{a}$ 的几何特性体现了量子态的相干性程度.

证明   由

$$\widehat{\rho} = \frac{1}{2}\begin{bmatrix} 1 + a_3 & a_1 - \mathrm{i}a_2 \\ a_1 + \mathrm{i}a_2 & 1 - a_3 \end{bmatrix} \tag{1.153}$$

给出

$$\widehat{\rho}^2 = \frac{1}{4}|\boldsymbol{a}|^2 + \frac{1}{2}\begin{bmatrix} \frac{1}{2} + a_3 & a_1 - \mathrm{i}a_2 \\ a_1 + \mathrm{i}a_2 & \frac{1}{2} - a_3 \end{bmatrix}. \tag{1.154}$$

可知 $\mathrm{Tr}(\hat{\rho}) = 1$ 而 $\mathrm{Tr}(\hat{\rho}^2) = (1+|a|^2)/2$. 对于纯态, 由于 $\hat{\rho}^2 = \hat{\rho}$, 故 $\mathrm{Tr}(\hat{\rho}^2) = \mathrm{Tr}(\hat{\rho}) = 1$ 要求 $|a|^2 = 1$, 即布洛赫矢量在球面上; 而对于混合态 $\mathrm{Tr}(\hat{\rho}^2) < 1$, 则 $|a|^2 < 1$, 表示相应布洛赫矢量在球内.

1.5.4　量子退相干的密度矩阵描述

量子退相干 (decoherence) 是指量子系统与外部系统 (环境、仪器和观察者) 相互作用导致相干性的退化. 如果利用混合态密度矩阵刻画系统的量子相干性, 则量子退相干针对特定基矢表现为密度矩阵的非对角项消逝. 还是以上面实物粒子的双缝实验为例. 如果在双缝后面有一个探测器, 可以准确探知粒子是通过哪一条缝, 则相干条纹消逝, 我们说测量导致了量子退相干.

在数学上, 量子退相干可以用测量引起的不确定相位差来描述 (见图 1.7). 测量使得叠加态中的不同分支附加上随机相位:

$$|\psi\rangle = \alpha|\psi_1\rangle + \beta|\psi_2\rangle \xrightarrow{\text{测量}} |\psi\rangle = \alpha|\psi_1\rangle + \beta\mathrm{e}^{\mathrm{i}\theta}|\psi_2\rangle, \tag{1.155}$$

其中 θ 为随机相位, 其相因子平均值为零, 即 $\langle\exp(\mathrm{i}\theta)\rangle = 0$. 因此, 测量使得密度矩阵发生改变: $\hat{\rho} = |\psi\rangle\langle\psi| \to \hat{\rho}' = |\psi'\rangle\langle\psi'|$, $\hat{\rho}'$ 是测量之后的密度矩阵:

$$\hat{\rho}' = |\alpha|^2|\psi_1\rangle\langle\psi_1| + |\beta|^2|\psi_2\rangle\langle\psi_2| + (\beta^*\alpha|\psi_1\rangle\langle\psi_2|\mathrm{e}^{-\mathrm{i}\theta} + h.c.), \tag{1.156}$$

依赖于随机相因子 $\exp(\mathrm{i}\theta)$. 对 $\hat{A}$ 求量子力学平均, 有

$$\overline{A} = |\alpha|^2\langle\psi_1|\hat{A}|\psi_1\rangle + |\beta|^2\langle\psi_2|\hat{A}|\psi_2\rangle + (\beta^*\alpha\mathrm{e}^{-\mathrm{i}\theta}\langle\psi_2|\hat{A}|\psi_1\rangle + c.c.). \tag{1.157}$$

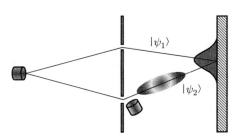

图 1.7　双缝干涉实验中测量引入随机相位导致退相干

显然, 在纯态上 $\hat{\rho}'$ 非对角元对期望值有确定的贡献, 平均值 $\overline{A}$ 还包含 $\hat{\rho}'$ 的非对角元有关的随机相位, 因此最终的期望值还应当对 $\overline{A}$ 中随机变量进一步求平均, 从而得到

$$\langle\overline{A}\rangle = |\alpha|^2\langle\psi_1|\hat{A}|\psi_1\rangle + |\beta|^2\langle\psi_2|\hat{A}|\psi_2\rangle + (\beta^*\alpha\langle\mathrm{e}^{-\mathrm{i}\theta}\rangle\langle\psi_2|\hat{A}|\psi_1\rangle + c.c.)$$
$$= |\alpha|^2\langle\psi_1|\hat{A}|\psi_1\rangle + |\beta|^2\langle\psi_2|\hat{A}|\psi_2\rangle. \tag{1.158}$$

以上考虑了完全随机性的性质, $\langle \exp(\mathrm{i}\theta) \rangle = 0$ (即相对于相因子的平均为零). 也就是说, 测量的作用最终使得任何物理量的平均值与密度矩阵非对角元无关, 这个效果等价于对密度矩阵直接平均:

$$\langle \widehat{\rho}' \rangle = |\alpha|^2 |\psi_1\rangle\langle\psi_1| + |\beta|^2 |\psi_2\rangle\langle\psi_2|. \tag{1.159}$$

这种密度矩阵非对角元消逝的现象描述了量子退相干. 需要指出的是, 它是今天研究量子计算最终物理实现的主要障碍.

在量子退相干理论中, 唯象的随机相位效应可以解释为环境引起的量子纠缠. 处在初态 $|\varphi_\mathrm{s}\rangle = \sum_n c_n |n\rangle$ 的系统与处在初态 $|e\rangle$ 上的环境发生非破坏 (不交换能量) 的相互作用, 使得 t 时刻总的状态变为

$$|\varphi(t)\rangle = \widehat{U}(t)(|\varphi_\mathrm{s}\rangle \otimes |e\rangle) = \sum_n c_n |n\rangle \otimes |e_n(t)\rangle. \tag{1.160}$$

这里 $|e_n(t)\rangle = \widehat{U}_n(t)|e\rangle$, 而 $\widehat{U}_n = \exp(-\mathrm{i}\widehat{H}_n t)$ 是系统和环境间非破坏相互作用 $\widehat{V} = \sum_n |n\rangle\langle n| \otimes \widehat{H}_n$ 中分支哈密顿量 $\widehat{H}_n$ 决定的时间演化. 这时, 系统的约化密度矩阵

$$\begin{aligned} \widehat{\rho}_\mathrm{s}(t) &= \mathrm{Tr}_\mathrm{e}(|\varphi(t)\rangle\langle\varphi(t)|) \\ &= \sum_n |c_n|^2 |n\rangle\langle n| + \sum_{n \neq m} c_m^* c_n |n\rangle\langle m| \times F_{mn}(t) \end{aligned} \tag{1.161}$$

一般包含非对角项. 由于环境是宏观的, 退相干因子 $F_{mn} = \langle e_m | e_n \rangle = 0$ (一般证明见第七章), 非对角项消逝, 进而有

$$\widehat{\rho}_\mathrm{s}(t) = \sum_n |c_n|^2 |n\rangle\langle n|, \tag{1.162}$$

实现了从量子叠加态到经典概率描述的转变. 这个过程相当于实空间中干涉条纹消逝, 显然环境起到了测量仪器和观察者的作用.

其实, 为了考察量子相干性与通常量子干涉之间的关系, 我们在坐标表象 $\{\varphi(x) = \langle x|\varphi\rangle, \varphi_n(x) = \langle x|n\rangle\}$ 中写下密度分布

$$\rho(x) = \rho_\mathrm{d}(x) + \sum_{n \neq m} c_m^* c_n F_{mn}(t) \varphi_m^*(x) \varphi_n(x), \tag{1.163}$$

其中 $\rho_\mathrm{d}(x) = \sum_n |c_n|^2 |\varphi_n(x)|^2$ 代表强度相加项, 而

$$\sum_{n \neq m} c_m^* c_n F_{mn}(t) \varphi_m^*(x) \varphi_n(x) \tag{1.164}$$

代表相干条纹, 当 $F_{mn}(t) = 0$ 时相干条纹消逝.

我们从双缝实验可以进一步形象地说明这一点. 由中子源出射的中子束经双缝在屏 S 上干涉 (见图 1.8), 环境可以理解为屏 S. 只打开上 (下) 缝的粒子波函数 $|0\rangle$ ($|1\rangle$) 的坐标表示为

$$\varphi_u(x) = \langle x|0\rangle \propto \exp(\mathrm{i}kx), \tag{1.165}$$

$$\varphi_d(x) = \langle x|1\rangle \propto \exp[\mathrm{i}k(x+\Delta)], \tag{1.166}$$

其中 $\Delta = l_d - l_u$ 是 "光程差". 于是, $|\varphi\rangle \propto |0\rangle \otimes |e_0\rangle + |1\rangle \otimes |e_1\rangle$ 给出环境存在时的干涉强度分布, 它由约化密度矩阵的非对角项决定:

$$\rho(x) \text{ 的非对角项 } \propto \langle e_0|e_1\rangle \mathrm{e}^{\mathrm{i}\Delta k} + c.c., \tag{1.167}$$

$|e_0\rangle$ 和 $|e_1\rangle$ 分别是对应于 $\varphi_u(x)$ 和 $\varphi_d(x)$ 的屏的状态. 当 $F_{01} = \langle e_0|e_1\rangle = 1$ 时, $\rho(x) \propto \cos(\Delta k)$. 如果屏能准确地记录 $\varphi_u(x)$ 和 $\varphi_d(x)$, 则 $F_{01} = \langle e_0|e_1\rangle = 0$, $\rho(x) =$ 常数, 无干涉条纹.

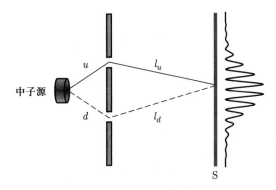

图 1.8　中子束双缝干涉

1.6　谐振子量子化的代数方法与相干态

在生物学中, 人们经常用简单易用的生物系统作为 "模式生物" (如小白鼠、拟南芥) 研究普遍的生物学规律. 谐振子是一个最简单的非平凡量子系统, 很多复杂的量子系统在平衡点附近都可以近似为谐振子系统. 因此, 谐振子是量子力学研究的一种 "模式" 系统. 量子力学另一种 "模式" 系统是自旋系统, 在本书之后的讨论中我们会时时光顾这两种 "模式" 量子系统.

以上几节简述了量子力学的基本原理及数学结构. 作为它们应用的例子, 我们再一次讨论谐振子系统量子化, 以展现量子力学代数方法的基本精神. 当然, 我们在介绍

矩阵力学的建立时, 暗示了代数方法在量子力学中的重要作用. 海森堡当年用了玻恩量子化微分条件, 而非直接使用基本对易关系, 没能充分体现数学的优美性.

1.6.1　谐振子模型

谐振子的哈密顿量为

$$\widehat{H} = \frac{\widehat{p}^2}{2m} + \frac{1}{2}m\omega^2\widehat{x}^2, \tag{1.168}$$

其中坐标 $\widehat{x}$ 和动量 $\widehat{p}$ 满足玻恩对易关系 $[\widehat{x},\widehat{p}] = \mathrm{i}\hbar$. 分别定义产生、湮灭算子如下:

$$\widehat{a}^\dagger = (\widehat{a})^\dagger = \sqrt{\frac{m\omega}{2\hbar}}\left(\widehat{x} - \frac{\mathrm{i}\widehat{p}}{m\omega}\right), \tag{1.169}$$

$$\widehat{a} = \sqrt{\frac{m\omega}{2\hbar}}\left(\widehat{x} + \frac{\mathrm{i}\widehat{p}}{m\omega}\right). \tag{1.170}$$

可以证明它们满足更简洁的对易关系

$$[\widehat{a},\widehat{a}^\dagger] = 1. \tag{1.171}$$

反过来由产生、湮灭算子表达坐标和动量:

$$\widehat{x} = \sqrt{\frac{\hbar}{2m\omega}}(\widehat{a} + \widehat{a}^\dagger), \tag{1.172}$$

$$\widehat{p} = -\mathrm{i}\sqrt{\frac{\hbar m\omega}{2}}(\widehat{a} - \widehat{a}^\dagger), \tag{1.173}$$

可以把哈密顿量化简为一个更加简单的形式:

$$\begin{aligned}\widehat{H} &= -\frac{1}{2m}\frac{m\hbar\omega}{2}(\widehat{a} - \widehat{a}^\dagger)^2 + \frac{1}{2}m\omega^2\frac{\hbar}{2m\omega}(\widehat{a} + \widehat{a}^\dagger)^2 \\ &= \frac{1}{2}\hbar\omega(\widehat{a}^\dagger\widehat{a} + \widehat{a}\widehat{a}^\dagger). \end{aligned} \tag{1.174}$$

由 (1.174) 式, 再利用 $\widehat{a}\widehat{a}^\dagger = \widehat{a}^\dagger\widehat{a} + 1$ 做进一步简化, 得

$$\widehat{H} = \hbar\omega\left(\widehat{a}^\dagger\widehat{a} + \frac{1}{2}\right) = \hbar\omega\left(\widehat{n} + \frac{1}{2}\right), \tag{1.175}$$

其中 $\widehat{n} = \widehat{a}^\dagger\widehat{a}$ 叫作粒子数算子, 它满足对易关系 $[\widehat{n},\widehat{a}^\dagger] = \widehat{a}^\dagger$, $[\widehat{n},\widehat{a}] = -\widehat{a}$.

假设存在一个真空态 $|0\rangle$ (后面我们将证明它的存在) 是 $\widehat{a}$ 的零值本征态, 即

$$\widehat{a}|0\rangle = 0. \tag{1.176}$$

由此可定义福克 (Fock) 态

$$|n\rangle = \frac{1}{\sqrt{n!}}\widehat{a}^{\dagger n}|0\rangle, \tag{1.177}$$

其中 $n = 0, 1, 2, \cdots$.

下面证明谐振子系统有如下的代数表示:

$$\begin{cases} \widehat{a}^\dagger|n\rangle = \sqrt{n+1}|n+1\rangle, \\ \widehat{a}|n\rangle = \sqrt{n}|n-1\rangle, \\ \widehat{n}|n\rangle = n|n\rangle. \end{cases} \tag{1.178}$$

(1.178) 式第一式由 (1.177) 式易得, 第二式的证明留作习题, 下面只证最后一式. 先利用归纳法证明

$$[\widehat{n}, \widehat{a}^{\dagger n}] = n\widehat{a}^{\dagger n}. \tag{1.179}$$

当 $n = 1$ 时, $[\widehat{n}, \widehat{a}^\dagger] = \widehat{a}^\dagger$, 结论显然成立. 假设 n 时结论成立, 在 $n+1$ 时,

$$\begin{aligned} [\widehat{n}, \widehat{a}^{\dagger n+1}] &= [\widehat{n}, \widehat{a}^{\dagger n} \cdot \widehat{a}^\dagger] \\ &= [\widehat{n}, \widehat{a}^{\dagger n}]\widehat{a} + \widehat{a}^{\dagger n}[\widehat{n}, \widehat{a}^\dagger] \\ &= (n+1)\widehat{a}^{\dagger n+1}, \end{aligned} \tag{1.180}$$

故 $n+1$ 时结论也成立. 进而, 由 $[\widehat{n}, \widehat{a}^{\dagger n}] = n\widehat{a}^{\dagger n}$ 得到

$$\widehat{n}|n\rangle = \frac{\widehat{n}\widehat{a}^{\dagger n}}{\sqrt{n!}}|0\rangle = n|n\rangle + \frac{\widehat{a}^{\dagger n}\widehat{n}}{\sqrt{n!}}|0\rangle = n|n\rangle \text{ (本征态)}. \tag{1.181}$$

由此易见 $|n\rangle$ 满足谐振子的本征方程 $\widehat{H}|n\rangle = E_n|n\rangle$, 其中量子化能量是

$$E_n = \hbar\omega\left(n + \frac{1}{2}\right). \tag{1.182}$$

上面构造谐振子本征函数的关键是证明存在真空态 (基态) $|0\rangle$. 不失一般性, 以下分析采用坐标表象, 在坐标表象中, $\widehat{a}|0\rangle = 0$ 可表达为

$$\langle x|\widehat{x} + \frac{\mathrm{i}\widehat{p}}{m\omega}|0\rangle = 0, \tag{1.183}$$

即

$$\left(x + \frac{\hbar}{m\omega}\frac{\mathrm{d}}{\mathrm{d}x}\right)\psi_0(x) = 0, \tag{1.184}$$

其中 $\psi_0(x) = \langle x|0\rangle$ 是基态波函数. 上述微分方程可以化简为

$$\frac{\psi_0'(x)}{\psi_0(x)} = -\frac{m\omega x}{\hbar}, \tag{1.185}$$

由此得到归一化的基态波函数坐标表示

$$\psi_0(x) = \left(\frac{m\omega}{\pi\hbar}\right)^{\frac{1}{4}} \mathrm{e}^{-\frac{m\omega x^2}{2\hbar}}. \tag{1.186}$$

于是, 我们在坐标表象证明了基态 $|0\rangle$ 的存在.

根据表象变换理论, 基态 $|0\rangle$ 在任何表象中都是存在的. 因而, 从基态 $|0\rangle$ 出发可以构造出谐振子激发态的波函数. 从基态波函数的坐标表示 $\psi_0(x)$ 出发, 第 n 个激发态可以由产生算子作用得到:

$$
\begin{aligned}
\psi_n(x) = \langle x|n\rangle &= \frac{1}{\sqrt{n!}}\langle x|\widehat{a}^{\dagger n}|0\rangle \\
&= \frac{1}{\sqrt{n!}}\left(\frac{m\omega}{2\hbar}\right)^{n/2}\langle x|\left(\widehat{x}-\frac{\mathrm{i}\widehat{p}}{m\omega}\right)^n|0\rangle \\
&= \frac{1}{\sqrt{n!}}\left(\frac{m\omega}{2\hbar}\right)^{n/2}\left(x-\frac{\hbar}{m\omega}\frac{\mathrm{d}}{\mathrm{d}x}\right)^n\psi_0(x).
\end{aligned}
\tag{1.187}
$$

定义新的无量纲参数 $\xi=(m\omega/\hbar)^{\frac{1}{2}}x$, 则第 n 个激发态表示为

$$
\begin{aligned}
\psi_n(\xi) &= \frac{(-1)^n}{\sqrt{n!2^n}}\left(\frac{\mathrm{d}}{\mathrm{d}\xi}-\xi\right)^n\left[\left(\frac{m\omega}{\pi\hbar}\right)^{\frac{1}{4}}\mathrm{e}^{-\frac{\xi^2}{2}}\right] \\
&= \frac{(-1)^n}{\sqrt{n!2^n}}\left(\frac{m\omega}{\pi\hbar}\right)^{\frac{1}{4}}\left[\mathrm{e}^{\frac{\xi^2}{2}}\frac{\mathrm{d}}{\mathrm{d}\xi}\mathrm{e}^{-\frac{\xi^2}{2}}\right]^n\mathrm{e}^{-\frac{\xi^2}{2}}.
\end{aligned}
\tag{1.188}
$$

这里已经考虑了对任何函数 $\psi(\xi)$ 都有以下的性质:

$$
\mathrm{e}^{\frac{\xi^2}{2}}\frac{\mathrm{d}}{\mathrm{d}\xi}\left[\mathrm{e}^{-\frac{\xi^2}{2}}\psi(\xi)\right] = \left(\frac{\mathrm{d}}{\mathrm{d}\xi}-\xi\right)\psi(\xi).
\tag{1.189}
$$

从而可以用厄米多项式表示第 n 个激发态:

$$
\psi_n(\xi) = \frac{(-1)^n}{\sqrt{n!2^n}}\left(\frac{m\omega}{\pi\hbar}\right)^{\frac{1}{4}}\mathrm{e}^{\frac{\xi^2}{2}}\left[\frac{\mathrm{d}}{\mathrm{d}\xi}\right]^n\mathrm{e}^{-\xi^2}\equiv\frac{1}{\sqrt{n!2^n}}\left(\frac{m\omega}{\pi\hbar}\right)^{\frac{1}{4}}\mathrm{e}^{-\frac{\xi^2}{2}}H_n(\xi),
\tag{1.190}
$$

其中

$$
H_n(\xi) = (-1)^n\mathrm{e}^{\xi^2}\left(\frac{\mathrm{d}}{\mathrm{d}\xi}\right)^n\mathrm{e}^{-\xi^2}
\tag{1.191}
$$

是厄米多项式.

1.6.2　相干态

接下来, 我们介绍谐振子系统的一个特殊状态 —— 相干态 (coherent state), 这个状态在实际物理问题中应用很广, 从量子场论到量子光学、从冷原子的玻色 – 爱因斯坦凝聚到激光和超导中都有应用.

在数学上, 相干态 $|\alpha\rangle$ 定义为湮灭算子的本征态, 本征值为复数 α, 即 $\widehat{a}|\alpha\rangle=\alpha|\alpha\rangle$. 为了用福克态表达相干态, 设 $|\alpha\rangle=\sum\limits_{n=0}^{\infty}C_n|n\rangle$, 由其本征方程可以得到

$$
\sum_{n=1}^{\infty}C_n\sqrt{n}|n-1\rangle = \sum_{n=0}^{\infty}\alpha C_n|n\rangle,
$$

或

$$\sum_{n=0}^{\infty} C_{n+1}\sqrt{n+1}|n\rangle = \sum_{n=0}^{\infty} \alpha C_n |n\rangle. \tag{1.192}$$

从而有展开系数的递推关系

$$C_{n+1} = \frac{\alpha}{\sqrt{n+1}} C_n. \tag{1.193}$$

这个关系给出 C_n 的显式表达

$$C_n = \frac{(\alpha)^n}{\sqrt{n!}} C_0. \tag{1.194}$$

于是, 得到相干态的福克表示:

$$|\alpha\rangle = \mathrm{e}^{-\frac{|\alpha|^2}{2}} \sum_{n=0}^{\infty} \frac{(\alpha)^n}{\sqrt{n!}} |n\rangle, \tag{1.195}$$

其中常数 $C_0 = \exp(-|\alpha|^2/2)$ 由 $|\alpha\rangle$ 归一化要求确定.

定义相干态的生成算子

$$\widehat{D}(\alpha) = \exp(\alpha \widehat{a}^\dagger - \alpha^* \widehat{a}), \tag{1.196}$$

利用贝克 (Baker)–豪斯多夫 (Hausdorff) 公式, 当 $[\widehat{A}, \widehat{B}] = \widehat{C}, [\widehat{C}, \widehat{A}] = 0 = [\widehat{C}, \widehat{B}]$ 时, 有

$$\mathrm{e}^{\widehat{A}+\widehat{B}} = \mathrm{e}^{\widehat{A}} \mathrm{e}^{\widehat{B}} \mathrm{e}^{-[\widehat{A},\widehat{B}]/2}, \tag{1.197}$$

可以证明

$$|\alpha\rangle = \widehat{D}(\alpha)|0\rangle, \tag{1.198}$$

其中已考虑到

$$\widehat{D}(\alpha) = \mathrm{e}^{-\frac{|\alpha|^2}{2}} \mathrm{e}^{\alpha \widehat{a}^\dagger} \mathrm{e}^{-\alpha^* \widehat{a}} = \mathrm{e}^{-\frac{|\alpha|^2}{2}} \mathrm{e}^{\alpha \widehat{a}^\dagger} \sum_{n=0}^{\infty} \frac{(-\alpha^*)^n}{n!} \widehat{a}^n. \tag{1.199}$$

再利用

$$\mathrm{e}^{-\widehat{A}} \widehat{B} \mathrm{e}^{\widehat{A}} = \widehat{B} - [\widehat{A}, \widehat{B}] + \frac{1}{2!}[\widehat{A}, [\widehat{A}, \widehat{B}]] + \cdots, \tag{1.200}$$

可以证明

$$\widehat{D}^{-1}(\alpha) \widehat{a} \widehat{D}(\alpha) = \widehat{a} + \alpha. \tag{1.201}$$

接下来证明, 当 α 为实数时, 相干态的生成算子 $\widehat{D}(\alpha)$ 是坐标表示给出的坐标空间上的平移算子. 注意到

$$\widehat{a} = \sqrt{\frac{m\omega}{2\hbar}} \left(\widehat{x} + \frac{\mathrm{i}\widehat{p}}{m\omega}\right), \quad \widehat{a}^\dagger = \sqrt{\frac{m\omega}{2\hbar}} \left(\widehat{x} - \frac{\mathrm{i}\widehat{p}}{m\omega}\right), \tag{1.202}$$

当 α 为实数时,

$$\alpha\widehat{a}^\dagger - \alpha^*\widehat{a} = -\sqrt{\frac{2}{m\hbar\omega}}\alpha\mathrm{i}\widehat{p}, \tag{1.203}$$

这时 $\widehat{D}(\alpha) = \exp(-\mathrm{i}q\widehat{p}/\hbar), q = \alpha\sqrt{2\hbar/(m\omega)}$. 下面证明对任意给定函数 $\psi(x)$,

$$\widehat{D}(\alpha)\psi(x) = \psi(x - q). \tag{1.204}$$

直接计算, 有

$$\mathrm{e}^{-\mathrm{i}q\widehat{p}/\hbar}|x\rangle = \int |p\rangle\langle p|\mathrm{e}^{-\mathrm{i}q\widehat{p}/\hbar}|x\rangle\mathrm{d}p = \int |p\rangle\langle p|x\rangle\mathrm{e}^{-\mathrm{i}qp/\hbar}\mathrm{d}p = \frac{1}{\sqrt{2\pi}}\int |p\rangle\mathrm{e}^{-\mathrm{i}(x+q)p/\hbar}\mathrm{d}p$$

$$= \int |p\rangle\langle p|x+q\rangle\mathrm{d}p = |x+q\rangle, \tag{1.205}$$

故 $\widehat{D}(\alpha)\psi(x) = \langle x|\exp(-\mathrm{i}q\widehat{p})|\psi\rangle = \psi(x - q)$. 因此 $\widehat{D}(\alpha)$ 代表坐标空间上波函数的平移算子, 平移的距离为

$$q = \alpha\sqrt{\frac{2\hbar}{m\omega}}. \tag{1.206}$$

下面讨论相干态的三个物理含义.

(1) 相干态是动量 – 坐标不确定性最小的状态.

我们注意到, 相干态是由谐振子的基态 $|0\rangle$ 平移得到的, 且 $\psi_0(x) = \langle x|0\rangle$ 代表一个中心在原点的高斯波包 (见图 1.9). 因此, 当 α 为实数时, 相干态 $|\alpha\rangle = \widehat{D}(\alpha)|0\rangle$ 代表一个中心被移动了距离 q 的高斯波包, 即

$$\langle x|\alpha\rangle = \langle x|\widehat{D}(\alpha)|0\rangle = \psi_0(x - q) = \left(\frac{m\omega}{\pi\hbar}\right)^{\frac{1}{4}}\mathrm{e}^{-\frac{m\omega}{2\hbar}(x-q)^2}. \tag{1.207}$$

下面我们证明, 相干态是一种不确定性最小的状态.

利用 $\widehat{x} = \sqrt{\hbar/(2m\omega)}(\widehat{a} + \widehat{a}^\dagger)$ 知, 在相干态上, 坐标算子和它的平方的平均值分别为

$$\langle\widehat{x}\rangle = \sqrt{\frac{\hbar}{2m\omega}}(\alpha + \alpha^*), \tag{1.208}$$

和

$$\langle\widehat{x}^2\rangle = \frac{\hbar}{2m\omega}\langle\alpha|\widehat{a}^2 + \widehat{a}^{\dagger2} + \widehat{a}\widehat{a}^\dagger + \widehat{a}^\dagger\widehat{a}|\alpha\rangle$$

$$= \frac{\hbar}{2m\omega}(\alpha^2 + \alpha^{*2} + 2\alpha\alpha^* + 1), \tag{1.209}$$

于是有

$$(\Delta x)^2 = \frac{\hbar}{2m\omega}. \tag{1.210}$$

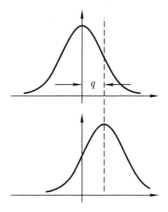

图 1.9 相干态波包示意图

利用 $\widehat{p} = \mathrm{i}\sqrt{m\hbar\omega/2}(\widehat{a}^\dagger - \widehat{a})$, 有

$$\langle\widehat{p}\rangle = \mathrm{i}\sqrt{\frac{m\hbar\omega}{2}}(\alpha^* - \alpha), \tag{1.211}$$

$$\langle\widehat{p}^2\rangle = -\frac{1}{2}m\hbar\omega(\alpha^2 + \alpha^{*2} - 2\alpha\alpha^* - 1), \tag{1.212}$$

$$(\Delta p)^2 = \frac{1}{2}m\hbar\omega. \tag{1.213}$$

显然, $\Delta x \Delta p = \hbar/2$, 即相干态满足最小的不确定关系.

思考题 是否不确定关系最小的态都是相干态? 对这个问题的思考导致了压缩态概念的诞生, 大家可以参考 Yuen H P. Phys. Rev. A, 1976, 13: 2226.

(2) 相干态是时间演化过程中波包保形的状态.

让我们回顾相干态发展的历史并了解薛定谔提出相干态观念的物理动机. 1926 年, 薛定谔提出了波动力学的基本方程, 但它可否描述一个质点的运动? 如果用一个波包来描述它, 那么波包的扩散行为与直观物理现象相矛盾, 因为一个质点是不会扩散的. 薛定谔发现, 在谐振子势中, 一个特殊叠加出来的波包 —— 相干态是不扩散的. 这样一个波包的不确定性最小, 其中心运动代表了谐振子的经典运动.

事实上, 对于哈密顿量为 $\widehat{H} = \hbar\omega\widehat{a}^\dagger\widehat{a}$ 的谐振子, 其薛定谔方程

$$\mathrm{i}\hbar\frac{\partial}{\partial t}|\psi(t)\rangle = \widehat{H}|\psi(t)\rangle \tag{1.214}$$

的解为 $|\psi(t)\rangle = \exp(-\mathrm{i}\widehat{H}t/\hbar)|\psi(0)\rangle$. 若 $|\psi(0)\rangle = |\alpha\rangle$, 则 t 时刻的波函数为

$$|\psi(t)\rangle = \mathrm{e}^{-\mathrm{i}\widehat{a}^\dagger\widehat{a}\omega t}|\alpha\rangle = |\alpha\mathrm{e}^{-\mathrm{i}\omega t}\rangle. \tag{1.215}$$

这是因为

$$\mathrm{e}^{-\mathrm{i}\omega t\hat{a}^{\dagger}\hat{a}}|\alpha\rangle = \mathrm{e}^{-\frac{|\alpha|^2}{2}}\sum_{n}\frac{(\alpha)^n}{\sqrt{n!}}\mathrm{e}^{-\mathrm{i}\omega tn}|n\rangle = \mathrm{e}^{-\frac{|\alpha|^2}{2}}\sum_{n=0}^{\infty}\frac{(\alpha\mathrm{e}^{-\mathrm{i}\omega t})^n}{\sqrt{n!}}|n\rangle, \tag{1.216}$$

因此

$$\psi(x,t) = \langle x|\mathrm{e}^{-\mathrm{i}\omega\hat{a}^{\dagger}\hat{a}t}|\alpha\rangle \propto \left(\frac{m\omega}{\pi\hbar}\right)^{1/4}\exp\left[-\frac{m\omega}{2\hbar}(x-q\cos\omega t)^2\right]. \tag{1.217}$$

它正好代表一个质心做简谐振动的波包 (见图 1.10), 而且波包不扩散.

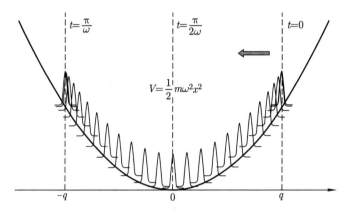

图 1.10　谐振子势做简谐振动而不扩散的波包

(3) 相干态是光场探测效率最高的状态.

20 世纪 60 年代, 格劳贝尔 (Glauber) 等人寻求相干性最好的光场状态, 以使得原子探测器的效率最高. 这样的状态正好也是相干态, 它正好描述了刚刚发现的激光效应. 这个结论的具体分析是量子光学的核心内容之一, 有兴趣的读者可以参考量子光学的专著或格劳贝尔在 20 世纪 60 年代的经典论文 (Glauber R J. The Quantum Theory of Optical Coherence. Wiley-VCH, 2007; Glauber R J. Phys. Rev. Lett., 1963, 10(3): 84; Glauber R J. Phys. Rev., 1963, 131(6): 2766).

附录 1.1　狄拉克符号与对偶空间

正文中我们引入了狄拉克符号体系, 其数学之优美和使用之便利, 已成为今天表达量子力学的必需语言. 其实, 当年狄拉克建立的这套符号体系可以基于对偶空间理论加以表述. 以下我们予以简单介绍.

设 V 是域 $\mathbb{C}^N$ 上的线性空间, 假设其维数 $\dim V = N$. 选取 $\{|v_1\rangle, |v_2\rangle, \cdots, |v_N\rangle\}$

是它的基矢, 则对 $\forall |v\rangle \in V$,

$$|v\rangle = \sum_{n=1}^{N} c_n |v_n\rangle, \tag{1.218}$$

上述展开方式是唯一的. 显然, 对于函数的乘法和数乘, V 上线性函数 $f : V \to \mathbb{C}$ 的全体构成了一个新的线性空间, 我们称之为 V 的对偶空间, 记为 V^*.

取 V^* 的基矢为 $\{f_1, f_2, \cdots, f_N\}$, 它们满足

$$f_m(|v_n\rangle) = \delta_{mn}. \tag{1.219}$$

的确, $\forall f \in V^*$, 则有一般的线性展开

$$f = \sum_{n=1}^{N} f(|v_n\rangle) f_n. \tag{1.220}$$

注意到

$$f_m(|v\rangle) = \sum_{n=1}^{N} c_n f_m(|v_n\rangle) = c_m, \tag{1.221}$$

对 $\forall |v\rangle \in V$, 有

$$\begin{aligned}
f(|v\rangle) &= \sum_{m=1}^{N} c_m f(|v_m\rangle) \\
&= \sum_{m=1}^{N} f(|v_m\rangle) f_m(|v\rangle) \\
&= \left[\sum_{m=1}^{N} f(|v_m\rangle) f_m \right] (|v\rangle),
\end{aligned} \tag{1.222}$$

即 V 上的任意线性函数或 V^* 上的任何矢量都可以用 $\{f_n\}$ 展开, $f = \sum_{n=1}^{N} f(|v_n\rangle) f_n$.

进而, 如果 V 是一个内积空间, 即存在 $V \times V \to \mathbb{C}$,

$$(|v\rangle, |w\rangle) \triangleq \langle v|w\rangle \ (记号), \tag{1.223}$$

则 $f_v : f_v(|w\rangle) = \langle v|w\rangle$ 是 V 上的线性函数. 由此, 我们对 $\{f_n\}$ 定义有

$$f_n(|v_m\rangle) = \langle v_n|v_m\rangle (= \delta_{mn}). \tag{1.224}$$

因此, 可记 f 为 $\langle f|$, 称其为 "左矢" (bra), 而记 f_n 为 $\langle v_n|$, 有左矢空间的狄拉克符号表示

$$\langle v| = \sum_{n=1}^{N} c_n^* \langle v_n|, \tag{1.225}$$

可以证明完备性关系

$$\sum_{n=1}^{N} |v_n\rangle\langle v_n| = 1, \quad \langle v_n|v_m\rangle = \delta_{mn}.$$ (1.226)

附录 1.2   从索末菲量子化条件到基本对易关系

用矩阵表示物理量具有不对易的特征. 对于坐标 q 和动量 p, 基本的对易子 $[p,q] \equiv pq - qp$ 不等于零, 但应等于什么?

有两种办法得到这个结果. 正文是采用玻恩和若尔当 "两个人文章" 的第二个办法: 通过计算对易子时间微分, 再结合其经典运动方程证其非零. 而 "两个人文章" 的第一个办法是借助旧量子论的对应原理. 按经典力学, 作用量积分为

$$J = \oint p \mathrm{d}q = \int_0^T p\dot{q}\mathrm{d}t,$$ (1.227)

其中 $T = 2\pi/\omega$ 代表运动周期. 利用傅里叶展开

$$q(t) = \sum_{-\infty}^{+\infty} q_n \mathrm{e}^{\mathrm{i}n\omega t},$$ (1.228)

$$p(t) = \sum_{-\infty}^{+\infty} p_n \mathrm{e}^{\mathrm{i}n\omega t},$$ (1.229)

$$\dot{q}(t) = \mathrm{i}\omega \sum_{-\infty}^{+\infty} mq_m \mathrm{e}^{\mathrm{i}m\omega t},$$ (1.230)

作用量积分重新写为

$$\begin{aligned}
J &= \mathrm{i}\omega \sum_n \sum_m \int_0^{\frac{2\pi}{\omega}} p_n q_m m \mathrm{e}^{\mathrm{i}(n+m)\omega t}\mathrm{d}t \\
&= \mathrm{i}\omega \sum_n \sum_k \int_0^{\frac{2\pi}{\omega}} p_n q_{k-n}(k-n)\mathrm{e}^{\mathrm{i}k\omega t}\mathrm{d}t \\
&= -2\pi\mathrm{i} \sum_\tau \tau p_\tau q_{-\tau}.
\end{aligned}$$ (1.231)

这里 $\tau = \Delta n = n, k = 0$ 的项积分才非零. 对 J 相对 J 做微分得到

$$\frac{\partial J}{\partial J} = 1 = -2\pi\mathrm{i} \sum_\tau \tau \frac{\partial}{\partial J}(p_\tau q_{-\tau}).$$ (1.232)

按旧量子论, 玻尔推广的索末菲量子化条件为 $J = n\hbar$. 而按对应原理, 经典力学的微分值与量子论的差分值有如下对应关系:

$$\frac{\partial f(J)}{\partial J} = \lim_{\Delta n \to 0} \frac{\Delta f(J)}{h\Delta n}.$$

应用到具体情况 $f = p_\tau q_{-\tau}$, 有

$$\frac{\partial}{\partial J}(p_\tau q_{-\tau}) \leftrightarrow \frac{\Delta}{\tau h}(p_{n,n-\tau}q_{n-\tau,n})$$
$$= \frac{1}{\tau h}(p_{n+\tau,n}q_{n,n+\tau} - p_{n,n-\tau}q_{n-\tau,n}). \tag{1.233}$$

以此代入 (1.232) 式, 即得

$$\sum_\tau (p_{n,n-\tau}q_{n-\tau,n} - q_{n,n+\tau}p_{n+\tau,n}) = \frac{\hbar}{i}.$$

(1.232) 式及此处对 τ 的求和是由 $-\infty$ 至 $+\infty$. 按矩阵代数, 此式可写为

$$(pq - qp)_{nn} = -i\hbar.$$

由此玻恩与若尔当做了量子力学一个基本假设: 矩阵 p 和 q 满足关系

$$[p, q] \equiv pq - qp = -i\hbar. \tag{1.234}$$

我们必须强调, 以上讨论, 只是展示海森堡建立矩阵力学的思路而已, 不是一种证明. 基本对易关系 (1.234) 是新的基本假设, 不能由经典物理或旧量子论 "推导" 出来.

附录 1.3　从哈密顿 – 雅克比方程到薛定谔方程

在经典力学中, 能量守恒时粒子运动的变分原理可以写为

$$\delta \int_{r_1}^{r_2} p(r)\mathrm{d}r = \delta \int_{r_1}^{r_2} \sqrt{2m(E - V(r))}\mathrm{d}r = 0. \tag{1.235}$$

这个方程与光在介质中传播的 "最短光程" 原理十分相似. 设 $n(r)$ 是不均匀光介质的折射系数, 光线传播的变分原理可写为

$$\delta \int_{r_1}^{r_2} n(r)\mathrm{d}s = \delta \int_{r_1}^{r_2} \frac{c}{v}\mathrm{d}s = \delta \int_{r_1}^{r_2} c\mathrm{d}t = 0, \tag{1.236}$$

其中 c 和 v 分别为光在真空和介质中的传播速度, 这表示 $n(r)$ 和 $p(r)$ 有某种共性.

这种相似性意味着粒子与光线有某种联系. 德布罗意据此提出了波粒二象性的观念, 即假设物质波波长 λ 与粒子动量 p 有关系

$$\lambda = \frac{h}{p} \equiv \frac{2\pi\hbar}{p}. \tag{1.237}$$

从这个意义上讲, $p(r) \sim n(r)$, 则 $\lambda \sim 2\pi\hbar/n(r)$. 由于 $\lambda \to 0$, 可以从波动方程导出几何光学光线的概念 (见附录 1.4), 则可以想象: $\hbar \to 0$ 时, 可以从物质波运动方程导出粒子经典轨道的概念.

基于上述想法, 薛定谔写下了在外场 $V(\boldsymbol{r})$ 中质量为 m 的粒子的波动方程. 注意到无外场时的波动方程为

$$(\nabla^2 + \boldsymbol{k}^2)\psi(\boldsymbol{r}) = 0, \tag{1.238}$$

其中 $\boldsymbol{k}$ 为德布罗意波的波矢, 有外场时修正为

$$\boldsymbol{k}^2 = \left(\frac{2\pi}{\lambda}\right)^2 = \left(\frac{p}{\hbar}\right)^2 = \frac{2m}{\hbar^2}(E - V(\boldsymbol{r})),$$

其中我们已经考虑到物质波长很短, 在势变化小范围内可视为自由的. 方程 (1.238) 即给出

$$\left[\frac{\hbar^2}{2m}\nabla^2 + (E - V)\right]\psi(\boldsymbol{r}) = 0. \tag{1.239}$$

再利用德布罗意理论的另一部分 $E = \hbar\omega$, 假设

$$\psi(\boldsymbol{r}, t) = \psi(\boldsymbol{r})\mathrm{e}^{-\mathrm{i}\omega t},$$

则有

$$\mathrm{i}\hbar\frac{\partial}{\partial t}\psi(\boldsymbol{r}, t) = \left(\frac{\hbar^2}{2m}\nabla^2 + V(\boldsymbol{r})\right)\psi(\boldsymbol{r}, t).$$

附录 1.4　从物理光学的光波到几何光学的光线

在物理光学中, 介质中的电磁波的方程为

$$\left(\nabla^2 - \epsilon\mu\frac{\partial^2}{\partial t^2}\right)u(\boldsymbol{r}, t) = 0. \tag{1.240}$$

电磁场 u 为坐标 $\boldsymbol{r} = (x, y, z)$ 及时间 t 的函数, ϵ 及 μ 一般亦为坐标 $\boldsymbol{r}$ 的函数. 用波速 (相速) v、波矢 $\boldsymbol{k}$、波长 λ 及频率 ω 描述电磁波, 它们的关系为

$$v^2 = \frac{1}{\mu\epsilon}, \quad \boldsymbol{k}^2 = \left(\frac{2\pi}{\lambda}\right)^2 = \left(\frac{\omega}{v}\right)^2. \tag{1.241}$$

对于非均匀介质, 它们可能依赖空间位置. 设电磁波波幅可以分离变量:

$$u(\boldsymbol{r}, t) = u(\boldsymbol{r})\mathrm{e}^{-\mathrm{i}\omega t}, \tag{1.242}$$

则由 (1.240) 式可得 $u(\boldsymbol{r})$ 的拉普拉斯 (Laplace) 方程

$$(\nabla^2 + \boldsymbol{k}^2)u(\boldsymbol{r}) = 0. \tag{1.243}$$

设 $S(\boldsymbol{r})$ 正比于波的相位:

$$u(\boldsymbol{r}) = A(\boldsymbol{r})\mathrm{e}^{\mathrm{i}k_0 S(\boldsymbol{r})}, \tag{1.244}$$

其中

$$k_0 = \frac{2\pi}{\lambda} = \omega\sqrt{\epsilon_0\mu_0}. \tag{1.245}$$

以 (1.244) 式代入 (1.243) 式, 得

$$-k_0^2\left\{(\nabla S)^2 - \left(\frac{k}{k_0}\right)^2\right\}u(\boldsymbol{r}) + 2\mathrm{i}k_0\left\{\frac{1}{2}\nabla^2 S + (\nabla\ln A)\cdot(\nabla S)\right\}u(\boldsymbol{r})$$

$$+\{(\nabla\ln A)^2 + \nabla^2\ln A\}u(\boldsymbol{r}) = 0. \tag{1.246}$$

$S(\boldsymbol{r})$ 亦称程函 (eikonal). 如果波长 λ_0 趋近于零, 亦即 $k_0 \to \infty$, 则 (1.246) 式的实数及虚数部分, 满足以下二式:

$$\left(\frac{\partial S}{\partial x}\right)^2 + \left(\frac{\partial S}{\partial y}\right)^2 + \left(\frac{\partial S}{\partial z}\right)^2 - n^2(\boldsymbol{r}) = 0, \tag{1.247}$$

$$(\nabla\ln A)\cdot(\nabla S) + \frac{1}{2}\nabla^2 S = 0, \tag{1.248}$$

其中已经定义折射率

$$n(\boldsymbol{r}) = \frac{k}{k_0} = \sqrt{\frac{\mu\epsilon}{\mu_0\epsilon_0}}. \tag{1.249}$$

(1.247) 式称为程函方程.

接下来考虑关于光线的几何光学怎么从关于光波的物理光学中出现. 定义等相位面, 即所谓波面 (wave front) 为

$$S(x, y, z) = S_1 \text{ (常数)}. \tag{1.250}$$

面 $S = S_1$ 上任何一切矢量 $\mathrm{d}\boldsymbol{s} = (\mathrm{d}x, \mathrm{d}y, \mathrm{d}z)$, 皆符合下式:

$$\nabla S \cdot \mathrm{d}\boldsymbol{s} = \frac{\partial S}{\partial x}\mathrm{d}x + \frac{\partial S}{\partial y}\mathrm{d}y + \frac{\partial S}{\partial z}\mathrm{d}z = 0. \tag{1.251}$$

此方程表明, S 的梯度 ∇S 与面 $S = S_1$ 垂直. 由于 $S = S_1$ 为波面, ∇S 则为光线 (ray). 在上述理论中, 由 (1.240) $\sim$ (1.243) 式描述的波动光学, 在波长极短时, 成为 (1.247) 和 (1.248) 式描述的几何光学.

以下我们考虑介质是均匀的, 即 $n(\boldsymbol{r}) =$ 常数, 则波面为平行的平面, 光线是与波面垂直的直线, 即

$$S = n(\alpha, \beta, \lambda), \tag{1.252}$$

α, β, λ 为 $S = S_1$ 面的法线的方向余弦.

(1.247) 式具有一奇点 (singular point) 的最简单解为

$$S = nr,$$
$$\nabla^2 S = \frac{2n}{r}\widehat{\boldsymbol{r}}, \tag{1.253}$$

且 $A(r) = a/r, a =$ 常数. 因此 (1.244) 式的 $u(\boldsymbol{r})$ 代表一球面波:

$$u(\boldsymbol{r}) = \frac{a}{r}\mathrm{e}^{\mathrm{i}kr}. \tag{1.254}$$

如果介质是不均匀的, 则光线是弯曲的.

由以上分析和 1.2 节的讨论得知, 物质波的波动方程 (薛定谔方程) 在经典极限下给出质点运动方程 (哈密顿 – 雅克比方程) 的事实, 与光的波动方程在短波极限下给出光线的几何光学的情形十分类似. 当年薛定谔正是通过这种类比得到物质波波动力学的. 根据德布罗意波的假设, 微观粒子的运动表现几乎和光或电磁波一样, 当物质波长很短时, 一定存在一个类似于描述几何光学的程函方程, 描述物质运动的粒子行为, 服从哈密顿 – 雅克比方程表述的牛顿定律, 这就是薛定谔方程的经典近似. 在这个意义下, 粒子的牛顿运动方程给出的轨迹, 就像是波动光学等相位面的法线定义的几何光学中的光线. 我们在表 1.3 中列出了它们的这种对应关系.

表 1.3 量子力学到经典力学与波动光学到几何光学的对应关系

	量子力学	电动力学
波的方程	物质波薛定谔方程	电磁场波动方程
表达式	$\mathrm{i}\hbar\dfrac{\partial}{\partial t}\psi = \widehat{H}\psi$	$\dfrac{\partial^2}{\partial t^2}u - \dfrac{1}{\mu\epsilon}\nabla^2 u = 0$
	$\left(\dfrac{\hbar^2}{2m}p^2 + V\right)\phi = E\phi$	$(\nabla^2 + \boldsymbol{k}^2)u = 0$
作用量/波阵面	$\phi \propto \exp[\mathrm{i}S(\boldsymbol{r})/\hbar]$	$u \propto \exp[\mathrm{i}k_0 S(\boldsymbol{r})]$
经典/短波极限	半经典近似 $\hbar \to 0$	短波近似 $\lambda = 2\pi/k_0 \to 0$
近似结果	$(\nabla S)^2/(2m) + V = 0$ (牛顿方程)	$(\nabla S)^2 - n^2(\boldsymbol{r}) = 0$ (程函方程)

习 题

1. 耗散谐振子的量子化. 考虑一个满足如下运动方程的耗散谐振子:

$$\ddot{x} = -\gamma\dot{x} - m\omega^2 x, \quad \gamma > 0.$$

(1) 求出对易子 $[x, \dot{x}]$ 如何按时间改变, 并计算该对易子.

(2) 将 x 视为正则坐标, 构造一个正则动量 $p = m\dot{x}e^{-\gamma t}$, 它与 x 的对易关系是什么?

(3) 用上述正则坐标和正则动量构建一个系统的有效哈密顿量.

(4) 若取 $X = xe^{\gamma t/2}$, $P = \dot{X}$, 计算 $[X, P]$. 相应的有效哈密顿量是什么?

2. 证明在动量表象下, $\hat{x} = i\hbar\partial/\partial p$, 并且

$$\langle x|p\rangle = \frac{1}{\sqrt{2\pi\hbar}}\exp(ipx/\hbar).$$

3. 试计算 $\int |x\rangle\langle\mu x|\mathrm{d}x$ 在坐标表象下的表示 (μ 为一实数).

4. 关于密度矩阵与布洛赫球.

(1) 证明在哈密顿量为 $\hat{H}$ 的系统中, 任意密度矩阵 $\hat{\rho}$ 满足冯·诺依曼方程

$$i\hbar\frac{\partial}{\partial t}\hat{\rho} = [\hat{H}, \hat{\rho}].$$

(2) 对于一个自旋 1/2 粒子的密度矩阵

$$\hat{\rho} = \frac{1}{2}(1 + \boldsymbol{a} \cdot \hat{\boldsymbol{\sigma}}),$$

证明布洛赫矢量 $\boldsymbol{a} = \mathrm{Tr}(\rho\hat{\boldsymbol{\sigma}})$, 并且对于纯态 $|\boldsymbol{a}| = 1$, 对于混合态 $|\boldsymbol{a}| < 1$.

(3) 一个自旋 1/2 粒子处于一个场强为 B, 方向沿 z 轴的磁场中, 并达到热平衡态. 试计算这个粒子沿 x 方向的极化矢量 (x 方向自旋 σ_x 的平均值).

5. 先由定义证明 $\hat{a}^\dagger|n\rangle = \sqrt{n+1}|n+1\rangle$. 然后, 用归纳法证明 $[\hat{a}, \hat{a}^{\dagger n}] = n\hat{a}^{\dagger n-1}$, 从而证明 $\hat{a}|n\rangle = \sqrt{n}|n-1\rangle$.

6. 当 α 分别为实数、纯虚数和复数 ($\alpha \neq \alpha^*$) 时, 相干态生成算子的物理含义是什么?

第二章 量子系统的时间演化

在经典力学中, 系统的状态由质点的动量和坐标描述, 其时间演化服从牛顿第二定律. 在量子力学中, 系统状态由波函数或完备力学量集刻画. 因此, 与经典力学一样, 量子系统波函数和力学量集的改变, 必须满足特定的运动方程, 这就是我们上一章提及的薛定谔方程和海森堡方程. 如果把第一次测量看成确定初态的步骤, 则这个运动方程决定了前后两次观察之间的某种因果性联系. 从数学方程角度看, 以此为初值条件, 运动方程将支配系统演化到末态.

2.1 运动方程与态叠加原理

可以假设初始时刻 t_0 的态矢 $|\psi(t_0)\rangle$ 与 t 时刻的波函数相差一个时间相关的幺正变换:

$$|\psi(t)\rangle = \widehat{U}(t, t_0)|\psi(t_0)\rangle. \tag{2.1}$$

幺正变换保持 $|\psi(t)\rangle$ 的内积不变, 始终归一, $\langle\psi(t)|\psi(t)\rangle = 1$, 这就是所谓的幺正性. 其幺正算子 $\widehat{U}(t, t_0)$ 称为时间演化算子, 使得上述时间演化满足线性叠加原理:

$$\widehat{U}(\alpha|\psi_1\rangle + \beta|\psi_2\rangle) = \alpha\widehat{U}|\psi_1\rangle + \beta\widehat{U}|\psi_2\rangle. \tag{2.2}$$

对任意 $|\psi(t_0)\rangle$, 可以分两步演化到 t 时刻的波函数:

$$|\psi(t)\rangle = \widehat{U}(t, t')|\psi(t')\rangle = \widehat{U}(t, t')\widehat{U}(t', t_0)|\psi(t_0)\rangle. \tag{2.3}$$

与方程 (2.1) 比较, 我们得到演化矩阵的乘法关系

$$\widehat{U}(t, t')\widehat{U}(t', t_0) = \widehat{U}(t, t_0). \tag{2.4}$$

由 $\widehat{U}(t, t_0) = \widehat{U}(t, t')\widehat{U}(t', t_0)$, 可以把 $\widehat{U}(t, t_0)$ 分为多段时间演化, $\widehat{U}(t, t_0)$ 也称为传播子. 对于不含时间的系统, 哈密顿量 $\widehat{H}$ 不依赖于时间,

$$\widehat{U}(t, t_0) = \exp\left[-\frac{\mathrm{i}}{\hbar}\widehat{H}(t - t_0)\right] \tag{2.5}$$

显然满足 (2.4) 式的乘法条件.

取 $t_0 = t$, 则 $\widehat{U}(t_0, t')\widehat{U}(t', t_0) = \widehat{I}$. 这表明, $\widehat{U}(t_0, t') = \widehat{U}(t', t_0)^{-1}$. 另一方面, 波函数归一化不随时间而变:

$$\langle \psi(t)|\psi(t)\rangle = \langle \psi|\widehat{U}^{\dagger}(t, t_0)\widehat{U}(t, t_0)|\psi\rangle = 1, \tag{2.6}$$

则 $\widehat{U}^{\dagger}(t, t_0)\widehat{U}(t, t_0) = \widehat{I}$, 从而, $\widehat{U}^{\dagger}(t, t_0) = \widehat{U}(t_0, t)$, 即 $\widehat{U}(t, t_0)$ 是幺正算子.

一般地说, 对于短时演化, 有

$$\lim_{t \to t_0} \frac{|\psi(t)\rangle - |\psi(t_0)\rangle}{t - t_0} = \lim_{t \to t_0} \left[\frac{\widehat{U}(t, t_0) - \widehat{U}(t_0, t_0)}{t - t_0} \right] |\psi(t_0)\rangle$$

$$\equiv \frac{\partial}{\partial t}\widehat{U}(t, t_0)|\psi(t_0)\rangle. \tag{2.7}$$

从而演化算子满足形式的薛定谔方程

$$i\hbar \frac{\partial}{\partial t}\widehat{U}(t, t_0) = \widehat{H}\widehat{U}(t, t_0), \tag{2.8}$$

其中形式的哈密顿量

$$\widehat{H} = i\hbar \left(\frac{\partial}{\partial t}\widehat{U}(t, t_0) \right) \widehat{U}^{\dagger}(t, t_0). \tag{2.9}$$

不失一般性, 取 $t_0 = 0$, 则时间演化算子 $\widehat{U}(t) \equiv \widehat{U}(t, 0)$ 是一个幺正算子 ($\widehat{U}^{\dagger}\widehat{U} = \widehat{I} = \widehat{U}\widehat{U}^{\dagger}$), 且 $\widehat{U}^{\dagger}(t) = \widehat{U}(-t)$. 现在可以证明 $\widehat{U}(t)$ 满足算子方程

$$i\hbar \frac{\partial}{\partial t}\widehat{U}(t) = \widehat{H}\widehat{U}(t). \tag{2.10}$$

其初始条件为 $\widehat{U}(0) = \widehat{I}$. 给定演化矩阵 $\widehat{U}(t)$, 我们可以写下哈密顿量 (2.9). 因此, 态矢 $|\psi(t)\rangle = \widehat{U}(t)|\psi(0)\rangle$ 也满足薛定谔方程

$$i\hbar \frac{\partial}{\partial t}|\psi(t)\rangle = \widehat{H}|\psi(t)\rangle. \tag{2.11}$$

以下我们阐释, 形式哈密顿量 (2.9) 就是通常哈密顿量

$$\widehat{H} = \frac{\widehat{p}^2}{2m} + \widehat{V}(x).$$

为此, 我们考察海森堡表象的力学量

$$\widehat{A}(t) = \widehat{U}^{\dagger}(t)\widehat{A}\widehat{U}(t), \tag{2.12}$$

其中 $\widehat{A}$ 在薛定谔表象下不显含时间.

接下来我们证明

$$i\hbar \frac{\partial}{\partial t}\widehat{A}(t) = [\widehat{A}(t), \widehat{H}(t)], \tag{2.13}$$

其中 $\widehat{H}(t) = \widehat{U}^\dagger(t)\widehat{H}(0)\widehat{U}(t)$.

一般地, $i\hbar\partial_t\widehat{A}(t) = i\hbar\partial_t\widehat{U}^\dagger(t)\widehat{A}\widehat{U}(t) + i\hbar\widehat{U}^\dagger(t)\widehat{A}\partial_t\widehat{U}(t)$. 且根据 (2.10) 式, $i\hbar\partial_t\widehat{U}^\dagger(t) = -\widehat{U}^\dagger(t)\widehat{H}$, 则

$$
\begin{aligned}
i\hbar\frac{\partial}{\partial t}\widehat{A}(t) &= -\widehat{U}^\dagger(t)\widehat{H}\widehat{A}\widehat{U}(t) + \widehat{U}^\dagger(t)\widehat{A}\widehat{H}\widehat{U}(t) \\
&= \widehat{U}^\dagger(t)[\widehat{A}, \widehat{H}]\widehat{U}(t) = [\widehat{A}(t), \widehat{H}(t)].
\end{aligned}
\tag{2.14}
$$

于是, 我们得到海森堡 (运动) 方程 (2.13). 对于基本力学量 $\widehat{x}(t) = \widehat{U}^\dagger(t)\widehat{x}\widehat{U}(t)$ 和 $\widehat{p}(t) = \widehat{U}^\dagger(t)\widehat{p}\widehat{U}(t)$, 我们有运动方程

$$
\begin{cases}
i\hbar\dfrac{\mathrm{d}}{\mathrm{d}t}\widehat{x}(t) = [\widehat{x}(t), \widehat{H}(t)], \\
i\hbar\dfrac{\mathrm{d}}{\mathrm{d}t}\widehat{p}(t) = [\widehat{p}(t), \widehat{H}(t)].
\end{cases}
\tag{2.15}
$$

如果取

$$
\widehat{H} = -\frac{\hbar^2}{2m}\nabla^2 + \widehat{V}(x),
\tag{2.16}
$$

海森堡方程给出的结果类似于经典的哈密顿正则方程:

$$
\frac{\mathrm{d}}{\mathrm{d}t}\widehat{x}(t) = \widehat{p}, \quad \frac{\mathrm{d}}{\mathrm{d}t}\widehat{p}(t) = -\frac{\mathrm{d}}{\mathrm{d}x}\widehat{V}(x).
\tag{2.17}
$$

其实, 采用经典力学的泊松括号

$$
\{A, B\} = \frac{\partial A}{\partial q}\frac{\partial B}{\partial p} - \frac{\partial B}{\partial q}\frac{\partial A}{\partial p},
\tag{2.18}
$$

经典力学的哈密顿正则方程

$$
\frac{\mathrm{d}A}{\mathrm{d}t} = \{A, H\}
\tag{2.19}
$$

与经典哈密顿量

$$
H = \frac{p^2}{2m} + V(x)
\tag{2.20}
$$

一起给出形式如方程 (2.17) 一样的牛顿运动方程.

从以上分析看出, 在量子力学中要求海森堡运动方程和经典正则方程形式一样, 方程 (2.9) 定义的哈密顿量就是通常量子力学中采用的哈密顿算子. 一般说来, 海森堡运动方程第一次出现在玻恩和若尔当的 "两个人文章" 中. 随后, 狄拉克独立地意识到, 如果用量子对易子取代泊松括号:

$$
[A, B] \leftrightarrow i\hbar\{A, B\},
\tag{2.21}
$$

正则方程变成海森堡方程. 这种经典 – 量子对应本质上给出了量子化的形式理论. 我们再一次指出, 以上从薛定谔方程到海森堡方程的推导并没有应用玻恩对波函数的概率诠释. 其实薛定谔等当年关于两种表述等价性的证明与玻恩提出概率诠释几乎是同时的, 从逻辑上讲, 二者也是独立的.

也可以反过来从海森堡方程推导薛定谔方程. 首先, 根据定义 $\widehat{A}(t)=\widehat{U}^{\dagger}(t)\widehat{A}(0)\widehat{U}(t)$ 计算

$$\mathrm{i}\hbar\frac{\partial}{\partial t}\widehat{A}(t) = \mathrm{i}\hbar\left[\left(\frac{\partial}{\partial t}\widehat{U}^{\dagger}(t)\right)\widehat{A}(0)\widehat{U}(t) + \widehat{U}^{\dagger}(t)\widehat{A}(0)\frac{\partial}{\partial t}\widehat{U}(t)\right]. \tag{2.22}$$

也就是说,

$$\mathrm{i}\hbar\frac{\partial}{\partial t}\widehat{A}(t) = \mathrm{i}\hbar\left[\left(\frac{\partial}{\partial t}\widehat{U}^{\dagger}(t)\right)\widehat{U}(t)\widehat{U}^{\dagger}(t)\widehat{A}(0)\widehat{U}(t) + \widehat{U}^{\dagger}(t)\widehat{A}(0)\widehat{U}(t)\widehat{U}^{\dagger}(t)\frac{\partial}{\partial t}\widehat{U}(t)\right]$$
$$= \mathrm{i}\hbar\left[-\widehat{U}^{\dagger}(t)\left(\frac{\partial}{\partial t}\widehat{U}(t)\right)\widehat{A}(t) + \widehat{A}(t)\widehat{U}^{\dagger}(t)\frac{\partial}{\partial t}\widehat{U}(t)\right], \tag{2.23}$$

其中第一个等号考虑了 $\widehat{U}^{\dagger}(t)\widehat{U}(t)=\widehat{I}$, 第二个等号考虑了它的推论

$$\left(\frac{\partial}{\partial t}\widehat{U}^{\dagger}(t)\right)\widehat{U}(t) + \widehat{U}^{\dagger}(t)\frac{\partial}{\partial t}\widehat{U}(t) = 0. \tag{2.24}$$

比较方程 (2.23), 从海森堡方程

$$\mathrm{i}\hbar\frac{\partial}{\partial t}\widehat{A}(t) = \widehat{A}(t)\widehat{H}(t) - \widehat{H}(t)\widehat{A}(t) \tag{2.25}$$

可以断定哈密顿量的形式

$$\widehat{H}(t) = \mathrm{i}\hbar\widehat{U}^{\dagger}(t)\frac{\partial}{\partial t}\widehat{U}(t) = -\mathrm{i}\hbar\left[\frac{\partial}{\partial t}\widehat{U}^{\dagger}(t)\right]\widehat{U}(t). \tag{2.26}$$

也就是说,

$$-\mathrm{i}\hbar\left[\frac{\partial}{\partial t}\widehat{U}^{\dagger}(t)\right] = \widehat{H}\widehat{U}^{\dagger}(t). \tag{2.27}$$

对于不含时系统, (2.27) 式的时间反演 (把 t 换为 $-t, \widehat{U}(-t)=\widehat{U}^{\dagger}(t)$) 给出薛定谔方程 (2.10). 于是证明薛定谔方程与海森堡方程是等价的, 且无须应用玻恩概率诠释. 其实, 我们可以不考虑时间反演对称性, 直接证明 (2.26) 式意味着薛定谔方程 (2.10) 成立: 因为 $\widehat{H}(t)=\widehat{U}^{\dagger}(t)\widehat{H}(0)\widehat{U}(t)$, 所以 (2.26) 式的第一个等号改写 $\widehat{U}^{\dagger}(t)\widehat{H}(0)\widehat{U}(t)=\mathrm{i}\hbar\widehat{U}^{\dagger}(t)\partial_t\widehat{U}(t)$ 意味着 $\mathrm{i}\hbar\partial_t\widehat{U}(t)=\widehat{H}(0)\widehat{U}(t)$.

综合第一章 1.4 节的结果和上述分析可以看出, 在不引入任何附加假设 (如玻恩概率诠释) 的前提下, 能够证明薛定谔方程与海森堡方程是可以互相推导出来的, 因而量子力学的两种表述形式是等价的.

从第一章的讨论, 我们知道坐标表象波函数 $\psi(x,t) = \langle x|\psi(t)\rangle$ 满足薛定谔方程

$$i\hbar\frac{\partial}{\partial t}\psi(x,t) = \widehat{H}\psi(x,t), \tag{2.28}$$

其中

$$\widehat{H} = -\frac{\hbar^2}{2m}\nabla^2 + \widehat{V}(x) \tag{2.29}$$

是系统的哈密顿量, 而且我们采用了动量 $\widehat{p}$ 的坐标表示 $\widehat{p} = -i\hbar\partial/\partial x$. 我们亦可抽象地写下态矢 $|\psi(t)\rangle$ 满足的算子薛定谔方程

$$i\hbar\frac{\partial}{\partial t}|\psi(t)\rangle = \widehat{H}|\psi(t)\rangle, \tag{2.30}$$

其中在哈密顿算子 $\widehat{H} = \widehat{p}^2/(2m) + \widehat{V}(x)$ 中, $\widehat{x}$ 和 $\widehat{p}$ 是满足 $[\widehat{x},\widehat{p}] = i\hbar$ 的算子.

现在我们证明所谓的态叠加原理: 如果 $|\psi_1(t)\rangle$ 和 $|\psi_2(t)\rangle$ 均为 (2.30) 式的解, 则它们的线性叠加 $\alpha|\psi_1(t)\rangle + \beta|\psi_2(t)\rangle = |\psi(t)\rangle$ 也是 (2.30) 式的解. 也就是说若 $|\psi_1\rangle$ 和 $|\psi_2\rangle$ 是系统的态, 则它们的线性叠加也是系统的态. 事实上, 给定系统哈密顿量, 其态必须满足相同的薛定谔方程, 但可以对应不同的初值条件, 即

$$\begin{cases} i\hbar\dfrac{\partial}{\partial t}|\psi_1(t)\rangle = \widehat{H}|\psi_1(t)\rangle, \\ |\psi_1(0)\rangle = |\phi_1\rangle, \end{cases} \tag{2.31}$$

$$\begin{cases} i\hbar\dfrac{\partial}{\partial t}|\psi_2(t)\rangle = \widehat{H}|\psi_2(t)\rangle, \\ |\psi_2(0)\rangle = |\phi_2\rangle. \end{cases} \tag{2.32}$$

把上述两个方程左右分别相加, 得到

$$i\hbar\frac{\partial}{\partial t}[\alpha|\psi_1(t)\rangle] + i\hbar\frac{\partial}{\partial t}[\beta|\psi_2(t)\rangle] = \widehat{H}[\alpha|\psi_1(t)\rangle] + \widehat{H}[\beta|\psi_2(t)\rangle], \tag{2.33}$$

于是有

$$i\hbar\frac{\partial}{\partial t}[\alpha|\psi_1(t)\rangle + \beta|\psi_2(t)\rangle] = \widehat{H}[\alpha|\psi_1(t)\rangle + \beta|\psi_2(t)\rangle]. \tag{2.34}$$

注意到这里系数 α 和 β 不含时间, $\widehat{H}$ 是线性算子, 我们亦考虑到时间微分为线性算子. 因此

$$|\psi(t)\rangle = \alpha|\psi_1(t)\rangle + \beta|\psi_2(t)\rangle \tag{2.35}$$

满足薛定谔方程, 初态是原来初态的线性叠加, 即 $|\psi(0)\rangle = \alpha|\phi_1\rangle + \beta|\phi_2\rangle$. 一些文献把 "态叠加原理" 当成量子力学的基本原理, 其实它只是波函数满足薛定谔方程的推论.

2.2 标准量子极限与波包扩散

从自由粒子的哈密顿量 $\widehat{H} = \widehat{p}^2/(2m)$ 支配的海森堡方程

$$\dot{\widehat{p}} = \frac{1}{\mathrm{i}\hbar}[\widehat{p}, \widehat{H}] = 0, \tag{2.36}$$

$$\dot{\widehat{x}} = \frac{1}{\mathrm{i}\hbar}[\widehat{x}, \widehat{H}] = \frac{\widehat{p}}{m}, \tag{2.37}$$

可以解出力学量的时间演化:

$$\widehat{p}(t) = \widehat{p}(0) = 常数, \tag{2.38}$$

$$\widehat{x}(t) = \widehat{x}(0) + \frac{\widehat{p}(0)}{m}t. \tag{2.39}$$

我们测量 t 时刻粒子到达的位置 $x(t)$, 则位置的涨落由如下误差传递公式给出:

$$\Delta^2 C = \langle \widehat{C}^2 \rangle - \langle \widehat{C} \rangle^2 = \Delta^2 A + \Delta^2 B, \tag{2.40}$$

其中 $\widehat{C} = \widehat{A} + \widehat{B}$.

应用上述公式到位置测量, 则初值 $\widehat{x}(0)$ 和 $\widehat{p}(0)$ 传递给 $\widehat{x}(t)$ 的涨落为

$$\Delta x(t) = \sqrt{\Delta^2 x(0) + \Delta^2 \left(\frac{p(0)t}{m} \right)}$$

$$= \sqrt{\Delta^2 x(0) + \Delta^2 p(0) \frac{t^2}{m^2}}. \tag{2.41}$$

应用 $t = 0$ 时的不确定关系

$$\Delta^2 x(0) \Delta^2 p(0) \geqslant \hbar^2/4, \tag{2.42}$$

定义 $\delta^2 = \Delta^2 x(0)$, 则 $\Delta^2 p(0) \geqslant \hbar^2/(4\delta^2)$, 于是有

$$\Delta x(t) \geqslant \sqrt{\delta^2 + \frac{\hbar^2 t^2}{4m^2\delta^2}}$$

$$= \sqrt{[\delta - \hbar t/(2m\delta)]^2 + \frac{\hbar t}{m}} \geqslant \sqrt{\frac{\hbar t}{m}}. \tag{2.43}$$

由此得到测量 $\widehat{x}(t)$ 的精确度下限, 亦即

$$\Delta x(t) \geqslant \sqrt{\frac{\hbar t}{m}}. \tag{2.44}$$

这就是所谓的标准量子极限 (standard quantum limit, 即 SQL).

需要指出的是, 就目前的例子而言, 标准量子极限的物理起源是初态波包的扩散. 前面已经证明, $\Delta x(t)$ 代表了 t 时刻的波包宽度, $t \to \infty$ 时 $\Delta x(t)$ 波包弥散到整个空间, 坐标完全测不准.

这个结论与当年爱因斯坦和玻恩关于量子力学可否描写宏观物体质心运动的学术争论有关. 1950 年前后爱因斯坦和玻恩的通信具体讨论了这个问题. 他们考虑一个质量为 M 的宏观物体通常具有空间局域化的特征, 其质心运动由哈密顿量 $H = p^2/2M$ 描述. 能量本征态是一个平面波, 是没有空间局域化特征的扩展态, 与实际观察相矛盾: 宏观物体总是定域在空间特定区域内. 因此, 宏观物体波函数应是一个时间相关的波包, 而不是一个平面波. 然而, 这个理解会导致一个新的矛盾, 即波包会扩散. 考虑初态 $\psi(x,0)$ 为一个高斯波包:

$$\psi(x,0) = \frac{1}{(2\pi\delta^2)^{\frac{1}{4}}} e^{-\frac{(x-x_0)^2}{4\delta^2} + \frac{i}{\hbar}p_0(x-x_0)}. \tag{2.45}$$

利用傅里叶变换得到动量表象的波包

$$\widetilde{\psi}(p,0) = \frac{1}{(2\pi\sigma_p^2)^{\frac{1}{4}}} e^{-\frac{(p-p_0)^2}{4\sigma_p^2} - \frac{i}{\hbar}x_0(p-p_0)}, \tag{2.46}$$

其中宽度为 $\sigma_p = \hbar/2\delta$. 而 t 时刻的动量表象波函数为

$$\widetilde{\psi}(p,t) = \frac{1}{(2\pi\sigma_p^2)^{\frac{1}{4}}} e^{-\frac{(p-p_0)^2}{4\sigma_p^2} - \frac{i}{\hbar}x_0(p-p_0) - \frac{ip^2}{2\hbar M}t}. \tag{2.47}$$

再转换回坐标表象得到 t 时刻的空间波包

$$\psi(x,t) = \frac{1}{\left[\sqrt{2\pi}\left(\delta + \frac{i\hbar t}{2M\delta}\right)\right]^{\frac{1}{2}}} e^{-\frac{\left(x-x_0-\frac{p_0 t}{M}\right)^2}{2\left(2\delta^2 + \frac{i\hbar t}{M}\right)}} e^{\frac{i}{\hbar}\left[\frac{p_0^2 t}{2M} + p_0\left(x-x_0-\frac{p_0 t}{M}\right)\right]}. \tag{2.48}$$

它的模 $|\psi(x,t)|$ 决定了波包的宽度. 由

$$\frac{1}{2\left(2\delta^2 + \frac{i\hbar t}{M}\right)} = \frac{1 - \frac{i\hbar t}{2M\delta^2}}{4\left(\delta^2 + \frac{\hbar^2 t^2}{4M^2\delta^2}\right)} \tag{2.49}$$

给出 t 时刻的波包宽度为

$$\delta(t) = \delta\sqrt{1 + \frac{\hbar^2 t^2}{4M^2\delta^4}}. \tag{2.50}$$

显然, 当 $t \to \infty$ 时, 波包无穷扩散, 空间局域化将被破坏, 因此爱因斯坦认为关于质点的量子力学不能描述宏观物体. 但玻恩认为宏观物体的质量 M 很大, 从而 $\delta(t)$ 是一个变化很慢的函数, 故在量子力学的框架下, 宏观物体仍然可以通过一个很窄的、扩散很慢的波包来描写. 不久, 爱因斯坦进一步反驳了玻恩的观点: 宏观物体的 "波函

数很窄" 的要求, 与量子力学基本原理 —— 态叠加原理是有矛盾的. 设 $|\psi_1\rangle$ 和 $|\psi_2\rangle$ 是薛定谔方程的两个解, 则 $|\psi\rangle = |\psi_1\rangle + |\psi_2\rangle$ 也是薛定谔方程的解. 虽然 $|\psi_1\rangle$ 和 $|\psi_2\rangle$ 相对宏观坐标都是很窄的, 但它们的叠加却不一定很窄. 在爱因斯坦的有生之年, 他们关于量子力学可否描写宏观物体质心运动的学术争论并没有结论. 这个问题的最后解决是在 1985 年. 泽 (Zeh) 和朱斯 (Joos) 认为, 一个宏观物体必定和外部环境相互作用, 即使组成环境的单个微粒很小, 与宏观物体碰撞时能量交换可以忽略不计, 环境也可以记录宏观物体运动信息, 从而与宏观物体形成量子纠缠, 发生量子退相干. 此时, 环境的作用相当于在系统不同基矢态中引入随机的相对相位, 平均结果使得干涉项消失. 因此, 不同的 (动量) 态之间的相干叠加不存在了. 我们将看到 (附录 2.1), 环境作用的确可以导致波包演化的定域化, 从而使得测量位置会有一个不确定度的上限.

另外, 关于动量 $\widehat{p}$ 的测量,

$$\widehat{p} = m \lim_{t \to 0} \frac{\widehat{x}(t) - \widehat{x}(0)}{t}, \tag{2.51}$$

其涨落来自对 $\widehat{x}(0)$ 的测量, 动量扰动在时间 τ 内引起的误差传递

$$\Delta x_{\text{add}} = \frac{\Delta p_{\text{add}}\tau}{m} = \frac{\Delta p(0)\tau}{m}, \tag{2.52}$$

因而

$$\Delta p = \frac{m}{\tau}\sqrt{\Delta^2 x(\tau) + \Delta^2 x(0) + \Delta x_{\text{add}}^2}. \tag{2.53}$$

从而有动量测量的标准量子极限

$$\Delta p \geqslant \sqrt{\frac{2\hbar m}{\tau}}. \tag{2.54}$$

对于谐振子来说, $\widehat{H} = \hbar\omega\widehat{a}^\dagger\widehat{a}$, 则

$$\dot{\widehat{a}}(t) = -\mathrm{i}\omega\widehat{a}(t), \tag{2.55}$$

或

$$\widehat{a}(t) = \widehat{a}(0)\mathrm{e}^{-\mathrm{i}\omega t}. \tag{2.56}$$

由产生、湮灭算子的定义,

$$\widehat{x}(t) = \sqrt{\frac{\hbar}{2m\omega}}[\widehat{a}(t) + \widehat{a}^\dagger(t)], \tag{2.57}$$

则有

$$\widehat{x}(t) = \widehat{x}(0)\cos\omega t + \frac{\widehat{p}(0)}{m\omega}\sin\omega t. \tag{2.58}$$

计算 $x(t)$ 的量子涨落得到

$$
\begin{aligned}
\Delta x(t) &\geqslant \sqrt{\delta^2 \cos^2 \omega t + \hbar^2 \sin^2 \omega t/(4m^2\omega^2\delta^2)} \\
&= \sqrt{[|\delta\cos\omega t| - |\hbar\sin\omega t/(2m\omega\delta)|]^2 + \hbar|\cos\omega t\sin\omega t|/(m\omega)} \\
&\geqslant \sqrt{\hbar/(2m\omega)} \times \sqrt{|\sin 2\omega t|}.
\end{aligned} \tag{2.59}
$$

同样, 我们可以估计测量谐振子能量的不确定性:

$$
\begin{aligned}
\Delta H &= \frac{1}{2m}\Delta^2 p + \frac{1}{2}m\omega^2\Delta^2 x \\
&\geqslant \frac{1}{2m}\frac{\hbar^2}{4\Delta^2 x} + \frac{1}{2}m\omega^2\Delta^2 x \\
&= \frac{1}{2m}\left(\frac{\hbar^2}{4\Delta^2 x} + m^2\omega^2\Delta^2 x\right) \\
&= \frac{1}{2m}\left[\left(\frac{\hbar}{2\Delta x} + m\omega\Delta x\right)^2 + m\hbar\omega\right] \geqslant \frac{1}{2}\hbar\omega.
\end{aligned} \tag{2.60}
$$

这个结果在物理上意味着, 由于波包的周期性扩散, 在谐振子阱底的涨落会导致 $\hbar\omega/2$ 的零点涨落. 以上分析对零点涨落也给出了一个形象的描述. 当然, 为了克服标准量子极限, 人们提出了各种量子非破坏测量的方案, 并在引力波的测量中得以应用.

2.3　从海森堡运动方程到牛顿方程

现在讨论在什么情况下海森堡运动方程可以回到经典力学的牛顿方程, 以及在量子力学中怎样理解 "力" 的概念.

为了以后讨论方便, 我们先证明: $\hat{x}$ 上的函数 $f(\hat{x})$ 与动量的对易子正比于 $f(\hat{x})$ 的微分, 即

$$
[\hat{p}, f(\hat{x})] = -\mathrm{i}\hbar\frac{\partial}{\partial x}f(\hat{x}). \tag{2.61}
$$

将 (2.61) 式左边作用在任意波函数 $\psi(x)$ 上, 有

$$
\begin{aligned}
[\hat{p}f(\hat{x}) - f(\hat{x})\hat{p}]\psi(x) &= -\mathrm{i}\hbar\frac{\partial}{\partial x}[f(x)\psi(x)] + \mathrm{i}\hbar f(x)\frac{\partial}{\partial x}\psi(x) \\
&= -\mathrm{i}\hbar\left[\frac{\partial}{\partial x}f(x)\right]\psi(x).
\end{aligned} \tag{2.62}
$$

对于位势 $V(x)$ 中的粒子, $\hat{H} = \hat{p}^2/(2m) + V(\hat{x})$, 则动量算子的时间变化

$$
\dot{\hat{p}} = \frac{1}{\mathrm{i}\hbar}[\hat{p}, \hat{H}] = -\frac{\partial V(\hat{x})}{\partial x}, \tag{2.63}
$$

于是得到类似于牛顿方程的埃伦菲斯特 (Ehrenfest) 方程 (埃氏方程)

$$m\ddot{\hat{x}} = -\frac{\partial}{\partial x}V(\hat{x}), \tag{2.64}$$

这个方程与牛顿第二定律形式一致, 只是 $\hat{x}$ 是算子, 而非 c 数.

2.3.1 牛顿方程的出现

现在分析, 上述关于算子的埃氏方程何时变为传统的牛顿方程

$$m\ddot{x}_c = F = -\frac{\partial V(x)}{\partial x}\Big|_{x=x_c}, \tag{2.65}$$

其中 x_c 为粒子的质心坐标. 根据波粒二象性, 我们假设粒子初态由一个很窄的波包描述 (见图 2.1),

$$\psi(x) = \left(\frac{1}{2\pi a^2}\right)^{1/4} \exp\left[-\frac{(x-x_0)^2}{4a^2}\right] \quad (a > 0), \tag{2.66}$$

如前所述,

$$\overline{x} = \langle\psi|\hat{x}|\psi\rangle = \int_{-\infty}^{\infty}|\psi(x)|^2 x\mathrm{d}x = x_0, \tag{2.67}$$

$$\overline{x^2} = \langle\psi|\hat{x}^2|\psi\rangle = \int_{-\infty}^{\infty}|\psi(x)|^2 x^2\mathrm{d}x = a^2 + x_0^2. \tag{2.68}$$

这意味着波包的中心 x_0 是坐标平均值, 而波包的宽度是坐标的涨落的平方根:

$$\Delta x = \sqrt{\overline{x^2} - (\overline{x})^2} = a. \tag{2.69}$$

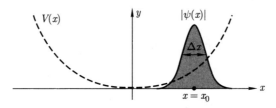

图 2.1 势阱中粒子对应的波包

现在取 $x_c = \overline{x}$, 在其附近展开位势的导数:

$$\frac{\partial}{\partial x}V(\hat{x}) = \frac{\partial}{\partial\overline{x}}V(\overline{x}) + (\hat{x}-\overline{x})\frac{\partial^2}{\partial\overline{x}^2}V(\overline{x}) + \frac{1}{2}(\hat{x}-\overline{x})^2\frac{\partial^3}{\partial\overline{x}^3}V(\overline{x}) + \cdots. \tag{2.70}$$

在 $|\psi\rangle$ 上取平均, 埃氏方程变为

$$m\ddot{\overline{x}} \approx -\frac{\partial}{\partial\overline{x}}V(\overline{x}) - \frac{1}{2}(\Delta x)^2\frac{\partial^3}{\partial\overline{x}^3}V(\overline{x}) = -\frac{\partial}{\partial\overline{x}}V(\overline{x}) - \frac{1}{2}a^2\frac{\partial^3}{\partial\overline{x}^3}V(\overline{x}). \tag{2.71}$$

易见, 当波包宽度很小 $(a \to 0)$ 时, 有质心的牛顿方程

$$m \frac{\mathrm{d}^2 \overline{x}}{\mathrm{d}t^2} = -\frac{\partial V(\overline{x})}{\partial \overline{x}} \triangleq F(\overline{x}). \tag{2.72}$$

显然, 方程 (2.71) 右面第二项是由波包扩散引起的 "涨落" 力, 正比于位置的均方根涨落. 本质上方程 (2.71) 是一个非线性方程.

如果 $V(x)$ 与波包的宽度相比变化较慢, 则波包中心运动与经典粒子质心运动相似. 考虑谐振子的例子,

$$V(\widehat{x}) = \frac{1}{2} m \omega^2 \widehat{x}^2, \tag{2.73}$$

势的三阶以上导数为零, 埃氏方程精确地变为牛顿方程

$$\ddot{\overline{x}} = -\omega^2 \overline{x}, \tag{2.74}$$

其中心运动与经典谐振子运动完全一样. 当波包正好是相干态时, 可以证明波包的宽度不变, 即

$$\frac{\mathrm{d}}{\mathrm{d}t} (\Delta x)^2 = 0. \tag{2.75}$$

2.3.2　量子力学中力的概念

以上讨论表明, 仅当描述粒子的波包很窄的时候, 经典意义下的力的概念才能够出现. 我们可以通过赫尔曼 (Hellmann) – 费曼 (HF) 定理进一步理解什么是量子力学中的 "力", 由此可以很好地理解化学键的物理机制.

定理 2.1 (赫尔曼 – 费曼 (HF) 定理)　设系统的哈密顿量 $\widehat{H} = \widehat{H}(\lambda)$ 依赖于参数 λ, $|n(\lambda)\rangle$ 和 $E_n(\lambda)$ 是固定 λ 时 $\widehat{H}$ 的本征函数和相应的本征值,

$$\widehat{H}(\lambda)|n(\lambda)\rangle = E_n(\lambda)|n(\lambda)\rangle, \tag{2.76}$$

则有

$$\frac{\partial E_n(\lambda)}{\partial \lambda} = \langle n(\lambda)| \frac{\partial \widehat{H}}{\partial \lambda} |n(\lambda)\rangle. \tag{2.77}$$

证明　把 (2.76) 式对 λ 微商, 有

$$(\partial_\lambda \widehat{H})|n(\lambda)\rangle + \widehat{H} \partial_\lambda |n(\lambda)\rangle = \partial_\lambda E_n(\lambda)|n(\lambda)\rangle + E_n(\lambda) \partial_\lambda |n(\lambda)\rangle. \tag{2.78}$$

上式两边乘 $\langle n(\lambda)|$, 得

$$\langle n|\partial_\lambda \widehat{H}|n\rangle + E_n \langle n|\partial_\lambda|n\rangle = \partial_\lambda E_n + E_n \langle n|\partial_\lambda|n\rangle. \tag{2.79}$$

于是得到 HF 定理.

为了理解 HF 定理, 我们考虑单分子气体模型: 一个粒子在一个刚性壁可以移动的一维无限深势阱中运动. 往返运动的分子撞击阱壁, 导致了作用在壁上的一个外力, 如图 2.2 所示.

现在把阱的宽度 l 作为一个参数, 则可以得到依赖于 l 的能量本征函数

$$\psi_n(x, l) = \sqrt{\frac{2}{l}} \sin\left(\frac{n\pi}{a} x\right) \triangleq \langle x | n(l) \rangle, \tag{2.80}$$

对应的本征值

$$E_n(l) = \frac{\pi^2 \hbar^2 n^2}{2ml^2}. \tag{2.81}$$

当粒子处于 $\psi_n(x, l)$ 时, 壁上受到的压力可以定义为势能对阱宽改变的微分:

$$\overline{F} = -\frac{\partial E_n(l)}{\partial l} = -\langle n | \frac{\partial \widehat{V}}{\partial l} | n \rangle = \frac{\pi^2 \hbar^2 n^2}{m} \frac{1}{l^3}. \tag{2.82}$$

对于囚禁在光腔或微波腔中的光子, 我们也可以考虑这种力的效应. 处在真空中的光子的涨落也会导致腔壁受力, 这个力被称为卡西米尔 (Casimir) 力.

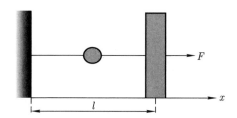

图 2.2　一维无限深势阱中粒子对边界的作用力

HF 定理的第二个应用是从量子力学的角度理解化学键形成的微观机理. 考虑仅有一个价电子的双原子分子, 原子核分别处于 r_A 和 r_B. 相对坐标 $R = |r_A - r_B|$, 电子处于 x, 如图 2.3 所示. 相比电子, 原子核质量很大, 可以假设它们几乎相对静止.

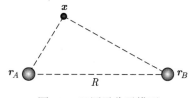

图 2.3　双原子分子模型

假设原子核静止不动, 写下电子的哈密顿量 (以后严格讨论将依据相关的玻恩 – 奥本海默近似):

$$\widehat{H} = \widehat{T}_{AB}(R) + \widehat{V}(R) + \widehat{H}_e + \widehat{W}(R, x), \tag{2.83}$$

$\widehat{T}_{AB}$ 是原子核的动能, 在最低级的近似下可以忽略不计, $\widehat{V}(R)$ 是原子核间的排斥势, $\widehat{H}_{\mathrm{e}}$ 是电子自身的哈密顿量, $\widehat{W}(R, \boldsymbol{x})$ 是电子 – 核相互作用. 我们固定 R 求解定态薛定谔方程:

$$[\widehat{H}_{\mathrm{e}} + \widehat{V}(R) + \widehat{W}(R, \boldsymbol{x})]\phi_n(\boldsymbol{x}, R) = E_n(R)\phi_n(\boldsymbol{x}, R), \tag{2.84}$$

其中把 R 当作 HF 定理中的参数. 假设原子核完全不动时的有效哈密顿量为

$$\widehat{H}_0 \approx \widehat{H}_{\mathrm{e}} + \widehat{W}(R, \boldsymbol{x}) + \widehat{V}(R)$$

$$\equiv \widehat{H}_{\mathrm{E}}[R] + \widehat{V}[R] = \widehat{H}_0[R], \tag{2.85}$$

进而设电子处于第 n 个能级, 则整个系统的能量平均值为

$$\overline{E}_n = \langle n|\widehat{H}_0|n\rangle. \tag{2.86}$$

原子核间的力定义为总势能对原子核间距导数的平均:

$$F = -\langle n|\frac{\partial \widehat{H}_0}{\partial R}|n\rangle = -\langle n|\frac{\partial \widehat{V}}{\partial R}|n\rangle - \langle n|\frac{\partial \widehat{H}_{\mathrm{E}}}{\partial R}|n\rangle$$

$$= -\frac{\partial \widehat{V}}{\partial R} - \langle n|\frac{\partial \widehat{W}(R, x)}{\partial R}|n\rangle. \tag{2.87}$$

通常第一项为排斥力, 而第二项则有可能是吸引力, 形成化学键.

上述定义的有效力 $F = F(R) = F(|\boldsymbol{r}_A - \boldsymbol{r}_B|)$. 如图 2.4 所示, 在特定的区域, F 为正, 称为反键区; 在另外一些区域, F 为负, 代表吸引力, 这样区域称为成键区. 在成键区中, 电子产生的有效作用力把两个核束缚在一起, 形成化学键.

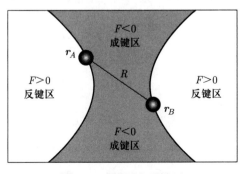

图 2.4　成键区和反键区

2.4 相互作用表象

我们定义一种介于薛定谔表象和海森堡表象之间的另一种表象 —— 相互作用表象. 以上讨论只针对哈密顿量不显含时间的情况, 但实际问题中系统参数可能随时间变化, 哈密顿量

$$\widehat{H} = \widehat{H}_0 + \widehat{V}(t) \tag{2.88}$$

则可分为不含时部分 $\widehat{H}_0$ 和含时的 "相互作用" 部分 $\widehat{V}(t)$. 我们分别定义相互作用表象中的态和算子如下:

$$|\psi(t)\rangle_{\mathrm{I}} = \mathrm{e}^{\mathrm{i}\widehat{H}_0 t/\hbar}|\psi(t)\rangle, \tag{2.89}$$

$$\widehat{A}_{\mathrm{I}}(t) = \mathrm{e}^{\mathrm{i}\widehat{H}_0 t/\hbar}\widehat{A}\mathrm{e}^{-\mathrm{i}\widehat{H}_0 t/\hbar}, \tag{2.90}$$

其中 $|\psi(t)\rangle$ 满足 $\widehat{H}$ 支配的薛定谔方程, $\widehat{A}$ 是薛定谔表象中的力学量. 以下我们证明

$$\mathrm{i}\hbar\frac{\partial}{\partial t}|\psi(t)\rangle_{\mathrm{I}} = \widehat{V}_{\mathrm{I}}(t)|\psi(t)\rangle_{\mathrm{I}}, \tag{2.91}$$

$$\mathrm{i}\hbar\frac{\mathrm{d}}{\mathrm{d}t}\widehat{A}_{\mathrm{I}}(t) = [\widehat{A}_{\mathrm{I}}(t), \widehat{H}_0]. \tag{2.92}$$

直接计算, 有

$$\mathrm{i}\hbar\frac{\partial}{\partial t}|\psi(t)\rangle_{\mathrm{I}} = -\widehat{H}_0\mathrm{e}^{\mathrm{i}\widehat{H}_0 t/\hbar}|\psi(t)\rangle + \mathrm{e}^{\mathrm{i}\widehat{H}_0 t/\hbar}(\widehat{H}_0 + \widehat{V})|\psi(t)\rangle$$

$$= \mathrm{e}^{\mathrm{i}\widehat{H}_0 t/\hbar}\widehat{V}\mathrm{e}^{-\mathrm{i}\widehat{H}_0 t/\hbar}\mathrm{e}^{\mathrm{i}\widehat{H}_0 t/\hbar}|\psi(t)\rangle, \tag{2.93}$$

于是证得方程 (2.91). 同理可证得方程 (2.92).

需要指出的是, 在相互作用表象下考虑测量问题, 只须研究 $\widehat{A}_{\mathrm{I}}(t)$ 在 $|\psi(t)\rangle_{\mathrm{I}}$ 上的期望值, 测量结果不随时间改变:

$$\overline{A} = \langle\psi_{\mathrm{I}}(t)|\widehat{A}_{\mathrm{I}}(t)|\psi_{\mathrm{I}}(t)\rangle = \langle\psi_{\mathrm{S}}(t)|\widehat{A}_{\mathrm{S}}|\psi_{\mathrm{S}}(t)\rangle = \langle\psi(0)|\widehat{A}_{\mathrm{H}}(t)|\psi(0)\rangle. \tag{2.94}$$

对于不含时系统时间演化的求解是很容易的. 对于不含时的哈密顿量 $\widehat{H}$, 不难证明

$$\widehat{U}(t) = \mathrm{e}^{-\mathrm{i}\widehat{H}t/\hbar} \tag{2.95}$$

是薛定谔方程 $\mathrm{i}\hbar\partial_t\widehat{U}(t) = \widehat{H}\widehat{U}(t)$ 的解. 如果系统的初态是

$$|\psi(0)\rangle = \sum_n C_n|n\rangle \tag{2.96}$$

(其中 $\widehat{H}|n\rangle = E_n|n\rangle$), 则

$$|\psi(t)\rangle = \widehat{U}(t)|\psi(0)\rangle = \sum_n C_n e^{-i\widehat{H}t/\hbar}|n\rangle = \sum_n C_n e^{-iE_nt/\hbar}|n\rangle. \tag{2.97}$$

因此求解保守量子系统的时间演化, 只须对初态做本征态展开.

有时候采用海森堡表象求解时间演化问题会比较方便. 例如, 对于谐振子系统其哈密顿量 $\widehat{H} = \hbar\omega\widehat{a}^\dagger\widehat{a}$. $\widehat{a}(t)$ 的海森堡方程

$$\dot{\widehat{a}}(t) = \frac{1}{i\hbar}[\widehat{a}, \widehat{H}] = -i\omega\widehat{a}(t) \tag{2.98}$$

的解是容易得到的. 如下的解

$$\widehat{a}(t) = \widehat{a}e^{-i\omega t} \equiv \widehat{a}(0)e^{-i\omega t}, \tag{2.99}$$

$$\widehat{a}^\dagger(t) = \widehat{a}^\dagger e^{i\omega t} \equiv \widehat{a}^\dagger(0)e^{i\omega t}, \tag{2.100}$$

给出坐标随时间变化的形式

$$\widehat{x}(t) = \sqrt{\frac{\hbar}{2m\omega}}(\widehat{a}(t) + \widehat{a}^\dagger(t)) = \sqrt{\frac{\hbar}{2m\omega}}(\widehat{a}e^{-i\omega t} + \widehat{a}^\dagger e^{i\omega t}). \tag{2.101}$$

对于初态为实相干态, $|\psi(0)\rangle = |\alpha\rangle(\alpha \in \mathbb{R})$, 则 $\widehat{x}(t)$ 的平均值

$$\langle\widehat{x}(t)\rangle = \sqrt{\frac{2\hbar}{m\omega}}\alpha\cos\omega t. \tag{2.102}$$

这恰好与经典谐振子质心运动方式一致. 这时我们计算

$$\begin{aligned}\langle\widehat{x}^2(t)\rangle &= \frac{\hbar}{2m\omega}[\alpha^2(e^{-2i\omega t} + e^{2i\omega t} + 2) + 1]\\ &= \frac{2\hbar}{m\omega}\left(\alpha^2\cos^2\omega t + \frac{1}{4}\right),\end{aligned} \tag{2.103}$$

由此给出的空间位置涨落

$$\langle\Delta^2 x(t)\rangle = \langle\widehat{x}^2(t)\rangle - \langle\widehat{x}(t)\rangle^2 = \frac{\hbar}{2m\omega}, \tag{2.104}$$

不依赖于时间. 另外, 通过类似计算可知 $\Delta p = \sqrt{m\hbar\omega/2}$, 因此 $\Delta x\Delta p = \hbar/2$ 不随时间改变, 始终满足海森堡不确定关系的最小值. 通常人们据此认为相干态是最接近经典的状态, 这种属性不随时间改变.

2.5 二能级系统、量子比特和拉比振荡

根据以上讨论, 任何一个时刻的态函数 $|\psi(t)\rangle = \widehat{U}(t)|\psi(0)\rangle$ 都可以由演化算子确定, 相应的在海森堡表象中算子 $\widehat{A}$ 在 t 时刻的表达式由 $\widehat{A}(t) = \widehat{U}^\dagger(t)\widehat{A}\widehat{U}(t)$ 给出, 因此计算 $\widehat{U}(t)$ 十分重要. 但是, 当系统的哈密顿量显含时间时, 求解 $\widehat{U}(t)$ 十分困难. 以下通过两个特殊例子说明怎么计算含时系统的时间演化算子 $\widehat{U}(t)$. $\widehat{U}(t)$ 满足的薛定谔方程和初值条件如下:

$$\mathrm{i}\hbar\frac{\partial}{\partial t}\widehat{U}(t) = \widehat{H}(t)\widehat{U}(t), \tag{2.105}$$

$$\widehat{U}(0) = \widehat{I}. \tag{2.106}$$

以下用推广的相互作用表象 —— 时变表象简化 $\widehat{U}(t)$ 的计算.

在相互作用表象的讨论中, 对哈密顿量 $\widehat{H}$ 分割为 $\widehat{H}_0$ 和 $\widehat{V}(t)$ 的分法是不唯一的, 如

$$\widehat{H} = \widehat{H}_0 + \widehat{V}(t) = \widehat{H}_0' + \widehat{V}'(t), \tag{2.107}$$

其中

$$\widehat{H}_0' = \widehat{H}_0 + \Delta, \quad \widehat{V}'(t) = \widehat{V}(t) - \Delta, \tag{2.108}$$

这种任意性导致了我们可以定义更一般的表象变换 (这里 Δ 甚至可以是含时的, 但必须是厄米的):

$$|\psi(t)\rangle = \mathrm{e}^{-\mathrm{i}\widehat{H}_0't/\hbar}|\psi_\mathrm{e}(t)\rangle \triangleq \widehat{W}(t)|\psi_\mathrm{e}(t)\rangle. \tag{2.109}$$

如果 $|\psi(t)\rangle$ 满足 $\widehat{H}$ 支配的薛定谔方程

$$\mathrm{i}\hbar\frac{\partial}{\partial t}|\psi(t)\rangle = \mathrm{i}\hbar\left(\frac{\partial}{\partial t}\widehat{W}(t)\right)|\psi_\mathrm{e}(t)\rangle + \widehat{W}(t)\mathrm{i}\hbar\frac{\partial}{\partial t}|\psi_\mathrm{e}(t)\rangle$$
$$= \widehat{H}(t)\widehat{W}(t)|\psi_\mathrm{e}(t)\rangle, \tag{2.110}$$

则有

$$\mathrm{i}\hbar\frac{\partial}{\partial t}|\psi_\mathrm{e}(t)\rangle = \left(\widehat{W}^\dagger(t)\widehat{H}(t)\widehat{W} - \mathrm{i}\hbar\widehat{W}^\dagger\frac{\partial}{\partial t}\widehat{W}\right)|\psi_\mathrm{e}(t)\rangle, \tag{2.111}$$

或得到有效的薛定谔方程

$$\mathrm{i}\hbar\frac{\partial}{\partial t}|\psi_\mathrm{e}(t)\rangle = \widehat{H}_\mathrm{e}(t)|\psi_\mathrm{e}(t)\rangle, \tag{2.112}$$

其中, 有效哈密顿量为

$$\widehat{H}_\mathrm{e} = \widehat{W}^\dagger(t)\widehat{H}(t)\widehat{W}(t) - \mathrm{i}\hbar\widehat{W}^\dagger(t)\frac{\partial}{\partial t}\widehat{W}(t). \tag{2.113}$$

对演化矩阵表达, 在广义含时变换下有相同形式的结果:

$$i\hbar\frac{\partial}{\partial t}\widehat{U}_{\mathrm{e}}(t) = \widehat{H}_{\mathrm{e}}\widehat{U}_{\mathrm{e}}(t), \tag{2.114}$$

其中

$$\widehat{U}(t) = \widehat{W}(t)\widehat{U}_{\mathrm{e}}(t), \tag{2.115}$$

$$\widehat{H}_{\mathrm{e}} = \widehat{W}^{\dagger}\widehat{H}\widehat{W} - i\hbar\widehat{W}^{\dagger}\frac{\partial}{\partial t}\widehat{W}. \tag{2.116}$$

量子比特是一个二能级系统, 其时间演化由冯 · 诺依曼方程给出的布洛赫矢量运动方程描述. 它在布洛赫球上对应布洛赫矢量的轨迹方程, 形象地描述了自旋的进动. 对于量子比特系统, 其最一般情况下的哈密顿量可以写为如下形式:

$$\widehat{H}(t) = \frac{\hbar\omega(t)}{2}\boldsymbol{n}(t)\cdot\widehat{\boldsymbol{\sigma}}, \tag{2.117}$$

这里, $\boldsymbol{n} = (\sin\theta\cos\varphi, \sin\theta\sin\varphi, \cos\theta)$ 是三维欧氏空间中的一个矢量.

根据密度矩阵的冯 · 诺依曼方程, 可以得到

$$\begin{aligned}\frac{\mathrm{d}}{\mathrm{d}t}\widehat{\rho}(t) &= -\frac{\mathrm{i}}{\hbar}[\widehat{H}(t), \widehat{\rho}(t)] \\ &= -\mathrm{i}\frac{\omega(t)}{2}\left[\boldsymbol{n}(t)\cdot\widehat{\boldsymbol{\sigma}}, \frac{1}{2}(\widehat{\sigma}_0 + \boldsymbol{a}(t)\cdot\widehat{\boldsymbol{\sigma}})\right].\end{aligned} \tag{2.118}$$

进一步, 利用对易关系

$$[\boldsymbol{a}\cdot\widehat{\boldsymbol{\sigma}}, \boldsymbol{b}\cdot\widehat{\boldsymbol{\sigma}}] = 2\mathrm{i}(\boldsymbol{a}\times\boldsymbol{b})\cdot\widehat{\boldsymbol{\sigma}}, \tag{2.119}$$

可以得到

$$\frac{\mathrm{d}}{\mathrm{d}t}\widehat{\rho}(t) = \frac{\omega(t)}{2}[\boldsymbol{n}(t)\times\boldsymbol{a}(t)]\cdot\widehat{\boldsymbol{\sigma}}. \tag{2.120}$$

再通过 $\mathrm{Tr}(\widehat{\sigma}_i\widehat{\rho}) = a_i$, 得

$$\frac{\mathrm{d}}{\mathrm{d}t}\boldsymbol{a}(t) = \omega(t)\boldsymbol{n}(t)\times\boldsymbol{a}(t). \tag{2.121}$$

该式表明布洛赫矢量 $\boldsymbol{a}(t)$ 将绕着矢量 $\boldsymbol{n}(t)$ 进动, 进动频率由 $\omega(t)$ 给出.

对于特殊情况 $\omega(t) = \omega_0$ 以及 $\boldsymbol{n}(t) = (0,0,1)$, 假设初始时刻 $\boldsymbol{a}(0) = (1,0,0)$, 可以得到以上方程的特解

$$\boldsymbol{a}(t) = (\cos\omega_0 t, \sin\omega_0 t, 0). \tag{2.122}$$

对于更一般的情况 (在下一章我们还会提到该例子),

$$\boldsymbol{n}(t) = (\sin\theta\cos\Omega t, \sin\theta\sin\Omega t, \cos\theta), \tag{2.123}$$

可以数值求解布洛赫矢量, 得到其在布洛赫球上的轨迹, 如图 2.5 所示.

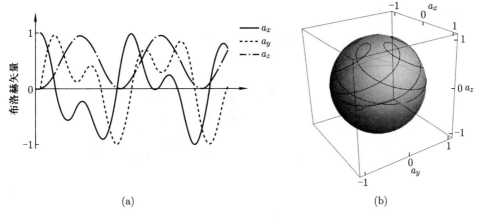

(a)   (b)

图 2.5　布洛赫矢量随时间的演化. 参数: $\Omega = \omega_0/2, \theta = \pi/6$

当 $n(t)$ 不是常数时, 时间演化问题求解比较困难. 我们考虑一个特例 —— 量子比特拉比 (Rabi) 振荡. 在一个由固定磁场 $\boldsymbol{B}_z(t) = B_0 \boldsymbol{e}_z$ 和旋转磁场相加形成的交变磁场

$$\boldsymbol{B}(t) = B_0 \boldsymbol{e}_z + \boldsymbol{B}_\perp(t) = B_0 \boldsymbol{e}_z + B_1(\boldsymbol{e}_x \cos \omega t + \boldsymbol{e}_y \sin \omega t) \tag{2.124}$$

中 (见图 2.6), 自旋 (或二能级系统) 的哈密顿量为

$$\widehat{H} = \frac{1}{2} \mu g \widehat{\boldsymbol{\sigma}} \cdot \boldsymbol{B}, \tag{2.125}$$

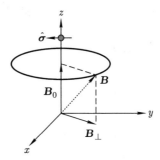

图 2.6　交变磁场示意图

其中

$$\widehat{\sigma}_x = \begin{bmatrix} 0 & 1 \\ 1 & 0 \end{bmatrix}, \quad \widehat{\sigma}_y = \begin{bmatrix} 0 & -\mathrm{i} \\ \mathrm{i} & 0 \end{bmatrix}, \quad \widehat{\sigma}_z = \begin{bmatrix} 1 & 0 \\ 0 & -1 \end{bmatrix} \tag{2.126}$$

是泡利矩阵. 哈密顿量的矩阵形式为

$$\widehat{H} = \frac{\hbar}{2} \begin{bmatrix} \omega_0 & \omega_1 \mathrm{e}^{-\mathrm{i}\omega t} \\ \omega_1 \mathrm{e}^{\mathrm{i}\omega t} & -\omega_0 \end{bmatrix}$$

$$= \frac{\hbar}{2}[\omega_0 \widehat{\sigma}_z + \omega_1(\widehat{\sigma}_x \cos \omega t + \widehat{\sigma}_y \sin \omega t)], \tag{2.127}$$

其中 $\hbar\omega_0 = \mu g B_0, \hbar\omega_1 = \mu g B_1$.

为了求解薛定谔方程, 我们引入旋转坐标变换 $\widehat{R}(t)$, 定义时变表象

$$\widehat{U}_R(t) \equiv \widehat{R}_z(t)\widehat{U}(t) \equiv \mathrm{e}^{\frac{\mathrm{i}\omega t}{2}\widehat{\sigma}_z}\widehat{U}(t), \tag{2.128}$$

其中绕 z 轴的转动

$$\widehat{R}_z(t) = \mathrm{e}^{\mathrm{i}\omega t \frac{\widehat{\sigma}_z}{2}} = \begin{bmatrix} \mathrm{e}^{\frac{\mathrm{i}\omega t}{2}} & 0 \\ 0 & \mathrm{e}^{-\frac{\mathrm{i}\omega t}{2}} \end{bmatrix}, \tag{2.129}$$

旋转算子 $\widehat{R}(t) \equiv \widehat{W}^\dagger(t)$ 定义了 $\widehat{W}(t)$. 有以下旋转性质:

$$\widehat{R}_z(t)\widehat{\sigma}_x\widehat{R}_z^\dagger(t) = \widehat{\sigma}_x \cos \omega t - \widehat{\sigma}_y \sin \omega t, \tag{2.130}$$

$$\widehat{R}_z(t)\widehat{\sigma}_y\widehat{R}_z^\dagger(t) = \widehat{\sigma}_y \cos \omega t + \widehat{\sigma}_x \sin \omega t. \tag{2.131}$$

将 $\widehat{U}(t)$ 代入方程 (2.10), 得到关于 $\widehat{U}_R(t)$ 的有效薛定谔方程

$$\mathrm{i}\hbar\frac{\partial}{\partial t}\widehat{U}_R(t) = \widehat{H}_R\widehat{U}_R(t), \tag{2.132}$$

其中有效哈密顿量

$$\widehat{H}_R = \widehat{R}_z(t)\widehat{H}\widehat{R}_z^\dagger(t) - \mathrm{i}\hbar\widehat{R}_z(t)\frac{\partial}{\partial t}\widehat{R}_z^\dagger(t)$$

$$= \frac{\hbar}{2}[\omega_0\widehat{\sigma}_z + \omega_1 \cos \omega t(\widehat{\sigma}_x \cos \omega t - \widehat{\sigma}_y \sin \omega t) + \omega_1 \sin \omega t(\widehat{\sigma}_y \cos \omega t + \widehat{\sigma}_x \sin \omega t)] - \frac{\hbar}{2}\omega\widehat{\sigma}_z$$

$$= \frac{\hbar}{2}[\omega_0\widehat{\sigma}_z + \omega_1\widehat{\sigma}_x] - \frac{\hbar}{2}\omega_z = \frac{\hbar}{2}[(\omega_0 - \omega)\widehat{\sigma}_z + \omega_1\widehat{\sigma}_x]. \tag{2.133}$$

需要指出的是, 在旋转坐标系中, $\widehat{H}' = -\mathrm{i}\hbar\widehat{R}_z(t)\partial_t\widehat{R}_z^\dagger(t) \propto \omega\widehat{\sigma}_z$, 相当于经典力学质点在旋转坐标系中感受到的科里奥利 (Coriolis) 力.

由 $\widehat{H}_R$ 出发, 旋转坐标系中的有效演化矩阵可以明显地表达为

$$\widehat{U}_R(t) = \mathrm{e}^{-\frac{\mathrm{i}\widehat{H}_R t}{\hbar}} = \mathrm{e}^{\frac{-\mathrm{i}[(\omega_0 - \omega)\widehat{\sigma}_z + \omega_1\widehat{\sigma}_x]t}{2}}$$

$$= \cos \varOmega t - \mathrm{i} \frac{\omega - \omega_0}{2\varOmega} \widehat{\sigma}_z \sin \varOmega t - \mathrm{i} \frac{\omega_1}{2\varOmega} \widehat{\sigma}_x \sin \varOmega t, \tag{2.134}$$

其中

$$\varOmega = \frac{1}{2} \sqrt{(\omega_0 - \omega)^2 + \omega_1^2} \tag{2.135}$$

是有效拉比频率, 我们已经利用了公式

$$\mathrm{e}^{\mathrm{i}\widehat{\boldsymbol{\sigma}} \cdot \boldsymbol{\theta}} = \cos \theta + \mathrm{i}\widehat{\boldsymbol{\sigma}} \cdot \widehat{\boldsymbol{\theta}} \sin \theta, \quad \theta = |\boldsymbol{\theta}|, \quad \widehat{\boldsymbol{\theta}} = \frac{\boldsymbol{\theta}}{\theta}. \tag{2.136}$$

于是, 我们得到自旋进动系统的演化矩阵

$$\widehat{U}(t) = \widehat{R}_z^\dagger(t) \widehat{U}_R(t)$$

$$= \mathrm{e}^{-\frac{\mathrm{i}\omega \widehat{\sigma}_z t}{2}} \left(\cos \varOmega t - \mathrm{i} \frac{\omega - \omega_0}{2\varOmega} \widehat{\sigma}_z \sin \varOmega t - \mathrm{i} \frac{\omega_1}{2\varOmega} \widehat{\sigma}_x \sin \varOmega t \right)$$

$$= \begin{bmatrix} \mathrm{e}^{-\mathrm{i}\omega t/2} & 0 \\ 0 & \mathrm{e}^{\mathrm{i}\omega t/2} \end{bmatrix} \begin{bmatrix} \cos \varOmega t + \mathrm{i} \dfrac{\omega - \omega_0}{2\varOmega} \sin \varOmega t & -\mathrm{i} \dfrac{\omega_1}{2\varOmega} \sin \varOmega t \\ -\mathrm{i} \dfrac{\omega_1}{2\varOmega} \sin \varOmega t & \cos \varOmega t - \mathrm{i} \dfrac{\omega - \omega_0}{2\varOmega} \sin \varOmega t \end{bmatrix}. \tag{2.137}$$

如果系统开始时处于下能级 $|\downarrow\rangle = (0,1)^{\mathrm{T}}$, 则经过时间 t 后处于

$$|\psi(t)\rangle = \widehat{U}(t) \begin{bmatrix} 0 \\ 1 \end{bmatrix}$$

$$= \begin{bmatrix} -\mathrm{i} \dfrac{\omega_1}{2\varOmega} \mathrm{e}^{-\mathrm{i}\omega t/2} \sin \varOmega t \\ \mathrm{e}^{\mathrm{i}\omega t/2} \cos \varOmega t - \mathrm{i} \dfrac{\omega - \omega_0}{2\varOmega} \mathrm{e}^{\mathrm{i}\omega t/2} \sin \varOmega t \end{bmatrix}, \tag{2.138}$$

处在激发态的概率为

$$P_\uparrow(t) = |\langle \uparrow | \psi(t) \rangle|^2 = \frac{\omega_1^2}{4\varOmega^2} \sin^2 \varOmega t, \tag{2.139}$$

其中上能级的态 $|\uparrow\rangle = (1,0)^{\mathrm{T}}$. 可见, 当 $\omega = \omega_0$ 时, $\varOmega = \omega_1/2$ 取极小值, $P_\uparrow(t)$ 振幅变得很大,

$$P_\uparrow^m(t) = \sin^2 \frac{\omega_1 t}{2}, \tag{2.140}$$

发生共振, 今称之为拉比共振, 拉比共振的发现导致了核磁共振技术的发展. 对固定时刻 t 可绘出翻转概率随 ω 变化的共振图, 如图 2.7 所示.

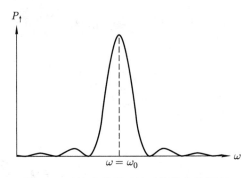

图 2.7　近拉比共振时处于激发态的概率

2.6　受迫谐振子演化和相干态产生

在外力 $f(t)$ 的作用下, 一维受迫谐振子的哈密顿量为

$$\widehat{H}(t) = \frac{\widehat{p}^2}{2m} + \frac{1}{2}m\omega^2\widehat{x}^2 + f(t)\widehat{x}, \tag{2.141}$$

通过正则变换

$$\widehat{a} = \sqrt{\frac{1}{2m\hbar\omega}}(m\omega\widehat{x} + \mathrm{i}\widehat{p}), \tag{2.142}$$

$$\widehat{x} = \sqrt{\frac{\hbar}{2m\omega}}(\widehat{a} + \widehat{a}^\dagger), \tag{2.143}$$

则可以由升降算子表达受迫振子的哈密顿量:

$$\widehat{H}(t) = \hbar\omega\widehat{a}^\dagger\widehat{a} + F(t)\widehat{a}^\dagger + F^*(t)\widehat{a}, \tag{2.144}$$

其中

$$F(t) = \sqrt{\frac{\hbar}{2m\omega}}f(t). \tag{2.145}$$

再取 $\widehat{H}_0 = \hbar\omega\widehat{a}^\dagger\widehat{a}$, 则在 "相互作用表象" 中,

$$\begin{aligned}
\widehat{H}_{\mathrm{I}}(t) &= \mathrm{e}^{\frac{\mathrm{i}\widehat{H}_0 t}{\hbar}}(F(t)\widehat{a}^\dagger + h.c.)\mathrm{e}^{-\frac{\mathrm{i}\widehat{H}_0 t}{\hbar}} \\
&= F(t)\mathrm{e}^{\mathrm{i}\omega t}\widehat{a}^\dagger + F^*(t)\widehat{a}\mathrm{e}^{-\mathrm{i}\omega t}.
\end{aligned} \tag{2.146}$$

现在求解相互作用表象中的演化方程

$$\mathrm{i}\hbar\frac{\partial}{\partial t}\widehat{U}_{\mathrm{I}}(t) = \widehat{H}_{\mathrm{I}}(t)\widehat{U}_{\mathrm{I}}(t). \tag{2.147}$$

可以假设 (见本节最后的韦 (Wei) – 诺曼 (Norman) 定理)

$$\widehat{U}_{\mathrm{I}}(t) = \mathrm{e}^{\mathrm{i}\lambda(t)}\mathrm{e}^{\mathrm{i}x(t)\widehat{a}^\dagger}\mathrm{e}^{\mathrm{i}y(t)\widehat{a}}. \tag{2.148}$$

代入

$$\mathrm{i}\hbar\left(\frac{\partial}{\partial t}\widehat{U}_{\mathrm{I}}(t)\right)\widehat{U}_{\mathrm{I}}^{-1}(t) = \widehat{H}_{\mathrm{I}}(t), \tag{2.149}$$

则

$$\mathrm{i}\hbar[\mathrm{i}\dot{\lambda}(t) + \mathrm{i}\dot{x}(t)\widehat{a}^\dagger + \mathrm{i}\dot{y}\widehat{a} + x(t)\dot{y}(t)] = F(t)\mathrm{e}^{\mathrm{i}\omega t}\widehat{a}^\dagger + F^*(t)\widehat{a}\mathrm{e}^{-\mathrm{i}\omega t}, \tag{2.150}$$

其中, 用到了

$$[\widehat{a}, F(\widehat{a}^\dagger)] = \frac{\partial F(\widehat{a}^\dagger)}{\partial \widehat{a}^\dagger}, \tag{2.151}$$

以及

$$\begin{aligned}
\frac{\partial \widehat{U}_{\mathrm{I}}(t)}{\partial t}\widehat{U}_{\mathrm{I}}^{-1}(t) &= [\mathrm{i}\dot{\lambda}(t)\widehat{U}_{\mathrm{I}}(t) + \mathrm{i}\dot{x}(t)\widehat{a}^\dagger\widehat{U}_{\mathrm{I}}(t) + \mathrm{i}\dot{y}(t)\mathrm{e}^{\mathrm{i}\lambda(t)}\mathrm{e}^{\mathrm{i}x(t)\widehat{a}^\dagger}\widehat{a}\mathrm{e}^{\mathrm{i}y(t)\widehat{a}}]\widehat{U}_{\mathrm{I}}^{-1}(t) \\
&= [\mathrm{i}\dot{\lambda}(t) + \mathrm{i}\dot{x}(t)\widehat{a}^\dagger + \mathrm{i}\dot{y}(t)\mathrm{e}^{\mathrm{i}x(t)\widehat{a}^\dagger}\widehat{a}\mathrm{e}^{-\mathrm{i}x(t)\widehat{a}^\dagger}] \\
&= [\mathrm{i}\dot{\lambda}(t) + \mathrm{i}\dot{x}(t)\widehat{a}^\dagger + \mathrm{i}\dot{y}(t)\mathrm{e}^{\mathrm{i}x(t)\widehat{a}^\dagger}(\mathrm{e}^{-\mathrm{i}x(t)\widehat{a}^\dagger}\widehat{a} - \mathrm{i}x(t)\mathrm{e}^{-\mathrm{i}x(t)\widehat{a}^\dagger})] \\
&= [\mathrm{i}\dot{\lambda}(t) + \mathrm{i}\dot{x}(t)\widehat{a}^\dagger + \mathrm{i}\dot{y}(t)\widehat{a} + x(t)\dot{y}(t)]. \tag{2.152}
\end{aligned}$$

比较 (2.149) 式两边, 得到

$$\begin{cases}
-\dot{\lambda}(t) + \mathrm{i}x(t)\dot{y}(t) = 0, \\
-\hbar\dot{x}(t) = F(t)\mathrm{e}^{\mathrm{i}\omega t}, \\
-\hbar\dot{y}(t) = F^*(t)\mathrm{e}^{-\mathrm{i}\omega t}.
\end{cases} \tag{2.153}$$

由此解得

$$\begin{aligned}
x(t) = y^*(t) &= -\frac{1}{\hbar}\int_0^t \mathrm{d}t'\, F(t')\mathrm{e}^{\mathrm{i}\omega t'}, \\
\lambda(t) &= -\frac{\mathrm{i}}{\hbar}\int_0^t \mathrm{d}t'\, x(t')F^*(t')\mathrm{e}^{-\mathrm{i}\omega t'}. \tag{2.154}
\end{aligned}$$

由格劳贝尔公式

$$\mathrm{e}^{\widehat{A}}\mathrm{e}^{\widehat{B}} = \mathrm{e}^{\widehat{A}+\widehat{B}}\mathrm{e}^{[\widehat{A},\widehat{B}]/2} \quad ([[\widehat{A},\widehat{B}],\widehat{A}] = [[\widehat{A},\widehat{B}],\widehat{B}] = 0), \tag{2.155}$$

得

$$\widehat{U}_{\mathrm{I}}(t) = \widehat{D}(\mathrm{i}x(t)). \tag{2.156}$$

这表明 $\widehat{U}_\mathrm{I}(t)$ 是一个平移算子. 因此, 在力 $f(t)$ 的驱动下, 系统会从真空态演化到一个相干态上, 即

$$|\psi(t)\rangle = \mathrm{e}^{-\mathrm{i}\omega\widehat{a}^\dagger\widehat{a}t}\widehat{U}_\mathrm{I}(t)|0\rangle = \mathrm{e}^{-\mathrm{i}\omega\widehat{a}^\dagger\widehat{a}t}\widehat{D}(\mathrm{i}x(t))|0\rangle = |\mathrm{i}x(t)\mathrm{e}^{-\mathrm{i}\omega t}\rangle. \tag{2.157}$$

以上处理可以推广到一般情况, 给出求解时间演化的一般代数方法. 这个方法可以表达为如下定理.

定理 2.2 (韦 – 诺曼定理) 若系统的哈密顿量可以写为一系列李代数生成元 $L_N = \{\widehat{l}_\alpha | \alpha = 1, 2, \cdots, N\}$ 的线性组合

$$\widehat{H}(t) = \sum_\alpha c_\alpha(t)\widehat{l}_\alpha, \tag{2.158}$$

其中 $c_\alpha(t)$ 是时间相关的系数, 则演化矩阵是李群一般元素, 可表达为单参数李群元素的乘积

$$\widehat{U}(t) = \prod_{\alpha=1}^N \mathrm{e}^{X_\alpha(t)\widehat{l}_\alpha}. \tag{2.159}$$

问题转化为求解 $\{X_\alpha(t)\}$ 的方程组.

形成李代数意味着 $L = \{\widehat{l}_\alpha\}$ 的对易子是封闭的, 即对于任何 $\widehat{l}_\alpha, \widehat{l}_\beta$, 有 $[\widehat{l}_\alpha, \widehat{l}_\beta] \in L$. 如果 $L_M = \{\widehat{l}_\alpha\}$ 不封闭, 即对 $L_M = \{\widehat{l}_\alpha\}$, 存在 $\widehat{l}_\alpha, \widehat{l}_\beta$, 使 $[\widehat{l}_\alpha, \widehat{l}_\beta] \notin L_M$, 则可以把 L_M 扩展成李代数

$$L = L_M \oplus \{[\widehat{l}_\alpha, \widehat{l}_\beta]\}, \tag{2.160}$$

从而也可以用韦 – 诺曼定理 (或称代数动力学方法) 去假设

$$\widehat{U}(t) = \prod_{\alpha=1}^M \mathrm{e}^{X_\alpha(t)\widehat{l}_\alpha} \prod_{\beta=M+1}^N \mathrm{e}^{X_\beta(t)\widehat{l}_\beta}. \tag{2.161}$$

一个典型的例子是受迫谐振子, $\widehat{H} = f(t)\widehat{a}^\dagger + f(t)\widehat{a}$. 在该例子中 $L_2 = \{\widehat{a}, \widehat{a}^\dagger\}$ 是不封闭的, 我们由 $[\widehat{a}, \widehat{a}^\dagger] = \widehat{I}$ 以及 $[\widehat{I}, \widehat{a}] = 0 = [\widehat{I}, \widehat{a}^\dagger]$ 扩展它为 $L_3 = \{\widehat{a}, \widehat{a}^\dagger, \widehat{I}\}$, 则可假设

$$\widehat{U}(t) = \mathrm{e}^{\mathrm{i}X(t)}\mathrm{e}^{X_+(t)\widehat{a}^\dagger}\mathrm{e}^{X_-(t)\widehat{a}}. \tag{2.162}$$

2.7 量子系统的演化: 戴森展开与微扰论

如果哈密顿量 $\widehat{H}(t)$ 依赖于时间, 在大多数情况下无法精确地给出 $\widehat{U}(t)$ 的显式解. 为此, 我们需要发展一些近似展开的方法. 以下不区分相互作用表象 $\widehat{H}_\mathrm{I}(t)$ 或一般显含时间的 $\widehat{H}(t)$. 我们从方程

$$\frac{\partial}{\partial t}\widehat{U}(t) = \frac{1}{\mathrm{i}\hbar}\widehat{H}(t)\widehat{U}(t) \tag{2.163}$$

出发, 用迭代方法写下

$$
\begin{aligned}
\widehat{U}(t) &= 1 + \frac{1}{\mathrm{i}\hbar} \int_0^t \mathrm{d}t_1 \widehat{H}(t_1)\widehat{U}(t_1) \\
&= 1 + \frac{1}{\mathrm{i}\hbar} \int_0^t \mathrm{d}t_1 \widehat{H}(t_1) \left[1 + \frac{1}{\mathrm{i}\hbar} \int_0^{t_1} \mathrm{d}t_2 \widehat{H}(t_2)\widehat{U}(t_2) \right] \\
&= 1 + \frac{1}{\mathrm{i}\hbar} \int_0^t \mathrm{d}t_1 \widehat{H}(t_1) + \frac{1}{(\mathrm{i}\hbar)^2} \int_0^t \mathrm{d}t_1 \int_0^{t_1} \mathrm{d}t_2 \widehat{H}(t_1)\widehat{H}(t_2) \\
&\quad + \frac{1}{(\mathrm{i}\hbar)^3} \int_0^t \mathrm{d}t_1 \int_0^{t_1} \mathrm{d}t_2 \int_0^{t_2} \mathrm{d}t_3 \widehat{H}(t_1)\widehat{H}(t_2)\widehat{H}(t_3)\widehat{U}(t_3).
\end{aligned} \tag{2.164}
$$

利用阶梯函数

$$
\theta(t) = \begin{cases} 1, & t > 0, \\ 0, & t < 0, \end{cases} \tag{2.165}
$$

上式第三项可以重新写为

$$
\iint_{0 < t_2 < t_1 < t} \mathrm{d}t_1 \mathrm{d}t_2 \frac{\widehat{H}(t_1)\widehat{H}(t_2)}{(\mathrm{i}\hbar)^2} = \iint_0^t \mathrm{d}t_1 \mathrm{d}t_2 \theta(t_1 - t_2) \frac{\widehat{H}(t_1)\widehat{H}(t_2)}{(\mathrm{i}\hbar)^2}. \tag{2.166}
$$

同样, $\widehat{H}$ 的任意 n 阶项可明显地表达为

$$
\begin{aligned}
&\int \cdots \int_{0 < t_n < t_{n-1} < \cdots < t_1 < t} \mathrm{d}t_1 \cdots \mathrm{d}t_n \frac{\widehat{H}(t_1)\widehat{H}(t_2)\cdots\widehat{H}(t_n)}{(\mathrm{i}\hbar)^n} \\
&= \int_0^t \cdots \int_0^t \mathrm{d}t_1 \cdots \mathrm{d}t_n \theta(t_1 - t_2)\theta(t_2 - t_3) \cdots \theta(t_{n-1} - t_n) \cdots \\
&= \frac{1}{n!} \int_0^t \cdots \int \frac{\mathrm{d}t_1 \cdots \mathrm{d}t_n}{(\mathrm{i}\hbar)^n} \mathcal{J}[\widehat{H}(t_1)\widehat{H}(t_2)\cdots\widehat{H}(t_n)],
\end{aligned} \tag{2.167}
$$

其中

$$
\begin{aligned}
\mathcal{J}[\widehat{H}(t_1)\widehat{H}(t_2)\cdots\widehat{H}(t_n)] = \sum_{p \in S_n} \theta(t_{p(1)} - t_{p(2)})\theta(t_{p(2)} - t_{p(3)}) \cdots \\
\theta(t_{p(n-1)} - t_{p(n)})\widehat{H}(t_{p(1)})\widehat{H}(t_{p(2)})\cdots\widehat{H}(t_{p(n)})
\end{aligned} \tag{2.168}
$$

称为 $\widehat{H}(t_1)\widehat{H}(t_2)\cdots\widehat{H}(t_n)$ 的编时积.

当 $t_{p(1)} \geqslant t_{p(2)} \geqslant \cdots \geqslant t_{p(n)}$ 时,

$$
\mathcal{J}[\widehat{H}(t_1)\widehat{H}(t_2)\cdots\widehat{H}(t_n)] = \widehat{H}(t_{p(1)})\widehat{H}(t_{p(2)})\cdots\widehat{H}(t_{p(n)}). \tag{2.169}
$$

现在用编时积的形式写出时间演化算子:

$$\widehat{U}(t) = 1 + \int_0^t dt_1 \frac{\widehat{H}(t_1)}{i\hbar} + \frac{1}{2!} \int_0^t \int_0^t dt_1 dt_2 \mathcal{J}\left(\frac{\widehat{H}(t_1)\widehat{H}(t_2)}{(i\hbar)^2}\right) + \cdots$$

$$+ \frac{1}{n!} \int_0^t \cdots \int_0^t \int_0^t dt_1 dt_2 \cdots dt_n \mathcal{J}\left(\frac{\widehat{H}(t_1)\widehat{H}(t_2)\cdots\widehat{H}(t_n)}{(i\hbar)^n}\right)$$

$$\equiv \mathcal{J} \exp\left[\frac{1}{i\hbar} \int_0^t \widehat{H}(t)dt\right]. \tag{2.170}$$

上述演化矩阵的级数展开被称为戴森 (Dyson) 展开. 戴森首先把它用在关于量子化电磁场与带电粒子相互作用的量子电动力学. 这给出量子电动力学一个容易理解和方便计算的形式, 导致了 19 世纪 50 年代量子场论被物理学家广泛接受.

我们可以在 "相互作用" 表象通过微扰论方法给出演化算子的近似解. 假设系统的哈密顿 $\widehat{H}$ 可以分为不含时的 $\widehat{H}_0$ 和微扰 $\widehat{V}$:

$$i\hbar \frac{\partial}{\partial t} \widehat{U}(t) = [\widehat{H}_0 + \widehat{V}(t)]\widehat{U}(t), \tag{2.171}$$

有解 $\widehat{U}(t) = \sum_{n=0}^{\infty} \widehat{U}^{(n)}(t)$, 其中每一阶近似解满足递推的微分方程:

$$i\hbar \frac{\partial}{\partial t} \widehat{U}^{(0)}(t) = \widehat{H}_0 \widehat{U}^{(0)}(t), \tag{2.172}$$

$$i\hbar \frac{\partial}{\partial t} \widehat{U}^{(n)}(t) = \widehat{H}_0 \widehat{U}^{(n)}(t) + \widehat{V}(t)\widehat{U}^{(n-1)}(t), \tag{2.173}$$

$$\widehat{U}^{(0)}(0) = \widehat{I}, \quad \widehat{U}^{(n)}(0) = 0, \quad n > 1. \tag{2.174}$$

方程 (2.172) 的解 $\widehat{U}^{(0)}(t) = \exp[\widehat{H}_0 t/(i\hbar)]$, 于是有一阶解满足的微分方程

$$i\hbar \frac{\partial}{\partial t} \widehat{U}^{(1)}(t) = \widehat{H}_0 \widehat{U}^{(1)}(t) + \widehat{V}(t)\widehat{U}^{(0)}(t). \tag{2.175}$$

令 $\widehat{U}^{(1)}(t) = \exp(-i\widehat{H}_0 t/\hbar)\widehat{W}(t)$, 则有 $i\hbar \partial_t \widehat{W}(t) = \exp(i\widehat{H}_0 t/\hbar)\widehat{V}(t)\exp(-i\widehat{H}_0 t/\hbar)$, 于是

$$\widehat{U}^{(1)}(t) = \frac{1}{i\hbar} e^{-i\widehat{H}_0 t/\hbar} \int_0^t dt_1 e^{i\widehat{H}_0 t_1/\hbar} \widehat{V}(t_1) e^{-i\widehat{H}_0 t_1/\hbar}. \tag{2.176}$$

从以上一阶微扰的演化矩阵出发, 我们可以计算系统的跃迁矩阵元, 进而计算从 $\widehat{H}_0$ 的本征态 $|n\rangle$ 到 $|m\rangle$ 的跃迁概率:

$$P_{mn} = |\langle m|\widehat{U}(t)|n\rangle|^2 \approx |\langle m|\widehat{U}^{(0)}(t)|n\rangle + \langle m|\widehat{U}^{(1)}(t)|n\rangle|^2$$

$$= |\langle m|e^{-\frac{i\widehat{H}_0 t}{\hbar}} \int_0^t e^{\frac{i\widehat{H}_0 t_1}{\hbar}} \frac{\widehat{V}(t_1)}{i\hbar} e^{-\frac{i\widehat{H}_0 t_1}{\hbar}} dt_1 |n\rangle|^2$$

$$= \left| \int_0^t \langle m|\widehat{V}(t_1)|n\rangle \frac{e^{-i(E_n - E_m)t_1/\hbar}}{i\hbar} dt_1 \right|^2. \tag{2.177}$$

这恰是通常量子力学含时微扰给出的结果.

以上给出了时间演化的戴森表述, 它与通常的时间相关的微扰理论的结果一致. 事实上, 考虑哈密顿量

$$\widehat{H}(t) = \widehat{H}(0) + \lambda \widehat{V}(t), \tag{2.178}$$

可分出时间相关的微扰部分 $\widehat{V}(t)$, 其中 λ 是微扰参数, 计算后取为 1. 设时间相关的薛定谔方程

$$i\hbar \frac{\partial}{\partial t}|\psi(t)\rangle = \widehat{H}(t)|\psi(t)\rangle \tag{2.179}$$

的解展为 λ 的级数:

$$|\psi(t)\rangle = \sum_{k=0} \lambda^k |\psi^{[k]}(t)\rangle, \tag{2.180}$$

代入上述薛定谔方程, 有

$$i\hbar \sum_{k=0} \lambda^k \frac{\partial}{\partial t}|\psi^{[k]}(t)\rangle = \sum_{k=0} \lambda^k \widehat{H}_0 |\psi^{[k]}(t)\rangle + \sum_{k=0} \lambda^{k+1} \widehat{V}|\psi^{[k]}(t)\rangle. \tag{2.181}$$

注意到最后一项可重新写为

$$\sum_{k=1} \lambda^k V|\psi^{[k-1]}(t)\rangle, \tag{2.182}$$

要求方程两边 λ 同次幂项 "系数" 相等, 则得到可递推求解的方程组

$$i\hbar \frac{\partial}{\partial t}|\psi^{[0]}(t)\rangle = \widehat{H}_0 |\psi^{[0]}(t)\rangle, \tag{2.183}$$

$$i\hbar \frac{\partial}{\partial t}|\psi^{[1]}(t)\rangle = \widehat{H}_0 |\psi^{[1]}(t)\rangle + \widehat{V}|\psi^{[0]}(t)\rangle, \tag{2.184}$$

$$\cdots\cdots$$

$$i\hbar \frac{\partial}{\partial t}|\psi^{[k]}(t)\rangle = \widehat{H}_0 |\psi^{[k]}(t)\rangle + \widehat{V}|\psi^{[k-1]}(t)\rangle. \tag{2.185}$$

显然, 用 $\widehat{H}_0$ 的本征态 $|n\rangle$ ($\widehat{H}_0|n\rangle = E_n|n\rangle$) 展开 $|\psi^{[0]}(t)\rangle$ 和 $|\psi^{[1]}(t)\rangle, \cdots$, 有 (取 $\hbar = 1$)

$$|\psi^{[0]}(t)\rangle = \sum_n C_n^{[0]}(t) e^{-iE_n t}|n\rangle, \tag{2.186}$$

$$|\psi^{[1]}(t)\rangle = \sum_n C_n^{[1]}(t) e^{-iE_n t}|n\rangle, \tag{2.187}$$

$$\cdots\cdots$$

则有

$$\dot{C}_n^{[0]}(t) = 0, \quad C_n^{[0]}(t) = C_n^{[0]}(0) = C_n(0), \tag{2.188}$$

从而得到

$$|\psi^{[0]}(t)\rangle = \sum_n C_n(0) e^{-iE_n t}|n\rangle, \tag{2.189}$$

以上已经利用了初值条件

$$|\psi^{[0]}(t=0)\rangle = |\psi(0)\rangle, \tag{2.190}$$

$$|\psi^{[k]}(t=0)\rangle = 0 \quad (k \geqslant 1). \tag{2.191}$$

一阶方程 (2.184) 的两边可分别写为

$$\begin{aligned}
\text{左边} &= \sum_n [\mathrm{i}\dot{C}_n^{[1]}\mathrm{e}^{-\mathrm{i}E_n t}|n\rangle + E_n C_n^{[1]}\mathrm{e}^{-\mathrm{i}E_n t}|n\rangle], \\
\text{右边} &= \sum_n [E_n C_n^{[1]}\mathrm{e}^{-\mathrm{i}E_n t}|n\rangle + \widehat{V}C_n^{[0]}\mathrm{e}^{-\mathrm{i}E_n t}|n\rangle],
\end{aligned} \tag{2.192}$$

从而有一级修正系数的方程

$$\mathrm{i}\dot{C}^{[1]n}(t) = \sum_m \langle n|V|m\rangle \mathrm{e}^{-\mathrm{i}(E_m-E_n)t}C_m^{[0]} \tag{2.193}$$

和它的解

$$C_n^{[1]}(t) = -\mathrm{i}\sum_m \int_0^t \mathrm{d}t' \langle n|\widehat{V}|m\rangle \mathrm{e}^{-\mathrm{i}(E_m-E_n)t'}C_m^{[0]}. \tag{2.194}$$

以下分两种情况讨论上述微扰解的物理含义, 即它们怎样描写量子跃迁.

(1) $\langle n|\widehat{V}|n\rangle \neq 0$, 有对角元, 则

$$C_n^{[1]}(t) = -\mathrm{i}\int_0^t \mathrm{d}t' V_{nn}(t')C_n^{[0]} - \mathrm{i}\sum_{m\neq n}\int_0^t \mathrm{d}t' V_{nm}(t')\mathrm{e}^{-\mathrm{i}(E_m-E_n)t'}C_m^{[0]}. \tag{2.195}$$

可以重新定义 $\widehat{H}_0 \rightarrow \widehat{H}_0' = \widehat{H}_0 + \sum_n V_{nn}|n\rangle\langle n|$. 左边第一项可以吸收到对角元中 (请读者自己练习), 然后我们依以下情况分析解决问题.

(2) 对于 $m \neq n$, 且 $\langle n|\widehat{V}|n\rangle = 0$, 没有对角元, 则有

$$C_n^{[1]}(t) = \sum_{m\neq n}(-\mathrm{i})\int_0^t V_{nm}(t')\mathrm{e}^{\mathrm{i}(E_n-E_m)t'}\mathrm{d}t' C_m(0). \tag{2.196}$$

对上式中积分进行分部积分, 有

$$\begin{aligned}
-\mathrm{i}\int_0^t \mathrm{d}t' V_{nm}(t')\mathrm{e}^{-\mathrm{i}(E_m-E_n)t'} &= \frac{1}{E_n-E_m}\int_0^t (\mathrm{d}\mathrm{e}^{-\mathrm{i}(E_m-E_n)t'})V_{nm}(t') \\
&= \frac{\mathrm{e}^{-\mathrm{i}(E_m-E_n)t}V_{nm}(t) - V_{nm}(0)}{E_n-E_m} \\
&\quad + \frac{1}{E_n-E_m}\int_0^t \mathrm{d}V_{nm}(t')\mathrm{e}^{-\mathrm{i}(E_m-E_n)t'}. \tag{2.197}
\end{aligned}$$

若 $t=0$ 时, 系统处在第 n 个本征态上, 则 $C_m(0) = \delta_{mn}$, 有近似的波函数

$$|\psi(t)\rangle \sim \mathrm{e}^{-\mathrm{i}E_n t}|n\rangle + \sum_m C_m^{[1]} \mathrm{e}^{-\mathrm{i}E_m t}|m\rangle. \tag{2.198}$$

由此得到, 从 $|n\rangle$ 跃迁到 $|m\rangle$ 上的概率与通常微扰论给出的结果一样:

$$p_{mn} = p_{n\to m}(t) = \left|C_m^{[1]}(t)\right|^2 = \left|\int_0^t \frac{V_{mn}(t')\mathrm{e}^{\mathrm{i}(E_m - E_n)t'}}{\mathrm{i}}\mathrm{d}t'\right|^2. \tag{2.199}$$

假设

$$\widehat{V}(t) = \widehat{V}_0 \mathrm{e}^{-\mathrm{i}\omega t} + h.c. \tag{2.200}$$

是一个单频驱动的外场, 则

$$C_m^{[1]}(t) = -\mathrm{i}\int_0^t \mathrm{d}t' \langle m|\widehat{V}_0|n\rangle \mathrm{e}^{\mathrm{i}(E_m - E_n + \omega)t'} - \mathrm{i}\int_0^t \mathrm{d}t' \langle m|\widehat{V}_0|n\rangle \mathrm{e}^{\mathrm{i}(E_m - E_n - \omega)t'}$$
$$= -\langle m|\widehat{V}_0|n\rangle \left[\frac{\mathrm{e}^{\mathrm{i}(E_m - E_n + \omega)t} - 1}{E_m - E_n + \omega} + \frac{\mathrm{e}^{\mathrm{i}(E_m - E_n - \omega)t} - 1}{E_m - E_n - \omega}\right]. \tag{2.201}$$

假设 $E_m > E_n$ (见图 2.8), $|E_m - E_n + \omega| \gg |V_{mn}|$, 方程右边第一项是高速扰动项且分母很大, 于是只有第二项保留, 第一项可以忽略不计 (其中 $V_{mn} = \langle m|V_0|n\rangle$), 从而有

$$p_{n\to m}(t) = \frac{4|V_{mn}|^2}{(E_m - E_n - \omega)^2}\sin^2\left[\frac{1}{2}(E_m - E_n - \omega)t\right]. \tag{2.202}$$

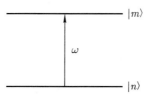

图 2.8 $\widehat{H}_0$ 本征态间的跃迁

当共振发生时,

$$p_{n\to m}(t) \to \infty, \tag{2.203}$$

给出的结果是没有物理意义的, 但注意到

$$\lim_{t\to\infty}\frac{2\sin^2\omega t/2}{\pi\omega^2 t} = \delta(\omega), \tag{2.204}$$

$$\int_{-\infty}^\infty \mathrm{d}\omega \frac{2\sin^2\omega t/2}{\pi\omega^2 t} = \frac{1}{\pi}\int_{-\infty}^\infty \mathrm{d}x\frac{\sin^2 x}{x^2} = 1, \tag{2.205}$$

则长时间跃迁行为可表达为

$$p_{n \to m}(t) \to 4|V_{mn}|^2 \frac{\pi t}{2\hbar} \delta(E_m - E_n - \omega), \tag{2.206}$$

可以得到从 $|n\rangle$ 到 $|m\rangle$ 跃迁的费米 (Fermi) 黄金规则

$$\Gamma(n \to m) = \lim_{t \to \infty} \frac{p_{n \to m}(t)}{t} = \frac{2\pi}{\hbar} |V_{mn}|^2 \delta(E_m - E_n - \omega). \tag{2.207}$$

2.8 量子绝热近似方法

从以上讨论可以看出, 当系统的参数依赖于时间时, 很难给出薛定谔方程的显式解析解. 但是, 当系统的参数缓慢地依赖于时间时, 我们可以通过所谓的量子绝热近似 (quantum adiabatic approximation) 方法得到近似的解析解.

设系统的哈密顿量 $\widehat{H}(t) \equiv \widehat{H}[\boldsymbol{\lambda}(t)]$ 是通过一组参数

$$\boldsymbol{\lambda}(t) = [\lambda_1(t), \lambda_2(t), \cdots, \lambda_n(t)] \equiv [\boldsymbol{\lambda}] \tag{2.208}$$

依赖于时间 t, $|n(t)\rangle \equiv |n[\boldsymbol{\lambda}(t)]\rangle$ 是固定 t 时, $\widehat{H}(t)$ 的本征值为 $E_n(t)$ 的本征态. $\boldsymbol{\lambda}(t) = \boldsymbol{\lambda}$ 为常数时, 薛定谔方程的解可以是

$$|\psi(t)\rangle = \sum_n C_n \exp\left(\frac{-\mathrm{i}E_n t}{\hbar}\right) |n\rangle, \tag{2.209}$$

这里 C_n 是常数. 在 $\widehat{H}(t)$ 依赖于时间时, 我们做 "常数变易", 令

$$|\psi(t)\rangle = \sum_n C_n(t) \exp\left[-\mathrm{i} \int_0^t \frac{E_n(t')\mathrm{d}t'}{\hbar}\right] |n(t)\rangle. \tag{2.210}$$

代入薛定谔方程

$$\mathrm{i}\hbar \frac{\partial}{\partial t} |\psi(t)\rangle = \widehat{H}(t)|\psi(t)\rangle, \tag{2.211}$$

则方程的左边变为

$$\sum_n \exp\left[-\frac{\mathrm{i}}{\hbar} \int_0^t \mathrm{d}t' E_n(t')\right] \left\{ \left[\left(\mathrm{i}\hbar \frac{\partial}{\partial t} C_n(t)\right) + E_n(t)C_n(t)\right] |n(t)\rangle + \mathrm{i}\hbar C_n(t)|\dot{n}(t)\rangle \right\}, \tag{2.212}$$

而右边为

$$\sum_n C_n(t)E_n(t) \exp\left[-\mathrm{i} \int_0^t \frac{E_n(t')\mathrm{d}t'}{\hbar}\right] |n(t)\rangle. \tag{2.213}$$

两边用 $\langle n(t)|$ 做内积, 并把 $m \neq n$ 的项移到方程右边, 整理可得

$$\dot{C}_n(t) + \langle n(t)|\dot{n}(t)\rangle C_n(t) = -\sum_{m \neq n} \mathrm{e}^{\mathrm{i}\Omega_{mn}(t)} \langle n(t)|\dot{m}(t)\rangle C_m(t), \tag{2.214}$$

其中我们使用了记号

$$|\dot{n}(t)\rangle = \frac{\partial}{\partial t}|n(t)\rangle, \quad \Omega_{mn}(t) = \frac{1}{\hbar}\int_0^t [E_n(t') - E_m(t')]\mathrm{d}t'. \tag{2.215}$$

考察方程 (2.214) 的积分形式

$$C_n(t) - C_n(0) + \int_0^t \langle n(t')|\dot{n}(t')\rangle C_n(t')\mathrm{d}t'$$

$$= -\sum_{m\neq n}\int \mathrm{e}^{\mathrm{i}\Omega_{mn}(t')}\langle n(t')|\dot{m}(t')\rangle C_m(t')\mathrm{d}t'. \tag{2.216}$$

如图 2.9 所示, 对于一个高频变化的函数 $\mathrm{e}^{\mathrm{i}\omega t}$ 与缓变函数 $f(t)$ 乘积的积分包含正负项, 在 $\omega \to \infty$ 时, 正负项互相抵消,

$$\int_0^T f(t)\mathrm{e}^{\mathrm{i}\omega t}\mathrm{d}t \xrightarrow{\omega\to\infty} 0. \tag{2.217}$$

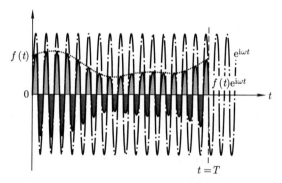

图 2.9 高频振荡的被积函数示意图

因此, 当 $\exp[\mathrm{i}\Omega_{mn}(t)]$ 是一个振荡很快的函数时, 方程 (2.216) 的右边趋近于零, 有

$$C_n(t) - C_n(0) + \int_0^t \langle n(t')|\dot{n}(t')\rangle C_n(t')\mathrm{d}t' \to 0. \tag{2.218}$$

其实, 我们可以用分部积分方式证明上述数学结论. 因为

$$\int_0^t \mathrm{d}t' \mathrm{e}^{\mathrm{i}\Omega_{mn}(t')}\langle m|\dot{n}\rangle C_n(t')$$

$$= \int_0^t \mathrm{d}t' \left(\frac{\mathrm{d}}{\mathrm{d}t'}\mathrm{e}^{\mathrm{i}\Omega_{mn}(t')}\right)\frac{1}{\mathrm{i}\dot{\Omega}_{mn}(t')}\langle m|\dot{n}\rangle C_n(t')$$

$$= \frac{\hbar\langle m|\dot{n}\rangle}{\mathrm{i}(E_n - E_m)}\mathrm{e}^{\mathrm{i}\Omega_{mn}(t')}C_n(t')\big|_0^t - \int_0^t \mathrm{d}t' \frac{\mathrm{d}}{\mathrm{d}t'}\left[\frac{\langle m|\dot{n}\rangle}{\mathrm{i}\dot{\Omega}_{mn}(t')}C_n(t')\right]\mathrm{e}^{\mathrm{i}\Omega_{mn}(t')}, \tag{2.219}$$

当

$$\left|\frac{\hbar\langle m|\dot{n}\rangle}{E_m - E_n}\right| = \left|\frac{\langle m|\dot{n}\rangle}{\omega_m - \omega_n}\right| \ll 1 \tag{2.220}$$

时, 绝热近似条件满足, 方程 (2.219) 右边第一项为零, 第二项是更高阶的项, 亦为零. 积分方程 (2.216) 在绝热近似条件下, 变为微分方程

$$\dot{C}_n(t) + \langle n(t)|\dot{n}(t)\rangle C_n(t) \approx 0, \tag{2.221}$$

其解为

$$C_n(t) = \mathrm{e}^{\mathrm{i}\gamma_n(t)} C_n(0), \tag{2.222}$$

其中相位

$$\gamma_n(t) = \mathrm{i}\int_0^t \langle n(t')|\dot{n}(t')\rangle \mathrm{d}t' \tag{2.223}$$

被称为贝里 (Berry) 几何相位.

这个相位是在 1984 年被贝里明确定义的. 事实上, 早在贝里工作之前, 人们已经知道这个相位的存在, 但是那时由于对波函数的单值性尚未有深入的认识而忽略了它的物理效应. 一个典型论证, 可以在席夫 (Schiff) 的教科书中找到. 他认为, 既然本征方程

$$\widehat{H}(t)|n(t)\rangle = E(t)|n(t)\rangle \tag{2.224}$$

确定的本征函数可以相差一个相因子, 即

$$|\widetilde{n}(t)\rangle = \mathrm{e}^{\mathrm{i}\theta_n(t)}|n(t)\rangle \tag{2.225}$$

仍然是本征方程的解 (这里, $\theta_n(t)$ 形式上是时间的任意函数), 那么适当地选取 $\theta_n(t)$, 会使 $\theta_n(t) = \gamma_n(t)$, $|\widetilde{n}(t)\rangle$ 对应的几何相位 $\widetilde{\gamma}_n(t) = 0$. 从这个意义上讲, 几何相因子是由本征函数相位选择的不确定性造成的, 人们完全可以重新选择相位加以消除. 然而, 席夫和许多作者一样, 忽略了它在参数空间的几何特性, 即波函数在拓扑平凡参数空间 V 上必须是单值的.

在参数空间 $V : \{\boldsymbol{\lambda}(t)\}$ 中闭合回路 $C : \{\boldsymbol{\lambda}(t)|\boldsymbol{\lambda}(0) = \boldsymbol{\lambda}(T)\}$ 上的积分

$$\gamma_n[C] \equiv \gamma_n(T) = \mathrm{i}\sum_{j=1}^N \int_0^T \langle n|\frac{\partial}{\partial \lambda_j}|n\rangle \mathrm{d}\lambda_j \equiv \mathrm{i}\oint_C \langle n|\nabla|n\rangle \cdot \mathrm{d}\boldsymbol{\lambda} \tag{2.226}$$

称为贝里几何相位, 而 $\int_0^t \mathrm{d}t' E_n(t')/\hbar$ 称为动力学相位. 因此, 时间缓变参数系统薛定谔方程的解为

$$|\psi(t)\rangle = \sum_n C_n(0)\mathrm{e}^{\mathrm{i}\gamma_n(t)}\mathrm{e}^{-\mathrm{i}\int_0^t E_n(t')\mathrm{d}t'/\hbar}|n(t)\rangle. \tag{2.227}$$

显然, 如果 $C_n(0) = \delta_{nm}$ ($t = 0$ 时在第 m 个能级上), $|\psi(t)\rangle \propto |m(t)\rangle$ 意味着序号 m 不变, 由以上结果给出量子绝热定理.

定理 2.3 (量子绝热定理) 系统初始时刻处于第 m 个本征态 $|m(0)\rangle$, 若系统绝热演化, 则 t 时刻仍然处于即时的第 m 个本征态 $|m(t)\rangle$ 上, 系统波函数为

$$|\psi(t)\rangle = \mathrm{e}^{\mathrm{i}\gamma_m(t)}\mathrm{e}^{-\mathrm{i}\int_0^t \mathrm{d}t' E_m(t')/\hbar}|m(t)\rangle, \tag{2.228}$$

其中 $\exp[\mathrm{i}\gamma_m(t)]$ 和 $\exp\left[-\mathrm{i}\int_0^t \mathrm{d}t' E_m(t')/\hbar\right]$ 分别为几何相因子和动力学相因子.

不考虑相因子的改变, 量子绝热定理可简述如下: 设系统有随时间缓慢变化的哈密顿量 $\widehat{H} = \widehat{H}(t) = \widehat{H}[\boldsymbol{\lambda}(t)]$, 若初始时刻 $t = 0$ 处 $\widehat{H}(0)$ 的本征态是 $|n(t = 0)\rangle$, 那么如果参数 $\boldsymbol{\lambda}(t)$ 变化足够缓慢, 在 t 时刻系统处于 t 时刻的瞬时本征态上:

$$|\psi(t)\rangle \approx |n(t)\rangle. \tag{2.229}$$

物理上, 可以形象地描述为缓慢张开的谐振子势中粒子的非激发行为.

现在我们对上述绝热近似解给出三个物理上的说明.

(1) 量子绝热过程和热力学绝热过程的关系是什么?

在统计力学中, 系统的熵 S 取决于粒子在不同能级上的分布, 若在 N 个能级 $|n(t)\rangle$ 上的分布概率为 $W_1, W_2, \cdots, W_n$, 则其冯·诺依曼熵 (在平衡态时它正好是热力学熵) 为

$$S = -K\sum_n W_n \ln W_n. \tag{2.230}$$

显然, 参数绝热改变过程不改变布居数, 因此熵不变, 这是一个宏观的热力学绝热过程. 从宏观热力学的角度讲, 这对应于足够慢地改变系统的参数, 让系统相对快地弛豫, 每一时刻系统将处于一个平衡态上, 因此这是一个准静态过程. 上述讨论意味着, 微观的量子力学绝热过程将导致宏观的热力学绝热过程, 但反之不然.

上述量子绝热定理的命名, 不仅有其历史原因 (在旧量子论中起过重大作用的绝热定理), 而且有着重要的物理原因: 在统计力学中, 如果把微观状态视为单粒子的能级, 系统的熵 S 取决于粒子在不同能级上布居数决定的概率分布 W_n, 则显然, 当系统的参量 (如容器体积) 缓慢变化, 不激发粒子的跃迁时, 诸粒子会以相同的布居保留在变化后的能级上, 这个过程保证了系统熵不变 (见图 2.10), 因此, 在统计热力学的意义上, 这的确是一个绝热过程.

事实上, 从宏观热力学的角度看, 当人们足够缓慢地拉动如图 2.10 所示的活塞, 从而改变容器中气体的体积时, 气体会始终保持在热力学平衡的状态上, 其微观图像可

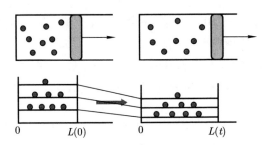

图 2.10   与统计热力学意义上的绝热过程类比

解释为无限深势阱的壁被绝热地拉动, 原来在第 n 个能级上粒子, 仍保持在第 n 个能级上, 从而导致热力学的绝热过程.

为了理解绝热条件的定量含义, 我们看到

$$\langle n|\dot{m}\rangle = \frac{\langle n|\dfrac{\partial}{\partial t}\hat{H}(t)|m\rangle}{(E_m - E_n)} \tag{2.231}$$

代表哈密顿量引起的变化, 而且瞬时的能级差 $E_m(t) - E_n(t)$ 代表了量子系统内部各种跃迁过程的特征频率. 量子绝热条件意味着系统内部变化的快慢远大于外部变化的 "速率". 也就是说, 系统参数改变的 "速率" 远远小于系统的内禀特征时间, 量子系统将永远保留在它原来的 "轨道" 上而不发生跃迁. 直观地看, 只要 $\lambda(t)$ 变化足够缓慢, 就能保证绝热近似成立, 但事实并非如此, $\lambda(t)$ 慢变只是绝热近似成立的必要条件, 而不是充分条件.

(2) 量子绝热近似中, "足够缓慢" 的物理含义是什么?

注意到, 把 $\hat{H}(t)|n(t)\rangle = E_n(t)|n(t)\rangle$ 两边对时间微分, 有

$$\dot{\hat{H}}(t)|n(t)\rangle + \hat{H}(t)|\dot{n}(t)\rangle = \dot{E}_n(t)|n(t)\rangle + E_n(t)|\dot{n}(t)\rangle. \tag{2.232}$$

在方程两边左乘 $\langle m(t)|$, 能够得到

$$\langle m|\dot{n}\rangle = \frac{\langle m|\dot{\hat{H}}|n\rangle}{E_n - E_m}. \tag{2.233}$$

我们可以证明 (2.233) 式, 由此定量地给出绝热近似条件:

$$\left|\frac{\hbar\langle m|\dot{\hat{H}}|n\rangle}{(E_m - E_n)^2}\right| \ll 1. \tag{2.234}$$

这表明, 哈密顿量变化的矩阵元远远小于能量差平方, $(E_m - E_n)/\hbar$ 代表系统的本征振荡速度, 它要远远大于哈密顿量 "改变的速率".

考虑如下的例子: 一个自旋 1/2 的粒子在图 2.11 所示的磁场中运动, 磁场是由沿 x 轴的固定磁场 $\boldsymbol{B}_0 = B_0\boldsymbol{e}_x$ 和缓变的旋转磁场 $\boldsymbol{B}_1(t)$ 叠加而成, $\boldsymbol{B}_1(t)$ 的大小与 $\boldsymbol{B}_0$ 的大小相同. 这时, 系统的两个瞬时能级为

$$E_\pm(t) = \pm\frac{1}{2}\mu|\boldsymbol{B}(t)|, \tag{2.235}$$

其中 μ 是磁场与 1/2 自旋的耦合因子, $\boldsymbol{B}(t) = \boldsymbol{B}_1(t) + \boldsymbol{B}_0$ 是总磁场. 显然, 不管旋转磁场变化得多么慢, 总有一个时刻 $t = t_c$ 时 $|\boldsymbol{B}(t_c)| = 0$, 这时出现能级交叉, 绝热近似条件中的分母为零, 绝热条件在磁场变化的全过程中不会一直成立. 这个例子表明, 一般我们不能仅凭直觉断言绝热条件是否成立.

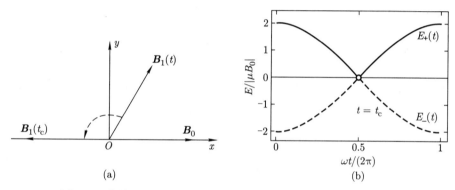

图 2.11 自旋 1/2 的粒子所在的运动磁场以及 $t = t_c$ 时的能级交叉

(3) 为什么称附加的相位 $\gamma_n(C)$ 是几何的?

以下通过缓变磁场

$$\boldsymbol{B}(t) = (B_x(t), B_y(t), B_z(t)) = B(\sin\theta\cos\varphi, \sin\theta\sin\varphi, \cos\theta) \tag{2.236}$$

中自旋的进动过程回答这个提问. 自旋系统哈密顿量

$$\widehat{H} = \mu\widehat{\boldsymbol{\sigma}} \cdot \boldsymbol{B} = \mu B \begin{bmatrix} \cos\theta & \sin\theta e^{-i\varphi} \\ \sin\theta e^{i\varphi} & -\cos\theta \end{bmatrix} \tag{2.237}$$

的本征函数分别为

$$|\varphi_+\rangle = \begin{bmatrix} \cos\dfrac{\theta}{2}e^{\frac{-i\varphi}{2}} \\ \sin\dfrac{\theta}{2}e^{\frac{i\varphi}{2}} \end{bmatrix}, \quad |\varphi_-\rangle = \begin{bmatrix} \sin\dfrac{\theta}{2}e^{\frac{-i\varphi}{2}} \\ -\cos\dfrac{\theta}{2}e^{\frac{i\varphi}{2}} \end{bmatrix}, \tag{2.238}$$

它们对应的本征值 $E_\pm = \pm\mu|\boldsymbol{B}(t)|$. 在参数空间 $\{\boldsymbol{B}\}$ 上计算相应的几何相位:

$$\gamma_+ = -\frac{1}{2}\int_0^T \dot\varphi\left(\sin^2\frac{\theta}{2} - \cos^2\frac{\theta}{2}\right)\mathrm{d}t = \frac{1}{2}\oint_C \cos\theta\mathrm{d}\varphi, \tag{2.239}$$

$$\gamma_- = -\frac{1}{2}\int_0^T \dot\varphi\left(-\sin^2\frac{\theta}{2} + \cos^2\frac{\theta}{2}\right)\mathrm{d}t = -\frac{1}{2}\oint_C \cos\theta\mathrm{d}\varphi. \tag{2.240}$$

注意到 Ω_C 是 C 相对于坐标原点围成的立体角 (见图 2.12). 相对于原点, 参数空间封闭曲线 C 张成的立体角的定义为

$$\begin{aligned}\Omega_C &= \int \frac{\mathrm{d}S}{r^2} = \iint \frac{r^2\sin\theta\mathrm{d}\theta\mathrm{d}\varphi}{r^2} \\ &= \iint_S \sin\theta\mathrm{d}\theta\mathrm{d}\varphi = -\oint_C \cos\theta\mathrm{d}\varphi,\end{aligned} \tag{2.241}$$

其中最后一个等号用到了斯托克斯 (Stokes) 定理, 因此

$$\gamma_\pm = \mp\frac{\Omega_C}{2}. \tag{2.242}$$

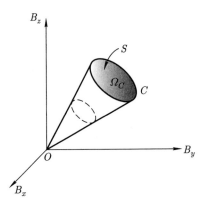

图 2.12   封闭曲线 C 围成的立体角

很明显, 几何相位 $\gamma_\pm[C]$ 只依赖于 C 围成的立体角大小, 与选围道 C 的变化方式无关. 对另外一个围道 C', 只要对应的立体角一样, 几何相位就是一样的, 即 $\gamma_\pm[C] = \gamma_\pm[C']$. 以上讨论中需要注意的是, 当 $\theta = 0, \pi$ 时, 由 (2.238) 式所定义的本征函数表达式有一个相位不确定性, 这是由于此时 φ 可以任意取值. 因而围道 C 的选取不能包围两个极点, (2.241) 式中最后一步的成立也要求围道不能包含两个极点. 关于消除极点的不确定性的讨论见附录 2.2.

贝里几何相位的几何拓扑特征还体现在它具有规范不变性. 事实上, 如果我们定义 U(1) 诱导规范势 $\boldsymbol{A} = \langle n[\boldsymbol{\lambda}]|\nabla_{\boldsymbol{\lambda}}|n[\boldsymbol{\lambda}]\rangle$, 则几何相因子可以写成矢量势 $\boldsymbol{A}$ 在参数空间的环路积分:

$$F = \mathrm{e}^{\mathrm{i}\gamma_n(T)} = \exp\left[-\oint \boldsymbol{A}_n(\boldsymbol{\lambda})\cdot\mathrm{d}\boldsymbol{\lambda}\right]. \tag{2.243}$$

当本征方程 $\widehat{H}[\boldsymbol{\lambda}]|n[\boldsymbol{\lambda}]\rangle = E_n[\boldsymbol{\lambda}]|n[\boldsymbol{\lambda}]\rangle$ 时, 经允许的变换

$$|n[\boldsymbol{\lambda}]\rangle \rightarrow |n[\boldsymbol{\lambda}]\rangle' = \mathrm{e}^{\mathrm{i}\theta(\boldsymbol{\lambda})}|n[\boldsymbol{\lambda}]\rangle, \tag{2.244}$$

变换后的本征函数 $|n[\boldsymbol{\lambda}]\rangle'$ 还是定态薛定谔方程的解. 它经历的规范势 $\boldsymbol{A} \rightarrow \boldsymbol{A}' = \boldsymbol{A} + \mathrm{i}\nabla_{\boldsymbol{\lambda}}\theta[\boldsymbol{\lambda}]$, 但相因子不变, 即

$$F(|n[\boldsymbol{\lambda}]\rangle) = F'(|n[\boldsymbol{\lambda}]\rangle'). \tag{2.245}$$

以上讨论表明, 由贝里相位定义的矢量势, 具有 U(1) 规范场的基本特征, 而二重简并算子系统的绝热定理给出 U(2) 杨 – 米尔斯 (Mills) 场规范性质, 这里不再讨论.

2.9 玻恩 – 奥本海默 (BO) 近似与诱导规范势

在上述量子绝热近似的讨论中, 参数 $\boldsymbol{\lambda}(t)$ 只是一个人为改变的含时参数, 当 $\boldsymbol{\lambda}(t) = \boldsymbol{R} = (R_1, R_2, \cdots, R_N)$ 是一个由自身动力学决定的参数时, 量子绝热近似就是所谓的玻恩 (Born) – 奥本海默 (Oppenheimer) (BO) 近似.

考虑一个系统具有两类自由度 (也可以推广到多维), 快变自由度 $\boldsymbol{x}$ (想象成电子坐标) 和核自由度 $\boldsymbol{R}$ (想象成核坐标), 哈密顿量为

$$\widehat{H} = \frac{\widehat{\boldsymbol{p}}^2}{2m} + \widehat{V}(\boldsymbol{R}) + \widehat{H}_{\mathrm{s}}[\boldsymbol{R}, \boldsymbol{x}], \tag{2.246}$$

其中 $\widehat{\boldsymbol{p}} = -\mathrm{i}\hbar\partial_{\boldsymbol{R}}$, $\widehat{H}_{\mathrm{s}}$ 为快变部分哈密顿量. 固定 $\boldsymbol{R}$, 求解

$$\widehat{H}_{\mathrm{s}}(\boldsymbol{R}, \boldsymbol{x})|n[\boldsymbol{R}]\rangle = \varepsilon_n[\boldsymbol{R}]|n[\boldsymbol{R}]\rangle. \tag{2.247}$$

由于 $|n[\boldsymbol{R}]\rangle$ 的完备性, 则 $|\psi\rangle = \sum_n \phi_n(\boldsymbol{R})|n[\boldsymbol{R}]\rangle$ 是 $\widehat{H}|\psi\rangle = E|\psi\rangle$ 的通解, 其中把 $\phi_n(\boldsymbol{R})$ 当作固定 $\boldsymbol{R}$ 时 $|\psi\rangle$ 展开的系数.

在下面的方程

$$\widehat{H}\sum_n \phi_n|n\rangle = E\sum_n \phi_n|n\rangle \tag{2.248}$$

中, 先计算动能项,

$$\begin{aligned}
\widehat{\boldsymbol{p}}^2\phi_n(\boldsymbol{R})|n(\boldsymbol{R})\rangle &= -\hbar^2\frac{\partial^2}{\partial\boldsymbol{R}}(\phi_n(\boldsymbol{R})|n[\boldsymbol{R}]\rangle) \\
&= -\hbar^2\partial_{\boldsymbol{R}}[(\partial_{\boldsymbol{R}}\phi_n)|n[\boldsymbol{R}]\rangle + \phi_n\partial_{\boldsymbol{R}}|n\rangle] \\
&= -\hbar^2[\partial_{\boldsymbol{R}}^2\phi_n|n[\boldsymbol{R}]\rangle + 2\partial_{\boldsymbol{R}}\phi_n\partial_{\boldsymbol{R}}|n\rangle + \phi_n\partial_{\boldsymbol{R}}^2|n\rangle].
\end{aligned} \tag{2.249}$$

将上述表达式代入 $\widehat{H}$ 的本征方程, 用 $\langle m|$ 左乘之, 有

$$\left[-\frac{\hbar^2 \partial_{\boldsymbol{R}}^2}{2m} + \widehat{V}[\boldsymbol{R}] - \frac{\hbar^2}{2m}(2\langle m|\partial_{\boldsymbol{R}}|m\rangle \partial_{\boldsymbol{R}} + \langle m|\partial_{\boldsymbol{R}}^2|m\rangle) - \varepsilon_m[\boldsymbol{R}] \right] \phi_m[\boldsymbol{R}]$$

$$= E\phi_m[\boldsymbol{R}] + \frac{\hbar^2}{2m}\sum_{n \neq m}[2\langle m|\partial_{\boldsymbol{R}}|n\rangle \partial_{\boldsymbol{R}} + \langle m|\partial_{\boldsymbol{R}}^2|n\rangle]\phi_n[\boldsymbol{R}]. \qquad (2.250)$$

若非对角项为零, 则 (2.250) 式近似为

$$\left\{ -\frac{\hbar^2}{2m}(\nabla - \mathrm{i}\boldsymbol{A}_m)^2 + \varepsilon_m[\boldsymbol{R}] + \widehat{V}[\boldsymbol{R}] \right\} \phi_m[\boldsymbol{R}] = E\phi_m[\boldsymbol{R}], \qquad (2.251)$$

其中 $\boldsymbol{A}_m = \mathrm{i}\langle m|\partial_{\boldsymbol{R}}m\rangle$ 称为诱导规范场 (induced gauge field, 或称人工规范场), 它满足类似于电磁场的 U(1) 规范场的性质.

(1) 由上述方程可以看出, 系统的慢变自由度的运动看上去像是经历了一个矢量势 $\boldsymbol{A}_m$ 和标量势 $U_m(\boldsymbol{R}) = \epsilon_m(\boldsymbol{R}) + V_m(\boldsymbol{R})$.

(2) 在上述推导中, 我们注意到

$$\boldsymbol{A}_m^2 = -\langle m|\partial_{\boldsymbol{R}}|m\rangle\langle m|\partial_{\boldsymbol{R}}|m\rangle, \qquad (2.252)$$

而

$$\langle m|\partial_{\boldsymbol{R}}^2|m\rangle = \sum_n \langle m|\partial_{\boldsymbol{R}}|n\rangle\langle n|\partial_{\boldsymbol{R}}|m\rangle$$

$$= -\boldsymbol{A}_m^2 + \sum_{n \neq m} \langle m|\partial_{\boldsymbol{R}}|n\rangle\langle n|\partial_{\boldsymbol{R}}|m\rangle. \qquad (2.253)$$

这里, 当能级差较大时我们忽略了相关的非对角项

$$\langle m|\partial_{\boldsymbol{R}}|n\rangle = \frac{\langle m|\partial_{\boldsymbol{R}}\widehat{H}_{\mathrm{s}}|n\rangle}{\epsilon_n - \epsilon_m}, \qquad (2.254)$$

其中 $m \neq n$. 如果快变自由度的本征函数为实函数, 则 $\langle m|\partial_{\boldsymbol{R}}|m\rangle = 0 \Rightarrow \boldsymbol{A}_m = 0$, 上面的分析回到传统的 BO 近似, 相应的有效哈密顿量为

$$\widehat{H}_{\mathrm{eff}} = -\frac{\hbar^2}{2m}\nabla_{\boldsymbol{R}}^2 + \widehat{V}(\boldsymbol{R}) + \epsilon_n(\boldsymbol{R}). \qquad (2.255)$$

2.9.1 诱导规范场的可观测效应

在中子干涉实验中, 假设中子分束后, 一束通过自由空间, 另一束经过一个非均匀的磁场区 $\boldsymbol{B}(z)$:

$$\begin{cases} B_x = B\sin\theta\cos\dfrac{2\pi z}{L}, \\[2mm] B_y = B\sin\theta\sin\dfrac{2\pi z}{L}, \\[2mm] B_z = B\cos\theta, \end{cases} \qquad (2.256)$$

其构型如图 2.13 所示. 这一束中子的运动方向沿 z 轴, 则系统的哈密顿量为

$$\widehat{H} = \frac{\widehat{p}_z^2}{2m} + g\boldsymbol{B}(z) \cdot \widehat{\boldsymbol{S}} \equiv \frac{\widehat{p}_z^2}{2m} + \widehat{H}_s(z), \tag{2.257}$$

其中 $\widehat{\boldsymbol{S}} = (\hbar/2)\widehat{\boldsymbol{\sigma}}$ 是中子自旋算子.

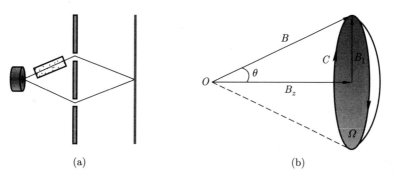

图 2.13　(a) 中子双缝干涉示意图. 中子在单臂特定区域经历如图 (b) 所示的磁势

固定 z, 求解 $\widehat{H}_s = \widehat{H}_s[\boldsymbol{B}(z)]$ 的本征方程, 得到本征函数

$$|n = 1\rangle = |\uparrow(z)\rangle = \begin{bmatrix} \cos\dfrac{\theta}{2}\mathrm{e}^{-\frac{2\pi\mathrm{i}z}{L}} \\[2mm] \sin\dfrac{\theta}{2} \end{bmatrix}, \tag{2.258}$$

$$|n = 0\rangle = |\downarrow(z)\rangle = \begin{bmatrix} \sin\dfrac{\theta}{2}\mathrm{e}^{-\frac{2\pi\mathrm{i}z}{L}} \\[2mm] -\cos\dfrac{\theta}{2} \end{bmatrix}. \tag{2.259}$$

相应的本征值分别为 $\varepsilon_n = \pm gB/2$, 它们对应着诱导规范势, 可以计算得到

$$\boldsymbol{A}_0 = \mathrm{i}\langle 0|\frac{\partial}{\partial z}|0\rangle \boldsymbol{e}_z = \frac{2\pi}{L}\sin^2\frac{\theta}{2}\boldsymbol{e}_z,$$
$$\boldsymbol{A}_1 = \mathrm{i}\langle 1|\frac{\partial}{\partial z}|1\rangle \boldsymbol{e}_z = \frac{2\pi}{L}\cos^2\frac{\theta}{2}\boldsymbol{e}_z. \tag{2.260}$$

当 θ 角固定时, 由于规范势局域地为常数, 则可得到描述空间运动的本征方程

$$-\frac{\hbar^2}{2m}[\nabla - \mathrm{i}A(n)]^2\phi(n) = (E - \epsilon_n)\phi(n) \tag{2.261}$$

的解为

$$\phi_{k,n}[z] = \frac{1}{\sqrt{2\pi}}\mathrm{e}^{\mathrm{i}kz + \mathrm{i}\int_0^z \mathrm{d}z' A_n[z']}, \tag{2.262}$$

其中

$$\int_0^z \mathrm{d}z' A_n[z'] = \mathrm{i} \int_0^z \mathrm{d}z' \langle n|\partial_{z'}|n\rangle = \gamma_n \tag{2.263}$$

是贝里几何相位. 相应的本征值分别为

$$E_0 = \frac{\hbar^2 k^2}{2m} - \frac{gB}{2}, \tag{2.264}$$

$$E_1 = \frac{\hbar^2 k^2}{2m} + \frac{gB}{2}. \tag{2.265}$$

我们注意到

$$\gamma_0 = 2\pi \sin^2 \frac{\theta}{2}, \quad \gamma_1 = 2\pi \cos^2 \frac{\theta}{2} \tag{2.266}$$

恰是环路 C 张成的立体角的一半. 事实上, 中子开始处在 $|\uparrow\rangle = (1,0)^{\mathrm{T}}$ 上, T 时刻到达 L 处 (B 变化了一个周期), 相应波函数为

$$\psi(T, L) = \frac{1}{\sqrt{2\pi}} \mathrm{e}^{\mathrm{i}kL} \left[\cos\frac{\theta}{2} \mathrm{e}^{-\mathrm{i}E_0 T/\hbar} \mathrm{e}^{\mathrm{i}\gamma_0} |\downarrow(L)\rangle + \sin\frac{\theta}{2} \mathrm{e}^{-\mathrm{i}E_1 T/\hbar} \mathrm{e}^{\mathrm{i}\gamma_1} |\uparrow(L)\rangle \right]$$
$$= a(T)|\uparrow\rangle + b(T)|\downarrow\rangle. \tag{2.267}$$

中子沿 z 轴方向的极化率为

$$p_z = |a(T)|^2 - |b(T)|^2$$
$$= 1 - 2\sin^2 \left[\gamma_0 - \frac{gBT}{2} \right] \sin^2\theta. \tag{2.268}$$

1987 年, 比特 (Bitter) 和杜伯斯 (Dubbers) 完成了上述实验 (Phys. Rev. Lett., 1987, 59: 251). 他们在随中子相对运动的坐标系考虑这个问题, 把实验结果解释为贝里相因子的效应. 我们从实验室系角度分析这个问题, 通过 BO 近似求解定态问题, 把这个实验解释为诱导规范场的直接效应 (Phys. Rev. D, 1990, 41: 1349).

2.10   绝热近似方法的复延拓 —— 朗道 – 齐纳近似

在 2.8 节关于参数缓变时量子绝热近似方法的讨论中, 我们始终假设不存在能级交叉, 使得绝热近似条件 (2.234) 满足. 然而, 如果在某个时刻 t_c 附近, 出现了能级交叉, 即 $E_m(t_c) = E_n(t_c)$, 那么 $t \to t_c$ 时, $|E_m(t) - E_n(t)| \to 0$, 此时绝热近似条件 (2.234) 不再成立, 2.8 节的量子绝热近似方法不再适用.

为了研究存在能级交叉时系统的动力学行为, 我们采用复平面解析延拓的方法. 为介绍此方法, 我们考虑一个简化的例子, 一个二能级系统, 其哈密顿量的形式为

$$\widehat{H}(t) = \begin{pmatrix} \epsilon_1(t) & \Delta^*(t) \\ \Delta(t) & \epsilon_2(t) \end{pmatrix}. \tag{2.269}$$

该系统在 $t = 0$ 时刻能级发生交叉, 即 $\epsilon_1(0) = \epsilon_2(0)$. 由于哈密顿量随时间变化非常缓慢, 我们在 $t = 0$ 时刻周围很长的时间范围内对哈密顿量采用线性近似: $\epsilon_1(t) \approx v_1 t, \epsilon_2(t) \approx v_2 t, \Delta(t) \approx \Delta(0) \equiv \Delta, v_1 - v_2 > 0$, 并且在 t 很大时 $\Delta/((v_1 - v_2)t) \ll 1$. 于是, 线性化的哈密顿量变为

$$\widehat{H}(t) = \begin{pmatrix} v_1 t & \Delta^* \\ \Delta & v_2 t \end{pmatrix}, \tag{2.270}$$

此即朗道 – 齐纳 (Zener) 近似通常采用的哈密顿量. 其瞬时基底为 $\{|1(t)\rangle, |2(t)\rangle\}$, 两个瞬时本征态分别为上能态 $|e(t)\rangle$, 下能态 $|g(t)\rangle$. 上述条件意味着, 在时间无穷远处 $|1(t)\rangle, |2(t)\rangle$ 可近似地分别看作系统的本征态 $|e(t)\rangle$ 与 $|g(t)\rangle$. $|1(t)\rangle, |2(t)\rangle$ 仅在能级接近交叉时才有较明显的耦合作用, 如图 2.14 所示. 由于在接近 $t = 0$ 时刻绝热近似条件不再成立, 若想继续沿用绝热近似, 我们必须对量子绝热近似方法进行解析延拓: 在复平面上 "绕过" 这个时刻 (而不是经过), 以计算从过去无穷远的初态到未来无穷远的末态能级之间的跃迁概率.

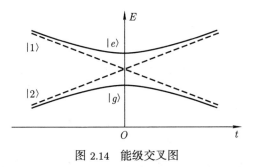

图 2.14　能级交叉图

为了绕过 $t = 0$ 时刻, 我们将 t 的取值扩展到复平面, 即 $t \to z$, 并将薛定谔方程改写为

$$i\hbar \frac{\partial}{\partial z}|\psi(z)\rangle = \widehat{H}(z)|\psi(z)\rangle, \tag{2.271}$$

其中 $|\psi(z)\rangle$ 是 $|\psi(t)\rangle$ 的解析延拓,

$$\widehat{H}(z) = \begin{pmatrix} v_1 z & \Delta^* \\ \Delta & v_2 z \end{pmatrix}. \tag{2.272}$$

我们对于解析延拓后的哈密顿量求解薛定谔方程. 将 z 取在实轴上, 该方程的解即为含时薛定谔方程的物理解. 现在我们依然按 2.8 节的步骤将 $|\psi(z)\rangle$ 按 $\widehat{H}(z)$ 的瞬时本征态展开:

$$|\psi(z)\rangle = \sum_n C_n(z) \exp[-i\varphi_n(z)]|n(z)\rangle, \tag{2.273}$$

其中

$$\widehat{H}(z)|n(z)\rangle = E_n(z)|n(z)\rangle \tag{2.274}$$

是复延拓的本征方程, 而

$$\varphi_n(z) = \frac{1}{\hbar} \int_0^z E_n(z')\mathrm{d}z' \tag{2.275}$$

是复延拓的动力学相位. 相应的绝热近似条件改写为

$$\left| \frac{\langle m|\frac{\partial \widehat{H}}{\partial z}|n\rangle}{\hbar(\omega_m - \omega_n)^2} \right| \ll 1. \tag{2.276}$$

由于我们的目标是沿用绝热近似, 故要求 $|z|$ 较大, 远离原点, 此时也要按照一阶定态微扰论计算哈密顿量 (2.272) 的本征值:

$$E_1(z) = v_1 z + \frac{\Delta^2}{(v_1 - v_2)z}, \tag{2.277}$$

$$E_2(z) = v_2 z - \frac{\Delta^2}{(v_1 - v_2)z}. \tag{2.278}$$

显然 $E_1(z)$ 和 $E_2(z)$ 并不在全平面解析, $z = 0$ 点为奇点, 故动力学相因子 (2.275) 中的积分是路径相关的, 意味着

$$\frac{\partial}{\partial z} \int_0^z E_n(z')\mathrm{d}z' \neq E_n(z). \tag{2.279}$$

因此, 将 (2.273) 式代入延拓后的薛定谔方程 (2.274) 并不能得到形如方程 (2.214) 的一组关于系数 C_n 的微分方程, 从而无法应用绝热近似求解时间演化问题. 然而若考虑区域 $D = \{z|z \in \mathbb{C}, z \neq 0, \mathrm{Im}(z) \geqslant 0\}$, 该区域是单连通的且 $E_n(z)$ 在 D 中解析, 因此, $E_n(z)$ 在该区域中的不定积分存在. 如果将相因子 (2.275) 中的积分起点 z_0 与积分路径都选取在区域 D 中, 那么该积分便与路径无关, 从而将 (2.273) 式代入 (2.271) 式, 得到零阶结果

$$\dot{C}_n(z) = 0, \tag{2.280}$$

其中假设了几何相位也为小量. 则延拓后的薛定谔方程的零阶解为

$$|\psi(z)\rangle = \sum_n C_n(0) \exp\left[-\frac{\mathrm{i}}{\hbar} \int_{z_0}^z E_n(z')\mathrm{d}z' \right] |n(z)\rangle. \tag{2.281}$$

设该系统初始时刻为 $t = -T$, $T > 0$, T 足够大从而在 $|z| = T$ 处系统满足绝热近似条件 (2.276). 单连通区域 D 将 z 的幅角限制在了 $[0, \pi]$ 中, 因此 $-T = T\exp(\mathrm{i}\pi)$. 这里

为了方便起见, 我们选取积分起点在正实轴上 $z_0 = a$ 处. a 离原点足够远, 使得绝热近似条件能够成立, 如图 2.15 所示. 考虑系统初态处于上能态 $|1\rangle$, 即

$$|\psi(T\mathrm{e}^{\mathrm{i}\pi})\rangle = C \exp\left[-\frac{\mathrm{i}}{\hbar}\int_a^{T\mathrm{e}^{\mathrm{i}\pi}} E_1(z')\mathrm{d}z'\right]|1(T\mathrm{e}^{\mathrm{i}\pi})\rangle. \tag{2.282}$$

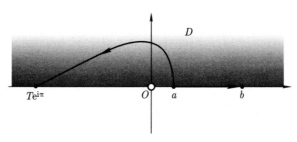

图 2.15 动力学相因子积分示意图

在未来某时刻 $t = b$ $(b \to +\infty)$ 的系统波矢, 在 $|1\rangle$ 态前的系数为

$$\langle 1(b)|\psi(b)\rangle = C \exp\left[-\frac{\mathrm{i}}{\hbar}\int_a^b E_1(z')\mathrm{d}z'\right]. \tag{2.283}$$

区域 D 中 $E_1(z)$ 的原函数易求得为

$$\int E_1(z)\mathrm{d}z = \frac{1}{2}v_1 z^2 + \frac{\Delta^2}{v_1 - v_2}\ln z. \tag{2.284}$$

易知 $|\langle 1(b)|\psi(b)\rangle| = |C|$. 于是, 在未来无穷远时刻, 系统仍处于 $|1\rangle$ 态的概率为

$$\begin{aligned}
P &= \left|\frac{\langle 1(b)|\psi(b)\rangle}{C\exp\left[-\dfrac{\mathrm{i}}{\hbar}\displaystyle\int_a^{T\mathrm{e}^{\mathrm{i}\pi}} E_1(z')\mathrm{d}z'\right]}\right|^2 \\
&= \frac{1}{\left|\mathrm{e}^{\frac{\pi\Delta^2}{\hbar(v_1-v_2)} - \frac{\mathrm{i}}{\hbar}\left[\frac{1}{2}v_1(T^2-a^2) + \frac{\Delta^2}{v_1-v_2}(\ln T - \ln a)\right]}\right|^2} \\
&= \mathrm{e}^{-\frac{2\pi\Delta^2}{\hbar(v_1-v_2)}}. \tag{2.285}
\end{aligned}$$

这与朗道 – 齐纳近似办法计算得到的跃迁概率是一致的.

2.11 量子力学的费曼路径积分表述

为了深入理解量子演化算子 $\widehat{U}(t)$ 的物理意义, 方便针对具体问题做理论计算, 我们介绍量子力学的另一种表述 —— 费曼路径积分. 路径积分表述有着直观的物理图

像, 在用量子场论研究多自由度问题时有十分行之有效的应用, 特别是可以直观地给出费曼图的数学对应.

设哈密顿量为 $\widehat{H}$ 的量子系统从 $t = t_a$ 时的状态 $|\psi_a\rangle$ 演化到时刻 $t = t_b$, 波函数设为 $|\psi_b\rangle$:

$$
\begin{aligned}
|\psi_b\rangle &= \widehat{U}(t_b, t_a)|\psi_a\rangle \\
&= \int \langle x'|\widehat{U}(t_b, t_a)|\psi_a\rangle|x'\rangle \mathrm{d}x' \\
&= \iint \mathrm{d}x \mathrm{d}x' \langle x'|\widehat{U}(t_b, t_a)|x\rangle \psi(x, t_a)|x'\rangle,
\end{aligned} \tag{2.286}
$$

即从时空点 (t_a, x) 传播到 (t_b, x'), 波函数

$$
\psi(x', t_b) = \int K(x', t_b; x, t_a)\psi(x, t_a)\mathrm{d}x \tag{2.287}
$$

(取 $t_a = t, t_b = t'$), 由积分核

$$
\begin{aligned}
K(x', t'; x, t) &= \langle x'|\widehat{U}(t', t)|x\rangle \\
&= \langle x'| \exp\left[-\frac{\mathrm{i}}{\hbar}(t' - t)\widehat{H}\right]|x\rangle
\end{aligned} \tag{2.288}
$$

给出, 这个积分核称为坐标表象中的传播子, 它是演化矩阵的坐标空间表示.

如上微观粒子时间演化的描述非常像光学惠更斯原理 (经典光传播): $t = t_b$ 时刻在 x' 点的振幅由 $t = t_a$ 时刻在 x 点上的振幅叠加而成, 通过传播子, 把 "波前" 上每一个点 x 上的 "光源" 积分起来, 如图 2.16 所示.

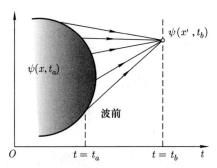

图 2.16　量子力学时间演化与光学惠更斯原理的相似性

如图 2.17 所示, 进一步把时间间隔 $t' - t$ 分成 N 份, 令 $\tau = (t' - t)/N$, 则重复使

用方程 (2.288) 给出传播子的连乘表达式:

$$K(x',t';x,t) = \langle x_N| \prod_{j=0}^{N-1} \widehat{U}(t_{j+1},t_j)|x_0\rangle$$

$$= \langle x_N| \prod_{j=0}^{N-1} \exp(-i\tau\widehat{H})|x_0\rangle$$

$$= \left(\prod_{K=1}^{N-1} \int_{-\infty}^{\infty} \mathrm{d}x_K\right) \prod_{j=N-1}^{0} K(x_{j+1},x_j,\tau), \tag{2.289}$$

其中的每一个因子

$$K(x_{j+1},x_j,\tau) = K(x_{j+1},t_{j+1};x_j,t_j) = \langle x_{j+1}| \exp(-i\widehat{H}\tau/\hbar)|x_j\rangle \tag{2.290}$$

可以在 $\tau \to 0$ 时明显地计算出来. 当 $\widehat{H} = \widehat{p}^2/(2m) + \widehat{V}(x) \equiv \widehat{T} + \widehat{V}$ 时, 由于 τ 很小,

$$K(x_{j+1},x_j,\tau) = \langle x_{j+1}|e^{-i(\widehat{T}+\widehat{V})\tau/\hbar}|x_j\rangle$$

$$\approx \langle x_{j+1}|1 - \frac{i}{\hbar}(\widehat{T}+\widehat{V})\tau|x_j\rangle$$

$$\approx \langle x_{j+1}| \left(1 - \frac{i\tau}{\hbar}\widehat{T}\right) \left(1 - \frac{i\tau}{\hbar}\widehat{V}\right) |x_j\rangle$$

$$= \langle x_{j+1}| \left(1 - \frac{i\tau}{\hbar}\widehat{T}\right) |x_j\rangle \left(1 - \frac{i\tau}{\hbar}\widehat{V}(x_j)\right)$$

$$\approx \langle x_{j+1}|e^{-i\tau\widehat{T}/\hbar}e^{-i\tau\widehat{V}(x)/\hbar}|x_j\rangle. \tag{2.291}$$

图 2.17 通过时间离散化计算演化矩阵

由此, 插入动量和坐标本征态完备性条件

$$K(x_{j+1},x_j,\tau) = \int \mathrm{d}p\mathrm{d}x \langle x_{j+1}|e^{-i\tau\widehat{T}/\hbar}|p\rangle\langle p|x\rangle\langle x|e^{-i\tau\widehat{V}(x)/\hbar}|x_j\rangle$$

$$= \int \frac{\mathrm{d}p}{2\pi\hbar} e^{ip(x_{j+1}-x_j)/\hbar - i\tau[p^2/(2m)+V(x_j)]/\hbar}$$

$$= \int \frac{\mathrm{d}p_j}{2\pi\hbar} e^{ip_j(x_{j+1}-x_j)/\hbar - i\tau H(p_j,x_j)/\hbar}, \tag{2.292}$$

可以得到传播子的相空间表达

$$K(x_b, t_b; x_a, t_a) = \int \mathrm{D}[x]\mathrm{D}[p] \exp\left\{ \frac{\mathrm{i}}{\hbar} \sum_{j=0}^{N-1} [p_j(x_{j+1} - x_j) - \tau H(p_j, x_j)] \right\}, \quad (2.293)$$

其中

$$\mathrm{D}[x] = \prod_{j=1}^{N-1} \mathrm{d}x_j, \quad \mathrm{D}[p] = \prod_{j=0}^{N-1} \frac{\mathrm{d}p_j}{2\pi\hbar}. \quad (2.294)$$

当 $N \to \infty$ 时,

$$\sum_{j=0}^{N-1} [p_j(x_{j+1} - x_j)] \to \int_{t_a}^{t_b} \mathrm{d}t\, p(t)\dot{x}(t), \quad (2.295)$$

$$\sum_{j=0}^{N-1} \tau \widehat{H}(p_j, x_j) \to \int_{t_a}^{t_b} \mathrm{d}t\, \widehat{H}(p, x), \quad (2.296)$$

于是有传播子的形式表达

$$K(x_b, t_b; x_a, t_a) = \int_{x_a}^{x_b} \mathrm{D}[x]\mathrm{D}[p]\mathrm{e}^{\mathrm{i}S[p,x]/\hbar}, \quad (2.297)$$

其中 $S(p,x)\big|_{t_a}^{t_b} = \int_{t_a}^{t_b} \mathcal{L}(t)\mathrm{d}t$ 称为相空间作用量泛函, 而 $\mathcal{L}(t) = p\dot{x} - \widehat{H}(p,x)$ 是拉氏量.
(2.297) 式中 $\int_{x_a}^{x_b}$ 代表对所有起点与终点分别为 x_a 与 x_b 的路径进行积分.

以上我们给出了传播子在相空间上的积分表示, 接下来进一步给出位形空间中的路径积分. 在传播子表达式

$$K(x_{j+1}, x_j, \tau) = \int \frac{\mathrm{d}p_j}{2\pi\hbar} \exp\left\{ \frac{\mathrm{i}}{\hbar}\tau \left[p_j(x_{j+1} - x_j) - \left(\frac{p_j^2}{2m} + V(x_j) \right) \right] \right\} \quad (2.298)$$

中把 p_j 积分掉. 利用积分公式

$$\int_{-\infty}^{\infty} \mathrm{e}^{-\alpha^2 x^2 \pm 2\mathrm{i}\beta x}\mathrm{d}x = \frac{\sqrt{\pi}}{\alpha}\mathrm{e}^{-\beta^2/\alpha^2}, \quad (2.299)$$

$$\int_{-\infty}^{\infty} \mathrm{d}x\, \mathrm{e}^{-\mathrm{i}\alpha x^2} = \sqrt{\frac{\pi}{\mathrm{i}\alpha}}, \quad (2.300)$$

$$\int_{-\infty}^{\infty} \mathrm{d}x \exp[-(\alpha^2 x^2 + \mathrm{i}\beta x + \mathrm{i}\gamma x^2)] = \sqrt{\frac{\pi}{\alpha^2 + \mathrm{i}\gamma}} \exp\left[-\frac{\beta^2(\alpha^2 - \mathrm{i}\gamma)}{4(\alpha^4 + \gamma^2)} \right], \quad (2.301)$$

我们得到

$$\int \frac{\mathrm{d}p_j}{2\pi\hbar} \mathrm{e}^{-\mathrm{i}\tau[p_j^2/(2m)-p_j(x_{j+1}-x_j)/\tau]/\hbar}$$

$$= \int_{-\infty}^{\infty} \frac{\mathrm{d}p_j}{2\pi\hbar} \mathrm{e}^{-\mathrm{i}\tau/(2m\hbar)\{[p_j-m(x_{j+1}-x_j)/\tau]^2 - m^2/\tau^2(x_{j+1}-x_j)^2\}}$$

$$= \sqrt{\frac{m}{2\pi\hbar\mathrm{i}\tau}} \mathrm{e}^{\mathrm{i}m(x_{j+1}-x_j)^2/(2\tau\hbar)}, \tag{2.302}$$

也就是

$$K(x_{j+1}, x_j, \tau) = \sqrt{\frac{m}{2\pi\hbar\mathrm{i}\tau}} \mathrm{e}^{\frac{\mathrm{i}m}{2\tau\hbar}(x_{j+1}-x_j)^2 - \mathrm{i}\tau V(x_j)/\hbar}. \tag{2.303}$$

于是有 a 到 b 的传播子

$$K_{ab} = \lim_{\substack{N\to\infty \\ (\tau\to 0)}} \left(\frac{m}{2\pi\hbar\mathrm{i}\tau}\right)^{N/2} \prod_{j=1}^{N-1} \left(\int_{-\infty}^{\infty} \mathrm{d}x_j \mathrm{e}^{\mathrm{i}\tau[m(x_{j+1}-x_j)^2/2\tau^2 - V(x_j)]/\hbar}\right)$$

$$= C \int_{x_a}^{x_b} D[x] \mathrm{e}^{\mathrm{i}S[x(t)]|_b^a/\hbar}, \tag{2.304}$$

其中

$$S[x(t)]|_b^a = \int_{t_a}^{t_b} \mathrm{d}t \left(\frac{1}{2}m\dot{x}^2 - V(x)\right) = \int_{x_a}^{x_b} \mathrm{d}x \mathcal{L}(x) \tag{2.305}$$

是对于给定路径的经典的作用量, C 为归一化常数. 以上分析表明, 只要计算出路径上的经典作用量, 我们便可以确定一个相因子, 传播子正是这些相因子的加和.

以下我们详细讨论路径积分作为这种加和的物理意义.

如图 2.18 所示, 联结 (t_0, x_0) 和 (t_N, x_N) 的所有路径遍布所有点 (t_j, x_j), 在直线 $x = x_j$ 上, 对 $t_1, t_2, \cdots, t_N$ 点值的加和相当于对 t 的积分, 而在直线 $t = t_j$, 对 $x_1, x_2, \cdots, x_N$ 点作用是相因子的加和, 相当于对 x 的积分, 因此二重积分 $\int \mathrm{d}x_j \int \mathrm{d}t$

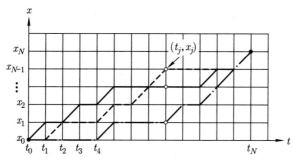

图 2.18 联结 x_a 与 x_b 的可能路径示意图

相当于对所有路径求和, 每一个路径贡献一个由作用量确定的相因子:

$$K(a,b) = \sum_{\substack{x_a \to x_b \\ \text{所有路径}}} \text{常数} \times \mathrm{e}^{\mathrm{i}S[x(t)]/\hbar}. \tag{2.306}$$

路径积分就是把所有的相因子相干地叠加起来. 事实上, 一般的黎曼积分定义如下:

$$A = \int_{x_a}^{x_b} f(x)\mathrm{d}x = \lim_{h \to 0}\left[\sum_{i=1}^{N} h \cdot f(x_i)\right], \tag{2.307}$$

其中 $h = (x_b - x_a)/N(N \to \infty)$. 对于多重积分

$$\begin{aligned} A_M &= \int f[x(t_1)]f[x(t_2)]\cdots f[x(t_N)]\mathrm{d}x(t_1)\mathrm{d}x(t_2)\cdots\mathrm{d}x(t_N) \\ &= \prod_{j=1}^{N} \int f[x(t_j)]\mathrm{d}x(t_j), \end{aligned} \tag{2.308}$$

若

$$f[x(t_i)] = \mathrm{e}^{\mathrm{i}S[x(t_i)]}, \tag{2.309}$$

则

$$A_M = \iint\cdots\int \mathrm{e}^{\mathrm{i}\sum\limits_{j=1}^{N} S[x(t_i)]}\,\mathrm{d}x(t_1)\mathrm{d}x(t_2)\cdots\mathrm{d}x(t_N). \tag{2.310}$$

指数上的求和相当于对一个路径积分, 而下面的积分相当于对不同路径加和:

$$\begin{aligned} A_M &= \sum_{\text{路径}} h_1 F[x(t_1)] \sum_{\text{路径}} h_2 F[x(t_2)] \cdots \\ &= \sum_{\text{路径}} h_1 h_2 \cdots F[x(t_1)]F[x(t_2)]\cdots. \end{aligned} \tag{2.311}$$

为了更好地理解路径积分定义, 我们考虑一个最简单的例子: 一维自由粒子的路径积分. 一维自由粒子的拉氏量为

$$\mathcal{L} = \frac{1}{2}m\dot{x}^2, \tag{2.312}$$

相应的传播子是

$$K(a,b) = \lim_{\substack{N\to\infty \\ (\tau\to 0)}} \left(\frac{m}{2\pi\mathrm{i}\hbar\tau}\right)^{\frac{N}{2}} \left[\prod_{j=1}^{N-1}\mathrm{d}x_j\right] \mathrm{e}^{\frac{\mathrm{i}\tau}{\hbar}\sum\limits_{j=0}^{N-1}\frac{m}{2}\left(\frac{x_{j+1}-x_j}{\tau}\right)^2}. \tag{2.313}$$

利用高斯积分公式

$$\int_{-\infty}^{\infty} e^{i\alpha x^2} dx = \sqrt{\frac{i\pi}{\alpha}}, \tag{2.314}$$

$$\int_{-\infty}^{\infty} dx_1 e^{i\alpha[(x_2-x_1)^2+(x_1-x_0)^2]} = \sqrt{\frac{i\pi}{2\alpha}} e^{\frac{i\alpha(x_2-x_0)^2}{2}}. \tag{2.315}$$

我们得到

$$\int dx_1 dx_2 \cdots dx_{N-1} e^{i\alpha[(x_N-x_{N-1})^2+\cdots+(x_2-x_1)^2+(x_1-x_0)^2]}$$

$$= \left(\frac{i\pi}{\alpha}\right)^{\frac{N-1}{2}} \frac{1}{\sqrt{N}} e^{i\frac{\alpha}{N}(x_N-x_0)^2}. \tag{2.316}$$

它明显地给出传播子的表达式

$$K(a,b) = \lim_{\substack{N\to\infty \\ (\tau\to 0)}} \left(\frac{m}{2\pi i\hbar\tau}\right)^{N/2} \left(\frac{i\pi}{\alpha}\right)^{\frac{N-1}{2}} \frac{1}{\sqrt{N}} e^{i\alpha(x_b-x_a)^2/N}$$

$$= \sqrt{\frac{m}{2\pi i\hbar(t_b-t_a)}} \exp\left[\frac{im(x_b-x_a)^2}{2\hbar(t_b-t_a)}\right], \tag{2.317}$$

其中

$$\alpha = \frac{m}{2\pi\hbar\tau}. \tag{2.318}$$

另一方面, 由运动方程 $m\ddot{x} = 0$, 得 $\dot{x}_c = v =$ 常数, 它给出粒子运动的经典轨迹:

$$x_c(t) = x_a + \frac{x_b-x_a}{t_b-t_a}(t-t_a). \tag{2.319}$$

注意到自由粒子经典作用量是

$$S_c(t) = \int_{t_a}^{t_b} dt \frac{1}{2}m\dot{x}_c^2 = \frac{1}{2}mv^2(t_b-t_a) = \frac{m}{2}\frac{(x_b-x_a)^2}{t_b-t_a}, \tag{2.320}$$

则传播子可以表达为作用量相因子:

$$K(a,b) = \left[\frac{m}{2\pi i\hbar(t_b-t_a)}\right]^{\frac{1}{2}} e^{\frac{i}{\hbar}S_c}. \tag{2.321}$$

在一般的势场 V 中, 在半经典近似下, 可以证明 (见侯伯元等所著《路径积分与量子物理导引》). 传播子可以近似地表达为经典轨道的形式:

$$K(a,b) \approx \xi e^{\frac{i}{\hbar}S_c(x_b,t_b;x_a,t_a)}, \tag{2.322}$$

其中 $S_c(x_b,t_b;x_a,t_a)$ 是定义在两个时空点 (x_a,t_a) 和 (x_b,t_b) 间的经典作用量.

路径积分的一个重要应用是关于电磁势物理效应 —— 阿哈罗诺夫 (Aharonov) - 玻姆效应的直观分析. 考察如图 2.19 所示的理想实验, 从源发射出的电子经双缝在屏上发生干涉. 有一个理想的细长螺线管, 垂直于纸面放置, 有一个完全屏蔽在螺线管内的磁场 B, 其外完全没有磁场存在. 在 "自由空间" 区域, 系统的拉氏量为

$$\mathcal{L} = \frac{1}{2}m\dot{\boldsymbol{x}}^2 + \frac{e}{c}\dot{\boldsymbol{x}} \cdot \boldsymbol{A}, \tag{2.323}$$

其中我们在一定的规范下写出螺线管内外的电磁势

$$\boldsymbol{A} = \begin{cases} \frac{1}{2}Br\hat{\boldsymbol{n}}, & r < R, \\ \frac{1}{2}B\frac{R^2}{r}\hat{\boldsymbol{n}}, & r > R. \end{cases} \tag{2.324}$$

虽然电磁势在螺线管的内外均不为零, 但其相应磁场场强

$$\boldsymbol{B} = \nabla \times \boldsymbol{A} = \begin{cases} B\boldsymbol{e}, & r < R, \\ 0, & r > R \end{cases} \tag{2.325}$$

在内部是一个常数, 在外部完全为零. 根据经典电磁学, 由于电子和外部磁场之间完全没有相互作用, 螺线管中的磁场不会影响电子的运动, 然而, 在量子力学中, 它可以影响电子的干涉.

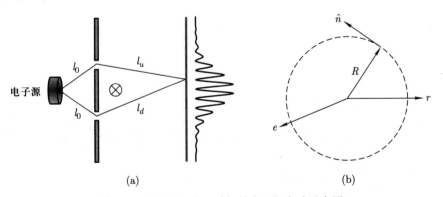

图 2.19 阿哈罗诺夫 - 玻姆效应理想实验示意图

事实上, 根据路径积分的观点, 传播子主要由两个经典路径 $u = l_0 + l_u$ 和 $d = l_0 + l_d$ 上的作用量决定 (见图 2.19). 它们分别为

$$F_\alpha = \exp\left[\frac{\mathrm{i}}{\hbar}\int_\alpha \mathrm{d}x\left(\frac{1}{2}m\dot{\boldsymbol{x}}^2 + \frac{e}{c}\boldsymbol{A} \cdot \frac{\mathrm{d}\boldsymbol{x}}{\mathrm{d}t}\right)\right]$$

$$= \exp\left[\mathrm{i}\frac{\pi}{\lambda}(l_0 + l_\alpha) + \mathrm{i}\frac{e}{\hbar c}\int_\alpha \mathrm{d}\boldsymbol{x} \cdot \boldsymbol{A}\right] \equiv \mathrm{e}^{\mathrm{i}\varphi_\alpha} \tag{2.326}$$

(这里 $\alpha = u, d$), 达到屏上时它们的相位差

$$\Delta\phi = \phi_u - \phi_d = -\pi\left(\frac{l_d - l_u}{\lambda}\right) + \frac{e}{\hbar c}\left(\int_d - \int_u\right)\mathrm{d}\boldsymbol{x}\cdot\boldsymbol{A}$$

$$= \pi\left(\frac{l_u - l_d}{\lambda}\right) + \frac{e}{\hbar c}\oint\mathrm{d}\boldsymbol{x}\cdot\boldsymbol{A}, \tag{2.327}$$

其中 $\oint\nabla\times\boldsymbol{A}\cdot\mathrm{d}\boldsymbol{S} = \int\boldsymbol{B}\cdot\mathrm{d}\boldsymbol{S} = B\pi R^2 = \Phi$ (磁通量). 由于在双缝开启时的波函数为两个路径积分相因子相干叠加:

$$K \propto (\mathrm{e}^{\mathrm{i}S_u/\hbar} + \mathrm{e}^{\mathrm{i}S_d/\hbar}), \tag{2.328}$$

$$\psi = \psi_0 K, \tag{2.329}$$

于是屏上电子分布强度为

$$I(\theta) = |\psi|^2 = 4I_0\cos^2\left(\frac{\pi\delta}{2\lambda}\sin\theta + \frac{e\Phi}{2\hbar c}\right), \tag{2.330}$$

其中 $I_0 = |\psi_0|^2$. 这种干涉强度依赖于磁通量的效应, 称为阿哈罗诺夫 – 玻姆 (AB) 效应.

注意, 上述计算中应用了自由粒子的作用量表达式

$$\int_{t_1}^{t_2}\mathrm{d}t\frac{1}{2}m\dot{x}^2 = \frac{1}{2}m\int_{x_a}^{x_b}\mathrm{d}xv = \frac{1}{2}mv(x_b - x_a)$$

$$= \frac{1}{2}m\frac{(x_b - x_a)^2}{t_b - t_a} = \frac{1}{2}p(x_b - x_a)$$

$$= \frac{\hbar\pi l_0}{\lambda} + \frac{\hbar\pi l_\alpha}{\lambda}, \tag{2.331}$$

其中

$$\lambda = \frac{2\pi\hbar}{p} \approx \frac{2\pi\hbar(t_b - t_a)}{m(l_0 + l_\alpha)} \tag{2.332}$$

是电子的物质波波长. 在计算路径差时, 用到如图 2.20 所示的几何分析, 其中 δ 为双缝间距, l_u 和 l_d 为从两个缝到屏的距离, l 为屏到双缝平面的距离.

当 $l \gg S$ 时, 我们可以近似地算出

$$l_d = \sqrt{l^2 + \left(S + \frac{\delta}{2}\right)^2} \approx \sqrt{l^2 + S^2} + \frac{S\delta}{2\sqrt{l^2 + S^2}}$$

$$\approx \sqrt{l^2 + S^2} + \frac{\delta}{2}\sin\theta, \tag{2.333}$$

$$l_u = \sqrt{l^2 + S^2} - \frac{\delta}{2}\sin\theta. \tag{2.334}$$

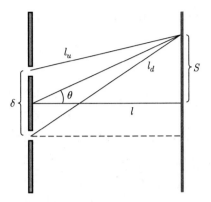

图 2.20   计算两条路径 l_u 和 l_d 上的作用量

以上讨论表明, 电磁势 $\boldsymbol{A}$ 的不可积相因子

$$F = \exp\left(\frac{\mathrm{i}e}{\hbar c}\oint \boldsymbol{A}\cdot\mathrm{d}\boldsymbol{l}\right) \tag{2.335}$$

有恰如其分的可观察效应. 电磁场强 $\boldsymbol{E}$ 和 $\boldsymbol{B}$ 对电磁场强的描述是不充分的 (under description), 而电磁势对电磁场的描述是冗余的 (over description). 只有 $\boldsymbol{A}$ 的不可积相因子描述是正好的, 它具有经典情况下不具备的可观察效应, 影响干涉条纹.

附录 2.1   耗散系统的波包演化

关于量子耗散的理论研究表明, 如果布朗 (Brown) 运动的随机涨落可以忽略, 环境影响下的 $V(x)$ 中耗散系统的运动可以用卡尔迪罗拉 (Caldirora) – 金井 (Kanai) (CK) 哈密顿量

$$\widehat{H}(t) = \frac{\widehat{p}^2}{2M}\mathrm{e}^{-\eta t/M} + \widehat{V}(x)\mathrm{e}^{\eta t/M} \tag{2.336}$$

描述, 其中 η 为耗散系数. 基于这个有效哈密顿量, 海森堡方程会自动给出

$$M\frac{\partial^2 x}{\partial t^2} = -\frac{\partial V(x)}{\partial x} - \eta\dot{x}. \tag{2.337}$$

如果 $t = 0$ 时, 系统的初态是一个宽为 d 的高斯波包

$$\psi(x,0) = \frac{1}{(2\pi d^2)^{\frac{1}{4}}}\mathrm{e}^{-\frac{x^2}{4d^2}+\mathrm{i}k_0 x}, \tag{2.338}$$

则 $V(x) = 0$ 时薛定谔方程为 (令 $\hbar = 1$)

$$\mathrm{i}\frac{\partial}{\partial t}\psi(x,t) = -\frac{\mathrm{e}^{-\eta t/M}}{2M}\frac{\partial^2}{\partial x^2}\psi(x,t). \tag{2.339}$$

此时的哈密顿量

$$\widehat{H} = \frac{\widehat{p}^2}{2M} \mathrm{e}^{-\eta t/M},$$ (2.340)

其本征态为动量本征态 $|p\rangle$,

$$\widehat{H}|p\rangle = \frac{\widehat{p}^2}{2M} \mathrm{e}^{-\eta t/M}|p\rangle.$$ (2.341)

故动量表象下的薛定谔方程为

$$\mathrm{i}\frac{\partial}{\partial t}\widetilde{\psi}(p,t) = \frac{p^2}{2M} \mathrm{e}^{-\eta t/M}\widetilde{\psi}(p,t),$$ (2.342)

其解为

$$\begin{aligned}
\widetilde{\psi}(p,t) &= \widetilde{\psi}(p,0)\mathrm{e}^{-\mathrm{i}\frac{p^2}{2M}\int_0^t \mathrm{e}^{-\frac{\eta t'}{M}}\mathrm{d}t'} \\
&= \widetilde{\psi}(p,0)\mathrm{e}^{-\mathrm{i}\frac{p^2}{2\eta}(1-\mathrm{e}^{-\frac{\eta t}{M}})}.
\end{aligned}$$ (2.343)

用傅里叶变换可求得

$$\widetilde{\psi}(p,0) = \frac{1}{(2\pi\sigma_p^2)^{\frac{1}{4}}} \mathrm{e}^{-\frac{(p-p_0)^2}{4\sigma_p^2}},$$ (2.344)

其中 $\sigma_p = 1/a$. 再由 $\widetilde{\psi}(p,t)$ 利用傅里叶逆变换求得 t 时刻的坐标波函数

$$\psi(x,t) = \frac{\mathrm{e}^{\mathrm{i}k_0 x - \mathrm{i}E_{k_0} t_\eta}}{(2\pi)^{\frac{1}{4}}\sqrt{d + \mathrm{i}t_\eta/(2Md)}} \exp\left\{ -\frac{1}{4}(x - k_0 t_\eta/M)^2 \frac{1 - \mathrm{i}t_\eta/(2Md^2)}{d^2 + [t_\eta/(2Md)]^2} \right\},$$ (2.345)

其中

$$t_\eta = M(1 - \mathrm{e}^{-\frac{\eta t}{M}})/\eta$$ (2.346)

称为耗散变形时间. 当 $\eta \to 0$ 时, $t_\eta \to t$, 方程 (2.345) 代表中心速度为

$$v = \frac{k_0}{M}\mathrm{e}^{-\frac{\eta t}{M}},$$ (2.347)

宽度为

$$B(t) = \sqrt{d^2 + (t_\eta/2Md)^2}$$ (2.348)

的扩散波包. 当 $t \to \infty$ 时, $t_\eta \to M/\eta$, 波包宽度不再是无穷大, 而是一个有限值

$$B_{\lim} = \sqrt{d^2 + \frac{1}{(2\eta d)^2}}.$$ (2.349)

这个简单计算说明了, 由于环境的存在, 它诱导的量子耗散确实可以导致波包的空间局域化. 它为解决爱因斯坦当年关于宏观物体波包扩散问题提供了一种可能的物理方案.

附录 2.2 贝里相因子的几何意义

本附录力争深入浅出地讲清楚贝里相因子的几何意义, 并使大家对微分几何在物理中的应用有一个初步的了解.

自旋 1/2 粒子在磁场 $\boldsymbol{B} = (B_1, B_2, B_3)$ 中的哈密顿量为

$$\widehat{H}[\boldsymbol{B}] = -\mu\widehat{\boldsymbol{\sigma}} \cdot \boldsymbol{B}, \tag{2.350}$$

其中 $\boldsymbol{B} = \sqrt{B_x^2 + B_y^2 + B_z^2}$ 大小给定时, 参数空间 $\{\boldsymbol{B} \mid \|\boldsymbol{B}\| = B\}$ 定义了 $\mathbb{R}^3$ 中的一个二维球面, 这是一个流形 (manifold). 由于我们不能整体地引进 $\mathcal{S}^2$ 的坐标, $\mathcal{S}^2$ 是拓扑非平凡的.

事实上, 如果选择球坐标 (θ, φ) 描述 $\boldsymbol{B}$:

$$\begin{cases} B_x = B \sin\theta \cos\varphi, \\ B_y = B \sin\theta \sin\varphi, \\ B_z = B \cos\theta, \end{cases} \tag{2.351}$$

则 $\mathcal{S}^2$ 的南极 $S = (0, 0, -1)$ 对应于 $\theta = \pi$, 这时, φ 可以取任意值; 在北极 $\theta = 0$, 也有同样的不确定性问题. 为此, 必须用两个坐标邻域来确定性描述单位球面 $\mathcal{S}^2$: 它们是 $\mathcal{S}^2$ 的两个开集 (见图 2.21(a) 和 (c))

$$\begin{aligned} U_N &= \mathcal{S}^2 \backslash N = \{(\theta, \varphi) \mid 0 < \theta \leqslant \pi\}, \\ U_S &= \mathcal{S}^2 \backslash S = \{(\theta, \varphi) \mid 0 \leqslant \theta < \pi\}, \end{aligned} \tag{2.352}$$

分别对应于扣掉北极和南极的球, 显然

$$\mathcal{S}^2 = U_N \cup U_S. \tag{2.353}$$

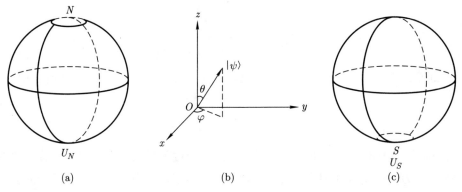

(a)　　　　　　　(b)　　　　　　　(c)

图 2.21 $\mathcal{S}^2$ 的两个局部覆盖

也就是说, U_N 和 U_S 一起覆盖了整个球面.

现在我们取 $\mathcal{S}^2$ 的半径为 1, 可以在 U_N 上定义 $\mathcal{S}^2$ 的一个局域坐标, 它是不完整的球面 U_N 上的点 $P = (\theta, \varphi)$ 到二维复平面上的点 z 的一一对应 (见图 2.22). 在 z 平面上, 赤道曲线 C 内部对应于南半球, 外部对应于北半球.

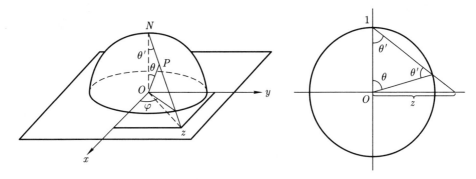

图 2.22 U_N 到二维欧氏空间的坐标映射

我们注意到 $\theta' = (180° - \theta)/2 = 90° - \theta/2$, 则投影点 z 到球心的距离是

$$|z| = |OZ| = \tan\theta' = \cot\frac{\theta}{2}, \tag{2.354}$$

从而写出平面上对应的复坐标点

$$
\begin{aligned}
z &= \cot\frac{\theta}{2}\cos\varphi + \cot\frac{\theta}{2}\mathrm{i}\sin\varphi = \cot\frac{\theta}{2}\mathrm{e}^{\mathrm{i}\varphi} \\
&= U_N^1 + \mathrm{i}U_N^2.
\end{aligned}
\tag{2.355}
$$

显然, 复平面上 (U_N^1, U_N^2) 与去北极球 U_N 上的点一一对应. 同理, 我们定义去南极的球 U_S 上的局域坐标

$$W = \tan\frac{\theta}{2}\mathrm{e}^{\mathrm{i}\varphi} = U_S^1 + \mathrm{i}U_S^2. \tag{2.356}$$

在 U_N 和 U_S 交集区 $U_N \cap U_S = \{(\theta, \varphi)|0 < \theta < \pi\}$ 上,

$$z = \frac{1}{|W|^2}W, \tag{2.357}$$

则两套坐标间的变换为

$$(U_N^1, U_N^2) = \left(\frac{U_S^1}{(U_S^1)^2 + (U_S^2)^2}, \frac{U_S^2}{(U_S^1)^2 + (U_S^2)^2} \right). \tag{2.358}$$

显然, 变换函数 $U_N^1 = f^1(U_S^1, U_S^2)$ 和 $U_N^2 = f^2(U_S^1, U_S^2)$ 是无穷可微的, 因此我们说 $\mathcal{S}^2$ 构成了一个微分流形.

一般说来, 如果一个 "位形" 空间 M 不能用一个整体坐标 (同构于 $\mathbb{R}^N$) 来描述, 我们就说 M 是拓扑非平凡的. 但是, 我们可以用多个可以同构于 $\mathbb{R}^N$ 的开子集来覆盖它, 若这些坐标之间的变换函数是无穷可微的, 则我们说 M 是一个微分流形. 而定义于 M 上的矢量场 $v : x \to v(x)(x \in M)$ 满足一定的条件, 则构成一个纤维丛.

在以上的例子中, $\hat{H}[\boldsymbol{B}]$ 的本征函数 $|\psi_{\pm}(\boldsymbol{B})\rangle$ 可以看成一个纤维丛结构: 由于 $\boldsymbol{B}$ 不能在球面上整体定义坐标, 纤维丛也需要分邻域定义局域坐标, 如在去北极点的 U_N 上, $\hat{H}[\boldsymbol{B}]$ 的本征函数为

$$|\psi_+(\boldsymbol{B})\rangle_N = \begin{bmatrix} \cos\dfrac{\theta}{2}\mathrm{e}^{-\mathrm{i}\varphi} \\ \sin\dfrac{\theta}{2} \end{bmatrix}, \tag{2.359}$$

$$|\psi_-(\boldsymbol{B})\rangle_N = \begin{bmatrix} \sin\dfrac{\theta}{2} \\ -\cos\dfrac{\theta}{2}\mathrm{e}^{\mathrm{i}\varphi} \end{bmatrix}. \tag{2.360}$$

$\theta = \pi$ 时, φ 给 $|\psi_{\pm}(\boldsymbol{B})\rangle_N$ 带来的不确定性被排除掉. 同样, 在 U_S 上, 本征函数为

$$|\psi_+(\boldsymbol{B})\rangle_S = \begin{bmatrix} \cos\dfrac{\theta}{2} \\ \sin\dfrac{\theta}{2}\mathrm{e}^{\mathrm{i}\varphi} \end{bmatrix}, \tag{2.361}$$

$$|\psi_-(\boldsymbol{B})\rangle_S = \begin{bmatrix} \sin\dfrac{\theta}{2}\mathrm{e}^{-\mathrm{i}\varphi} \\ -\cos\dfrac{\theta}{2} \end{bmatrix}. \tag{2.362}$$

$\theta = 0$ 时, 给 $|\psi_{\pm}(\boldsymbol{B})\rangle_S$ 带来的不确定性被排除掉. 两者之间的变换关系为

$$\hat{G}_{12} = \begin{bmatrix} \mathrm{e}^{\mathrm{i}\varphi} & 0 \\ 0 & \mathrm{e}^{-\mathrm{i}\varphi} \end{bmatrix}, \tag{2.363}$$

显然, 任何一个状态可局域地表达为

$$|\psi\rangle = a|\psi_+(\boldsymbol{B})\rangle_S + b|\psi_-(\boldsymbol{B})\rangle_S, \tag{2.364}$$

或在另一个坐标系中表达为

$$|\psi'\rangle = a'|\psi_+(\boldsymbol{B})\rangle_N + b'|\psi_-(\boldsymbol{B})\rangle_N, \tag{2.365}$$

它们之间的变换为

$$\begin{bmatrix} a' \\ b' \end{bmatrix} = \hat{G}_{12} \begin{bmatrix} a \\ b \end{bmatrix}. \tag{2.366}$$

可以看出纤维丛的变换矩阵 $\widehat{G}_{12}$ 也是无穷可微的, 因此, 自旋进动物理问题的量子态描述联系于纤维丛结构.

有了以上的微分几何和纤维丛的概念, 我们可以用流形上纤维丛上的平移来解释贝里几何相因子.

在球上 "平行移动" 在 A 点的一个矢量 $\boldsymbol{e}(t)$, 有两个要求 (见图 2.23):

(1) $\boldsymbol{e}(t)$ 必须和其切点的径向矢量 $\boldsymbol{r}(t)$ 始终保持垂直, 即

$$\frac{\mathrm{d}}{\mathrm{d}t}[\boldsymbol{e}(t) \cdot \boldsymbol{r}(t)] = 0. \tag{2.367}$$

(2) 保证 $\boldsymbol{e}$ 和 $\boldsymbol{r}$ 的坐标系不扭曲, $\boldsymbol{e}$ 不能绕 $\boldsymbol{r}(t)$ 旋转,

$$\boldsymbol{r} \cdot \boldsymbol{\Omega} = 0, \tag{2.368}$$

其中 $\boldsymbol{\Omega} = \boldsymbol{r} \times \dot{\boldsymbol{r}}$ 是 A 点移动的角速度.

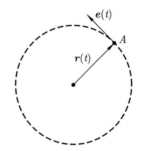

图 2.23 "平行移动" 的两个要求

第二个条件自动满足. 这是因为 $\boldsymbol{a} \cdot (\boldsymbol{b} \times \boldsymbol{c}) = \boldsymbol{b} \cdot (\boldsymbol{c} \times \boldsymbol{a}) = \boldsymbol{c} \cdot (\boldsymbol{a} \times \boldsymbol{b})$, 所以

$$\boldsymbol{r} \cdot \boldsymbol{\Omega} = \boldsymbol{r} \cdot (\boldsymbol{r} \times \dot{\boldsymbol{r}}) = \dot{\boldsymbol{r}} \cdot (\boldsymbol{r} \times \boldsymbol{r}) = 0. \tag{2.369}$$

可以证明一个重要推论, 当 $\dot{\boldsymbol{e}} = \boldsymbol{\Omega} \times \boldsymbol{e}$ 时, $\mathrm{d}(\boldsymbol{r} \cdot \boldsymbol{e})/\mathrm{d}t = 0$ 成立. 证明如下:

利用 $(\boldsymbol{a} \times \boldsymbol{b}) \times \boldsymbol{c} = (\boldsymbol{a} \cdot \boldsymbol{c})\boldsymbol{b} - (\boldsymbol{b} \cdot \boldsymbol{c})\boldsymbol{a}$, 得

$$\begin{aligned}
\frac{\mathrm{d}}{\mathrm{d}t}[\boldsymbol{r} \cdot \boldsymbol{e}] &= \dot{\boldsymbol{r}} \cdot \boldsymbol{e} + \boldsymbol{r} \cdot \dot{\boldsymbol{e}} \\
&= \dot{\boldsymbol{r}} \cdot \boldsymbol{e} + \boldsymbol{r} \cdot (\boldsymbol{\Omega} \times \boldsymbol{e}) \\
&= \dot{\boldsymbol{r}} \cdot \boldsymbol{e} + \boldsymbol{r} \cdot (\boldsymbol{r} \times \dot{\boldsymbol{r}}) \times \boldsymbol{e} \\
&= \dot{\boldsymbol{r}} \cdot \boldsymbol{e} + \boldsymbol{r} \cdot [(\boldsymbol{r} \cdot \boldsymbol{e})\dot{\boldsymbol{r}} - (\dot{\boldsymbol{r}} \cdot \boldsymbol{e})\boldsymbol{r}] \\
&= \dot{\boldsymbol{r}} \cdot \boldsymbol{e} - \boldsymbol{r} \cdot [(\dot{\boldsymbol{r}} \cdot \boldsymbol{e})\boldsymbol{r}] \quad (\boldsymbol{r} \cdot \boldsymbol{r} = 1) \\
&= 0.
\end{aligned} \tag{2.370}$$

因此, $\dot{e} = \boldsymbol{\Omega} \times e$ 可以视为矢量 e 的平移条件.

类比于上面关于三维实空间中实矢量平行移动的讨论, 我们定义复矢量 $\psi = e + \mathrm{i}r \times e$, 可以计算

$$\frac{\mathrm{d}}{\mathrm{d}t}\psi = \frac{\mathrm{d}}{\mathrm{d}t}e + \mathrm{i}\frac{\mathrm{d}r}{\mathrm{d}t} \times e + \mathrm{i}r \times \frac{\mathrm{d}e}{\mathrm{d}t}$$

$$= \boldsymbol{\Omega} \times e + \mathrm{i}\frac{\mathrm{d}r}{\mathrm{d}t} \times e + \mathrm{i}r \times (\boldsymbol{\Omega} \times e). \tag{2.371}$$

$\psi^* = e - \mathrm{i}r \times e$, 则

$$\mathrm{Im}(\psi^*, \dot{\psi}) = -(\boldsymbol{\Omega} \times e) \cdot (r \times e) + e \cdot \left(\frac{\mathrm{d}r}{\mathrm{d}t} \times e\right) + e \cdot r \times (\boldsymbol{\Omega} \times e)$$

$$= -(\boldsymbol{\Omega} \times e) \cdot (r \times e) + 0 + e \cdot ((r \cdot e)\boldsymbol{\Omega} - (r \cdot \boldsymbol{\Omega})e)$$

$$= -(\boldsymbol{\Omega} \cdot r)(e \cdot e) + (\boldsymbol{\Omega} \cdot e)(e \cdot r) + e \cdot [(r \cdot e)\boldsymbol{\Omega} - (r \cdot \boldsymbol{\Omega})e]$$

$$= 0. \tag{2.372}$$

以上计算用到了

$$(a \times b) \cdot (c \times d) = (a \cdot c)(b \cdot d) - (a \cdot d)(b \cdot c), \tag{2.373}$$

因此, 对每个矢量 ψ, 平行移动的条件为 $\mathrm{Im}(\psi^*, \dot{\psi}) = 0$.

把波函数看成高维矢量, 平行移动的概念可以推广到量子力学, 波函数的平移条件为

$$\mathrm{Im}\langle\psi|\frac{\mathrm{d}\psi}{\mathrm{d}t}\rangle = 0. \tag{2.374}$$

假设波函数平移时只改变一个相因子,

$$|\psi[\boldsymbol{\lambda}]\rangle = W[\boldsymbol{\lambda}]|n[\boldsymbol{\lambda}]\rangle, \tag{2.375}$$

且

$$\widehat{H}(\boldsymbol{\lambda})|n(\boldsymbol{\lambda})\rangle = E_n(\boldsymbol{\lambda})|n(\boldsymbol{\lambda})\rangle. \tag{2.376}$$

取 $E_n(\boldsymbol{\lambda}) = 0$, 则

$$\frac{\mathrm{d}}{\mathrm{d}t}|\psi[\boldsymbol{\lambda}]\rangle = \sum_{m \neq n} W[\boldsymbol{\lambda}]\langle m|\frac{\mathrm{d}}{\mathrm{d}t}n\rangle|m[\boldsymbol{\lambda}]\rangle + \left[\frac{\mathrm{d}W}{\mathrm{d}t} + W[\boldsymbol{\lambda}]\langle n|\frac{\mathrm{d}}{\mathrm{d}t}n\rangle\right]|n[\boldsymbol{\lambda}]\rangle. \tag{2.377}$$

平行移动意味着

$$\mathrm{Im}\langle\psi[\boldsymbol{\lambda}]|\frac{\mathrm{d}}{\mathrm{d}t}|\psi(\boldsymbol{\lambda})\rangle = \mathrm{Im}\left[\frac{\mathrm{d}W}{\mathrm{d}t}W^{-1} + \langle n|\frac{\mathrm{d}}{\mathrm{d}t}|n\rangle\right] = 0, \tag{2.378}$$

则 $W = \exp[\mathrm{i}\gamma_n(\boldsymbol{\lambda})]\,(\gamma_n(\boldsymbol{\lambda}) = \mathrm{i}\int_0^{\boldsymbol{\lambda}} \mathrm{d}\boldsymbol{\lambda}'\langle n|\partial_{\boldsymbol{\lambda}'}|n\rangle)$ 是贝里几何相因子.

现在我们可以考虑贝里相的纤维丛结构. 参数空间形成一个流形 $M:\{\boldsymbol{\lambda}=(\lambda_1,\lambda_2,$ $\cdots,\lambda_N)\}$, 非简并的本征函数可视为一个线丛: $|n[\boldsymbol{\lambda}]\rangle$ 定义了线丛的一个截面. M 上有一个封闭曲线 $C(t)=\{\boldsymbol{\lambda}(t)|\boldsymbol{\lambda}(0)=\boldsymbol{\lambda}(T)\}$, 线丛上每一根纤维定义为 $\{F=\exp(\mathrm{i}\theta)|n\rangle|\theta\in\mathbb{R}\}$, 封闭曲线 $C(t)$ 水平提升 (见图 2.24) 后 $F(t)$ 不再是封闭曲线,

$$F(T) = \mathrm{e}^{\mathrm{i}\gamma_n(T)}F(0), \tag{2.379}$$

首尾相差一个几何相因子. 因此贝里相因子可以解释为纤维丛理论中的和乐群. 关于现代微分几何学和纤维丛理论的详细论述可参考有关专著.

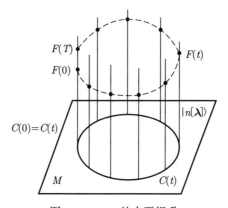

图 2.24　$C(t)$ 的水平提升

回到磁场中自旋 $1/2$ 粒子的例子中, 我们取 U_S 为坐标片, 则消除相位不确定性的基矢写为 (2.361) 和 (2.362) 式的形式. 这样就可以计算任意围道的贝里相位, 以围道顺时针围绕南极点的方向为正方向. 计算得到

$$\gamma_{\pm}^S = \pm\frac{1}{2}\left(\oint_C \cos\theta\,\mathrm{d}\varphi - \oint_C \mathrm{d}\varphi\right). \tag{2.380}$$

考虑包围北极点的围道的立体角

$$\Omega_C = -\oint_C \cos\theta\,\mathrm{d}\varphi + \oint_C \mathrm{d}\varphi, \tag{2.381}$$

可见贝里相位为

$$\gamma_{\pm}^S = \mp\frac{1}{2}\Omega_C. \tag{2.382}$$

同理对坐标片 U_N, 有

$$\gamma_{\pm}^N = \pm\frac{1}{2}\left(\oint_C \cos\theta\,\mathrm{d}\varphi + \oint_C \mathrm{d}\varphi\right) = \mp\frac{1}{2}\Omega_C. \tag{2.383}$$

结合 (2.242) 式的结果, 可见选取不同坐标的结果是自洽的.

习   题

1. 在海森堡表象下证明相干态的波包不随时间扩散, 即 $\dfrac{\mathrm{d}}{\mathrm{d}t}(\Delta x^2) = 0$.

2. 设系统的哈密顿量为 $\widehat{H} = \dfrac{\widehat{p}^2}{2m} + f\widehat{x}$, 在海森堡表象下求解运动方程, 并讨论 $\Delta x(t)$ 和 $\Delta p(t)$.

3. 讨论在双势阱 $V(x) = k(x^2 - a^2)^2$ 中运动的粒子在平衡点附近的量子涨落.

4. 讨论在没有外场时一个耗散系数下的高斯波包的扩散情况, 即在哈密顿量 $\widehat{H}_{\mathrm{eff}} = \dfrac{\widehat{p}^2}{2m}\mathrm{e}^{-\gamma t/m}$ 下波函数 $\psi(x) = \left(\dfrac{1}{2\pi a^2}\right)^{1/4} \exp\left[-\dfrac{(x - x_0)^2}{4a^2}\right]$ 随时间演化的情况.

5. 考虑一个哈密顿量为 $\widehat{H} = \dfrac{1}{2}\mu g\widehat{\boldsymbol{\sigma}} \cdot \boldsymbol{B}$ 的二能级系统在非匀速转动的外场 $\boldsymbol{B} = B_0\boldsymbol{e}_z + B_1[\boldsymbol{e}_x\cos\phi(t) + \boldsymbol{e}_y\sin\phi(t)]$ 下的含时演化问题.

6. 应用韦 – 诺曼定理, 求解 $\widehat{H} = B_x(t)\widehat{L}_x + B_y(t)\widehat{L}_y + B_z(t)\widehat{L}_z$ 的时间演化, 其中, $\widehat{L}_x$, $\widehat{L}_y$, $\widehat{L}_z$ 为角动量算子, 满足 $[\widehat{L}_x, \widehat{L}_y] = \mathrm{i}\hbar\widehat{L}_z$, $[\widehat{L}_y, \widehat{L}_z] = \mathrm{i}\hbar\widehat{L}_x$, $[\widehat{L}_z, \widehat{L}_x] = \mathrm{i}\hbar\widehat{L}_y$. 并由此证明, 旋转算子 $\widehat{R}_z^\dagger(\varphi)\widehat{L}_x\widehat{R}_z(\varphi) = \widehat{L}_x\cos\theta + \widehat{L}_y\sin\theta$.

7. 一维分子. 在一维空间有两个原子核, 位置分别为 x_A 和 x_B, $x_A - x_B = R$. 它们均带正电荷 e, 则它们间有排斥势 $V(R) = -C/R$, 对应于一个与距离平方成反比的斥力. 而中间有一个带负电的电子, 它与两个核之间具有吸引势 $V(x) = k(x_\alpha - x)^2, \alpha = A, B$. 试分析由电子诱导出的两个原子核之间的作用力.

第三章 多粒子系统与二次量子化

以上两章的讨论重点是单粒子系统. 由于自然界 (特别是在宏观世界) 中的研究对象是由大量粒子组成的, 量子力学原则上必须能够描述这样的宏观系统. 一般说来, 虽然组成宏观系统的每一个粒子服从量子力学的基本定律, 具有量子相干性, 但宏观系统本身未必能保持量子相干特征. 当然, 如果组成宏观系统的粒子是一样的, 它们有可能处在相同的量子态上, 量子力学的相干特性就会在宏观尺度上展现出来. 因此, 我们应当在单粒子的量子力学的基础上, 进一步研究两个以上多粒子的运动及其基本特征, 并回答以下基本问题:

(1) 选用什么样的表象描述多粒子系统的量子态是合适的?

(2) 如果粒子都是相同的, 多粒子系统的量子态怎样表达?

(3) 在什么情况下, 多粒子系统的量子相干特性会得到保持?

3.1 双粒子系统、约化密度矩阵及量子纠缠

考虑两个粒子的希尔伯特空间 $V = V_1 \otimes V_2$, 它是两个粒子各自希尔伯特空间 V_1 和 V_2 的直积. 设粒子 α $(\alpha = 1, 2)$ 的坐标为 x_α, 其完备基矢 $\{|\psi_1^{[\alpha]}\rangle, |\psi_2^{[\alpha]}\rangle, |\psi_3^{[\alpha]}\rangle, \cdots, |\psi_{d_\alpha}^{[\alpha]}\rangle\}$ 张成了 d_α 维希尔伯特空间 V_α. 现在我们需要证明 $\{|\psi_j^{[1]}, \psi_l^{[2]}\rangle \triangleq |\psi_j^{[1]}\rangle \otimes |\psi_l^{[2]}\rangle | j = 1, 2, \cdots, d_1, l = 1, 2, \cdots, d_2\}$ 构成了两粒子系统希尔伯特空间的基矢. 证明如下.

在双粒子坐标表象中, 双粒子波函数记为

$$\psi(x_1, x_2) = \langle x_1, x_2 | \psi \rangle. \tag{3.1}$$

固定 x_2, 把它视为 x_1 的函数 $\phi(x_1) = \psi(x_1, x_2)|_{x_2}$, 则 $\phi(x_1)$ 可按照 V_1 的基矢 $\{|\psi_j^{[1]}\rangle | j = 1, 2, \cdots, d_1\}$ 展开, 即 $\phi(x_1) \triangleq \langle x_1 | \phi \rangle$:

$$\phi(x_1) = \langle x_1, x | \psi \rangle|_{x=x_2} = \sum_j \langle x_1, x_2 | \langle \psi_j^{[1]} | \psi \rangle | \psi_j^{[1]} \rangle = \sum_j C_j(x_2) \psi_j^{[1]}(x_1), \tag{3.2}$$

其中 $C_j(x_2) \equiv \langle \psi_j^{[1]}, x_2 | \psi \rangle$ 是 x_2 的函数, 可进一步展开为

$$C_j(x_2) = \sum_l \langle \psi_j^{[1]}, x_2 | \langle \psi_l^{[2]} | \psi \rangle | \psi_l^{[2]} \rangle = \sum_l \langle \psi_j^{[1]}, \psi_l^{[2]} | \psi \rangle \psi_l^{[2]}(x_2). \tag{3.3}$$

也就是说,

$$\psi(x_1, x_2) = \sum_l \sum_j \langle \psi_j^{[1]}, \psi_l^{[2]} | \psi \rangle \psi_j^{[1]}(x_1) \psi_l^{[2]}(x_2), \tag{3.4}$$

从而有

$$|\psi\rangle = \sum_{j,l} \langle \psi_j^{[1]}, \psi_l^{[2]} | \psi \rangle |\psi_j^{[1]}\rangle \otimes |\psi_l^{[2]}\rangle, \tag{3.5}$$

即任意波函数 $|\psi\rangle$ 可以按照 $|\psi_{jl}\rangle \equiv |\psi_j\rangle \otimes |\psi_l\rangle$ 展开. 显然,

$$\langle \psi_{jl} | \psi_{j'l'} \rangle = \delta_{jj'} \delta_{ll'}, \quad \sum_{j,l} |\psi_{jl}\rangle \langle \psi_{jl}| = 1, \tag{3.6}$$

从而证明 $\{|\psi_{jl}\rangle\}$ 是完备的. 这意味着

$$|\psi\rangle = \sum_{j,l} C_{jl} |\psi_j^{[1]}\rangle \otimes |\psi_l^{[2]}\rangle. \tag{3.7}$$

对于无相互作用两粒子系统, 哈密顿量

$$\widehat{H} = \widehat{H}_1(x_1) + \widehat{H}_2(x_2) = \widehat{H}_1 \otimes \widehat{I}_2 + \widehat{I}_1 \otimes \widehat{H}_2, \tag{3.8}$$

则 $\widehat{H}_\alpha$ 的本征函数 $|\psi_n^{[\alpha]}\rangle$ 为

$$\widehat{H}_\alpha |\psi_n^{[\alpha]}\rangle = E_n(\alpha) |\psi_n^{[\alpha]}\rangle, \tag{3.9}$$

给出总系统的本征函数

$$|\psi_n^{[1]}\rangle \otimes |\psi_m^{[2]}\rangle \equiv |n, m\rangle, \tag{3.10}$$

对应本征值为

$$E_{nm} = E_n(1) + E_m(2). \tag{3.11}$$

对于有相互作用的两粒子系统, 相互作用为 $\widehat{V}(x_1, x_2)$, 则 $|m, n\rangle$ 不再是

$$\widehat{H} = \widehat{H}_1(x_1) + \widehat{H}_2(x_2) + \widehat{V}(x_1, x_2) \tag{3.12}$$

的本征函数, 但在基矢 $|m, n\rangle = |\beta\rangle, (\beta = 1, 2, \cdots, N = d_1 \times d_2)$ 上, $\widehat{H}$ 可以展开为

$$\widehat{H} = \begin{bmatrix} E_{11} & V_{12} & \cdots & V_{1N} \\ V_{21} & E_{22} & \cdots & \cdots \\ \cdots & \cdots & \cdots & \cdots \\ V_{N1} & \cdots & \cdots & E_{NN} \end{bmatrix}, \tag{3.13}$$

其中指标缩写为 $\beta = (m, n)$, 而对角元由单粒子能级决定:

$$E_{mn} = E_m(1) + E_n(2), \tag{3.14}$$

相互作用贡献了非零的对角元.

以上的讨论, 给出了双粒子系统的纯态波函数描述

$$|\psi\rangle = |\psi(1, 2)\rangle = \sum_{j,l} C_{jl}|j(1)\rangle \otimes |l(2)\rangle, \tag{3.15}$$

其中 $|j(\alpha)\rangle = |\psi_j^{[\alpha]}\rangle (\alpha = 1, 2)$ 是 $V^{[\alpha]}$ 的基矢. 对于这样一个复合系统, 我们也可以采用密度矩阵表示:

$$\hat{\rho} = |\psi\rangle\langle\psi| = \sum_{j,l,j',l'} C_{jl}C_{j'l'}^*|j(1), l(2)\rangle\langle j'(1), l'(2)|, \tag{3.16}$$

其中我们已采用了记号 $|a, b\rangle = |a\rangle \otimes |b\rangle$.

现在我们计算 $V^{[1]}$ 上力学量 $\hat{A}$ 在 $|\psi\rangle$ 上的期望值. $\hat{A}$ 对 $|\psi\rangle$ 的作用相当于 $\tilde{A} = \hat{A} \otimes \hat{I}$, 因而期望值

$$\overline{A} = \mathrm{Tr}(\hat{\rho}\tilde{A}) = \sum_{j,l,j',l'} C_{jl}C_{j'l'}^*\langle j(1)|\hat{A}|j'(1)\rangle\langle l(2)|l'(2)\rangle$$

$$= \sum_{j,l,j',l'} C_{jl}C_{j'l}^*\langle j(1)|\hat{A}|j'(1)\rangle = \mathrm{Tr}_1\left(\hat{A} \sum_{j,l,j',l'} C_{jl}C_{j'l}^*|j(1)\rangle\langle j'(1)|\right)$$

$$= \mathrm{Tr}_1(\hat{\rho}_1\hat{A}), \tag{3.17}$$

其中

$$\hat{\rho}_1 = \mathrm{Tr}_2(|\psi\rangle\langle\psi|) = \sum_l \langle l(2)|\psi\rangle\langle\psi|l(2)\rangle \tag{3.18}$$

称为子系统 1 的约化密度矩阵, 它描述了在取平均或期望值的过程中, 对子系统 2 的 "忽略", 但这种 "忽略" 也计入了系统 2 对系统 1 的影响. 如果双系统的状态是可分离的, 其波函数可因子化为

$$|\psi\rangle = |\phi_1\rangle \otimes |\phi_2\rangle, \tag{3.19}$$

相应的约化密度矩阵是

$$\hat{\rho}_1 = \mathrm{Tr}_2(|\psi\rangle\langle\psi|) = |\phi_1\rangle\langle\phi_1|,$$
$$\hat{\rho}_2 = \mathrm{Tr}_1(|\psi\rangle\langle\psi|) = |\phi_2\rangle\langle\phi_2|. \tag{3.20}$$

在这种情况下, 对局部力学量 $\widetilde{A}_1 = \widehat{A} \otimes \widehat{I}_2$ 和 $\widetilde{B}_2 = \widehat{I}_1 \otimes \widehat{B}$ 取平均或做测量相关的操作, 对两个子系统所得的结果之间互不影响. 事实上, 在一般情况下复合系统状态是不可分离的, 其量子态不能写成因子化形式, 即

$$|\psi\rangle \neq |\phi_1\rangle \otimes |\varphi_2\rangle, \quad \forall |\phi_1\rangle \in V^{[1]}, |\varphi_2\rangle \in V^{[2]}, \tag{3.21}$$

这时我们称量子态 $|\psi\rangle$ 是纠缠的 (entanglement).

典型的量子纠缠态是自旋系统的贝尔态之一:

$$\begin{aligned}
|B\rangle &= \frac{1}{\sqrt{2}}(|\uparrow\rangle \otimes |\downarrow\rangle - |\downarrow\rangle \otimes |\uparrow\rangle) \\
&= \frac{1}{\sqrt{2}}(|\uparrow(1), \downarrow(2)\rangle - |\downarrow(1), \uparrow(2)\rangle),
\end{aligned} \tag{3.22}$$

其中 $|\uparrow(\alpha)\rangle$ 和 $|\downarrow(\alpha)\rangle (\alpha = 1, 2)$ 分别代表第 α 个粒子自旋向上和自旋向下的态. 在这样的量子纠缠态上, 一旦知道自旋 1 处于向上的态 $|\uparrow\rangle$ 上, 就可以推断自旋 2 处在 $|\downarrow\rangle$ 态上, 而不管这两个粒子分开有多远. 然而这并不意味着信号传送可以超光速. 因为在另外的单粒子基矢

$$|\pm\rangle = \frac{1}{\sqrt{2}}(|\uparrow\rangle \pm |\downarrow\rangle), \tag{3.23}$$

乃至任意转角的旋转态

$$|\pm\theta\rangle = \frac{1}{\sqrt{2}}\left(\cos\frac{\theta}{2}|\uparrow\rangle \pm \sin\frac{\theta}{2}|\downarrow\rangle\right) \tag{3.24}$$

上, $|B\rangle$ 可以重新表达为

$$\begin{aligned}
|B\rangle &= \frac{1}{\sqrt{2}}(|+, -\rangle - |-, +\rangle) \\
&= \frac{1}{\sqrt{2}}(|+\theta, -\theta\rangle - |-\theta, +\theta\rangle).
\end{aligned} \tag{3.25}$$

如果事先不指定基矢指向, 就不知道两个自旋是沿什么方向的纠缠, 即 $\{|\uparrow\rangle, |\downarrow\rangle\}$ 还是 $\{|+\rangle, |-\rangle\}$, 谈论信号传播是否超光速是没有意义的.

关于量子纠缠态的讨论, 我们应注意以下几点:

(1) 关于约化密度矩阵的定义不一定是从纯态出发, 对一般的 N 体系统约化密度矩阵 $\widehat{\rho} = \widehat{\rho}(1, 2, \cdots, N)$, 我们可以定义 $N-1$ 体、$N-2$ 体、$\cdots$、2 体、1 体约化密度矩阵. 例如, $N-1$ 体约化密度矩阵

$$\widehat{\rho}(N-1) = \mathrm{Tr}_N \widehat{\rho} = \sum_j \langle j(N)|\widehat{\rho}|j(N)\rangle \tag{3.26}$$

定义为对第 N 个粒子 "平均" —— 求迹. 而二体约化密度矩阵

$$\widehat{\rho}_2 = \mathrm{Tr}_{N,N-1,\cdots,3}\widehat{\rho}$$
$$= \sum_{j,l,\cdots,s} \langle j(N), l(N-1)\cdots s(3)|\widehat{\rho}|j(N), l(N-1)\cdots s(3)\rangle \tag{3.27}$$

是 "平均掉" 第 $3,4,5,\cdots,N$ 号粒子自由度. 而单体约化密度矩阵

$$\widehat{\rho}_1 = \mathrm{Tr}_{N,N-1,\cdots,3,2}\widehat{\rho}$$
$$= \sum_{j,l,\cdots,s,m} \langle j(N), l(N-1)\cdots s(3), m(2)|\widehat{\rho}|j(N), l(N-1)\cdots s(3), m(2)\rangle, \tag{3.28}$$

除了第 1 号粒子坐标, "平均掉" 其他所有粒子的自由度.

(2) 通常量子纠缠态 (3.15) 可以根据施密特 (Schmidt) 分解写成一般的标准型:

$$|\psi\rangle = \sum_m \lambda_m |m(1)\rangle \otimes |m(2)\rangle \equiv \sum_m \lambda_m |m(1), m(2)\rangle, \tag{3.29}$$

其中 λ_m 称为施密特特征值. 也就是说, 选择了适当的单粒子态, 双粒子态可以进行单指标展开, 展开系数是 λ_m, 决定了纠缠的特性. 下面给出证明.

令

$$|j(1)\rangle = \sum_{j'} u_{j,j'}|\phi_{j'}\rangle,$$
$$|l(2)\rangle = \sum_{l'} v_{l,l'}|x_{l'}\rangle, \tag{3.30}$$

代入双粒子态的一般展开式 $|\psi\rangle = \sum_{j,l} C_{j,l}|j(1), l(2)\rangle$, 我们得到

$$|\psi\rangle = \sum_{j,l,j',l'} C_{j,l} u_{j,j'} v_{l,l'}|\phi_{j'}, x_{l'}\rangle = \sum_{j',l'}(uCv)_{j'l'}|\phi_{j'}, x_{l'}\rangle. \tag{3.31}$$

进一步通过相似变换对角化原来的系数矩阵 $C = (C_{ij})$,

$$(uCv)_{j'l'} = \lambda_{j'}\delta_{j'l'}, \tag{3.32}$$

则我们得到标准式

$$|\psi\rangle = \sum_j \lambda_j |\phi_j, x_j\rangle. \tag{3.33}$$

方程 (3.32) 意味着由矩阵 $C = (C_{ij})$ 的奇异分解给出 $C = u^{-1}dv^{-1}$, 其中 d 是以 λ 为元素的对角矩阵, $u = (u_{ij}), v = (v_{ij})$. 其实, 施密特分解给出我们关于量子态是否有纠缠的数学判据: 系数矩阵 $C = (C_{ij})$ 至少有两个非零特征值.

3.2　全同粒子系统

在现实世界中, 一个物理系统通常包含许多同类型的粒子, 例如千百万个电子. 通常我们用一组完备的力学量的本征值描述其中每一个粒子状态. 如果这些粒子的完全完备力学量集的取值 (量子数) 完全一样, 则它们彼此之间是完全不可区分的, 这是因为我们不可能在完备集之外再用额外的力学量对应的指标来区分两个全同的粒子, 这与经典物理不同. 对于每个经典粒子, 能够用更多的附加量来表征、区分粒子. 其实, 通过经典粒子坐标和动量表征, 我们不仅可以追踪每一个粒子的轨迹, 而且还可以把它们 "涂上颜色" 加以进一步区分. 在经典世界, 没有不可对易性相关的不确定关系限制, 因而全同性是不存在的. 然而, 在微观世界, 动量和坐标不可对易, 我们无法用坐标加动量以及超越完备性 "涂色" 的方式跟踪标记每一个粒子.

为了描述微观世界特有的粒子的全同性, 我们要求交换全同粒子系统中任何两个粒子, 不会在量子力学观测的层面上导致可观测效应, 如量子跃迁和量子干涉条纹改变. 如果形式上用 r_1 描述第一个粒子, r_2 描述第二个粒子, r_n 描述第 n 个粒子, 则系统的哈密顿量

$$\widehat{H} = \widehat{H}(r_1, r_2, \cdots, r_i, \cdots, r_j, \cdots, r_N) \tag{3.34}$$

在 r_i 换成 r_j 时应当是不变的:

$$\widehat{H}(\cdots, r_i, \cdots, r_j, \cdots) = \widehat{H}(\cdots, r_j, \cdots, r_i, \cdots), \tag{3.35}$$

即 $\widehat{H}$ 是关于粒子坐标的对称函数. 另一方面, 我们要求跃迁概率和干涉条纹不变, 相当于要求波函数的模方不变:

$$|\psi(r_1, r_2, \cdots, r_i, \cdots, r_j, \cdots, r_N)|^2 = |\psi(r_1, r_2, \cdots, r_j, \cdots, r_i, \cdots, r_N)|^2. \tag{3.36}$$

以上两条要求是研究全同粒子系统的基本出发点.

用 $\psi = \psi(r_1, r_2, \cdots, r_N)$ 表示 N 粒子系统的波函数, 其中 r_j 代表第 j ($j = 1, \cdots, N$) 个粒子的坐标. N 粒子系统的哈密顿量由单粒子哈密顿量 $\widehat{H}_j(r_j)$ 和粒子间相互作用 $\widehat{W}_{ij}$ 构成:

$$\widehat{H}(r_1, r_2, \cdots, r_N) = \sum_{j=1}^{N} \widehat{H}_j(r_j) + \frac{1}{2} \sum_{i \neq j} \widehat{W}_{ij}(r_i, r_j), \tag{3.37}$$

其中 $\widehat{W}_{ij}(r_i, r_j)$ 代表第 i 个粒子与第 j 个粒子的相互作用. 用 $|u_1(j)\rangle, |u_2(j)\rangle, \cdots, |u_d(j)\rangle$ 代表第 j 个粒子在 d 维空间上的完备基矢, 则 N 粒子系统的完备基矢是

$$|u_{j_1}, \cdots, u_{j_N}\rangle = |u_{j_1}(1)\rangle \otimes |u_{j_2}(2)\rangle \otimes \cdots \otimes |u_{j_N}(N)\rangle, \tag{3.38}$$

其中 $j_1, j_2, \cdots, j_N \in \{1, 2, \cdots, d\}$. 交换粒子坐标 $\boldsymbol{r}_i \leftrightarrow \boldsymbol{r}_j$, 相当于交换 $i \leftrightarrow j$, 可得到另一个基矢. 定义交换算子 P_{ij}:

$$P_{ij}|\cdots, u_i(i), \cdots, u_j(j)\rangle = |\cdots, u_i(j), \cdots, u_j(i), \cdots\rangle. \tag{3.39}$$

记一般的置换 (排列) 算子

$$P = \begin{pmatrix} 1 & 2 & \cdots & N \\ r & s & \cdots & t \end{pmatrix}. \tag{3.40}$$

它对多体波函数的作用有以下效果:

$$P|u_1(1), u_2(2), \cdots, u_N(N)\rangle \equiv |u_1(r), u_2(s), \cdots, u_N(t)\rangle. \tag{3.41}$$

以下亦记 $(P(1) = r, P(2) = s, \cdots, P(N) = t)$, 它们是 $(1, 2, \cdots, N)$ 的重排列.

对 N 粒子系统, 总共有 $N!$ 个置换算子, 其中有 $\mathrm{C}_N^2 = N(N-1)/2$ 个交换算子. 置换的全体记为 S_N, 它构成所谓的置换群. 根据有限群理论, 任何一个置换都可以分解为若干 (m) 个交换

$$P_{ij} = \begin{pmatrix} 1 & \cdots & i & \cdots & j & \cdots & N \\ 1 & \cdots & j & \cdots & i & \cdots & N \end{pmatrix} \tag{3.42}$$

的乘积, $m = $ 奇数/偶数, 分别称为奇/偶置换. 可以证明, 交换算子的本征值为 ± 1. 事实上, 设其本征值为 λ,

$$P_{ij}|\psi\rangle = \lambda|\psi\rangle. \tag{3.43}$$

由于 $P_{ij}^2 = 1$ (证明之), 则 $(P_{ij})^2|\psi\rangle = \lambda^2|\psi\rangle$, 即 $\lambda = \pm 1$. 如果上式对任意交换均成立, 则 $\lambda = +1$ 时称 $|\psi\rangle = |\psi_{\mathrm{S}}\rangle$ 为对称波函数, $\lambda = -1$ 时称 $|\psi\rangle = |\psi_{\mathrm{A}}\rangle$ 为反对称波函数.

在量子力学中, 对称波函数描述的是自旋为整数的玻色子, 反对称波函数描述的是自旋为半整数的费米子. 一般来说, 根据群重排定理, 对任意 $P' \in S_N$, 如果 P 跑遍 S_N, 那么 $P'P$ 也跑遍 S_N, 于是有

$$P'|\psi_{\mathrm{S}}\rangle \propto P' \sum_{P \in S_N} P|u_1(1), u_2(2), \cdots, u_N(N)\rangle \propto |\psi_{\mathrm{S}}\rangle, \tag{3.44}$$

因此 $|\psi_{\mathrm{S}}\rangle$ 是对称波函数. 需要指出的是, 如果把全同粒子的运动严格限制在二维平面上, 波函数中坐标变换可能还会出现任意的相因子: $\psi(\boldsymbol{r}_1, \boldsymbol{r}_2) = \exp(\mathrm{i}\theta)\psi(\boldsymbol{r}_2, \boldsymbol{r}_1), 0 \leqslant \theta \leqslant \pi$, 这种粒子称为任意子 (anyon).

对于费米子而言, 波函数可以写为斯莱特 (Slater) 行列式:

$$|\psi_A\rangle = \begin{vmatrix} u_1(1) & u_2(1) & \cdots & u_N(1) \\ u_1(2) & u_2(2) & \cdots & u_N(2) \\ \cdots & \cdots & \cdots & \cdots \\ u_1(N) & u_2(N) & \dots & u_N(N) \end{vmatrix}. \tag{3.45}$$

具体计算可得

$$P_{ij} \begin{vmatrix} \cdots & \cdots & \cdots & \cdots \\ u_1(i) & u_2(i) & \cdots & u_N(i) \\ \cdots & \cdots & \cdots & \cdots \\ u_1(j) & u_2(j) & \cdots & u_N(j) \\ \cdots & \cdots & \cdots & \cdots \end{vmatrix} = \begin{vmatrix} \cdots & \cdots & \cdots & \cdots \\ u_1(j) & u_2(j) & \cdots & u_N(j) \\ \cdots & \cdots & \cdots & \cdots \\ u_1(i) & u_2(i) & \cdots & u_N(i) \\ \cdots & \cdots & \cdots & \cdots \end{vmatrix}$$

$$= - \begin{vmatrix} \cdots & \cdots & \cdots & \cdots \\ u_1(i) & u_2(i) & \cdots & u_N(i) \\ \cdots & \cdots & \cdots & \cdots \\ u_1(j) & u_2(j) & \cdots & u_N(j) \\ \cdots & \cdots & \cdots & \cdots \end{vmatrix}. \tag{3.46}$$

行 (列) 互换一次产生一个负号, 也就是说,

$$P_{ij}|\psi_A\rangle = -|\psi_A\rangle. \tag{3.47}$$

对于更一般的置换 P, 我们有

$$P|\psi_A\rangle = (-1)^{\delta_P}|\psi_A\rangle, \quad \delta_P = \begin{cases} 0, & P \text{ 由偶数个 } P_{ij} \text{ 构成,} \\ 1, & P \text{ 由奇数个 } P_{ij} \text{ 构成.} \end{cases} \tag{3.48}$$

以下先具体讨论双粒子情况. 两粒子系统由两个动量分别为 $\boldsymbol{k}$ 和 $\boldsymbol{q}$ 的粒子组成, 单粒子波函数分别为 $\psi_1(\boldsymbol{r}_1) = \exp(\mathrm{i}\boldsymbol{k}\cdot\boldsymbol{r}_1)/\sqrt{2\pi}$ 和 $\psi_2(\boldsymbol{r}_2) = \exp(\mathrm{i}\boldsymbol{q}\cdot\boldsymbol{r}_2)/\sqrt{2\pi}$, 则整个系统为

$$\psi(\boldsymbol{r}_1, \boldsymbol{r}_2) \equiv \psi_1(\boldsymbol{r}_1)\psi_2(\boldsymbol{r}_2) = \frac{1}{2\pi}\mathrm{e}^{\mathrm{i}\boldsymbol{k}\cdot\boldsymbol{r}_1 + \mathrm{i}\boldsymbol{q}\cdot\boldsymbol{r}_2}. \tag{3.49}$$

若它们质量相同, 则 $\boldsymbol{r} = \boldsymbol{r}_1 - \boldsymbol{r}_2$ 和 $\boldsymbol{R} = (\boldsymbol{r}_1 + \boldsymbol{r}_2)/2$ 分别代表相对坐标和质心坐标. 上述两粒子波函数可重新写为

$$\psi(\boldsymbol{r}_1, \boldsymbol{r}_2) \Rightarrow \psi(\boldsymbol{R}, \boldsymbol{r}) = \frac{1}{2\pi}\mathrm{e}^{\mathrm{i}\boldsymbol{K}\cdot\boldsymbol{R}}\mathrm{e}^{\mathrm{i}\boldsymbol{p}\cdot\boldsymbol{r}}, \tag{3.50}$$

其中 $\boldsymbol{K} = \boldsymbol{k} + \boldsymbol{q}$ 是两粒子系统的总动量, $\boldsymbol{p} = (\boldsymbol{k} - \boldsymbol{q})/2$ 代表相对动量.

对于交换反对称情况, 二费米子系统的反对称波函数是

$$\psi^{\mathrm{A}}(\boldsymbol{r}_1, \boldsymbol{r}_2) = \frac{1}{\sqrt{2}} \begin{vmatrix} \psi_1(\boldsymbol{r}_1) & \psi_1(\boldsymbol{r}_2) \\ \psi_2(\boldsymbol{r}_1) & \psi_2(\boldsymbol{r}_2) \end{vmatrix}$$

$$= \frac{1}{\sqrt{2}}[\psi_1(\boldsymbol{r}_1)\psi_2(\boldsymbol{r}_2) - \psi_1(\boldsymbol{r}_2)\psi_2(\boldsymbol{r}_1)]$$

$$= \frac{1}{2\pi}\mathrm{e}^{\mathrm{i}\boldsymbol{K}\cdot\boldsymbol{R}}\frac{1}{\sqrt{2}}(\mathrm{e}^{\mathrm{i}\boldsymbol{p}\cdot\boldsymbol{r}} - \mathrm{e}^{-\mathrm{i}\boldsymbol{p}\cdot\boldsymbol{r}}) = \frac{\mathrm{i}}{\sqrt{2\pi}}\mathrm{e}^{\mathrm{i}\boldsymbol{K}\cdot\boldsymbol{R}}\sin\boldsymbol{p}\cdot\boldsymbol{r}. \tag{3.51}$$

因此, 相对运动波函数 $\psi_{\mathrm{p}}^{\mathrm{A}}(\boldsymbol{r}) \propto \sin(\boldsymbol{p}\cdot\boldsymbol{r})$, 意味着两个粒子不易靠近或待在同一个空间点上, 也就是说, 在 $\boldsymbol{r} = 0$ 时, 概率为 0.

对于交换对称情况, 二玻色子系统的对称波函数是

$$\psi^{\mathrm{S}}(\boldsymbol{r}_1, \boldsymbol{r}_2) = \frac{1}{\sqrt{2}}[\psi(\boldsymbol{r}_1, \boldsymbol{r}_2) + \psi(\boldsymbol{r}_2, \boldsymbol{r}_1)] = \frac{1}{\sqrt{2\pi}}\mathrm{e}^{\mathrm{i}\boldsymbol{K}\cdot\boldsymbol{R}}\cos\boldsymbol{p}\cdot\boldsymbol{r}, \tag{3.52}$$

相对运动波函数 $\psi_{\boldsymbol{p}}^{\mathrm{S}}(\boldsymbol{r}) \propto \cos(\boldsymbol{p}\cdot\boldsymbol{r})$ 意味着两个粒子倾向于靠近. 这是因为 $\boldsymbol{r} = 0$ 时, 相对概率幅取最大值.

关于上述全同粒子的性质可以概括为量子力学中一条新的基本原理.

全同性原理   描述全同粒子系统的量子波函数态只能是对称态或反对称态, 前者称为玻色子, 后者称为费米子, 它们分别对应于自旋为整数和半整数的基本粒子.

自旋与统计的关系见表 3.1.

表 3.1   自旋与统计的关系

	玻色子	费米子
自旋	整数	半整数
波函数态	全对称态	全反对称态

我们注意到全同粒子的哈密顿量

$$\widehat{H}(1, 2, \cdots, N) = \sum_{j=1}^{N} \widehat{H}(j) + \frac{1}{2}\sum_{i \neq j} \widehat{V}(i, j) \tag{3.53}$$

具有交换不变性, 由于

$$\dot{P}_{kl} = \frac{1}{\mathrm{i}\hbar}[P_{kl}, \widehat{H}(1, 2, \cdots, N)] = 0 \quad (\text{对任何 } k, l), \tag{3.54}$$

即 $P_{kl}(t) = P_{kl}(0)$, 粒子的全同性 (玻色子或费米子) 不会随时间改变, 是微观粒子的基本属性. 事实上, 可以证明: 如果 $t = 0$ 时刻系统具有交换对称性, 即 $P_{kl}^{\dagger}(0)\widehat{H}(0)P_{kl}(0) = \widehat{H}(0)$, 则有

$$P_{kl}^{\dagger}(t)\widehat{H}(t)P_{kl}(t) = U^{\dagger}(t)P_{kl}^{\dagger}(0)\widehat{H}(0)P_{kl}(0)U(t)$$

$$= U^{\dagger}(t)\widehat{H}(0)U(t) = \widehat{H}(t). \tag{3.55}$$

全同性原理是量子力学一个新的公理假设, 不能从其他原理推出. 然而, 1942 年, 泡利基于场量子化的观点发现, 为了在量子场论中不出现负概率, 必须限定整数自旋粒子是玻色子, 而半整数自旋粒子是费米子. 这个发现揭示了自旋 – 统计关系和微观系统的稳定性的内在联系.

3.3   量子态的二次量子化

用二次量子化方法处理全同粒子系统本质上是采取了一种表象变换: 将单粒子波函数构成的多粒子直积态, 变换成由产生算子和湮灭算子生成的粒子数表象 —— 福克态表象. 同时, 我们还需要把多粒子力学量和哈密顿量用相应的产生、湮灭算子表达出来.

3.3.1   玻色子态的二次量子化表示

我们首先讨论玻色子对称化态的二次量子化表示. 考虑到同一个态中可以出现多个粒子:

$$
\begin{aligned}
|\psi\rangle &= \frac{1}{n_1!n_2!\cdots n_d!}\sqrt{\frac{n_1!n_2!\cdots n_d!}{N!}}\sum_{P\in S_N}P|u_1(1)\cdots u_1(n_1);u_2(n_1+1),\cdots\rangle \\
&= \sqrt{\frac{1}{N!(n_1!n_2!\cdots n_d!)}} \\
&\quad \times \sum_{P\in S_N}P|\underbrace{u_1(1),u_1(2),\cdots,u_1(n_1);}_{n_1\ \text{个}}\times\underbrace{u_2(n_1+1),\cdots,u_2(n_1+n_2);}_{n_2\ \text{个}}\cdots\rangle, \quad (3.56)
\end{aligned}
$$

其中 n_1 个粒子出现在 u_1 态中 $\cdots\cdots n_j$ 个粒子出现在 u_j 态中 $\cdots\cdots$ 且 $n_1 + n_2 + \cdots + n_d = N$. 归一化系数中 $N!/n_1!n_2!\cdots n_d! = M$ 表示独立态的个数, 而上式等号后第一项与求和中置换引起的独立态重复的次数有关 (见下面的例子). 其中出现 $n_\alpha!$ 意味着交换同处于第 α 态 (有 n_α 个粒子) 中的粒子, 量子态不变从而出现了重复的项. 我们定义福克态

$$
|\psi\rangle = |n_1,n_2,\cdots\rangle. \quad (3.57)
$$

其归一化系数是

$$
\aleph(N,n_j) = \sqrt{\frac{1}{N!(n_1!n_2!\cdots n_d!)}}. \quad (3.58)
$$

注意在有关教科书中, (3.56) 式中的求和不是对所有 S_n 中的群元 p, 而只是对 S_N 中能产生 M 个独立态的子集 S', 故只有第一个等号前的第二个 "归一化" 因子 $1/\sqrt{M}$.

作为一个例子, 我们考察一个三粒子的系统. $|\psi\rangle = |n_1 = 2, n_2 = 1\rangle$ 代表了以下的对称化态:

$$
\begin{aligned}
|\psi\rangle &= \sqrt{\frac{1}{3!(2! \times 1!)}} \sum_{p \in S_3} p[u_1(1)u_1(2)u_2(3)] \\
&= \frac{1}{2}\sqrt{\frac{1}{3}}[u_1(1)u_1(2)u_2(3) + u_1(1)u_1(3)u_2(2) + u_1(2)u_1(1)u_2(3) \\
&\quad + u_1(2)u_1(3)u_2(1) + u_1(3)u_1(1)u_2(2) + u_1(3)u_1(2)u_2(1)] \\
&= \frac{1}{\sqrt{3}}[u_1(1)u_1(2)u_2(3) + u_1(1)u_1(3)u_2(2) + u_1(2)u_1(3)u_2(1)],
\end{aligned} \tag{3.59}
$$

其中置换群 S_3 中有 6 个元素:

$$
\begin{aligned}
&\text{单位元 } I = \begin{pmatrix} 1 & 2 & 3 \\ 1 & 2 & 3 \end{pmatrix}, \quad p_{12} = \begin{pmatrix} 1 & 2 & 3 \\ 2 & 1 & 3 \end{pmatrix}, \quad p_{23} = \begin{pmatrix} 1 & 2 & 3 \\ 1 & 3 & 2 \end{pmatrix}, \\
&p_{31} = \begin{pmatrix} 1 & 2 & 3 \\ 3 & 2 & 1 \end{pmatrix}, \quad p_{123} = \begin{pmatrix} 1 & 2 & 3 \\ 2 & 3 & 1 \end{pmatrix}, \quad p_{132} = \begin{pmatrix} 1 & 2 & 3 \\ 3 & 1 & 2 \end{pmatrix}.
\end{aligned} \tag{3.60}
$$

(3.60) 式第二个等号后由置换群 S_3 产生的三粒子态重复了两次, 而第三个等号后代表对不引起重复的置换求和. 需要说明的是, 上面的置换可分解为对换的积:

$$
p_{123} = \begin{pmatrix} 1 & 2 & 3 \\ 2 & 3 & 1 \end{pmatrix} = \begin{pmatrix} 1 & 2 & 3 \\ 2 & 1 & 3 \end{pmatrix}\begin{pmatrix} 1 & 2 & 3 \\ 1 & 3 & 2 \end{pmatrix} = p_{12}p_{23}, \tag{3.61}
$$

$$
p_{132} = \begin{pmatrix} 1 & 2 & 3 \\ 3 & 1 & 2 \end{pmatrix} = \begin{pmatrix} 1 & 2 & 3 \\ 3 & 2 & 1 \end{pmatrix}\begin{pmatrix} 1 & 2 & 3 \\ 1 & 3 & 2 \end{pmatrix} = p_{13}p_{32}, \tag{3.62}
$$

即每一个置换都可以分解成三个对换 p_{12}, p_{23} 和 p_{31} 的乘积. 一般地说, 一个置换由偶 (奇) 数个对换乘积构成, 称为偶 (奇) 置换.

设 $\{|u_j\rangle | j \in I \text{ (指标集)}\}$ 是玻色子单粒子态空间的基矢, 则

$$
|u_{j_1}(1), u_{j_2}(2), \cdots, u_{j_n}(n), \cdots, u_{j_N}(N)\rangle = \overbrace{|u_{j1}(1)\rangle \otimes |u_{j2}(2)\rangle \otimes \cdots \otimes |u_{jN}(N)\rangle}^{N}, \tag{3.63}
$$

张成了 N 粒子态空间 $V^{(N)}$, 整个玻色子的态空间是一个阶化空间 (granded space) —— 粒子数不固定时的巨希尔伯特空间:

$$
V = V^{(0)} \oplus V^{(1)} \oplus \cdots \equiv \sum_{N=0}^{\infty} \oplus V^{(N)}. \tag{3.64}
$$

只有在 V 上才可以定义产生算子

$$
\hat{a}_j^\dagger = \sum_{N=0}^{\infty} \widetilde{\oplus} \hat{a}_j^\dagger(N+1) \in \text{End}(V), \tag{3.65}
$$

和湮灭算子

$$\widehat{a}_j = \sum_{N=0}^{\infty} \widetilde{\oplus} \widehat{a}_j(N) \in \text{End}(V), \tag{3.66}$$

这里 $\text{End}(V)$ 代表巨空间 V 上的线性变换. 其巨空间上的 $N+1$ 粒子产生算子定义为

$$\widehat{\widetilde{a}}_j^\dagger(N+1) = \overbrace{0 \oplus 0 \oplus \cdots \oplus 0}^{N-1} \oplus \widehat{a}_j^\dagger(N+1) \oplus \overset{\text{第 } N+2 \text{ 个}}{0} \oplus \cdots \oplus 0$$

$$= \begin{bmatrix} 0 & 0 & \cdots & & & & \\ 0 & 0 & \cdots & & & & \\ \vdots & \vdots & & & & & \\ & & & 0 & 0 & 0 & \cdots \\ & & & 0 & 0 & \widehat{a}_j^\dagger(N+1) & \cdots \\ & & & 0 & 0 & 0 & \cdots \\ & & & \vdots & \vdots & \vdots & \end{bmatrix} \begin{matrix} V^{(0)} \\ V^{(1)} \\ \vdots \\ V^{(N-1)} \\ V^{(N)} \\ V^{(N+1)} \\ \vdots \end{matrix},$$

$$\quad\quad V^{(0)} \quad V^{(1)} \quad \cdots \quad V^{(N-1)} \quad V^{(N)} \quad V^{(N+1)} \quad \cdots$$

$$\tag{3.67}$$

而巨空间上的 N 粒子湮灭算子为

$$\widehat{\widetilde{a}}_j(N) = \overbrace{0 \oplus 0 \oplus \cdots \oplus 0}^{N-2} \oplus \widehat{a}_j(N) \oplus \overset{\text{第 } N+1 \text{ 个}}{0} \oplus \cdots \oplus 0$$

$$= \begin{bmatrix} 0 & 0 & \cdots & & & & \\ 0 & 0 & \cdots & & & & \\ \vdots & \vdots & & & & & \\ & & & 0 & 0 & 0 & \cdots \\ & & & \widehat{a}_j(N) & 0 & 0 & \cdots \\ & & & 0 & 0 & 0 & \cdots \\ & & & \vdots & \vdots & \vdots & \end{bmatrix} \begin{matrix} V^{(0)} \\ V^{(1)} \\ \vdots \\ V^{(N-1)} \\ V^{(N)} \\ V^{(N+1)} \\ \vdots \end{matrix}. \tag{3.68}$$

$$\quad\quad V^{(0)} \quad V^{(1)} \quad \cdots \quad V^{(N-1)} \quad V^{(N)} \quad V^{(N+1)} \quad \cdots$$

从而可以把产生、湮灭算子显式地表达为

$$\widehat{a}_j^\dagger(N+1) = \frac{1}{\sqrt{N+1}} \sum_{l=1}^{N+1} |u_j(l)\rangle p_{N+1,l}, \tag{3.69}$$

$$\widehat{a}_j(N) = \frac{1}{\sqrt{N}} \langle u_j(N)| \sum_{l=1}^{N} p_{N,l} = \frac{1}{\sqrt{N}} \sum_{l=1}^{N} p_{N,l} \langle u_j(l)|. \tag{3.70}$$

$\hat{a}_j^\dagger$ 和 $\hat{a}_j$ 分别把 N 粒子态映射为 $N \pm 1$ 粒子态, 即

$$\hat{a}_j^\dagger(N+1) : V^{(N)} \to V^{(N+1)}, \tag{3.71}$$

$$\hat{a}_j(N) : V^{(N)} \to V^{(N-1)}. \tag{3.72}$$

二次量子化方法关键是将态矢量 $|u\rangle$ 作为巨希尔伯特空间上的算子:

$$|u\rangle \to A_u^\dagger : A_u^\dagger|\varphi\rangle = |\phi\rangle \otimes |u\rangle, \tag{3.73}$$

$$\langle u| \to A_u : A_u|\phi\rangle = \langle u|\phi\rangle. \tag{3.74}$$

若

$$|\phi\rangle = |u_1\rangle \otimes \cdots \otimes |u_N\rangle \in V^N, \tag{3.75}$$

那么

$$A_u^\dagger|\phi\rangle = |u_1\rangle \otimes \cdots \otimes |u_N\rangle \otimes |u\rangle \in V^{N+1}. \tag{3.76}$$

若 $|u\rangle$ 可以写成 $|u\rangle = I \otimes \cdots \otimes I \otimes |u_k\rangle \otimes I \otimes \cdots \otimes I$, 那么

$$A_u|\phi\rangle = |u_1\rangle \otimes \cdots \otimes \langle u|u_k\rangle \otimes \cdots \otimes |u_N\rangle \in V^{N-1}. \tag{3.77}$$

如前所述, 玻色子的巨希尔伯特空间的基矢可以显式地表达为福克态

$$|\cdots, n_j, \cdots\rangle \equiv |n_1, n_2, \cdots, n_j, \cdots\rangle (n_1 + n_2 + \cdots n_d = N)$$
$$= \aleph(N, n_j) \sum_{p\in S_N} p| \overbrace{u_1(1), \cdots, u_1(n_1)}^{n_1}; \overbrace{u_2(n_1+1), \cdots, u_2(n_1+n_2)}^{n_2}, \cdots,$$
$$\overbrace{u_j(\cdots+1), u_j(\cdots+2), \cdots, u_j(\cdots+n_j), \cdots}^{n_j}\rangle$$
$$= \aleph(N, n_j) \sum_{p\in S_N} p|\cdots, \overbrace{u_j(\cdots+1), u_j(\cdots+2), \cdots, u_j(\cdots+n_j)}^{n_j}, \cdots\rangle. \tag{3.78}$$

自此, 我们有时会采用简化的记号

$$u_j(\cdots+k) = u_j(n_1 + \cdots + n_{j-1} + k) \quad (k = 1, 2, \cdots, n_j). \tag{3.79}$$

湮灭算子作用于其上可以得到

$$\hat{a}_j|\cdots, n_j, \cdots\rangle = \frac{1}{\sqrt{N}} \langle u_j(N)| \sum_{l=1}^{N} p_{N,l} |\cdots, n_j, \cdots\rangle. \tag{3.80}$$

因为任何置换作用到对称态上, 状态不改变, 即

$$p_{Nj}|\cdots,n_j,\cdots\rangle = |\cdots,n_j,\cdots\rangle, \quad \sum_j p_{Nj} = N, \tag{3.81}$$

我们有

$$\hat{a}_j|\cdots,n_j,\cdots\rangle = \aleph(N,n_j)\frac{N}{\sqrt{N}}n_j$$
$$\times \sum_{p\in S_N} p|u_1(1),\cdots,u_1(n_1),\cdots,u_j(\cdots+1),\cdots,u_j(\cdots+n_j-1),\cdots\rangle, \tag{3.82}$$

其中 $\langle u_j(N)|$ 与对称化态中 n_j 个包含 $|u_j(N)\rangle$ 的项做内积消灭掉该态, 使得求和中态的个数 n_j 变为 n_j-1, 即

$$\hat{a}_j|\cdots,n_j,\cdots\rangle = \sqrt{n_j}\aleph(N-1,n_j-1)$$
$$\times \sum_{p\in S_{N-1}} p|u_1(1)\cdots u_1(n_1)\cdots u_j(\cdots+1)\cdots u_j(\cdots+n_j-1)\cdots\rangle$$
$$= \sqrt{n_j}|\cdots,n_j-1,\cdots\rangle. \tag{3.83}$$

下面考虑产生算子作用于对称化态的结果:

$$\hat{a}_j^\dagger|\cdots n_j\cdots\rangle = \frac{1}{\sqrt{N+1}}\aleph(N,n_j)$$
$$\times \sum_{l=1}^{N+1} P_{N+1,l}\sum_{p\in S_N} p|\cdots\overbrace{u_j(+1),\cdots,u_j(+n_j),u_j(N+1)}^{n_j+1}\cdots\rangle. \tag{3.84}$$

因为 $P_{N+1,l}$ 可以把在 u_j 态产生的第 $N+1$ 个粒子与任意粒子 l 置换, 所以 $\displaystyle\sum_{l=1}^{N+1}P_{N+1,l}\sum_{p\in S_n}p$
就产生了 $N+1$ 个粒子的对称态 $|n_1,n_2,\cdots,n_j+1,\cdots\rangle$, 其中求和改为对应 S_{N+1} 群中的所有元素, 即

$$\hat{a}_j^\dagger|\cdots,n_j,\cdots\rangle$$
$$= \aleph(N+1,n_j)\sum_{p\in S_{N+1}} p\{\cdots|u_j(+1)\rangle\otimes\cdots\otimes|u_j(+n_j)\rangle\otimes|u_j(N+1)\rangle\}$$
$$= \sqrt{(n_j+1)}\aleph(N+1,n_j+1)\sum_{p\in S_{N+1}} p\{\cdots|u_j(+1)\rangle\otimes\cdots\otimes|u_j(+n_j)\rangle\otimes|u_j(N+1)\rangle\}$$
$$= \sqrt{n_j+1}|\cdots,n_j+1,\cdots\rangle. \tag{3.85}$$

上述产生、湮灭算子的定义方式表明, 基于 $\hat{a}_j$ 和 $\hat{a}_j^{\dagger}$ 的表征全同粒子多体系统的方法之所以被称为二次量子化, 是因为我们把态 $|u_j\rangle$ 当作巨希尔伯特空间上的一个算子. 从数学上讲, 我们用 $\vec{O}_j$ 代表对应于 $|u_j\rangle$ 的算子:

$$\vec{O}_j|\phi\rangle = |\phi\rangle \otimes |u_j\rangle, \quad \forall|\phi\rangle \in V. \tag{3.86}$$

同样, $\langle u_j|$ 也可以看成巨希尔伯特空间上的一个算子, 由 $\overleftarrow{O}_j$ 代表 $\langle u_j|$ 的作用:

$$\overleftarrow{O}_j|\phi\rangle \otimes |\phi'\rangle = \langle u_j|\phi\rangle|\phi'\rangle, \quad \forall|\phi\rangle \in V. \tag{3.87}$$

这种算子只能定义在阶化空间 —— 巨希尔伯特空间 $V = \sum_n \oplus V^{[n]}$ 上. 在这个包含任意个粒子的空间上, 它们的作用是分别产生或湮灭粒子, 即右矢、左矢分别给出以下的映射:

$$|u_j\rangle : V^{[n]} \rightarrow V^{[n+1]}, \tag{3.88}$$

$$\langle u_j| : V^{[n]} \rightarrow V^{[n-1]}. \tag{3.89}$$

其具体作用的结果是

$$\hat{a}_j^{\dagger}|\cdots n_j \cdots\rangle = \sqrt{n_j+1}|\cdots, n_j+1, \cdots\rangle, \tag{3.90}$$

$$\hat{a}_j|\cdots n_j \cdots\rangle = \sqrt{n_j}|\cdots, n_j-1, \cdots\rangle. \tag{3.91}$$

考虑到在基矢上的相继两次算子作用, 可以直接证明

$$[\hat{a}_j, \hat{a}_l^{\dagger}] = \delta_{jl}, \quad [\hat{a}_j, \hat{a}_l] = 0. \tag{3.92}$$

根据以上结果, 关于所有态上粒子数 $n_j = 0$ 的状态

$$|0\rangle = |n_1 = 0, n_2 = 0, \cdots, n_j = 0, \cdots\rangle, \tag{3.93}$$

我们有 $\hat{a}_j|0\rangle = 0$, 故这个态称为真空态, 它与以前正则量子化的谐振子基态 $|g\rangle$ 类似. 其他的激发态可以与多模谐振子态构造方式一样来构造:

$$|n_1, n_2, \cdots, n_j, \cdots\rangle = \frac{\hat{a}_1^{\dagger n_1} \hat{a}_2^{\dagger n_2} \cdots \hat{a}_j^{\dagger n_j}}{\sqrt{n_1! n_2! \cdots n_j!}}|0\rangle. \tag{3.94}$$

以上定义了多粒子福克态.

虽然福克态形式与多模谐振子的本征态正则量子化构造一样, 但本质完全不同. 例如, 在谐振子 $\hat{H} = \hbar\omega\hat{a}^{\dagger}\hat{a}$ 的代数化处理中, 动量和坐标是产生、湮灭算子的线性组合, 即 $\hat{a}^{\dagger}$ 和 $\hat{a}$ 的一次型:

$$\hat{x} \sim \hat{a} + \hat{a}^{\dagger}, \quad \hat{p} \sim \hat{a} - \hat{a}^{\dagger}. \tag{3.95}$$

这是一种正则变换, 但在二次量子化框架下, 我们将证明 x 和 p 作为单体算子 (single-body operator), 表达式是 $\widehat{a}^\dagger$ 和 $\widehat{a}$ 的二次型:

$$\widehat{x} \sim \sum_{m,n} x_{mn} \widehat{a}_m^\dagger \widehat{a}_n, \tag{3.96}$$

$$\widehat{p} \sim \sum_{m,n} p_{mn} \widehat{a}_m^\dagger \widehat{a}_n. \tag{3.97}$$

在学习和理解二次量子化方法时, 一定要注意这个区别. 以后在讨论场的量子化时, 我们还要更详细地论述这一点.

3.3.2   费米子态的二次量子化表示

接下来我们讨论费米子量子态的二次量子化表示. 费米子系统波函数是反对称的, 其斯莱特行列式可进一步分为

$$|\psi_\mathrm{A}\rangle = |n_1, n_2, \cdots, n_\alpha, \cdots\rangle = \frac{1}{\sqrt{N!}} \sum_{P \in \mathrm{S}_n} (-1)^{\delta_P} P(u_1(1) u_2(2) \cdots u_N(N))$$

$$= \frac{1}{\sqrt{N!}} \begin{vmatrix} u_1(1) & u_1(2) & \cdots & u_1(N) \\ u_2(1) & u_2(2) & \cdots & u_2(N) \\ \cdots & \cdots & \cdots & \cdots \\ u_N(1) & u_N(2) & \cdots & u_N(N) \end{vmatrix}, \tag{3.98}$$

其中 $(-1)^{\delta_P} = -1$ (P 为奇置换), 1 (P 为偶置换). 它们张成反对称子空间 V^A. 产生算子 $\widehat{a}^\dagger$ 由其对 $|\psi_\mathrm{A}\rangle$ 的作用效果定义:

$$\widehat{a}_l^\dagger |\psi_\mathrm{A}\rangle = \left| \begin{array}{ccc:c} & & & u_1(N+1) \\ & \psi_\mathrm{A} & & u_2(N+1) \\ & & & \vdots \\ \hdashline u_l(1) & u_l(2) & \cdots & u_l(N+1) \end{array} \right|, \tag{3.99}$$

即 $\widehat{a}_l^\dagger$ 作用把斯莱特行列式增加了一行一列, 或者类似于玻色子产生算子, 定义

$$\widehat{a}_j^\dagger(N+1) = \frac{1}{\sqrt{N+1}} \sum_{l=1}^{N+1} (-1)^{\delta_{P_{N+1,l}}} P_{N+1,l} |u_j(N+1)\rangle. \tag{3.100}$$

同样, 在 V^A 上定义湮灭算子

$$\widehat{a}_j = (\widehat{a}_j^\dagger)^\dagger = \langle u_j(N)| \frac{1}{\sqrt{N}} \sum_l (-1)^{\delta_{P_{Nl}}} P_{Nl}. \tag{3.101}$$

上述定义的 $\widehat{a}_j, \widehat{a}_j^\dagger$ 作用在费米子福克空间的结果是

$$\widehat{a}_j|\cdots, n_j, \cdots\rangle = (-1)^{\sum\limits_{l=1}^{N} n_l}(-1)^{\sum\limits_{l=1}^{j-1} n_l} \cdot n_j|\cdots, n_j-1, \cdots\rangle, \qquad (3.102)$$

$$\widehat{a}_j^\dagger|\cdots, n_j, \cdots\rangle = (-1)^{\sum\limits_{l=1}^{N+1} n_l}(-1)^{\sum\limits_{l=1}^{j-1} n_l} \cdot (1-n_j)|\cdots, n_j+1, \cdots\rangle. \qquad (3.103)$$

下面给出证明.

设在 "行列式" ψ_A 中, u_j 处于第 $\alpha = n_1 + n_2 + \cdots + n_{j-1}$ 行上, 可通过交换把它换到第一行, 得

$$|n_1, n_2, \cdots, n_j, \cdots\rangle \triangleq |\cdots, n_j, \cdots\rangle = (-1)^{\sum\limits_{l=1}^{j-1} n_l} \cdot \frac{1}{\sqrt{N!}} \begin{vmatrix} u_j(1) & u_j(2) & \cdots & u_j(N) \\ u_1(1) & u_1(2) & \cdots & u_1(N) \\ u_2(1) & u_2(2) & \cdots & u_2(N) \\ \cdots & \cdots & \cdots & \cdots \\ u_N(1) & u_N(2) & \cdots & u_N(N) \end{vmatrix}.$$
$$(3.104)$$

显然, 当置换算子作用在反对称化态上时, 有以下结果:

$$(-1)^{\delta_{P_{Ni}}} \cdot P_{Ni}|\cdots, n_j, \cdots\rangle = \begin{cases} -P_{Ni}|\cdots, n_j, \cdots\rangle = |\cdots, n_j, \cdots\rangle, & N \neq i, \\ P_{NN}|\cdots, n_j, \cdots\rangle = |\cdots, n_j, \cdots\rangle, & N = i. \end{cases} \qquad (3.105)$$

因此, 当求和算子 $\sum\limits_j (-1)^{\delta_{P_{Nj}}} \cdot P_{Nj}$ 作用在反对称态上时, 有

$$\sum_i (-1)^{\delta_{P_{Ni}}} \cdot P_{Ni} = \sum_i 1 = N, \qquad (3.106)$$

由此得

$$\widehat{a}_j = \sqrt{N}\langle u_j(N)|. \qquad (3.107)$$

可以明显地看出以下两点.

(1) $u_j \notin \{u_1, u_2, \cdots, u_N\}, \widehat{a}_j|\cdots, n_j, \cdots\rangle = 0.$

(2) $u_j \in \{u_1, u_2, \cdots, u_N\}$, 由拉普拉斯 (Laplace) 定理, 按 u_j 态把 ψ_A 展开:

$$|\cdots, n_j, \cdots\rangle = (-1)^{\sum\limits_{l=1}^{j-1} n_l}[|u_j(N)\rangle A(N) + |u_j(N-1)\rangle A(N-1) + \cdots |u_j(i)\rangle A(i),$$
$$+ \cdots |u_j(1)\rangle A(1)], \qquad (3.108)$$

其中 $A(i)$ 为 $u_j(i)$ 的代数余子式:

$$\widehat{a}_j|\cdots, n_j, \cdots\rangle = (-1)^{\sum\limits_{l=1}^{j-1} n_l} \frac{\sqrt{N}}{\sqrt{N!}} \langle u_j(N)|u_j(N)\rangle \cdot A(N)$$

$$= (-1)^{\sum\limits_{l=1}^{N} n_l}(-1)^{\sum\limits_{l=1}^{j-1} n_l}|\cdots, n_j-1, \cdots\rangle. \qquad (3.109)$$

同理可证

$$\hat{a}_j^\dagger|\cdots,n_j,\cdots\rangle = (-1)^{\sum\limits_{l=1}^{N+1} n_l}(-1)^{\sum\limits_{l=1}^{j-1} n_l}(1-n_j)|\cdots,n_j+1,\cdots\rangle. \tag{3.110}$$

由 (3.102) 和 (3.103) 式可以得到费米子代数 —— 反对易关系:

$$\{\hat{a}_j,\hat{a}_l^\dagger\} = \delta_{jl}, \quad \{\hat{a}_j,\hat{a}_l\} = 0 = \{\hat{a}_j^\dagger,\hat{a}_l^\dagger\}, \tag{3.111}$$

其中, $\{A,B\} \equiv AB + BA$ 代表反对易子, 显然有

$$\hat{a}_j^2 = 0 = \hat{a}_l^2. \tag{3.112}$$

定义粒子数算子 $N_j = \hat{a}_j^\dagger \hat{a}_j$.

命题 3.1 对于费米子, 其粒子数算子 N_j 的本征值只能为 0 或 1.

证明 由

$$N_j|\lambda\rangle = \lambda|\lambda\rangle \ \text{和} \ N_j^2 = \hat{a}_j^\dagger\hat{a}_j\hat{a}_j^\dagger\hat{a}_j = \hat{a}_j^\dagger(1-\hat{a}_j^\dagger\hat{a}_j)\hat{a}_j = \hat{a}_j^\dagger\hat{a}_j = N_j,$$

有

$$\begin{aligned} N_j^2|\lambda\rangle &= \lambda N_j|\lambda\rangle = \lambda^2|\lambda\rangle, \\ N_j^2|\lambda\rangle &= N_j|\lambda\rangle = \lambda|\lambda\rangle \end{aligned} \Rightarrow \lambda^2 = \lambda \Rightarrow \lambda = 0,1, \tag{3.113}$$

其中用到了 $\hat{a}_j^{\dagger 2} = 0$.

费米子系统福克空间可以构造为

$$\left\{|\cdots,n_j,\cdots\rangle = \prod_{j=1}^{N}(\hat{a}_j^\dagger)^{n_j}|0\rangle\big|n_j = 0,1\right\}, \tag{3.114}$$

其中 $|0\rangle = |n_1 = 0,\cdots,n_j = 0\rangle$ 是真空态.

3.4 力学量的二次量子化表示

如上所述, 二次量子化本质上可以看成多粒子量子系统的一种表象变换, 它自动实现了多粒子直积态对称化的操作. 进而, 我们还需要在全同粒子系统态的二次量子化基础上, 给出力学量或算子的二次量子化表示.

3.4.1 玻色子力学量的二次量子化

我们先证明一个命题.

命题 3.2 设 $\{|m(j)\rangle\}$ 代表了第 j 个粒子的完备基矢, $\hat{a}_m^\dagger, \hat{a}_m$ 是相应的产生、湮灭算子, 则

$$\sum_{j=1}^N |m(j)\rangle\langle n(j)| = \hat{a}_m^\dagger \hat{a}_n. \tag{3.115}$$

证明 上面求和是对粒子标号进行, 其中用了简化记号 $|u_m(j)\rangle \equiv |m(j)\rangle$. 对于置换算子 P_{jl}, 有 $P_{jl}P_{lj} = 1$, 当我们把 $|m(j)\rangle$ 和 $\langle m(j)|$ 看成巨希尔伯特空间上的算子时, 对于直积态 $\cdots \otimes |\varphi(j)\rangle \otimes \cdots \otimes |\varphi(N)\rangle$, 有

$$P_{Nj}|m(j)\rangle(\cdots|\varphi(j)\rangle|\varphi'(N)\rangle) = |m(N)\rangle(\cdots|\varphi(N)\rangle|\varphi'(j)\rangle)$$
$$= |m(N)\rangle P_{Nj}(\cdots|\varphi(j)\rangle|\varphi'(N)\rangle), \tag{3.116}$$

其中 $P_{Nj}|m(j)\rangle$ 视为巨希尔伯特空间上的算子. 因此有以下算子交换关系:

$$P_{Nj}|m(j)\rangle = |m(N)\rangle \cdot P_{Nj}, \tag{3.117}$$

$$P_{Nj}\langle n(j)| = \langle n(N)| \cdot P_{Nj}. \tag{3.118}$$

利用上述关系,

$$\sum_{j=1}^N |m(j)\rangle\langle n(j)| = \sum_{j=1}^N |m(j)\rangle P_{Nj} P_{Nj}\langle n(j)|$$
$$= \sum_{j=1}^N P_{Nj}|m(N)\rangle\langle n(N)|P_{Nj}. \tag{3.119}$$

以上已考虑了作用在对称态上, $P_{Nj} = 1$, 且 $\sum_{j=1}^N P_{Nj} = N$, 即

$$\langle n(N)| = \langle n(N)|\frac{1}{N}\sum_{l=1}^N P_{Nl}. \tag{3.120}$$

由此, (3.119) 式可重新写为

$$\left(\frac{1}{\sqrt{N}}\sum_{j=1}^N P_{Nj}|m(N)\rangle\right)\left(\langle n(N)|\frac{1}{\sqrt{N}}\sum_{l=1}^N P_{Nl}\right) = \hat{a}_m^\dagger(N)\hat{a}_n(N) = \hat{a}_m^\dagger \hat{a}_n. \tag{3.121}$$

有了上述表达式, 单粒子算子表示的力学量 $f(j) = f(x_j, p_j)$ 可以写为

$$f(j) = \sum_{m,n} |m(j)\rangle\langle n(j)|\langle m|f|n\rangle. \tag{3.122}$$

相应的单体算子 $F = \sum_{j=1}^{N} f(j)$ 可以表达为

$$
\begin{aligned}
F &= \sum_{j=1}^{N}\sum_{m,n} |m(j)\rangle\langle n(j)|\langle m|f|n\rangle \\
&= \sum_{m,n}\left(\sum_{j=1}^{N}|m(j)\rangle\langle n(j)|\right) f_{mn} = \sum_{m,n} f_{mn}\widehat{a}_m^\dagger\widehat{a}_n,
\end{aligned} \tag{3.123}
$$

其中对于矩阵元 $f_{mn} = \langle m|f|n\rangle$, 我们已经考虑到已积分掉了指标 j 对应的变量, 故积分后结果与 j 无关. 例如, 对连续变量情况 $f(j) = f(x_j)$, $f_{mn} = \int u_m^*(x_j) f u_n(x_j)\mathrm{d}x_j$, 与 x_j 或 j 指标无关. 于是, 有单体算子 F 的二次量子化表示

$$F = \sum_{m,n} f_{mn}\widehat{a}_m^\dagger\widehat{a}_n. \tag{3.124}$$

同理, 对于二体相互作用, 或称二体算子 (two-body operator),

$$
\begin{aligned}
W &= \frac{1}{2}\sum_{j\neq l} W(j,l) = \frac{1}{2}\sum_{m,n,r,s}\sum_{j,l} W_{mnrs}|m(j)\rangle|n(l)\rangle\langle r(j)|\langle s(l)| \\
&= \frac{1}{2}\sum_{m,n,r,s}\sum_{j}|m(j)\rangle\left(\sum_{l}|n(l)\rangle\langle s(l)|\right)\langle r(j)|W_{mnrs},
\end{aligned} \tag{3.125}
$$

即

$$W = \frac{1}{2}\sum_{m,n,r,s} W_{mnrs}\widehat{a}_m^\dagger\widehat{a}_n^\dagger\widehat{a}_r\widehat{a}_s. \tag{3.126}$$

一般来说, 在实际物理问题中具有二体相互作用的多体系统, 其哈密顿量为

$$\widehat{H} = \sum_i \widehat{H}(i) + \frac{1}{2}\sum_{j\neq l} W(j,l). \tag{3.127}$$

例如, 在有库仑 (Coulomb) 相互作用等情况下, $\widehat{H}(i) = \widehat{p}_i^2/(2m) + V(x_i)$ 以及 $W(j,l) = \xi/|r_j - r_l|$, 其二次量子化形式为

$$\widehat{H} = \sum_{m,n} H_{mn}\widehat{a}_m^\dagger\widehat{a}_n + \frac{1}{2}\sum_{m,n,r,s} W_{mnrs}\widehat{a}_m^\dagger\widehat{a}_n^\dagger\widehat{a}_r\widehat{a}_s. \tag{3.128}$$

这是一个非常一般的哈密顿量, 它的形式也适用于费米子情况, 差别只是对于玻色子情况, 有对易关系

$$[\hat{a}_m, \hat{a}_n^\dagger] = \delta_{mn}, \quad [\hat{a}_m, \hat{a}_n] = 0, \tag{3.129}$$

而对于费米子情况, 有反对易关系

$$\{\hat{a}_m, \hat{a}_n^\dagger\} = \delta_{mn}, \quad \{\hat{a}_m, \hat{a}_n\} = 0. \tag{3.130}$$

以下我们详细讨论对应于反对易关系的情况.

3.4.2 费米子力学量的二次量子化

全同费米子系统的力学量可通过产生算子和湮灭算子给出二次量子化表示, 与玻色子情况一样, 我们先证明如下命题.

命题 3.3

$$\sum_{j=1}^{N} |m(j)\rangle\langle n(j)| = \hat{a}_m^\dagger \hat{a}_n. \tag{3.131}$$

证明 因为

$$P_{Nj} P_{Nj} = 1, \tag{3.132}$$

而且

$$|m(j)\rangle P_{Nj} = P_{Nj}|m(N)\rangle, \quad P_{Nj}\langle n(j)| = \langle n(N)|P_{Nj}, \tag{3.133}$$

我们可以把上式理解成巨希尔伯特空间上算子的幺正变换, 例如

$$P_{Nj}|m(N)\rangle P_{Nj}^\dagger = |m(j)\rangle, \tag{3.134}$$

由此可以得到

$$\begin{aligned}
\sum_{j=1}^{N} |m(j)\rangle\langle n(j)| &= \sum_{j=1}^{N} |m(j)\rangle[(-1)^{\delta_{P_{Nj}}} P_{Nj}][(-1)^{\delta_{P_{Nj}}} P_{Nj}]\langle n(j)| \\
&= \sum_{j=1}^{N} (-1)^{\delta_{P_{Nj}}} P_{Nj}|m(N)\rangle\langle n(N)|(-1)^{\delta_{P_{Nj}}} P_{Nj} \\
&= \sum_{j=1}^{N} (-1)^{\delta_{P_{Nj}}} P_{Nj}|m(N)\rangle\langle n(N)|,
\end{aligned} \tag{3.135}$$

以上最后一步已经考虑到由于算子只作用在反对称态上, 所以 $(-1)^{\delta_{P_{Nj}}} P_{Nj} = 1$,

$\sum_{j=1}^{N}(-1)^{\delta_{PNj}}P_{Nj}=N.$ 因此我们可以把上式写为

$$\sum_{j=1}^{N}|m(j)\rangle\langle n(j)| = \frac{1}{\sqrt{N}}\sum_{j=1}^{N}(-1)^{\delta_{PNj}}P_{Nj}|m(N)\rangle\langle n(N)|\frac{1}{\sqrt{N}}\sum_{j=1}^{N}(-1)^{\delta_{PNj}}P_{Nj}$$
$$= \hat{a}_m^{\dagger}\hat{a}_n. \tag{3.136}$$

利用上述命题, 形式上重复对玻色子的讨论, 容易给出费米子单体算子 $A = \sum_{j=1}^{N}A(j)$ 的二次量子化形式

$$A = \sum_{j=1}^{N}\sum_{m,n}|m(j)\rangle\langle m|A|n\rangle\langle n(j)| = \sum_{m,n}\hat{a}_m^{\dagger}A_{mn}\hat{a}_n. \tag{3.137}$$

这里同样注意到 $\langle m|A|n\rangle$ 中已经积分掉了变量 x_j, 因此, $\langle m|A|n\rangle$ 与 j 无关. 对于两粒子算子 (two-body operator)

$$W = \frac{1}{2}\sum_{i\neq j}W(i,j) = \frac{1}{2}\sum_{i\neq j}\sum_{m,n,r,s}|m(i)\rangle|n(j)\rangle\langle mn|W|rs\rangle\langle r(j)|\langle s(i)|$$
$$= \frac{1}{2}\sum_{m,n,r,s}\hat{a}_m^{\dagger}\hat{a}_n^{\dagger}\hat{a}_r\hat{a}_s W_{mnrs}. \tag{3.138}$$

利用上述结果, 费米系统一般的哈密顿算子二次量子化可表达为

$$\hat{H} = \sum_{i}H(i) + \frac{1}{2}\sum_{i\neq j}W(i,j)$$
$$= \sum_{m,n}\hat{a}_m^{\dagger}H_{mn}\hat{a}_n + \frac{1}{2}\sum_{m,n,r,s}\hat{a}_m^{\dagger}\hat{a}_n^{\dagger}\hat{a}_r\hat{a}_s W_{mnrs}. \tag{3.139}$$

若取 $|m\rangle$ 是 $H(j)$ 的本征态, $H_{mn} = \langle m|\hat{H}|n\rangle = E_m\delta_{mn}$, 则二次量子化的哈密顿量为

$$\hat{H} = \sum_{m}\hat{a}_m^{\dagger}\hat{a}_m E_m + \frac{1}{2}\sum_{m,n,r,s}\hat{a}_m^{\dagger}\hat{a}_n^{\dagger}\hat{a}_r\hat{a}_s W_{mnrs}. \tag{3.140}$$

公式 (3.115) 和 (3.131) 在多体系统理论研究中十分有用, 可以用它们来表示单粒子或多粒子的约化密度矩阵. 对于给定的 N 体密度矩阵 $\hat{\rho}$, 考虑其单体约化密度矩阵 $\hat{\rho}_1$, 有结论

$$\langle n|\hat{\rho}_1|m\rangle = \mathrm{Tr}\left(\sum_{j=1}^{N}|m(j)\rangle\langle n(j)|\hat{\rho}\right) = \mathrm{Tr}(\hat{\rho}\hat{a}_m^{\dagger}\hat{a}_n). \tag{3.141}$$

详细的讨论以及证明见 3.7 节.

3.5　场的二次量子化

以上在一组任意完备基矢 $\{|m\rangle\} = \{|\alpha_m\rangle\}$ 下讨论了二次量子化方法. 现在考虑在一般幺正变换

$$|\tilde{n}\rangle = \sum_m \langle m|\tilde{n}\rangle |m\rangle \tag{3.142}$$

下, 产生、湮灭算子如何变换. 上式中, $\{|\tilde{n}\rangle = |\beta_n\rangle\}$ 是单粒子空间的另一组基矢, 对应于产生、湮灭算子 $\hat{b}_n^\dagger$ 和 $\hat{b}_n$. 由产生、湮灭算子的定义 (如玻色子)

$$\hat{a}_m^\dagger = \frac{1}{\sqrt{N}} \sum_{j=1}^N P_{Nj} |m(N)\rangle \tag{3.143}$$

知,

$$\begin{aligned}
\hat{a}_m^\dagger &= \frac{1}{\sqrt{N}} \sum_{j=1}^N P_{Nj} \sum_n \langle \tilde{n}|m\rangle |\tilde{n}(N)\rangle \\
&= \sum_n \langle \tilde{n}|m\rangle \sum_{j=1}^N \frac{1}{\sqrt{N}} P_{Nj} |\tilde{n}(N)\rangle \\
&= \sum_n \langle \tilde{n}|m\rangle \hat{b}_n^\dagger.
\end{aligned} \tag{3.144}$$

于是得到产生、湮灭算子表象变换的一般形式:

$$\hat{a}_m^\dagger = \sum_n \langle \tilde{n}|m\rangle \hat{b}_n^\dagger, \quad \hat{b}_n^\dagger = \sum_m \langle m|\tilde{n}\rangle \hat{a}_m^\dagger. \tag{3.145}$$

可见 $\hat{b}_n^\dagger$ 的变换形式与矢量 $|m\rangle$ 的变换形式一样. 通过直接计算可以验证, 交换后的算子仍然满足玻色对易关系

$$[\hat{b}_n, \hat{b}_{n'}^\dagger] = \delta_{nn'}, \quad [\hat{b}_n, \hat{b}_{n'}] = 0. \tag{3.146}$$

事实上,

$$\begin{aligned}
[\hat{b}_n, \hat{b}_{n'}^\dagger] &= \left[\sum_m \langle \tilde{n}|m\rangle \hat{a}_m, \sum_{m'} \langle m'|\tilde{n}'\rangle \hat{a}_{m'}^\dagger \right] \\
&= \sum_{m,m'} \langle m'|\tilde{n}'\rangle \langle \tilde{n}|m\rangle [\hat{a}_m, \hat{a}_{m'}^\dagger] = \langle \tilde{n}|\tilde{n}'\rangle.
\end{aligned} \tag{3.147}$$

接下来, 我们介绍坐标表象下的二次量子化形式, 即考虑产生、湮灭算子在坐标表象如何表示. 定义坐标表象中的产生、湮灭算子 —— 场算子:

$$\hat{\varphi}(x) \equiv \hat{a}_x = \sum_m \langle x|m\rangle \hat{a}_m = \sum_m \varphi_m(x) \hat{a}_m, \tag{3.148}$$

其中 $\varphi_m(x) = \langle x|m \rangle$ 是原来状态 $|m\rangle$ 的坐标表示,

$$\widehat{\varphi}^{\dagger}(x) \equiv \widehat{a}_x^{\dagger} = \sum_m \varphi_m^*(x)\widehat{a}_m^{\dagger}, \tag{3.149}$$

则

$$\begin{aligned}[\widehat{\varphi}(x), \widehat{\varphi}^{\dagger}(x')] &= \sum_{m,n} \langle x|m\rangle\langle n|x'\rangle [\widehat{a}_m, \widehat{a}_n^{\dagger}] \\ &= \sum_{m,n} \langle x|m\rangle\langle n|x'\rangle \delta_{mn} \\ &= \langle x|x'\rangle = \delta(x - x'),\end{aligned} \tag{3.150}$$

即有 "场" 算子的基本对易关系

$$[\widehat{\varphi}(x), \widehat{\varphi}^{\dagger}(x')] = \delta(x - x'). \tag{3.151}$$

同理, 可以证明

$$[\widehat{\varphi}^{\dagger}(x), \widehat{\varphi}^{\dagger}(x')] = 0 = [\widehat{\varphi}(x), \widehat{\varphi}(x')]. \tag{3.152}$$

从物理上讲, $\widehat{\varphi}^{\dagger}(x)$ $(\widehat{\varphi}(x))$ 代表在 x 点产生 (湮灭) 一个粒子. $\widehat{\varphi}^{\dagger}(x)$ 作用在真空态 $|0\rangle$ 上, 产生一个位置本征态: $\widehat{\varphi}^{\dagger}(x)|0\rangle = \sum_m \varphi^*(m)|m\rangle = |x\rangle$.

基于场算子的定义, 可以在坐标表象下写出包含相互作用的多体哈密顿量

$$\begin{aligned}\widehat{H} = &\int \mathrm{d}x\mathrm{d}x'\, \widehat{\varphi}^{\dagger}(x)\widehat{H}_0\widehat{\varphi}(x') \\ &+ \int \mathrm{d}x\mathrm{d}x'\mathrm{d}x''\mathrm{d}x'''\, W(xx'x''x''')\widehat{\varphi}^{\dagger}(x)\widehat{\varphi}^{\dagger}(x')\widehat{\varphi}(x'')\widehat{\varphi}(x''').\end{aligned} \tag{3.153}$$

对满足薛定谔方程的非相对论性粒子, 哈密顿量为

$$\widehat{H}_0 = \frac{\widehat{p}^2}{2m} + \widehat{V}(x), \tag{3.154}$$

其坐标表象矩阵元为

$$\widehat{H}_{0xx'} = \left(\frac{\widehat{p}^2}{2m} + \widehat{V}(x)\right)_{xx'} = \frac{1}{2m}\langle x|\widehat{p}^2|x'\rangle + \widehat{V}(x)\delta(x - x'). \tag{3.155}$$

对于没有相互作用情况, 可以得到哈密顿量的场算子表示

$$\widehat{H} = \int \mathrm{d}x\, \widehat{\varphi}^{\dagger}(x)\left(-\frac{\hbar^2}{2m}\frac{\partial^2}{\partial x^2} + V(x)\right)\widehat{\varphi}(x). \tag{3.156}$$

现在考察没有相互作用时场算子的运动方程, 利用海森堡方程以及场的基本对易关系, 有

$$i\hbar \frac{\partial}{\partial t}\widehat{\varphi}(x) = [\widehat{\varphi}(x), \widehat{H}] = \int dx [\widehat{\varphi}(x), \widehat{\varphi}^{\dagger}(x')\widehat{H}_0\widehat{\varphi}(x')]$$

$$= \int dx' \left[\delta(x - x') \left(\frac{\widehat{p}^2}{2m} + \widehat{V}(x') \right) \right] \widehat{\varphi}(x')$$

$$= \left(\frac{\widehat{p}^2}{2m} + \widehat{V}(x) \right) \widehat{\varphi}(x). \tag{3.157}$$

由此看到, 场算子满足形式与薛定谔方程一样的运动方程

$$i\hbar \frac{\partial}{\partial t}\widehat{\varphi}(x) = \left(\frac{\widehat{p}^2}{2m} + \widehat{V}(x) \right) \widehat{\varphi}(x). \tag{3.158}$$

因此, 若将单粒子波函数看成满足标准对易关系的场算子, 则可以得到描述多粒子的 "二次量子化" 表示. 这也是我们为什么把上述表示形象地叫作 "二次量子化" 的另一个原因 —— 把波函数当成算子!

我们可以总结一下上述讨论的场量子化方法的基本思想.

(1) 对于单粒子本征态 $u_n(x)$,

$$\widehat{H}_0 u_n(x) = \varepsilon_n u_n(x), \tag{3.159}$$

我们引入了场算子量子化

$$\widehat{\varphi}(x) = \sum_n u_n(x)\widehat{a}_n, \tag{3.160}$$

要求 $[\widehat{a}_n, \widehat{a}_m^{\dagger}] = \delta_{mn}$. 形象地说, 场量子化是把任何一个波包按本征态展开中的系数换成算子.

(2) 谐振子的正则量子化中定义的产生、湮灭算子

$$\widehat{a}^{\dagger} \sim (\widehat{x} + i\widehat{p}), \quad \widehat{a} \sim (\widehat{x} - i\widehat{p}) \tag{3.161}$$

不同于二次量子化中的产生、湮灭算子. 例如, 在 "粒子数表象" $\{|n\rangle\}$ 下,

$$\left(\frac{\widehat{p}^2}{2m} + \frac{1}{2}m\omega^2\widehat{x}^2 \right) |n\rangle = \left(n + \frac{1}{2} \right) \hbar\omega|n\rangle, \tag{3.162}$$

而二次量子化哈密顿量为

$$\widehat{H} = \sum_n \left(n + \frac{1}{2} \right) \hbar\omega\widehat{a}_n^{\dagger}\widehat{a}_n \equiv \sum_n \hbar\omega_n\widehat{a}_n^{\dagger}\widehat{a}_n, \tag{3.163}$$

其中 $\widehat{a}_n$ 对应于给定的任意势场 $V(x)$ 中的单粒子态 u_n. 但是对于多模 (频率分别为 $\omega_1, \omega_2, \cdots, \omega_n$) 的谐振子集合, 其哈密顿量是

$$\widehat{H}_0 = \sum_{n=1}^{N} \left(\frac{\widehat{p}_n^2}{2m} + \frac{1}{2} m \omega_n^2 \widehat{x}_n^2 \right) = \sum_n \left(\widehat{a}_n^\dagger \widehat{a}_n + \frac{1}{2} \right) \hbar \omega_n. \tag{3.164}$$

定义 $\widehat{a}_n^\dagger \sim (\widehat{x}_n + \mathrm{i}\widehat{p}_n), \widehat{a}_n \sim (\widehat{x}_n - \mathrm{i}\widehat{p}_n)$ 后, 虽然有与二次量子化形式一样的哈密顿量, 但本质是不同的, 只须比较二次量子化的动量表达式

$$\widehat{p} \sim \sum_{m,n} p_{mn} \widehat{a}_m^\dagger \widehat{a}_n \tag{3.165}$$

就不难理解这一点. 我们通常说, 玻色场量子化系统等价于多模谐振子系统. 从数学上讲, 这碰巧是由于谐振子哈密顿量是 $\widehat{x}_n$ 和 $\widehat{p}_n$ 的二次型.

3.6　玻色 – 爱因斯坦凝聚 (BEC) 与序参量

作为二次量子化方法的应用, 本节介绍中性玻色子气体发生的玻色 – 爱因斯坦凝聚 (BEC) 现象. 虽然在常态下宏观物体会失去量子相干性, 但在超低温等极端条件下, 大量粒子组成的宏观系统会呈现出量子相干现象, 我们称之为宏观量子效应. 原子气体的玻色 – 爱因斯坦凝聚、超流性、超导电性和约瑟夫森 (Josephson) 效应等都是宏观量子效应. 这类宏观量子效应的特性通常表现为非对角长程序存在, 对应着所谓的对称性自发破缺. 这种在极端条件下多粒子量子系统表现出宏观量子效应的状态称为宏观量子态.

考虑最简单的相互作用玻色子模型, 其相互作用势是

$$W(\boldsymbol{r}, \boldsymbol{r}') = g\delta(\boldsymbol{r} - \boldsymbol{r}'), \tag{3.166}$$

它代表接触相互作用, 其中耦合强度

$$g = \frac{4\pi \hbar^2 a}{m} \tag{3.167}$$

与散射过程有关. 这个模型描述质量为 m 的玻色原子, 它们之间碰撞的 s 分波散射截面为 a. 现在写下哈密顿量的场量子化形式:

$$\widehat{H} = \int \mathrm{d}^3\boldsymbol{r}\, \widehat{\psi}^\dagger(\boldsymbol{r}) \left[-\frac{\hbar^2}{2m}\nabla^2 + V(\boldsymbol{r}) \right] \widehat{\psi}(\boldsymbol{r})$$
$$+ \frac{1}{2} g \int \mathrm{d}^3\boldsymbol{r} \int \mathrm{d}^3\boldsymbol{r}'\, \widehat{\psi}^\dagger(\boldsymbol{r}) \widehat{\psi}^\dagger(\boldsymbol{r}') W(\boldsymbol{r}, \boldsymbol{r}') \widehat{\psi}(\boldsymbol{r}') \widehat{\psi}(\boldsymbol{r}). \tag{3.168}$$

积分掉 $W(\boldsymbol{r}, \boldsymbol{r}')$ 中的 δ 函数, 得到

$$\widehat{H} = \int \mathrm{d}^3 \boldsymbol{r} \widehat{\psi}^\dagger(\boldsymbol{r}) \left[-\frac{\hbar^2}{2m} \nabla^2 + V(\boldsymbol{r}) \right] \widehat{\psi}(\boldsymbol{r})$$
$$+ \frac{g}{2} \int \mathrm{d}^3 \boldsymbol{r} \widehat{\psi}^\dagger(\boldsymbol{r}) \widehat{\psi}^\dagger(\boldsymbol{r}) \widehat{\psi}(\boldsymbol{r}) \widehat{\psi}(\boldsymbol{r}), \tag{3.169}$$

其中 $V(\boldsymbol{r})$ 是原子的囚禁势. 玻色场 $\widehat{\psi}(\boldsymbol{r})$ 的运动方程为

$$\mathrm{i}\hbar \frac{\partial}{\partial t} \widehat{\psi}(\boldsymbol{r}) = [\widehat{\psi}(\boldsymbol{r}), \widehat{H}]. \tag{3.170}$$

通过场的对易关系 (3.151), 我们进一步得到

$$\mathrm{i}\hbar \frac{\partial}{\partial t} \widehat{\psi}(\boldsymbol{r}) = \left[-\frac{\hbar^2}{2m} \nabla^2 + V(\boldsymbol{r}) \right] \widehat{\psi}(\boldsymbol{r}) + g(\widehat{\psi}^\dagger(\boldsymbol{r})\widehat{\psi}(\boldsymbol{r}))\widehat{\psi}(\boldsymbol{r}). \tag{3.171}$$

这是一个典型的关于场算子的非线性方程, 很难精确求解. 以下我们采用变分法近似地处理这个问题.

单粒子哈密顿量

$$\widehat{H}(\boldsymbol{r}) = -\frac{\hbar^2}{2m} \nabla^2 + V(\boldsymbol{r}), \tag{3.172}$$

本征态为 $|n\rangle$, 相应的本征值为 E_n, 本征方程是

$$\left[-\frac{\hbar^2}{2m} \nabla^2 + V(\boldsymbol{r}) \right] u_n(\boldsymbol{r}) = E_n u_n(\boldsymbol{r}), \tag{3.173}$$

其中本征态在坐标表象下的形式为 $u_n(\boldsymbol{r}) = \langle \boldsymbol{r}|n\rangle$, 并假设 $u_n(\boldsymbol{r})$ 为实的. 由此, 场算子可以展开为

$$\widehat{\psi}(\boldsymbol{r}) = \sum_n u_n(\boldsymbol{r})\widehat{a}_n, \tag{3.174}$$

其中 $\widehat{a}_n$ 是相应的湮灭算子. 由 (3.169) 式, 系统的哈密顿量的二次量子化形式可以改写为

$$\widehat{H} = \sum_n E_n \widehat{a}_n^\dagger \widehat{a}_n + \frac{1}{2} \sum_{n,m,r,s} g_{nm,rs} \widehat{a}_n^\dagger \widehat{a}_m^\dagger \widehat{a}_r \widehat{a}_s, \tag{3.175}$$

这里耦合系数定义由二体相互作用的矩阵元

$$g_{nm,rs} = g \int u_n^*(\boldsymbol{r}) u_m^*(\boldsymbol{r}) u_r(\boldsymbol{r}) u_s(\boldsymbol{r}) \mathrm{d}^3 \boldsymbol{r} \tag{3.176}$$

决定. 我们假设系统的基态为多模相干态[①]

$$|\mathrm{BEC}\rangle = \exp \left(\sum_n \alpha_n \mathrm{e}^{\mathrm{i}\phi_n} \widehat{a}_n^\dagger \right) |\mathrm{vac}\rangle = \prod_n |\alpha_n \mathrm{e}^{\mathrm{i}\phi_n}\rangle, \tag{3.177}$$

[①]在文献 (Barnett S M, Burnett K, and Vaccaro J A. J. Res. Natl. Inst. Stand. Technol., 1996, 101: 593) 中证明, 处于相干态的 BEC, 在环境影响时具有稳固性 (robustness).

其中 α_n 和 ϕ_n 为实数, 则可证明如下定理.

定理 3.1 当 $g > 0$, 即原子间有排斥势时, 满足粒子数守恒约束的变分基态 $|\mathrm{BEC}\rangle$ 是场的湮灭算子的本征态, 而且本征函数相位是不依赖于空间位置的常数, 亦即

$$\widehat{\psi}(\boldsymbol{r})|\mathrm{BEC}\rangle = \psi(\boldsymbol{r})|\mathrm{BEC}\rangle, \tag{3.178}$$

$$\phi(\boldsymbol{r}) = \phi = 常数, \tag{3.179}$$

场的湮灭算子的本征函数

$$\psi(\boldsymbol{r}) = |\psi(\boldsymbol{r})|\mathrm{e}^{\mathrm{i}\phi} \tag{3.180}$$

定义为序参量, 它具有实空间均匀的整体相位 ϕ, 且满足静态格罗斯 (Gross) – 皮塔耶夫斯基 (Pitaevskii) (GP) 方程

$$\left[-\frac{\hbar^2}{2m}\nabla^2 + V(\boldsymbol{r})\right]\psi(\boldsymbol{r}) + g|\psi(\boldsymbol{r})|^2\psi(\boldsymbol{r}) = \mu\psi(\boldsymbol{r}). \tag{3.181}$$

证明 若系统的基态为 $|\mathrm{BEC}\rangle$ 态, 则系统在基态的能量泛函为

$$E[\psi(\boldsymbol{r})] = \langle\mathrm{BEC}|\widehat{H} - \mu\int\widehat{\psi}^\dagger(\boldsymbol{r})\widehat{\psi}(\boldsymbol{r})\mathrm{d}^3\boldsymbol{r}|\mathrm{BEC}\rangle. \tag{3.182}$$

这里 μ 是 BEC 系统的化学势, 它代表粒子数守恒的约束, 基态能量应该低于化学势. 在 $|\mathrm{BEC}\rangle$ 态上对能量泛函 $E[\psi(\boldsymbol{r})]$ 求极值, 相当于把 "自由能"

$$F(\phi_n, \alpha_n) = \sum_n (E_n - \mu)\alpha_n^2 + \frac{1}{2}\sum_{m,n,r,s} g_{nm,rs}\alpha_n\alpha_m\alpha_r\alpha_s\mathrm{e}^{\mathrm{i}(\phi_r+\phi_s-\phi_n-\phi_m)} \tag{3.183}$$

极小化. 现在以 $\{\alpha_n\}$ 和 $\{\phi_n\}$ 为变量, 求 $F(\phi_n, \alpha_n)$ 极值, 即

$$\frac{\delta F}{\delta\alpha_k} = 0, \quad \frac{\delta F}{\delta\phi_k} = 0, \tag{3.184}$$

由此可以得到联立的方程组

$$\begin{cases} (E_k - \mu)\alpha_k + \dfrac{1}{2}\sum_{m,r,s} g_{km,rs}\alpha_m\alpha_r\alpha_s\mathrm{e}^{\mathrm{i}(\phi_s-\phi_m)}\cos[\phi_r - \phi_k] = 0, \\[2mm] \sum_{m,r,s} g_{km,rs}\alpha_k\alpha_m\alpha_r\alpha_s\sin[\phi_r - \phi_k] = 0. \end{cases} \tag{3.185}$$

很明显 $\phi_k = \phi$ 给出了 (3.185) 式第二个方程的特解, 从而第一个方程变为

$$(E_k - \mu)\alpha_k + \frac{1}{2}\sum_{m,r,s} g_{km,rs}\alpha_m\alpha_r\alpha_s = 0, \tag{3.186}$$

由此我们证明

$$\widehat{\psi}(\boldsymbol{r})|\mathrm{BEC}\rangle = \sum_n u_n(\boldsymbol{r})\widehat{a}_n \prod |\alpha_n \mathrm{e}^{\mathrm{i}\phi}\rangle = \mathrm{e}^{\mathrm{i}\phi}\sum_n u_n(\boldsymbol{r})\alpha_n|\mathrm{BEC}\rangle, \qquad (3.187)$$

也就是说, 本征函数的振幅

$$\psi(\boldsymbol{r}) = \mathrm{e}^{\mathrm{i}\phi}\sum_n u_n(\boldsymbol{r})\alpha_n \qquad (3.188)$$

有一个整体的相位.

将 $g_{km,rs}$ 代入方程 (3.186) 得到

$$(E_n - \mu)\alpha_n + g\int \mathrm{d}^3 r u_n^*(\boldsymbol{r})|\psi(\boldsymbol{r})|^2\psi(\boldsymbol{r}) = 0. \qquad (3.189)$$

由方程两侧同乘 $\sum_n u_n(\boldsymbol{r})$, 且利用

$$\sum_n u_n^*(\boldsymbol{r}')u_n(\boldsymbol{r}) = \delta(\boldsymbol{r} - \boldsymbol{r}'), \qquad (3.190)$$

我们得到序参量满足稳态 GP 方程:

$$\left[-\frac{\hbar^2}{2m}\nabla^2 + V(\boldsymbol{r})\right]\psi(\boldsymbol{r}) + g|\psi(\boldsymbol{r})|^2\psi(\boldsymbol{r}) = \mu\psi(\boldsymbol{r}). \qquad (3.191)$$

我们现在分析 GP 方程解的物理意义. 为此, 假设 μ 是化学势, 代表原子从势阱溢出的能量阈值, 即若粒子的能量超过 μ, 则不再束缚在阱中形成凝聚. 单粒子密度矩阵的坐标表示

$$\rho(\boldsymbol{r}) = \langle\mathrm{BEC}|\widehat{\psi}^\dagger(\boldsymbol{r})\widehat{\psi}(\boldsymbol{r})|\mathrm{BEC}\rangle = |\psi(\boldsymbol{r})|^2 \qquad (3.192)$$

非零, 意味着凝聚发生, 序参量 $|\psi(\boldsymbol{r})|$ 表示凝聚体的空间分布. 有意义的 BEC 通常由局域在阱底的序参量描述. 下面将讨论方程在什么条件下给出非零序参量.

从 GP 方程的另一种表达形式

$$\left(\frac{\widehat{p}^2}{2m} - \mu + V(\boldsymbol{r}) + g|\psi(\boldsymbol{r})|^2\right)\psi(\boldsymbol{r}) = 0 \qquad (3.193)$$

可以看出, 若考虑序参量的非零解, 则 $\psi(\boldsymbol{r}) \neq 0$, 这意味着

$$\frac{p^2(\boldsymbol{r})}{2m} - \mu + V(\boldsymbol{r}) + g|\psi(\boldsymbol{r})|^2 = 0, \qquad (3.194)$$

其中我们近似地把动量算子变为一个数 (经典场),

$$p(\boldsymbol{r}) = 2m\sqrt{\mu - V(\boldsymbol{r}) - g|\psi(\boldsymbol{r})|^2} \geqslant 0 \qquad (3.195)$$

是一个空间依赖的缓变函数. 这种做法本质上是采用了托马斯 (Thomas) – 费米近似 (详细讨论见附录 3.3 和文献 Chou T T, Yang C N, and Yu L H. Phys. Rev. A, 1996, 53: 4257). 在缓变势阱中, 我们可以在小范围内把 $\hat{p}$ 看成一个与 $V(\boldsymbol{r})$ 对易的经典量 (因为 $[\hat{p}, V(\boldsymbol{r})] = i\hbar \nabla V(\boldsymbol{r}) \sim 0$), 也就是说 $\hat{p}$ 可以近似地看成一个由 (3.195) 式确定的 数, 从而由 $p^2/2m > 0$ 得到

$$-\mu + V(\boldsymbol{r}) + g|\psi(\boldsymbol{r})|^2 \leqslant 0. \tag{3.196}$$

由此给出

$$|\psi(\boldsymbol{r})| \leqslant g^{-\frac{1}{2}}\sqrt{[\mu - V(\boldsymbol{r})]}. \tag{3.197}$$

这意味着凝聚体的形状几乎是束缚势的倒置, 只是改变了一个标度 (见图 3.1).

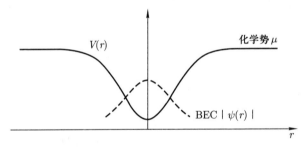

图 3.1 在有限深阱底形成玻色 – 爱因斯坦凝聚

由于 $V(\boldsymbol{r}) \leqslant \mu$, 上面的描述只在 $g > 0$ (排斥势) 下是合理的, 意味着 BEC 局域 在阱内. 然而, 粒子间有吸引势时, $g < 0$, (3.195) 式给出的不等式是

$$|\psi(\boldsymbol{r})|^2 \geqslant \frac{V(\boldsymbol{r}) - \mu}{|g|}, \tag{3.198}$$

即原子都逃到阱外, 没有原子凝聚在阱底. 它所代表的 "凝聚体" 弥散在整个空间, 如 图 3.2 所示.

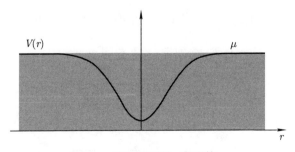

图 3.2 吸引势下的 "凝聚体"

上述分析表明, 当存在吸引势时, 假设序参量满足的 GP 方程仍然成立, 则相干凝聚的集体现象不会形成, 粒子不会由于玻色统计的原因形成在阱底 "零" 动量的大组分, 即不出现通常的玻色 – 爱因斯坦凝聚. 在附录 3.3 中, 我们将要严格证明 BEC 在 $g > 0$ 时, 在一定条件下, GP 方程给出的 $F(\alpha_k, \phi_k)$ 是极小值, 因而是稳定的; 而在 $g < 0$ 时, 限制在束缚阱内的能态 $E_l < \mu$ 的条件下, GP 方程给出的 $F(\alpha_k, \phi_k)$ 是局域极大值, 从而不稳定.

作为例子, 我们考虑束缚势是谐振子势

$$V(r) = \frac{1}{2}m\omega^2 r^2. \tag{3.199}$$

当原子之间存在排斥势时, 则有序参量

$$|\psi(r)| = \sqrt{\frac{1}{g}\left(\mu - \frac{1}{2}m\omega^2 r^2\right)}, \tag{3.200}$$

它近似地给出了对应于势形状的玻色—爱因斯坦凝聚空间分布的形状 (见图 3.3).

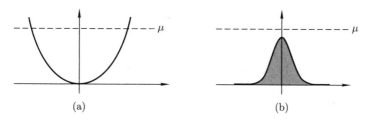

图 3.3　(a) 囚禁 BEC 的势阱; (b) 在静态近似下 BEC 的形状 (阴影部分)

同样考虑谐振子势, 当原子之间存在吸引势时, 假设 GP 方程成立, 并数值求解, 可以得到束缚在阱中的解, 序参量波函数相较于谐振子基态而言在实空间分布更为集中, 详细讨论见文献 Ruprecht P A, Holland M J, Burnett K, and Edwards M. Phys. Rev. A, 1995, 51: 4704; Dalfovo F, Giorgini S, Pitaevskii L P, and Stringari S. Rev. Mod. Phys., 1999, 71: 463.

需要指出的是, 当没有约束势 (在上例中 $\omega \to 0$) 时, 具有排斥势的系统也会发生动量空间的玻色 – 爱因斯坦凝聚, 这时凝聚体在空间是均匀的, 这是理想的玻色 – 爱因斯坦凝聚, 有无穷大的长程序, 而阱中的长程序与阱的尺寸标度有关.

3.7　对称性自发破缺、非对角长程序及博戈留波夫近似

上一节针对存在排斥势的情况, 用变分法展示: 能量取极值的玻色 – 爱因斯坦凝

聚状态 |BEC⟩ 会出现 U(1) 对称性的自发破缺, 这使得场算子 $\widehat{\psi}(\boldsymbol{r}) = \sum\limits_{n} u_n(\boldsymbol{r})\widehat{a}_n$ 的平均值

$$\langle\mathrm{BEC}|\widehat{\psi}(\boldsymbol{r})|\mathrm{BEC}\rangle = \psi(\boldsymbol{r}) \tag{3.201}$$

不为零. 然而, 对于粒子数守恒的 U(1) 对称性来说, $\psi(\boldsymbol{r})$ 在一般情况下为零. 本节将细致地讨论这种佯谬 (表观矛盾) 出现的原因.

我们首先分析多体系统的平移不变性和对应于粒子数守恒的 U(1) 对称性对多体量子态的要求.

3.7.1 多粒子系统的平移不变性

我们用平移算子 $T(\boldsymbol{a}) = \exp(\mathrm{i}\widehat{\boldsymbol{p}}\cdot\boldsymbol{a})$, $T(\boldsymbol{a})$ 作用于 $\psi(\boldsymbol{r}) = \langle\boldsymbol{r}|\psi\rangle$, 把它变为

$$\psi'(\boldsymbol{r}) = \langle\boldsymbol{r}|\mathrm{e}^{-\mathrm{i}\widehat{\boldsymbol{p}}\cdot\boldsymbol{a}}|\psi\rangle = \langle\boldsymbol{r}-\boldsymbol{a}|\psi\rangle = \psi(\boldsymbol{r}-\boldsymbol{a}). \tag{3.202}$$

系统的平移不变性意味着 $T^{\dagger}(\boldsymbol{r})\widehat{H}T(\boldsymbol{r}) = \widehat{H}$. 取 $\boldsymbol{a} \to 0$, 由于 $T \sim 1 + \mathrm{i}\widehat{\boldsymbol{p}}\cdot\boldsymbol{a}$ 和 $T^{\dagger} \sim 1 - \mathrm{i}\widehat{\boldsymbol{p}}\cdot\boldsymbol{a}$,

$$T^{\dagger}\widehat{H}T \approx \widehat{H} - \mathrm{i}\boldsymbol{a}\cdot[\widehat{\boldsymbol{p}},\widehat{H}], \tag{3.203}$$

则如前所述, $[\widehat{\boldsymbol{p}},\widehat{H}] = 0$. 对于平移不变系统, 动量与系统哈密顿量对易子为零.

考虑一个力学量 $\widehat{A}$ 在热平衡态 $\widehat{\rho} = \exp(-\beta\widehat{H})/z$ 上的期望值

$$\langle\widehat{A}\rangle = \mathrm{Tr}\left(\frac{1}{z}\mathrm{e}^{-\beta H}\widehat{A}\right), \tag{3.204}$$

其中 $z = \mathrm{Tr}(\exp(-\beta\widehat{H}))$ 是系统处于热平衡态的配分函数. 我们计算 $[\widehat{\boldsymbol{p}},\widehat{A}]$ 的平均值:

$$\begin{aligned}
\langle[\widehat{\boldsymbol{p}},\widehat{A}]\rangle &= [\mathrm{Tr}(\mathrm{e}^{-\beta H}\widehat{\boldsymbol{p}}\widehat{A}) - \mathrm{Tr}(\mathrm{e}^{-\beta H}\widehat{A}\widehat{\boldsymbol{p}})]/z \\
&= [\mathrm{Tr}(\widehat{\boldsymbol{p}}\mathrm{e}^{-\beta H}\widehat{A}) - \mathrm{Tr}(\mathrm{e}^{-\beta H}\widehat{A}\widehat{\boldsymbol{p}})]/z \\
&= \frac{1}{z}\mathrm{Tr}(\mathrm{e}^{-\beta H}\widehat{A}\widehat{\boldsymbol{p}}) - \frac{1}{z}\mathrm{Tr}(\mathrm{e}^{-\beta H}\widehat{A}\widehat{\boldsymbol{p}}) = 0,
\end{aligned} \tag{3.205}$$

最后证明了 $\langle[\widehat{\boldsymbol{p}},\widehat{A}]\rangle = 0$. 为得到 (3.205) 式的第二个等号, 我们考虑了 $[\widehat{\boldsymbol{p}},\widehat{H}] = 0$. 因此我们有结论: 对于具有平移对称性的多体系统而言, 任何量与动量算子的对易子在热平衡态 (或对应 $\beta \to \infty$ 的基态) 上平均值为零.

作为一个例子, 对心相互作用势通常可表达为

$$V = v(\boldsymbol{r}_1 - \boldsymbol{r}_2) + v(\boldsymbol{r}_2 - \boldsymbol{r}_3) + \cdots + v(\boldsymbol{r}_{N-1} - \boldsymbol{r}_N) + v(\boldsymbol{r}_N - \boldsymbol{r}_1), \tag{3.206}$$

它具有平移不变性. 在二次量子化表象下, 自由粒子系统的哈密顿量是

$$\widehat{H} = \sum_{j=1}^{N} \widehat{H}(j) \equiv \sum_{j=1}^{N} \frac{\widehat{\boldsymbol{p}}_j^2}{2m} = \sum_{\boldsymbol{k}} \hbar\omega_{\boldsymbol{k}} \widehat{a}_{\boldsymbol{k}}^{\dagger} \widehat{a}_{\boldsymbol{k}}, \tag{3.207}$$

其中 $\hbar\omega_{\boldsymbol{k}} = \hbar^2 \boldsymbol{k}^2/(2m)$, $\widehat{a}_{\boldsymbol{k}}$ 是对应于动量本征态 $|\boldsymbol{k}\rangle$ 的湮灭算子, $\widehat{p}|\boldsymbol{k}\rangle = \hbar\boldsymbol{k}|\boldsymbol{k}\rangle$. 由此可以写下动量算子的二次量子化的形式

$$\widehat{\boldsymbol{p}} = \sum_{\boldsymbol{k}} \hbar\boldsymbol{k}\widehat{a}_{\boldsymbol{k}}^{\dagger} \widehat{a}_{\boldsymbol{k}}. \tag{3.208}$$

计算以下对易子在热平衡态上的平均值:

$$0 = \langle [\widehat{p}, \widehat{a}_{\boldsymbol{k}}^{\dagger} \widehat{a}_{\boldsymbol{q}}] \rangle = \left\langle \left[\sum_{\boldsymbol{k}'} \hbar\boldsymbol{k}' \widehat{a}_{\boldsymbol{k}'}^{\dagger} \widehat{a}_{\boldsymbol{k}'}, \widehat{a}_{\boldsymbol{k}}^{\dagger} \widehat{a}_{\boldsymbol{q}} \right] \right\rangle = \hbar(\boldsymbol{k} - \boldsymbol{q}) \langle \widehat{a}_{\boldsymbol{k}}^{\dagger} \widehat{a}_{\boldsymbol{q}} \rangle, \tag{3.209}$$

故有

$$\langle \widehat{a}_{\boldsymbol{k}}^{\dagger} \widehat{a}_{\boldsymbol{q}} \rangle = \delta(\boldsymbol{k} - \boldsymbol{q}) n_{\boldsymbol{k}}. \tag{3.210}$$

这就是说, 单粒子约化密度矩阵 (也称单体约化密度矩阵) 只有对角元不为零, 非对角元全部消逝. 在 3.1 节中, 我们曾给出了单体约化密度矩阵的定义, 但是当时没有考虑全同性, 接下来我们通过类比经典中的单体约化密度分布, 重新给出单体约化密度矩阵的定义, 并证明 $\langle \widehat{a}_{\boldsymbol{k}}^{\dagger} \widehat{a}_{\boldsymbol{q}} \rangle$ 等于单体约化密度矩阵的矩阵元.

对于经典情形, 设在位形空间上的概率密度分布为 $\rho(\boldsymbol{r}_1, \boldsymbol{r}_2, \cdots, \boldsymbol{r}_N)$, 则在 $\boldsymbol{r}_j$ 处发现第 j 个粒子的概率密度 $\rho(\boldsymbol{r}_j, j)$ 由 $N-1$ 重积分给出:

$$\rho(\boldsymbol{r}_j, j) = \int \mathrm{d}^3 \boldsymbol{r}_1 \cdots \mathrm{d}^3 \boldsymbol{r}_{j-1} \mathrm{d}^3 \boldsymbol{r}_{j+1} \cdots \mathrm{d}^3 \boldsymbol{r}_N \rho(\boldsymbol{r}_1, \boldsymbol{r}_2, \cdots, \boldsymbol{r}_N). \tag{3.211}$$

因为每个粒子都有一定概率出现在 $\boldsymbol{r}$ 点, 所以在 $\boldsymbol{r}$ 处发现粒子的概率密度 (单体约化密度分布) 需要对粒子指标 j 进行求和:

$$\begin{aligned}
\rho(\boldsymbol{r}) &= \sum_{j=1}^{N} \rho(\boldsymbol{r}, j) = \sum_{j=1}^{N} \int \mathrm{d}^3 \boldsymbol{r}_j \rho(\boldsymbol{r}_j, j) \delta(\boldsymbol{r} - \boldsymbol{r}_j) \\
&= \sum_{j=1}^{N} \int \mathrm{d}^3 \boldsymbol{r}_1 \cdots \mathrm{d}^3 \boldsymbol{r}_N \delta(\boldsymbol{r} - \boldsymbol{r}_j) \rho(\boldsymbol{r}_1, \boldsymbol{r}_2, \cdots, \boldsymbol{r}_N) \\
&= \int \mathrm{d}^3 \boldsymbol{r}_1 \cdots \mathrm{d}^3 \boldsymbol{r}_N \sum_{j=1}^{N} \delta(\boldsymbol{r} - \boldsymbol{r}_j) \rho(\boldsymbol{r}_1, \boldsymbol{r}_2, \cdots, \boldsymbol{r}_N). \tag{3.212}
\end{aligned}$$

类比上面公式中的 $\rho(\boldsymbol{r}) = \sum_{j=1}^{N} \rho(\boldsymbol{r}, j)$, 我们可以定义量子情形的单体约化密度算子的矩阵元

$$\langle \boldsymbol{q} | \widehat{\rho}_1 | \boldsymbol{p} \rangle = \sum_{j=1}^{N} \langle \boldsymbol{q}(j) | \widehat{\rho}_1(j) | \boldsymbol{p}(j) \rangle, \tag{3.213}$$

其中 $\widehat{\rho}_1(j) \equiv T_{1,2,\cdots,j-1,j+1,\cdots,N} \widehat{\rho} \equiv \mathrm{Tr}_{(j)}^{N-1}[\widehat{\rho}]$ 表示对除去第 j 个粒子之外的 $(N-1)$ 个粒子求迹, 基矢选取 $(N-1)$ 个粒子的对称基 (玻色子) 或反对称基 (费米子).

当 $\boldsymbol{q} = \boldsymbol{p}$ 时, 对角元 $\langle \boldsymbol{q}(j) | \widehat{\rho}_1(j) | \boldsymbol{q}(j) \rangle$ 代表第 j 个粒子出现在 $\boldsymbol{q}$ 态的概率, 因此总的概率等于对粒子指标 j 的求和. 类似地, 当 $\boldsymbol{q} \neq \boldsymbol{p}$ 时, 非对角元 $\langle \boldsymbol{q}(j) | \widehat{\rho}_1(j) | \boldsymbol{p}(j) \rangle$ 代表第 j 个粒子从 $\boldsymbol{p}$ 态跃迁到 $\boldsymbol{q}$ 态的概率, 总的跃迁概率也需要对 j 求和. 由于全同性, 矩阵元 $\langle \boldsymbol{q}(j) | \widehat{\rho}_1(j) | \boldsymbol{p}(j) \rangle$ 应与 j 无关.

下面据此定义证明

$$\langle \boldsymbol{q} | \widehat{\rho}_1 | \boldsymbol{k} \rangle = \langle \widehat{a}_{\boldsymbol{k}}^{\dagger} \widehat{a}_{\boldsymbol{q}} \rangle. \tag{3.214}$$

首先将密度矩阵在 N 粒子态上面展开:

$$\widehat{\rho} = \sum_{\alpha,\beta} \rho_{\alpha\beta} |\alpha\rangle_N \langle\beta|, \tag{3.215}$$

其中 $\rho_{\alpha\beta} \equiv \langle\alpha|\widehat{\rho}|\beta\rangle_N, \{|\alpha\rangle_N\}, \{|\beta\rangle_N\}$ 为 N 粒子对称态基矢 (玻色子) 或反对称态基矢 (费米子). 于是

$$
\begin{aligned}
\langle \boldsymbol{q}(j) | \mathrm{Tr}_{(j)}^{N-1}[\widehat{\rho}] | \boldsymbol{k}(j) \rangle &= \langle \boldsymbol{q}(j) | \sum_{\gamma_j} \langle\gamma_j|\widehat{\rho}|\gamma_j\rangle_{N-1} | \boldsymbol{k}(j) \rangle \\
&= \langle \boldsymbol{q}(j) | \sum_{\gamma_j} \langle\gamma_j|_{N-1} \sum_{\alpha,\beta} \rho_{\alpha\beta} |\alpha\rangle_N \langle\beta|_N |\gamma_j\rangle_{N-1} | \boldsymbol{k}(j) \rangle \\
&= \sum_{\gamma_j} \sum_{\alpha,\beta} \rho_{\alpha\beta} \langle\gamma_j|_{N-1} \langle \boldsymbol{q}(j)|\alpha\rangle_N \langle\beta|_N | \boldsymbol{k}(j)\rangle |\gamma_j\rangle_{N-1} \\
&= \sum_{\gamma_j} \sum_{\alpha,\beta} \langle\beta|_N | \boldsymbol{k}(j)\rangle |\gamma_j\rangle_{N-1} \langle\gamma_j|_{N-1} \langle \boldsymbol{q}(j)|\alpha\rangle_N \langle\alpha|\widehat{\rho}|\beta\rangle \\
&= \sum_{\beta} \langle\beta| \boldsymbol{k}(j)\rangle \langle \boldsymbol{q}(j)|\widehat{\rho}|\beta\rangle_N \\
&= \mathrm{Tr}^N (|\boldsymbol{k}(j)\rangle \langle \boldsymbol{q}(j)|\widehat{\rho}),
\end{aligned}
\tag{3.216}
$$

其中 $\{|\gamma_j\rangle_{N-1}\}$ 表示除去第 j 个粒子之外的 $N-1$ 粒子对称态基矢 (玻色子) 或反对

称态基矢 (费米子), 故

$$\langle \boldsymbol{q}|\widehat{\rho}_1|\boldsymbol{k}\rangle = \sum_{j=1}^{N}\langle \boldsymbol{q}(j)|\mathrm{Tr}_{(j)}^{N-1}[\widehat{\rho}]|\boldsymbol{k}(j)\rangle$$
$$= \mathrm{Tr}^{N}\left(\sum_{j=1}^{N}|\boldsymbol{k}(j)\rangle\langle \boldsymbol{q}(j)|\widehat{\rho}\right)$$
$$= \mathrm{Tr}^{N}(\widehat{a}_{\boldsymbol{k}}^{\dagger}\widehat{a}_{\boldsymbol{q}}\widehat{\rho})$$
$$= \langle \widehat{a}_{\boldsymbol{k}}^{\dagger}\widehat{a}_{\boldsymbol{q}}\rangle, \tag{3.217}$$

最后一步用到了

$$\sum_{j=1}^{N}|\boldsymbol{k}(j)\rangle\langle \boldsymbol{q}(j)| = \widehat{a}_{\boldsymbol{k}}^{\dagger}\widehat{a}_{\boldsymbol{q}}. \tag{3.218}$$

现在, 我们进一步要求量子多体系统满足粒子数守恒, 即系统具有整体 U(1) 对称性. 对于粒子数守恒系统, 粒子数算子

$$\widehat{N} = \sum_{\boldsymbol{k}}\widehat{a}_{\boldsymbol{k}}^{\dagger}\widehat{a}_{\boldsymbol{k}} \tag{3.219}$$

与哈密顿量对易, 亦即 $[\widehat{H},\widehat{N}]=0$, 从而

$$\mathrm{e}^{\mathrm{i}\widehat{N}\theta}\widehat{H}\mathrm{e}^{-\mathrm{i}\widehat{N}\theta} = \widehat{H}, \tag{3.220}$$

即具有整体 U(1) 对称性. 于是, 我们可以证明以下的定理.

定理 3.2 对于粒子数守恒且满足平移不变性的多粒子系统, 场算子在平衡态上的平均值为零:

$$\widehat{\psi}(\boldsymbol{r}) = \frac{1}{\sqrt{N}}\sum_{\boldsymbol{k}}\mathrm{e}^{\mathrm{i}\boldsymbol{k}\cdot\boldsymbol{r}}\widehat{a}_{\boldsymbol{k}}, \quad \langle \widehat{\psi}(\boldsymbol{r})\rangle = 0. \tag{3.221}$$

证明 对于任意给定的实数 θ, 由

$$\exp(\mathrm{i}N\theta)\widehat{a}_{\boldsymbol{k}}\exp(-\mathrm{i}N\theta) = \exp(-\mathrm{i}\theta)\widehat{a}_{\boldsymbol{k}}, \tag{3.222}$$

得到

$$\langle \widehat{a}_{\boldsymbol{k}}\rangle = \mathrm{Tr}\{\mathrm{e}^{-\beta H}\widehat{a}_{\boldsymbol{k}}\}/z = \mathrm{Tr}\{\mathrm{e}^{\mathrm{i}N\theta}\mathrm{e}^{-\mathrm{i}N\theta}\mathrm{e}^{-\beta H}\widehat{a}_{\boldsymbol{k}}\}/z$$
$$= \mathrm{Tr}\{\mathrm{e}^{-\beta H}\mathrm{e}^{-\mathrm{i}N\theta}\widehat{a}_{\boldsymbol{k}}\mathrm{e}^{\mathrm{i}N\theta}\}/z = \langle \widehat{a}_{\boldsymbol{k}}\rangle\mathrm{e}^{\mathrm{i}\theta}. \tag{3.223}$$

因此, 对于任何 θ, 公式 $(1-\exp(\mathrm{i}\theta))\langle \widehat{a}_{\boldsymbol{k}}\rangle = 0$. 从而有 $\langle \widehat{a}_{\boldsymbol{k}}\rangle = 0$, 或 $\langle \widehat{\psi}(\boldsymbol{r})\rangle = 0$.

根据以上定理, 对于具有平移不变性且粒子数守恒的量子多体系统, 有一般的结论

$$\langle \widehat{a}_{\boldsymbol{k}}^{\dagger} \widehat{a}_{\boldsymbol{q}} \rangle = \delta(\boldsymbol{k} - \boldsymbol{q}) n_{\boldsymbol{k}}, \quad \langle \widehat{\psi}(\boldsymbol{r}) \rangle = 0. \tag{3.224}$$

基于上述一般结论, 我们将从对称性破缺的角度讨论玻色 – 爱因斯坦凝聚 (BEC). 在上一节的讨论中, 我们展示了在变分的意义下, 存在一个基态 |BEC⟩ 使得场算子的平均值不为零, 由此给出了序参量. 这个结论看上去与上述定理矛盾, 出现了佯谬. 以下讨论如何解决这个佯谬.

大家知道, 玻色子系统有统计分布

$$n_{\boldsymbol{q}} = \frac{1}{\mathrm{e}^{(\varepsilon_{\boldsymbol{q}} - \mu)/k_{\mathrm{B}}T} - 1}. \tag{3.225}$$

在高温条件 $(T \gg T_{\mathrm{c}})$ 下: $n_{\boldsymbol{q}} \to \exp(\mu/k_{\mathrm{B}}T) \exp(-\varepsilon_{\boldsymbol{q}}/k_{\mathrm{B}}T)$. 在低温条件 $(T \ll T_{\mathrm{c}})$ 下随温度下降, 让化学势 $\mu \to 0$, 以保持总粒子数

$$N = \sum_{\boldsymbol{q}} n_{\boldsymbol{q}} = \frac{4\pi V g \sqrt{2} m^{3/2}}{(2\pi\hbar)^3} \int_0^{\infty} \frac{\varepsilon^{1/2} \mathrm{d}\varepsilon}{\mathrm{e}^{(\varepsilon - \mu)/k_{\mathrm{B}}T} - 1} \tag{3.226}$$

不变. 上式可重新表达为

$$\rho_{\mathrm{c}} \lambda_{\mathrm{D}}^3 = \left(\frac{N}{V}\right)_{\mathrm{c}} \lambda_{\mathrm{D}}^3 = 2.612, \tag{3.227}$$

其中 $\rho_{\mathrm{c}} \equiv N/V$ 是粒子的密度, 而

$$\lambda_{\mathrm{D}} = \sqrt{\frac{2\pi\hbar^2}{mk_{\mathrm{B}}T}} \tag{3.228}$$

称为热波长, 它对应于粒子热运动的平均速度. 事实上, 温度为 T 时, 热运动的平均能量

$$\frac{p^2}{2m} \sim \frac{1}{2} k_{\mathrm{B}}T, \quad p \sim \sqrt{mk_{\mathrm{B}}T}. \tag{3.229}$$

它对应的物质波波长就是热波长:

$$\lambda_{\mathrm{D}} = \frac{h}{p}. \tag{3.230}$$

现在用非对角长程序 (off-diagonal long range order, 简记为 ODLRO) 描述玻色 – 爱因斯坦凝聚. 为此, 考虑一阶相干函数, 它是坐标表象中单粒子约化密度矩阵的非对角元:

$$G^{(1)}(\boldsymbol{r}_1, \boldsymbol{r}_2) = \rho(\boldsymbol{r}_1, \boldsymbol{r}_2) = \langle \widehat{\psi}^{\dagger}(\boldsymbol{r}_1) \widehat{\psi}(\boldsymbol{r}_2) \rangle = \sum_{\boldsymbol{k}} \langle \widehat{n}_{\boldsymbol{k}} \rangle \frac{\mathrm{e}^{\mathrm{i}\boldsymbol{k} \cdot (\boldsymbol{r}_1 - \boldsymbol{r}_2)}}{V}. \tag{3.231}$$

考虑到任何一个缓变函数与快速振荡因子乘积在有限大小区域上的积分为零, 即

$$\int f(z)\mathrm{e}^{\mathrm{i}qz}\mathrm{d}z \xrightarrow{q\to\infty} 0. \tag{3.232}$$

(3.231) 式则表明, 如果没有玻色 – 爱因斯坦凝聚, 零动量态的占据 n_0 可以忽略:

$$G^{(1)}(\boldsymbol{r}_1,\boldsymbol{r}_2) = \int n_{\boldsymbol{k}}\mathrm{e}^{\mathrm{i}\boldsymbol{k}\cdot(\boldsymbol{r}_1-\boldsymbol{r}_2)}\mathrm{d}\boldsymbol{k} \xrightarrow{|\boldsymbol{r}_1-\boldsymbol{r}_2|\to\infty} 0. \tag{3.233}$$

在坐标表象中就没有非零的非对角元 —— 非对角长程序 (ODLRO).

如果有凝聚现象发生, 我们重新计算单粒子约化密度矩阵, 分离出有限的凝聚部分 n_0, 并令 $r = |\boldsymbol{r}_1 - \boldsymbol{r}_2|$, 按附录 3.2 中的计算我们得到

$$\rho(r) \approx \begin{cases} \dfrac{mk_\mathrm{B}T}{2\pi\hbar^2 r} + \dfrac{n_0}{V}, & \text{出现 BEC 时,} \\[3mm] \dfrac{mk_\mathrm{B}T}{2\pi\hbar^2}\dfrac{1}{r}\mathrm{e}^{-\sqrt{2\alpha m k_\mathrm{B}T}r/\hbar}, & \text{无 BEC 时.} \end{cases} \tag{3.234}$$

因此, 当玻色 – 爱因斯坦凝聚发生时, ODLRO 将不为零, 即

$$r = |\boldsymbol{r}_1 - \boldsymbol{r}_2| \to \infty, \quad \rho(\boldsymbol{r}_1,\boldsymbol{r}_2) \to \frac{n_0}{V}. \tag{3.235}$$

(3.234) 式表明, 玻色 – 爱因斯坦凝聚时的关联长度正比于热波长 λ_D. 从直观的物理现象看, 温度变低时, 热波长变大. 当热波长与原子之间间距可比时, 多原子系统便形成了一个相干的整体 —— 玻色 – 爱因斯坦凝聚 (或称为宏观原子), 如图 3.4 所示.

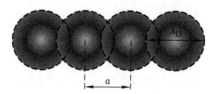

图 3.4 低温时, 热波长变长, 导致物质波相干, 形成宏观原子 —— BEC

以下我们考察玻色 – 爱因斯坦凝聚发生的彭罗斯 (Penrose) – 昂萨格 (Onsager) 判据: 如果单粒子约化密度矩阵可以因子化为

$$\rho(\boldsymbol{r}_1,\boldsymbol{r}_2) \to \frac{n_0}{V} = \phi^*(\boldsymbol{r}_1)\phi(\boldsymbol{r}_2), \tag{3.236}$$

则有玻色 — 爱因斯坦凝聚发生, 其中 $\phi(\boldsymbol{r}_1)$ 和 $\phi(\boldsymbol{r}_2)$ 是密度算子因子化的函数. 现在还需要考察它与非对角长程序的关系, 并证明它与博戈留波夫 (Bogoliubov) 近似等价. 单粒子密度矩阵元的因子化意味着

$$\langle\widehat{\psi}^{\dagger}(\boldsymbol{r}_1)\widehat{\psi}(\boldsymbol{r}_2)\rangle \to \phi^*(\boldsymbol{r}_1)\phi(\boldsymbol{r}_2), \quad \langle\widehat{\psi}^{\dagger}(\boldsymbol{r}_1)\rangle = \phi(\boldsymbol{r}_1) \neq 0. \tag{3.237}$$

我们分解玻色 — 爱因斯坦凝聚系统的场算子, 分离出对应于基态的 $\widehat{a}_0$ 模的部分:

$$\widehat{\psi}(\boldsymbol{r}) = \frac{1}{\sqrt{V}}u_0(\boldsymbol{r})\widehat{a}_0 + \sum_{\boldsymbol{k}\neq 0}[\cdots]. \tag{3.238}$$

BEC 发生时, 做以下最低阶近似 —— 博戈留波夫近似: 把基态的产生、湮灭算子看成常数. 事实上, 假设大量粒子凝聚在一个特定状态上, 设为 $|\psi(0)\rangle = |\text{BEC}\rangle$, 在该态上场算子的平均值为

$$\psi(\boldsymbol{r},t) = \langle\text{BEC}|\widehat{\psi}(\boldsymbol{r},t)|\text{BEC}\rangle. \tag{3.239}$$

玻色 – 爱因斯坦凝聚发生时, $\psi(\boldsymbol{r},t)$ 不为零且为一个很大的量. 假设

$$\widehat{\psi}(\boldsymbol{r},t) = \psi(\boldsymbol{r},t) + \lambda\widetilde{\psi}(\boldsymbol{r},t), \tag{3.240}$$

其中 λ 为微扰参量. 把上式代入参数化的运动方程

$$\mathrm{i}\hbar\frac{\partial}{\partial t}\widehat{\psi}(\boldsymbol{r},t) = \left[-\frac{\hbar^2\nabla^2}{2m} + V(\boldsymbol{r})\right]\widehat{\psi}(\boldsymbol{r},t) + g(\widehat{\psi}(\boldsymbol{r},t)^{\dagger}\widehat{\psi}(\boldsymbol{r},t))\widehat{\psi}(\boldsymbol{r},t), \tag{3.241}$$

比较方程两边 λ 相同幂次项的 "系数", 则有零阶和一阶的微扰方程:

$$\mathrm{i}\hbar\frac{\partial}{\partial t}\psi(\boldsymbol{r},t) = \left[-\frac{\hbar^2}{2m}\nabla^2 + V(\boldsymbol{r})\right]\psi(\boldsymbol{r},t) + g|\psi|^2\psi, \tag{3.242}$$

$$\mathrm{i}\hbar\frac{\partial}{\partial t}\widetilde{\psi}(\boldsymbol{r},t) = \left[-\frac{\hbar^2}{2m}\nabla^2 + V(\boldsymbol{r})\right]\widetilde{\psi}(\boldsymbol{r},t) + 2g|\psi|^2\widetilde{\psi} + g\psi^2\widetilde{\psi}^{\dagger}. \tag{3.243}$$

当量子涨落部分 $\widetilde{\psi}(\boldsymbol{r},t)$ 忽略不计时, 只须保留一级近似方程 (3.242) —— 时间相关的 GP 方程, 这是一个经典场方程, 它是非线性的, 而 BEC 的激发则由方程 (3.243) 描述. 对于时间相关的 GP 方程, 我们分离出动力学因子

$$\psi(\boldsymbol{r},t) = \mathrm{e}^{\frac{-\mathrm{i}\mu t}{\hbar}}\psi(\boldsymbol{r}), \tag{3.244}$$

则重新得到稳态 GP 方程

$$\left[-\frac{\hbar^2}{2m}\nabla^2 + V(\boldsymbol{r}) + g|\psi(\boldsymbol{r})|^2\right]\psi(\boldsymbol{r}) = \mu\psi(\boldsymbol{r}), \tag{3.245}$$

其中 μ 是玻色 – 爱因斯坦凝聚系统的化学势.

以下从与外场相互作用的角度出发, 我们一般地分析博戈留波夫近似的合理性. 假设玻色 – 爱因斯坦凝聚基态及其与外界的相互作用有以下形式:

$$\widehat{H}_0 = \cdots \widehat{a}_0 F^\dagger + h.c. + \cdots, \tag{3.246}$$

其中, F 是外部变量. 下面证明如下两个初值问题是等价的:

初值问题 (1):

$$\begin{cases} i\hbar\partial_t |\varphi\rangle = \widehat{H}_0 |\varphi\rangle, \\ |\varphi(0)\rangle = |\alpha\rangle \text{ (相干态)}; \end{cases} \tag{3.247}$$

初值问题 (2):

$$\begin{cases} i\hbar\partial_t |\psi\rangle = \widehat{H}_B |\psi\rangle, \\ |\psi(0)\rangle = |0\rangle \text{ (真空态)}. \end{cases} \tag{3.248}$$

当 α 较大时,

$$\widehat{H}_B \to \alpha F^\dagger + \alpha^* F + \cdots \tag{3.249}$$

就是原来哈密顿量 $\widehat{H}_0$ 的博戈留波夫近似, 即把 $\widehat{a}_0$ 看成一个很大的常数, $\widehat{a}_0 \to \sqrt{N_0}$. 事实上, 让平移算子 $D(\alpha) = \exp(\alpha\widehat{a}_0^\dagger - \alpha^*\widehat{a}_0)$ 作用在产生、湮灭算子上, 即 $D^{-1}(\alpha)\widehat{a}_0 D(\alpha) = \widehat{a}_0 + \alpha$, 由此得到平移后的哈密顿量

$$\widehat{H}_B = D^{-1}(\alpha)\widehat{H}_0 D(\alpha) = \widehat{H}_0 + \alpha F^\dagger + \alpha^* F. \tag{3.250}$$

当 α 值较大时, 可以近似地得到低能有效哈密顿量

$$\widehat{H}_B \approx \alpha F^\dagger + \alpha^* F + \cdots. \tag{3.251}$$

这些分析表明, 博戈留波夫近似可以近似地描述玻色 – 爱因斯坦凝聚基态及其与外界的相互作用. 其中我们把 $\widehat{a}_0$ 看成常数算子, $\widehat{a}_0$ 的平均值自然不为零, 这与上面关于粒子数守恒平移不变系统的基本性质的推论 $\langle a_j \rangle = 0$ 不一致. 这意味着在热力学极限 (粒子数 $N \to \infty$) 下, 粒子数守恒的 U(1) 对称性被破缺掉了.

对于粒子数守恒的系统, 我们加一个线性驱动项 $\propto (\widehat{a}_0 + \widehat{a}_0^\dagger)$, 产生 U(1) 对称性破缺以后, 我们得到以下的结果:

$$\widehat{H}_0 = \sum_k \varepsilon_k \widehat{a}_k^\dagger \widehat{a}_k \to \widehat{H} = \widehat{H}_0 + g\sqrt{V}(\widehat{a}_0^\dagger + \widehat{a}_0), \tag{3.252}$$

其中物理上要求范霍夫 (van Hove) 极限 $g\sqrt{V} \to$ 常数, 它类似于热力学极限. 我们可以证明, 在热力学极限下, N 和 V 先趋于无穷, 但 $g\sqrt{V} \to$ 常数, 即使最后 $g \to 0$, 我们也能得到非零的序参量

$$\langle \widehat{a}_0 \rangle = \lim_{g \to 0} \lim_{\substack{N \to \infty \\ V \to \infty}} \langle \widehat{a}_0 \rangle_H = \sqrt{N_0} \neq 0, \tag{3.253}$$

从而场算子的平均值 $\langle \widehat{\psi} \rangle \not\to 0$. 如果先让 $g \to 0$, 则 $\langle \widehat{a}_0 \rangle = 0$, $\langle \widehat{\psi} \rangle \to 0$.

一般来说, 在量子多体物理中, 人们普遍认为非零序参量出现是对称性破缺的结果. 这种由序参量描述的对称性破缺产生宏观有序的量子态的现象, 叫作涌现现象. 它代表了与基本粒子物理关于深层次物质结构规律相对比的另一类普适的自然界规律. P. W. 安德森 (Anderson) 说 "多者异也" (more is different), 就是谈多体系统的宏观有序的涌现现象.

附录 3.1 对称式与玻色子

以下我们与斯莱特行列式相似地用积和式 (permanent) 表达玻色子系统二次量子化: 与 N 阶矩阵行列式

$$\sum_{P \in S_N} (-1)^{\delta_P} u_{1P(1)} u_{2P(2)} \cdots u_{NP(N)} = \begin{vmatrix} u_{11} & \cdots & u_{1N} \\ u_{21} & \cdots & u_{2N} \\ \cdots & \cdots & \cdots \\ u_{N1} & \cdots & u_{NN} \end{vmatrix} \tag{3.254}$$

相似, 我们定义积和式

$$\sum_{P \in S_N} u_{1P(1)} u_{2P(2)} \cdots u_{NP(N)} = \begin{Vmatrix} u_{11} & \cdots & u_{1N} \\ u_{21} & \cdots & u_{2N} \\ \cdots & \cdots & \cdots \\ u_{N1} & \cdots & u_{NN} \end{Vmatrix}, \tag{3.255}$$

则产生算子定义为

$$\frac{\widehat{a}_j^\dagger}{\sqrt{N!}} \begin{Vmatrix} u_1(1) & u_1(2) & \cdots & u_1(N) \\ u_2(1) & u_2(2) & \cdots & u_2(N) \\ \cdots & \cdots & \cdots \\ u_N(1) & u_N(2) & \cdots & u_N(N) \end{Vmatrix}$$

$$= \frac{1}{\sqrt{(N+1)!}} \begin{Vmatrix} u_j(1) & u_j(2) & \cdots & u_j(N) & u_j(N+1) \\ u_1(1) & u_1(2) & \cdots & u_1(N) & u_1(N+1) \\ \cdots & \cdots & \cdots & \cdots & \cdots \\ u_N(1) & u_N(2) & \cdots & u_N(N) & u_N(N+1) \end{Vmatrix}, \tag{3.256}$$

而福克态可表示为

$$|n_1 \cdots n_j \cdots\rangle = \sqrt{\frac{\cdots n_j! \cdots}{N!}} \begin{Vmatrix} u_1(1) & u_1(2) & \cdots & u_1(N) \\ u_2(1) & u_2(2) & \cdots & u_2(N) \\ \cdots & \cdots & \cdots & \cdots \\ u_N(1) & u_N(2) & \cdots & u_N(N) \end{Vmatrix}. \tag{3.257}$$

附录 3.2 玻色 – 爱因斯坦凝聚的非对角长程序计算

我们计算自由玻色气体发生凝聚后的非对角长程序 (ODLRO). 系统二次量子化的哈密顿量为

$$\widehat{H} = \sum_{\boldsymbol{p}} \frac{\boldsymbol{p}^2}{2m} \widehat{a}_{\boldsymbol{p}}^\dagger \widehat{a}_{\boldsymbol{p}}. \tag{3.258}$$

考虑温度为 T 的热态分布, 动量为 $\boldsymbol{p}$ 的粒子数为

$$n_{\boldsymbol{p}} = \frac{1}{\exp(\alpha + \beta\hbar^2 \boldsymbol{k}^2/2m) - 1}, \tag{3.259}$$

其中 $\beta = 1/k_\mathrm{B}T$, k_B 为玻尔兹曼常量, $\alpha = \mu/k_\mathrm{B}T \geqslant 0$.

非对角长程序 (ODLRO) 定义为

$$\rho(\boldsymbol{r}_1, \boldsymbol{r}_2) \equiv \langle \psi^\dagger(\boldsymbol{r}_1)\psi(\boldsymbol{r}_2)\rangle = \frac{1}{V}\sum_{\boldsymbol{k}}\langle \widehat{n}_{\boldsymbol{k}}\rangle \mathrm{e}^{\mathrm{i}\boldsymbol{k}\cdot(\boldsymbol{r}_1 - \boldsymbol{r}_2)}. \tag{3.260}$$

将对 $\boldsymbol{k}$ 求和变为积分, 并令 $\boldsymbol{r} = \boldsymbol{r}_1 - \boldsymbol{r}_2$, 则

$$\rho(\boldsymbol{r}_1, \boldsymbol{r}_2) = \int \frac{\mathrm{d}^3\boldsymbol{k}}{(2\pi)^3}\frac{\mathrm{e}^{\mathrm{i}\boldsymbol{k}\cdot\boldsymbol{r}}}{\exp(\alpha + \beta\hbar^2\boldsymbol{k}^2/2m) - 1} + \frac{n_0}{V}, \tag{3.261}$$

最后一项 n_0 是出现玻色 – 爱因斯坦凝聚时的凝聚项. 下面我们将 $\boldsymbol{k}$ 的积分改写为在球坐标下计算:

$$\begin{aligned} &\int \frac{\mathrm{d}^3\boldsymbol{k}}{(2\pi)^3}\frac{\mathrm{e}^{\mathrm{i}\boldsymbol{k}\cdot\boldsymbol{r}}}{\exp(\alpha + \beta\hbar^2\boldsymbol{k}^2/2m) - 1} \\ &= \frac{2\pi}{(2\pi)^3}\int_0^\infty \frac{k^2\mathrm{d}k}{\exp(\alpha + \beta\hbar^2 k^2/2m) - 1}\int_0^\pi \sin\theta \mathrm{e}^{\mathrm{i}kr\cos\theta}\mathrm{d}\theta, \end{aligned} \tag{3.262}$$

其中 θ 是 $\boldsymbol{k}$ 与 $\boldsymbol{r}$ 的夹角. 完成对角度的积分得到

$$\int_0^\pi \sin\theta \mathrm{e}^{\mathrm{i}kr\cos\theta}\mathrm{d}\theta = \frac{2\sin kr}{kr}, \tag{3.263}$$

则 (3.262) 式简化为

$$\frac{4\pi}{(2\pi)^3 r}\int_0^\infty \frac{k\sin kr}{\exp(\alpha + \beta\hbar^2 k^2/2m) - 1}\mathrm{d}k = \frac{4\pi}{(2\pi)^3 r}\int_0^\infty \frac{k\sin kr}{\mathrm{e}^{\alpha + \lambda_\mathrm{D}^2 k^2/4\pi} - 1}\mathrm{d}k, \tag{3.264}$$

其中参数 $\lambda_{\mathrm{D}} \equiv \sqrt{2\pi\beta\hbar^2/m}$ 是热波长. 利用无穷求和将 k 的积分表示为

$$\int_0^\infty \frac{k\sin kr}{e^{\alpha+\lambda_{\mathrm{D}}^2 k^2/4\pi}-1}\mathrm{d}k = \int_0^{+\infty}\sum_{n=0}^\infty e^{-\lambda_{\mathrm{D}}^2 k^2/4\pi-\alpha}[e^{-\lambda_{\mathrm{D}}^2 k^2/4\pi-\alpha}]^n k\sin kr\mathrm{d}k. \tag{3.265}$$

进一步计算积分

$$\sum_{n=1}^\infty e^{-n\alpha}\int_0^{+\infty} ke^{-\frac{n\lambda_{\mathrm{D}}^2 k^2}{4\pi}}\sin kr\mathrm{d}k = -\sum_{n=1}^\infty e^{-n\alpha}\frac{\partial}{\partial r}\int_0^{+\infty} e^{-\frac{n\lambda_{\mathrm{D}}^2 k^2}{4\pi}}\cos kr\mathrm{d}k. \tag{3.266}$$

根据公式

$$\int_0^\infty e^{-ax^2}\cos bx\mathrm{d}x = \frac{1}{2}e^{-\frac{b^2}{4a}}\sqrt{\frac{\pi}{a}} \quad (a>0, b\in R), \tag{3.267}$$

则我们得到

$$\int_0^\infty \frac{k\sin kr}{e^{-\alpha+\lambda_{\mathrm{D}}^2 k^2/4\pi}-1}\mathrm{d}k = -\frac{1}{2}\sum_{n=1}^\infty e^{-n\alpha}\frac{\partial}{\partial r}e^{-\frac{\pi r^2}{\lambda_{\mathrm{D}}^2 n}}\sqrt{\frac{4\pi^2}{\lambda_{\mathrm{D}}^2 n}}$$

$$= \sum_{n=1}^\infty \frac{\sqrt{\pi}}{4}e^{-\frac{\pi r^2}{\lambda_{\mathrm{D}}^2 n}-n\alpha}\left(\frac{n\lambda_{\mathrm{D}}^2}{4\pi}\right)^{-\frac{3}{2}}r. \tag{3.268}$$

将 k 积分的结果代回 (3.261) 式, 最后得到非对角长程序的结果

$$\rho(r) = \frac{1}{(\pi\lambda_{\mathrm{D}}\hbar)^3}\sum_{n=1}^\infty (n)^{-\frac{3}{2}}e^{-\frac{\pi r^2}{\lambda_{\mathrm{D}}^2 n}-n\alpha} + \frac{n_0}{V}. \tag{3.269}$$

下面考虑 $r\to\infty$ 处的渐近行为, 在 e 指数部分的极大值 (鞍点), 即

$$\frac{\pi r^2}{\lambda_{\mathrm{D}}^2 n^2}-\alpha = 0 \Rightarrow n^* = \sqrt{\frac{\pi r^2}{\lambda_{\mathrm{D}}^2\alpha}} \tag{3.270}$$

处展开 $\rho(r)$, 并保留到二阶得到

$$\frac{\pi r^2}{\lambda_{\mathrm{D}}^2 n}+n\alpha = \sqrt{\frac{4\pi\alpha}{\lambda_{\mathrm{D}}^2}}r + \frac{\pi r^2}{\lambda_{\mathrm{D}}^2 n^{*3}}(n-n^*)^2. \tag{3.271}$$

在 $r\to\infty$ 时, 鞍点处的取值 $n^* = \sqrt{\pi r^2/\lambda_{\mathrm{D}}^2\alpha}\to\infty$, 因此把 n 的求和近似用积分代替:

$$\sum_{n=1}^\infty e^{-\frac{\pi r^2}{\lambda_{\mathrm{D}}^2 n}-n\alpha}n^{-\frac{3}{2}} \approx \int_{1/2}^\infty n^{*-\frac{3}{2}}\exp\left[-\sqrt{\frac{4\pi\alpha}{\lambda_{\mathrm{D}}^2}}r - \frac{\pi r^2}{\lambda_{\mathrm{D}}^2 n^{*3}}(x-n^*)^2\right]\mathrm{d}x$$

$$= n^{*-\frac{3}{2}}e^{-\sqrt{\frac{4\pi\alpha}{\lambda_{\mathrm{D}}}}r}\int_{1/2}^\infty e^{-\frac{\pi r^2}{\lambda_{\mathrm{D}}^2 n^{*3}}(x-n^*)^2}\mathrm{d}x. \tag{3.272}$$

做变量代换 $y = x - n^*$, 且 $n^* = \sqrt{\pi r^2 / \lambda_D^2 \alpha} \to \infty$, 所以上述积分变为

$$n^{*-\frac{3}{2}} \mathrm{e}^{-\sqrt{\frac{4\pi\alpha}{\lambda_D^2}} r} \int_{-\infty}^{\infty} \mathrm{e}^{-\frac{\pi r^2}{\lambda_D^2 n^{*3}} y^2} \mathrm{d}y = \frac{\lambda_D}{r} \mathrm{e}^{-\sqrt{\frac{4\pi\alpha}{\lambda_D^2}} r}. \tag{3.273}$$

因此, 得到 $r \to \infty$ 时非对角长程序的渐近结果

$$\rho(r) = \frac{1}{(\pi \lambda_D \hbar)^3} \frac{\lambda_D}{r} \mathrm{e}^{-\sqrt{\frac{4\pi\alpha}{\lambda_D^2}} r} + \frac{n_0}{V} = \frac{m k_B T}{2\pi \hbar^2 r} \mathrm{e}^{-\sqrt{2\alpha m k_B T} r / \hbar} + \frac{n_0}{V}. \tag{3.274}$$

(1) 当玻色 – 爱因斯坦凝聚发生时, $\alpha = 0, p = 0$ 部分的贡献十分重要, 此时, 非对角长程序为

$$\rho(r) = \frac{m k_B T}{2\pi \hbar^2 r} + \frac{n_0}{V}. \tag{3.275}$$

(2) 当温度高于玻色 – 爱因斯坦凝聚的临界温度, 即 $T > T_c$ 时, 在热力学极限下 $V \to \infty$, 基态占据粒子有限, 则 $n_0/V \to 0$, 因此非对角长程序变为

$$\rho(r) = \frac{m k_B T}{2\pi \hbar^2 r} \mathrm{e}^{-\sqrt{2\alpha m k_B T} r / \hbar}. \tag{3.276}$$

附录 3.3　玻色 – 爱因斯坦凝聚的稳定性与托马斯 – 费米近似

在 3.6 节中, 我们从 "自由能"

$$F(\phi_n, \alpha_n) = \sum_n (E_n - \mu) \alpha_n^2 + \frac{1}{2} \sum_{m,n,r,s} g_{nm,rs} \alpha_n \alpha_m \alpha_r \alpha_s \mathrm{e}^{\mathrm{i}(\phi_r + \phi_s - \phi_n - \phi_m)} \tag{3.277}$$

出发. 以 $\{\alpha_n\}$ 和 $\{\phi_n\}$ 为变量求 $F(\phi_n, \alpha_n)$ 极值: 首先, $\delta F/\delta\phi_k = 0$ 导致

$$\phi_k = \phi, \tag{3.278}$$

即能量取极值时, BEC 整体相位一致 (相干); 其次, $\delta F/\delta\alpha_k = 0$ 给出保证能量取极值的 GP 方程

$$\left[-\frac{\hbar^2}{2m} \nabla^2 + V(\boldsymbol{r}) \right] \psi(\boldsymbol{r}) + g|\psi(\boldsymbol{r})|^2 \psi(\boldsymbol{r}) = \mu \psi(\boldsymbol{r}). \tag{3.279}$$

为了研究 BEC 的稳定性, 我们必须考虑 |BEC⟩ 态是否对应于自由能的最小值. 因此, 要进一步计算自由能对振幅 $\{\alpha_k\}$ 的二阶导数:

$$\frac{\delta^2 F}{\delta\alpha_k \delta\alpha_l} = 2(E_l - \mu)\delta_{lk} + 2\sum_{r,s} g \int \mathrm{d}^3 \boldsymbol{r} \, u_k u_l u_r u_s \alpha_s \alpha_r \{ \mathrm{e}^{\mathrm{i}(\phi_s - \phi_l)} \cos[\phi_r - \phi_k]$$
$$+ \mathrm{e}^{\mathrm{i}(\phi_s - \phi_r)} \cos[\phi_l - \phi_k] + \mathrm{e}^{\mathrm{i}(\phi_l - \phi_s)} \cos[\phi_r - \phi_k] \}. \tag{3.280}$$

在给定角度 $\phi_k = \phi$ 时, 泛函的二阶导数简化为

$$[\mathcal{H}]_{kl} = \frac{\delta^2 F}{\delta\alpha_k \delta\alpha_l}\bigg|_{\phi_\alpha = \phi} = 2(E_l - \mu)\delta_{lk} + 6\sum_{r,s} g \int \mathrm{d}^3 r\, u_k u_l u_r u_s \alpha_s \alpha_r. \tag{3.281}$$

以下我们根据 (3.281) 式定义的海森 (Hessian) 矩阵 $\mathcal{H}$ 正定性来判断 BEC 是否稳定.

1. 排斥势情况

当 $g > 0$ 时, 原子间二体相互作用为排斥势, 可以证明: 阱的束缚势平缓且原子密度 $\rho(\boldsymbol{r})$ 空间变化缓慢, 即在 $\boldsymbol{r}_0$ 附近 ($\delta/2 < |\boldsymbol{r} - \boldsymbol{r}_0| < \delta/2$) 近似为一个常数, $\rho(\boldsymbol{r}) \approx \rho(\boldsymbol{r}_0)$, 且满足

$$\rho(\boldsymbol{r}_0) > \frac{(\mu - E_0)}{3g} \equiv \rho_\mathrm{c} \tag{3.282}$$

时 (其中 E_0 是单粒子的基态能量), 方程 (3.281) 给出的海森矩阵是正定的.

下面给出上面结论的证明. 通过 (3.281) 式, 海森矩阵进一步写成

$$[\mathcal{H}]_{kl} \equiv \frac{\delta^2 F}{\delta\alpha_k \delta\alpha_l}\bigg|_{\phi_\alpha = \phi} = 2(E_l - \mu)\delta_{lk} + 6g \int \mathrm{d}^3 r\, \rho(\boldsymbol{r}) u_k^*(\boldsymbol{r}) u_l(\boldsymbol{r}). \tag{3.283}$$

若 $\mathcal{H}$ 是正定的, 则 $\mathcal{H}$ 的所有本征值都大于零. 考虑在阱中的原子密度变化较缓慢, 在 $\boldsymbol{r}_0$ 附近近似为一个常数, 则方程 (3.283) 给出海森矩阵元的近似值

$$[\mathcal{H}]_{kl} \approx 2(E_l - \mu)\delta_{lk} + 6g\rho(\boldsymbol{r}_0)\delta_{lk}. \tag{3.284}$$

若单粒子的基态能量为 $E_0 > 0$, 则对于任意 l 有

$$0 \geqslant E_l - \mu \geqslant E_0 - \mu, \tag{3.285}$$

所以当 $\mathcal{H}$ 的最小本征值大于零, 即

$$3g\rho(\boldsymbol{r}_0) - (\mu - E_0) > 0 \Rightarrow \rho(\boldsymbol{r}_0) > \frac{(\mu - E_0)}{3g} \tag{3.286}$$

时, 海森矩阵 $\mathcal{H}$ 是正定的. 因此, 上述分析给出的自由能 $F(\phi_n, \alpha_n)$ 是极小值点. 当阱中原子的密度 $\rho(\boldsymbol{r}_0) > \rho_\mathrm{c}$ 时, 只在原子间相互作用是排斥的情况下才会出现玻色 – 爱因斯坦凝聚.

2. 吸引势情况

当 $g < 0$ 时, 原子间二体相互作用为吸引势, 若假定所有凝聚原子的能量小于阱的高度, 即对任意 l, 都有 $E_l < \mu$, 则可以证明由方程 (3.281) 给出的海森矩阵是负定的.

下面来证明. 考虑原子在空间的分布密度 $\rho(\boldsymbol{r}) > 0$, 将海森矩阵写成两个矩阵相加:

$$\mathcal{H} = \mathcal{H}_1 + \mathcal{H}_2, \tag{3.287}$$

其中 $\mathcal{H}_1, \mathcal{H}_2$ 的矩阵元为

$$[\mathcal{H}_1]_{lk} = (E_l - \mu)\delta_{lk}, \quad [\mathcal{H}_2]_{kl} = 6g\int \mathrm{d}^3\boldsymbol{r}\rho(\boldsymbol{r})u_k(\boldsymbol{r})u_l(\boldsymbol{r}). \tag{3.288}$$

因为凝聚原子的能量小于阱的高度, 即 $E_l < \mu$, 所以对角矩阵 $\mathcal{H}_1$ 的本征值都小于零, 即 $\mathcal{H}_1$ 是负定的, 对于任意的矢量 $|\Psi\rangle$, 有 $\langle\Psi|\mathcal{H}_1|\Psi\rangle < 0$.

矩阵 $\mathcal{H}_2$ 可以写成 $6g < 0$ 与一个格拉姆 (Gram) 矩阵的乘积, 即

$$[\mathcal{H}_2]_{kl} = -6|g|\langle v_k|v_l\rangle, \tag{3.289}$$

这里 $|v_k\rangle \equiv \int \mathrm{d}^3\boldsymbol{r}\sqrt{\rho(\boldsymbol{r})}u_k(\boldsymbol{r})|\boldsymbol{r}\rangle$. 也就是说

$$\mathcal{H}_2 = -6|g|\sum_{k,l}\langle v_k|v_l\rangle|e_l\rangle\langle e_k|, \tag{3.290}$$

其中 $|e_l\rangle$ 是 $\mathcal{H}_2$ 矩阵表示的基矢. 对于任意的矢量 $|\Psi\rangle$,

$$\langle\Psi|\mathcal{H}_2|\Psi\rangle = -6|g|\sum_{k,l}\langle v_k|v_l\rangle\langle\Psi|e_l\rangle\langle e_k|\Psi\rangle = -6|g|\langle\Phi|\Phi\rangle \leqslant 0, \tag{3.291}$$

其中 $|\Phi\rangle = \sum_l\langle\Psi|e_l\rangle|v_l\rangle$, 所以, $\mathcal{H}_2$ 是半负定的. 利用矩阵相加是线性的, 则

$$\langle\Psi|\mathcal{H}|\Psi\rangle = \langle\Psi|\mathcal{H}_1|\Psi\rangle + \langle\Psi|\mathcal{H}_2|\Psi\rangle < 0, \tag{3.292}$$

因此, $\mathcal{H}$ 是负定的. 上述分析给出的自由能 $F(\phi_n, \alpha_n)$ 是极大值点, 所以当原子间的相互作用是吸引势时, 束缚在阱中的原子聚集不稳定, 不会发生玻色 – 爱因斯坦凝聚.

3. 托马斯 – 费米近似

多原子束缚在势 $V(\boldsymbol{r})$ 中, 考虑所有原子在空间产生一个平均场势 $g\rho(\boldsymbol{r})$, 其中 $\rho(\boldsymbol{r}) = \langle\mathrm{BEC}|\psi^\dagger(\boldsymbol{r})\psi(\boldsymbol{r})|\mathrm{BEC}\rangle$, 所以单个原子有效哈密顿量为

$$\widehat{H}(\boldsymbol{r}) = \frac{\widehat{\boldsymbol{p}}^2}{2m} + V(\boldsymbol{r}) + g\rho(\boldsymbol{r}). \tag{3.293}$$

当势能变化很缓慢时, 我们利用托马斯 – 费米近似, 即在一个小空间范围内 $V(\boldsymbol{r})$ 近似为常数, 单粒子态密度近似为

$$\rho(\boldsymbol{r}) \approx \frac{1}{\exp[\beta(p^2/(2m) + V(\boldsymbol{r}) + g\rho(\boldsymbol{r}) - \mu)] - 1}, \tag{3.294}$$

其中 μ 为化学势. 在低温极限下, $\beta \to \infty$, 如果 $p^2(\boldsymbol{r})/2m + V(\boldsymbol{r}) + g\rho(\boldsymbol{r}) - \mu > 0$, 有

$$\frac{p^2}{2m} + V(\boldsymbol{r}) + g\rho(\boldsymbol{r}) > \mu, \tag{3.295}$$

则空间的密度分布为零:

$$\rho(\boldsymbol{r}) = 0. \tag{3.296}$$

因此在低温时, 能量小于 μ 的原子才能束缚在阱中. 又因为原子密度在空间分布是正的,

$$\exp[\beta(p^2/(2m) + V(\boldsymbol{r}) + g\rho(\boldsymbol{r}) - \mu)] - 1 \geqslant 0, \tag{3.297}$$

在关于原子密度函数 $\rho(\boldsymbol{r})$ 的自洽方程 (3.294) 中, 当 $\beta \to \infty$ 时, 满足

$$\left(\frac{p^2(\boldsymbol{r})}{2m} + V(\boldsymbol{r}) + g\rho(\boldsymbol{r}) - \mu \right) = 0 \tag{3.298}$$

的项贡献最大. 仅保留此项可得到空间的密度分布为

$$\rho(\boldsymbol{r}) = \frac{1}{g} \left[\mu - V(\boldsymbol{r}) - \frac{p^2(\boldsymbol{r})}{2m} \right]. \tag{3.299}$$

当原子的动能很小时,

$$\rho(\boldsymbol{r}) \approx \frac{1}{g} [\mu - V(\boldsymbol{r})]. \tag{3.300}$$

第四章　　电磁场中的带电粒子及其相对论理论

在物理学 (特别是关于微观系统的量子物理) 中, 对称性考虑起着十分重要的作用. 对于微观物理系统, 有时我们并不知道相互作用的具体形式, 但能够知晓它具有某种对称性, 以及对称性怎样被破坏, 在这种情况下, 就可以根据对称性分析, 去预言一些重要的物理效应. 通常, 物理系统的对称性可分为时空对称性和内部对称性. 前者意味着系统的物理特性在时空坐标变换下是不变的 (如时空平移和洛伦兹 (Lorentz) 变换), 后者意味着物理特性在内部自由度 (如自旋、同位旋) 变换时具有不变性. 例如, 核子系统的强相互作用在中子 – 质子交换时是不变的. 依据这种对称性, 可预言强子谱对于质子数加中子数 (强子数) 一样的系统几乎是相同的.

规范理论认为, 内部变换一定要依赖时空点. 假如能在整个空间的每一个点上同时对每个粒子进行相同的内部变换, 就会破坏狭义相对论, 因为在类空距离上的两个时空点上同时进行变换, 就会出现超光速现象. 我们一般要求基本物理理论在规范变换下是不变的, 即具有规范不变性. 量子力学建立以后, 福克、外尔和泡利等人发现描述电磁场与带电粒子相互作用的理论是 U(1) 规范不变的, 即对势可以进行保场强的变换. 反过来看, 如果要求带电粒子的哈密顿量是定域 (规范) 不变的, 则必须引入新的矢量场 —— 电磁场进行补偿. 作为一种规范场, 电磁场满足确定的规范变换规律, 使包含带电粒子在内的整个电磁相互作用理论是定域变换不变的. 反过来看, 规范不变性也决定了电磁场和带电粒子相互作用的形式, 这就是最小耦合原理.

在 20 世纪 50 年代, 杨振宁和米尔斯把外尔等人的电磁场 U(1) 规范对称性推广到同位旋相关的 SU(2) 对称性, 发展出了杨 – 米尔斯场理论. 以后的一系列研究表明, 定域规范不变性在物质相互作用中的确起着普遍的支配性作用. 后来, 在超导理论中建立了对称性自发破缺的观念, 导致了高能物理中规范场质量产生的希格斯 (Higgs) 机制, 从而使得杨 – 米尔斯理论被推广到更实际的情况, 建立了电弱和强相互作用统一的标准模型. 目前, 杨 – 米尔斯理论已成为当代基本物理学统一理论的基石.

另外, 高速运动的粒子还要满足狭义相对论, 即要求在不同的惯性坐标系中运动形式是一样的, 这就是所谓的相对论协变性. 在满足相对论协变性要求的前提下建立起来的电子基本运动方程, 就是著名的狄拉克方程. 基于这个方程, 狄拉克预言了正电子的存在. 后来, 狄拉克方程又被应用到其他带电费米子, 预言了各种反粒子的存在. 狄拉克方程的建立和反物质世界的预言是理论物理学最辉煌的成就之一, 也是量子力学重笔浓墨的成功范例之一.

本章将从电磁相互作用的规范理论出发, 阐述刻画基本电磁相互作用的最小耦合原理, 并讨论电磁场量子化以后电磁相互作用导致的一些新奇的物理效应. 随后, 我们建立了描述电子相对论运动的狄拉克方程并讨论由此引出的基本概念和效应. 最后, 我们将介绍带电粒子与电磁场相互作用理论的一个重要应用: 超导的 BCS 理论.

4.1　电磁场与带电粒子的相互作用

经典电磁场满足麦克斯韦方程组, 其中带电粒子运动满足洛伦兹力方程[①]:

$$m\frac{\mathrm{d}^2}{\mathrm{d}t^2}\boldsymbol{r} = q\left(\boldsymbol{E} + \frac{1}{c}\boldsymbol{v}\times\boldsymbol{B}\right), \tag{4.1}$$

q 为粒子电荷, $\boldsymbol{v}$ 为其速度. 电场强度 $\boldsymbol{E}$ 和磁感应强度 $\boldsymbol{B}$ 可以由电磁矢量势 $\boldsymbol{A}$ 和标量势 ϕ 统一表示为

$$\boldsymbol{E} = -\frac{1}{c}\frac{\partial}{\partial t}\boldsymbol{A} - \nabla\phi, \tag{4.2}$$

$$\boldsymbol{B} = \nabla\times\boldsymbol{A}. \tag{4.3}$$

很明显, 若对于 $\boldsymbol{A}$ 和 ϕ, 由时空点上单值的实函数 $f(\boldsymbol{r},t)$ 定义其定域规范变换

$$\boldsymbol{A} \to \boldsymbol{A}' = \boldsymbol{A} + \nabla f(\boldsymbol{r},t), \tag{4.4}$$

$$\phi \to \phi' = \phi - \frac{1}{c}\frac{\partial}{\partial t}f(\boldsymbol{r},t), \tag{4.5}$$

则在此变换下, 场强 $\boldsymbol{E}$ 和 $\boldsymbol{B}$ 是不变的, 即

$$\boldsymbol{B}' = \nabla\times\boldsymbol{A}' = \nabla\boldsymbol{A} + \nabla\times\nabla f = \boldsymbol{B}, \tag{4.6}$$

$$\boldsymbol{E} \to \boldsymbol{E}' = -\nabla\phi' - \frac{1}{c}\frac{\partial}{\partial t}\boldsymbol{A}' = -\nabla\phi + \frac{1}{c}\frac{\partial}{\partial t}\nabla f - \frac{1}{c}\frac{\partial}{\partial t}(\boldsymbol{A} + \nabla f)$$

$$= -\nabla\phi - \frac{1}{c}\frac{\partial}{\partial t}\boldsymbol{A} = \boldsymbol{E}. \tag{4.7}$$

因此, 在定域规范变换下, 场与带电粒子的运动方程是不变的.

以上经典物理中规范不变性的讨论可以推广到量子力学情形. 我们从带电自由粒子的薛定谔方程

$$\mathrm{i}\hbar\frac{\partial\psi}{\partial t} = \frac{\widehat{p}^2}{2m}\psi \tag{4.8}$$

出发. 对它的解 $\psi = \psi(\boldsymbol{r},t)$, 做局域相位变换 (依赖于空间位置)

$$\psi'(\boldsymbol{r},t) = \psi(\boldsymbol{r},t)\mathrm{e}^{\mathrm{i}qf(\boldsymbol{r},t)}, \tag{4.9}$$

[①]本章除 4.3 节采用国际单位制以外, 其余全部采用高斯单位制.

要求不改变在同一时空点 $(\boldsymbol{r}, t)$ 上发现粒子的概率密度

$$P_\psi(\boldsymbol{r}, t) = |\psi(\boldsymbol{r}, t)|^2 = |\psi'(\boldsymbol{r}, t)|^2 = P_{\psi'}(\boldsymbol{r}, t). \tag{4.10}$$

参数 q 可理解为电荷, 以后将对此做详尽解释. 但是, 对于自由粒子而言, 由于 $f(\boldsymbol{r}, t)$ 依赖于时空点, 这个保证定域概率密度不变的变换会改变运动方程:

$$\mathrm{i}\hbar \frac{\partial}{\partial t} \psi'(\boldsymbol{r}, t) = -\hbar q \dot{f}(\boldsymbol{r}, t) \psi'(\boldsymbol{r}, t) + \frac{1}{2m} [\widehat{p} - \hbar q \nabla f(\boldsymbol{r}, t)]^2 \psi'(\boldsymbol{r}, t). \tag{4.11}$$

然而, 如果在薛定谔方程中补充上电磁作用的项, 得到新的薛定谔方程

$$\mathrm{i}\hbar \frac{\partial}{\partial t} \psi(\boldsymbol{r}, t) = \left\{ -\frac{\hbar^2}{2m} \left(\nabla - \frac{\mathrm{i}q}{\hbar c} \boldsymbol{A}(\boldsymbol{r}, t) \right)^2 + q\phi(\boldsymbol{r}, t) \right\} \psi(\boldsymbol{r}, t), \tag{4.12}$$

其中 q 为带电粒子电荷, 则规范变换和波函数局域相位变换共同的效果会使得上述薛定谔方程形式不变. 这个联合变换称为 U(1) 规范变换, 我们亦称电磁场中的薛定谔方程具有 U(1) 定域规范不变性. 现在证明如下.

事实上, 经过定域规范变换 (取 $\hbar = c = 1$), 电磁势变为

$$\boldsymbol{A}' = \boldsymbol{A} + \nabla f(\boldsymbol{r}, t), \tag{4.13}$$

$$\phi' = \phi - \frac{\partial}{\partial t} f(\boldsymbol{r}, t), \tag{4.14}$$

我们要求带电粒子的波函数做如下变换:

$$\psi \to \psi' = \mathrm{e}^{\mathrm{i}qf} \psi. \tag{4.15}$$

易知

$$\begin{aligned}
\mathrm{i}\frac{\partial}{\partial t} \psi' - q\phi'\psi' &= -\mathrm{e}^{\mathrm{i}qf} q\dot{f}\psi + \mathrm{i}\mathrm{e}^{\mathrm{i}qf} \frac{\partial}{\partial t}\psi - q(\phi - \dot{f})\mathrm{e}^{\mathrm{i}qf}\psi \\
&= \mathrm{e}^{\mathrm{i}qf} \left(\mathrm{i}\frac{\partial}{\partial t}\psi - q\phi\psi \right).
\end{aligned} \tag{4.16}$$

而

$$(\widehat{\boldsymbol{p}} - q\boldsymbol{A}')\psi' = [-\mathrm{i}\nabla - q(\boldsymbol{A} + \nabla f)]\mathrm{e}^{\mathrm{i}fq}\psi = \mathrm{e}^{\mathrm{i}fq}(\widehat{\boldsymbol{p}} - q\boldsymbol{A})\psi, \tag{4.17}$$

进而

$$(\widehat{\boldsymbol{p}} - q\boldsymbol{A}')^2 \psi' = \mathrm{e}^{\mathrm{i}fq}(\widehat{\boldsymbol{p}} - q\boldsymbol{A})^2 \psi, \tag{4.18}$$

由此得到形式相同的薛定谔方程

$$\mathrm{i}\frac{\partial}{\partial t}\psi' = \left[\frac{1}{2m}(\widehat{\boldsymbol{p}} - q\boldsymbol{A}')^2 + q\phi' \right] \psi'. \tag{4.19}$$

因而, 带电粒子的薛定谔方程是规范不变的.

4.2   二维平面中的带电粒子: 朗道能级与量子霍尔效应

由于带电粒子的薛定谔方程是规范不变的, 电磁场表达式有不同的写法. 若指定一种表述, 即给定势的表达式 $(\boldsymbol{A}, \psi)$, 我们则说取定了一种规范. 考虑一个在 x-y 平面内运动的带电粒子 (如一个电子, 见图 4.1), 在垂直于平面的磁场 $\boldsymbol{B} = (0, 0, B)$ 作用下做回旋运动. 不计入电子的自旋, 系统的哈密顿量可写为

$$\widehat{H} = \frac{1}{2m} \left(\widehat{\boldsymbol{p}} + \frac{e}{c} \boldsymbol{A} \right)^2. \tag{4.20}$$

取矢量势

$$\boldsymbol{A} = (-By, 0, 0) \tag{4.21}$$

作为朗道规范, 可以验证, 该矢量势对应于垂直于 x-y 平面的磁感应强度

$$\boldsymbol{B} = \nabla \times \boldsymbol{A} = \begin{vmatrix} \boldsymbol{i} & \boldsymbol{j} & \boldsymbol{k} \\ \partial_x & \partial_y & \partial_z \\ -By & 0 & 0 \end{vmatrix} = \boldsymbol{k}B. \tag{4.22}$$

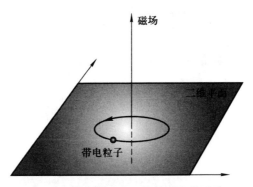

图 4.1   带电粒子在二维平面中的运动

于是, 根据 (4.20) 式在朗道规范下写下哈密顿量

$$\widehat{H} = \frac{1}{2m} \left(\widehat{p}_x - \frac{eB}{c} y \right)^2 + \frac{\widehat{p}_y^2}{2m}. \tag{4.23}$$

由于 p_x 是守恒量, 可以设 $\widehat{H}$ 的本征函数含有平面波的因子, 即

$$\psi(x, y) = e^{\frac{\mathrm{i} p x}{\hbar}} \psi(y). \tag{4.24}$$

由本征方程

$$\widehat{H}\psi(x, y) = E\psi(x, y) \tag{4.25}$$

的解, 给出依赖于 y 的因子 $\psi(y)$ 的有效方程

$$\widehat{H}_y \psi(y) \equiv \left[\frac{\widehat{p}_y^2}{2m} + \frac{1}{2m} \left(\frac{eB}{c} y - p \right)^2 \right] \psi(y) = E\psi(y). \tag{4.26}$$

显然, 粒子在 y 方向上的有效哈密顿量是

$$\widehat{H}_y = \frac{\widehat{p}_y^2}{2m} + \frac{1}{2m} \frac{e^2 B^2}{c^2} \left(y - \frac{cp}{eB} \right)^2 \equiv \frac{\widehat{p}_y^2}{2m} + \frac{1}{2} m\omega_y^2 \left(y - \frac{cp}{eB} \right)^2. \tag{4.27}$$

上述方程描述了一个中心在

$$y_0 = \frac{cp}{eB}, \tag{4.28}$$

拉莫尔 (Larmor) 回旋频率

$$\omega_y = \frac{eB}{mc} \tag{4.29}$$

的谐振子, 其中心位置由电子沿 x 方向运动的动量决定. 由 (4.27) 式可见, 磁感应强度 B 变强时回旋的速度越来越快, 回旋中心更接近于坐标原点. 最后, 我们解出电子运动的本征函数

$$\psi_{np}(x,y) = e^{\frac{ipx}{\hbar}} \Phi_n(y) \tag{4.30}$$

和相应的本征值 —— 朗道能级

$$E_n = \left(n + \frac{1}{2} \right) \hbar\omega_y, \tag{4.31}$$

其中 Φ_n 是在第一章给出的谐振子的本征函数.

需要指出, 对于任何一个给定的量子数 n, 电子的能级是高度简并的: 对任何一个 x 方向上的动量 p, 能级 E_n 是一样的. $\omega_y = eB/(mc)$ 对应于经典带电粒子在磁感应强度 B 下的经典角频率, 这一点可以从洛伦兹方程 (见 (4.1) 式)

$$\frac{\mathrm{d}\boldsymbol{p}}{\mathrm{d}t} = -\frac{e}{c} \boldsymbol{v} \times \boldsymbol{B} \tag{4.32}$$

看出. 如图 4.2 所示, 做圆周运动粒子的加速度

$$\frac{\mathrm{d}\boldsymbol{v}}{\mathrm{d}t} = -\frac{eB}{cm} v\boldsymbol{n}, \tag{4.33}$$

这里, $\boldsymbol{n}$ 为径向方向上的单位矢量.

我们也可以采用另一种规范 —— 对称规范来描述电子的运动. 在对称规范下, 磁矢势取为

$$\boldsymbol{A} = \left(-\frac{1}{2} By, \frac{1}{2} Bx, 0 \right). \tag{4.34}$$

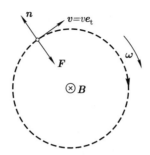

图 4.2   电子在平面电磁场中的回旋运动, e_t 代表切向方向

带电粒子在垂直于 x-y 平面的电磁场中运动, 磁感应强度仍然为

$$\boldsymbol{B} = \nabla \times \boldsymbol{A} = \begin{vmatrix} \boldsymbol{i} & \boldsymbol{j} & \boldsymbol{k} \\ \partial_x & \partial_y & \partial_z \\ -\dfrac{1}{2}By & \dfrac{1}{2}Bx & 0 \end{vmatrix} = B\boldsymbol{k}. \tag{4.35}$$

由此, 我们得到了不同规范形式下的另一个等效哈密顿量

$$\widehat{H} = \frac{1}{2m}\left(\widehat{p}_x - \frac{eB}{2c}y\right)^2 + \frac{1}{2m}\left(\widehat{p}_y + \frac{eB}{2c}x\right)^2. \tag{4.36}$$

为了计算方便, 我们先进行无量纲化处理, 取

$$m = \hbar = \frac{eB}{c} = 1. \tag{4.37}$$

原来的哈密顿量 (4.20) 变为

$$\widehat{H} = \frac{1}{2}\left(-\mathrm{i}\partial_x - \frac{1}{2}y\right)^2 + \frac{1}{2}\left(-\mathrm{i}\partial_y + \frac{1}{2}x\right)^2. \tag{4.38}$$

再定义一对复变量

$$z = x + \mathrm{i}y, \quad \overline{z} = x - \mathrm{i}y. \tag{4.39}$$

由于 $\partial_z = (\partial_z x)\partial_x + (\partial_z y)\partial_y$, 相应的复化微分写为[②]

$$\partial_z = \frac{1}{2}(\partial_x - \mathrm{i}\partial_y), \quad \partial_{\overline{z}} = \frac{1}{2}(\partial_x + \mathrm{i}\partial_y). \tag{4.40}$$

可以证明, 复变量和相应的复化微分之间有以下的对易关系:

$$[z, \partial_z] = [\overline{z}, \partial_{\overline{z}}] = -1, \tag{4.41}$$

$$[\overline{z}, \partial_z] = [z, \partial_{\overline{z}}] = 0. \tag{4.42}$$

[②]Greiter M. Mapping of Parent Hamiltonians. Berlin: Springer, 2011; Ezawa Z F. Quantum Hall Effects: Field Theoretical Approach and Related Topics. New Jersey: World Scientific, 2008.

在具有对称规范的哈密顿量 (4.38) 中, 取

$$x = \frac{1}{2}(z + \overline{z}), \quad y = -\frac{i}{2}(z - \overline{z}), \tag{4.43}$$

$$\partial_x = \partial_z + \partial_{\overline{z}}, \quad \partial_y = i(\partial_z - \partial_{\overline{z}}), \tag{4.44}$$

则哈密顿量 (4.38) 可以表达为复化的形式

$$\widehat{H} = -2\partial_z\partial_{\overline{z}} + \frac{1}{8}z\overline{z} + \frac{1}{2}(z\partial_z - \overline{z}\partial_{\overline{z}}). \tag{4.45}$$

定义湮灭算子和产生算子

$$\widehat{a} = \sqrt{2}\left[\partial_z + \frac{1}{4}\overline{z}\right], \quad \widehat{a}^\dagger = \sqrt{2}\left[-\partial_{\overline{z}} + \frac{1}{4}z\right], \tag{4.46}$$

则哈密顿量 (4.45) 可变为大家熟知的形式

$$\widehat{H} = \widehat{a}^\dagger\widehat{a} + \frac{1}{2}. \tag{4.47}$$

根据上面的表述, 我们可构造本征函数

$$\psi_{Nm} = \frac{1}{\sqrt{2}}(\widehat{a}^\dagger)^N \psi_{0m}, \tag{4.48}$$

其中, 对于 $m = 0, 1, 2, \cdots$, 我们有基态波函数

$$\psi_{0m} = c_m \overline{z}^m e^{-\frac{z\overline{z}}{4}} = c_m(x - iy)^m e^{-\frac{x^2+y^2}{4}}, \tag{4.49}$$

它们是无穷简并的. 其中,

$$\psi_{00} = \exp\left[-\frac{1}{4}(x^2 + y^2)\right] \tag{4.50}$$

满足 $\widehat{a}\psi_{00} = 0$, 是系统的基态. 事实上, 不难验证

$$\widehat{a}\psi_{00} = \widehat{a}e^{-\frac{1}{4}z\overline{z}} = \sqrt{2}\left(\partial_z + \frac{1}{4}\overline{z}\right)e^{-\frac{1}{4}z\overline{z}} = 0, \tag{4.51}$$

$$[\widehat{a}, \overline{z}] = \sqrt{2}\left[\partial_z + \frac{1}{4}\overline{z}, \overline{z}\right] = 0, \tag{4.52}$$

因此, 对任何 m, 我们有

$$[\widehat{a}, \overline{z}^m] = 0, \tag{4.53}$$

从而得到

$$\widehat{a}\psi_{0m} = \overline{z}^m\widehat{a}\psi_{00} = 0. \tag{4.54}$$

根据上面得到的磁场中带电粒子薛定谔方程的朗道能级解, 可以讨论量子霍尔效应 (quantum Hall effect). 为此, 我们先回顾一下经典霍尔效应.

如图 4.3 所示, 当电子在一块样品中沿 y 方向运动, 在 x 方向上电子受到的来自电场与磁场的洛伦兹力

$$F_x = -eE_x + \frac{e}{c}vB. \tag{4.55}$$

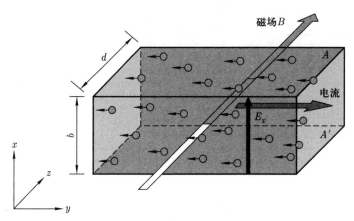

图 4.3　霍尔效应示意图

当电场和磁场的作用达到平衡时, $F_x = 0$, 亦即 $E_x = vB/c$. 这时, A 和 A' 间由于极板上电荷累积产生平衡电压 —— 霍尔电压:

$$U_{AA'} = E_x b = \frac{bvB}{c}, \tag{4.56}$$

它正比于磁场大小. 设载流子 (电子) 的浓度为 ρ, 则电子运动达到平衡时的电流

$$I = \text{横截面积} \ (S) \times \text{电流密度} \ (\rho ve) = bd\rho ve, \tag{4.57}$$

其中, $S = bd$. 由 $bv = I/(d\rho e)$, 霍尔电压

$$U_{AA'} = \frac{IB}{\rho edc} = R_{\mathrm{H}} I \tag{4.58}$$

表达为平衡电流 I 的线性函数, 其中

$$R_{\mathrm{H}} = \frac{U_{AA'}}{I} = \frac{B}{\rho dec} \equiv \frac{B}{\bar{n}ec} \tag{4.59}$$

为霍尔电阻, $\bar{n} = \rho d$ 是载流子在 x-y 平面内的面密度, 霍尔电导是霍尔电阻的倒数, 可以表达为

$$\sigma_{\mathrm{H}} = \frac{1}{R_{\mathrm{H}}} = \bar{n}\frac{ec}{B} = \gamma\frac{e^2}{h}, \tag{4.60}$$

其中

$$\gamma = \frac{\overline{n}}{n_B} = 2\pi\overline{n}l_B^2,\tag{4.61}$$

是一个无量纲的量. 这里

$$l_B = \sqrt{\frac{\hbar c}{eB}}\tag{4.62}$$

称为磁长度, 是电子在磁场中的回旋半径. 我们还可以考虑电流沿 x 方向的情况, 计算相应的霍尔电导, 并由此写下霍尔电导的张量形式

$$\sigma = \begin{bmatrix} \sigma_{xx} & \sigma_{xy} \\ \sigma_{yx} & \sigma_{yy} \end{bmatrix} = \begin{bmatrix} 0 & -\gamma\dfrac{e^2}{h} \\ \gamma\dfrac{e^2}{h} & 0 \end{bmatrix},\tag{4.63}$$

其中 σ_{yx} 可以看作 x 方向上 (单位) 霍尔电压 $U_{AA'}$ 引起的 y 方向上的响应电流.

冯 · 克利青 (von Klitzing) 等人在 1981 年的实验发现了整数量子霍尔效应[③]: $\gamma = 1, 2, \cdots$ 可以取整数. 这个发现十分重要, 由于霍尔电导是基本常量组合 e^2/h 的整数倍, 整数量子霍尔效应从量子力学的层面上确立了电阻或电导的度量标准.

我们现在用朗道能级的简并性解释这个现象: 考虑一个有限大的矩形样品 $0 \leqslant x \leqslant b, 0 \leqslant y \leqslant L$. 以下证明每一个朗道能级只包含有限个电子. 事实上, 可以假设 x 方向上的周期边界条件

$$\psi(x + b, y) = \psi(x, y),\tag{4.64}$$

这时动量 p_x 是量子化的, 即 $p = 2\pi\hbar n/b$. 因而, 本征态在 y 方向的空间运动上是量子化的, 即回旋中心位置

$$y_0 = \frac{cp}{eB}\tag{4.65}$$

只能取离散值, 被限定在 y 方向允许的范围内, 这个范围是 $0 \leqslant cp/(eB) \leqslant L$, 也就是说

$$0 \leqslant \frac{c}{eB}\frac{2\pi\hbar n}{b} \leqslant L,\tag{4.66}$$

从而给出 n 的取值上限, 即

$$n = 0, 1, 2, \cdots, N_{\mathrm{m}} \equiv \frac{bL}{2\pi l_B^2}.\tag{4.67}$$

因为 Lb 是样品的面积, 所以单位面积内态的数目

$$n_B = \frac{1}{2\pi l_B^2} = \frac{eB}{hc}.\tag{4.68}$$

───────────────
③von Klitzing K, Dorda G, and Pepper M K. Phys. Rev. Lett., 1980, 45: 494.

这定义了单位面积上朗道能级的简并度, 即每一个朗道能级的简并度都是 n_B.

假定每一个朗道能级都被填满, 当填充到第 s 个能级时, 样品的单位面积内有

$$N_s = sn_B = \frac{eBs}{hc} \tag{4.69}$$

个电子. 这时, 如果在 $x\text{-}y$ 平面内加一个电场 $\boldsymbol{E}$ 和垂直于平面的磁场 $\boldsymbol{B}$. 一般地说, 在平衡情况下,

$$-e\boldsymbol{E} + (e/c)\boldsymbol{v} \times \boldsymbol{B} = 0, \tag{4.70}$$

电子速度由电场和磁场强度共同决定:

$$\boldsymbol{v} = -\frac{c\boldsymbol{E} \times \boldsymbol{B}}{B^2}. \tag{4.71}$$

因此, 电流矢量与霍尔电导张量的关系为

$$\boldsymbol{J} = esn_B\boldsymbol{v} = \begin{bmatrix} 0 & -\dfrac{se^2}{h} \\ \dfrac{se^2}{h} & 0 \end{bmatrix} \boldsymbol{E}, \tag{4.72}$$

这意味着霍尔电导是量子化的.

以上的分析只能说明霍尔电导是整数的, 但未能解释随磁场改变为什么会导致电导台阶的出现. 要解释这种台阶, 需要考虑弱杂质的作用. 杂质势的微扰有两类作用: 一是展宽朗道能级, 二是产生不参与导电的局域态. 这两种作用共同的效应导致了平台的出现, 一些文献详细地分析了这个结论[④].

4.3   二能级原子与量子光场相互作用的基本模型

4.3.1   量子光场与原子的相互作用

在上一节关于带电粒子与电磁场相互作用的讨论中, 假定了电磁场是经典的. 本节将考虑量子化的电磁场与带电粒子的相互作用. 从带电粒子在电磁场中运动的哈密顿量 (本节采用国际单位制)

$$\widehat{H} = \frac{1}{2m}(\widehat{\boldsymbol{p}} - q\boldsymbol{A})^2 + q\phi \tag{4.73}$$

出发, 进一步展开可以得到

$$\widehat{H} = \frac{\widehat{\boldsymbol{p}}^2}{2m} + q\phi - \frac{q}{2m}(\widehat{\boldsymbol{p}} \cdot \boldsymbol{A} + \boldsymbol{A} \cdot \widehat{\boldsymbol{p}}) + \frac{q^2}{2m}\boldsymbol{A}^2. \tag{4.74}$$

④郑厚植: 物理, 1999, 28: 131; 马中水: 物理, 2006, 28: 98.

显然,

$$\widehat{\boldsymbol{p}} \cdot \boldsymbol{A} + \boldsymbol{A} \cdot \widehat{\boldsymbol{p}} = -\mathrm{i}\hbar(\nabla \cdot \boldsymbol{A}) + 2\boldsymbol{A} \cdot \widehat{\boldsymbol{p}}. \tag{4.75}$$

考虑规范不变性, 不同的 $\boldsymbol{A}$ 可以对应于相同的场强. 而对于给定的场强, 我们可以固定一个势, 也就是说取定一个规范. 例如, 库仑规范取定的 $\boldsymbol{A}$ 满足 $\nabla \cdot \boldsymbol{A} = 0$. 在库仑规范以及弱场条件下, 忽略小量 $q^2\boldsymbol{A}^2/2m$, 则上述哈密顿量变为

$$\widehat{H} = \frac{\widehat{\boldsymbol{p}}^2}{2m} + q\phi - \frac{q}{m}\boldsymbol{A} \cdot \widehat{\boldsymbol{p}}. \tag{4.76}$$

将电磁场量子化 (详见下面具体例子中的讨论), 可以得到

$$\widehat{\boldsymbol{A}} = \sum_l [\widehat{a}_l \boldsymbol{A}_l(\boldsymbol{r}) + h.c.], \tag{4.77}$$

其中 $\boldsymbol{A}_l(\boldsymbol{r})$ 为电磁场的本征振动模式, $\widehat{a}_l^\dagger(\widehat{a}_l)$ 是模式 $\boldsymbol{A}_l(\boldsymbol{r})$ 的产生 (湮灭) 算子, 下标 l 是复合指标, 同时代表了波矢和偏振. 下面我们对带电粒子部分做二次量子化, 用 $\widehat{\psi}(\boldsymbol{r}) = \sum_\alpha \varphi_\alpha(\boldsymbol{r})\widehat{b}_\alpha$ 代表带电粒子的场 ($\widehat{b}_\alpha^\dagger$ 和 $\widehat{b}_\alpha$ 为其产生、湮灭算子, $\varphi_\alpha(\boldsymbol{r})$ 为 $\widehat{H}_0 = \widehat{\boldsymbol{p}}^2/(2m) + q\phi$ 的本征波函数), 则电磁场与 N 个带电粒子的相互作用哈密顿量

$$\widehat{H}' = \sum_{j=1}^N \widehat{H}'(j) = \sum_{j=1}^N -\frac{q}{m}\widehat{\boldsymbol{A}} \cdot \widehat{\boldsymbol{p}}(j) \tag{4.78}$$

可用产生、湮灭算子写成

$$\widehat{H}' = -\frac{q}{m} \sum_{\alpha,\beta,l} \left\{ \left(\int \varphi_\beta^*(\boldsymbol{r})\boldsymbol{A}_l(\boldsymbol{r}) \cdot \widehat{\boldsymbol{p}}\varphi_\alpha(\boldsymbol{r})\mathrm{d}^3\boldsymbol{r} \right) \widehat{b}_\beta^\dagger \widehat{a}_l \widehat{b}_\alpha + h.c. \right\}, \tag{4.79}$$

亦即

$$\widehat{H}' = \sum_{\alpha,\beta,l} [g_{\alpha\beta l}\widehat{b}_\beta^\dagger \widehat{b}_\alpha \widehat{a}_l + g_{\alpha\beta l}^* \widehat{a}_l^\dagger \widehat{b}_\beta^\dagger \widehat{b}_\beta], \tag{4.80}$$

其中

$$g_{\alpha\beta l} = -\frac{q}{m} \int \varphi_\beta^*(\boldsymbol{r})\boldsymbol{A}_l(\boldsymbol{r}) \cdot \widehat{\boldsymbol{p}}\varphi_\alpha(\boldsymbol{r})\mathrm{d}^3\boldsymbol{r} \tag{4.81}$$

是由 (4.79) 式定义的耦合系数. 这个相互作用可以用费曼图表示, 如图 4.4 所示. 其中第一项对应图 4.4(a), 代表了处在状态 $|\alpha\rangle$ 上的一个带电粒子吸收一个 l 模光子变成状态 $|\beta\rangle$, 图 4.4(b) 代表它的共轭过程.

引入光场的缀饰态 (dressed state) $|n_l, I_\alpha\rangle \equiv |n_l\rangle \otimes |I_\alpha\rangle$, $|I_\alpha\rangle$ 代表带电粒子的多粒子态. 相比 $|I_\alpha\rangle$, $|I_\beta\rangle$ 多了一个带电粒子占据 $|\beta\rangle$, 少了一个带电粒子占据 $|\alpha\rangle$, 二者满足 $|I_\beta\rangle = \widehat{b}_\beta^\dagger \widehat{b}_\alpha |I_\alpha\rangle$. 在微扰论的意义下, $\widehat{H}'$ 的一级扰动引起 $|n_l, I_\beta\rangle$ 态到 $|n_l + 1, I_\alpha\rangle$ 态的跃迁, 跃迁矩阵元为

$$\langle n_l + 1, I_\alpha | \hat{H}' | n_l, I_\beta \rangle = g^*_{\alpha\beta l} \sqrt{n_l + 1}. \tag{4.82}$$

特别是当 $n_l = 0$ 时, 跃迁矩阵元 $\langle 1, I_\alpha | \hat{H}' | 0, I_\beta \rangle = g^*_{\alpha\beta l}$ 不为零, 即电磁场处在真空态时, 仍存在粒子状态之间的跃迁, 这就是所谓的自发辐射.

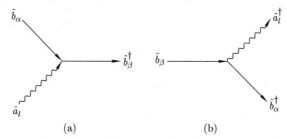

图 4.4　量子化电磁场与带电粒子相互作用的费曼图表示

4.3.2　微腔量子电动力学

作为一个具体的精确可解的例子, 我们讨论单模光场与单个二能级原子的相互作用. 首先, 考虑一维法布里 (Fabry) – 珀罗 (Perot) (FP) 微腔中电磁场的量子化问题⑤. 如图 4.5 所示, FP 腔中的电磁场满足麦克斯韦波动方程

$$\nabla^2 \boldsymbol{E} - \frac{1}{c^2} \frac{\partial^2}{\partial t^2} \boldsymbol{E} = 0. \tag{4.83}$$

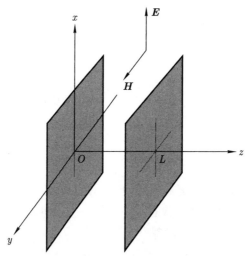

图 4.5　由两无穷大超导平板构成的一维微共振腔 (FP 腔)

---

⑤电磁场量子化的讨论, 是量子电动力学的主题. 对任意或自由空间电磁场量子化问题的讨论, 涉及电磁场独立自由度选取和相互作用导致的重整化的讨论, 我们这里选取了特定边界条件, 从而回避了其中一些技术上困难的问题, 有兴趣的读者可参阅量子电动力学的专著和教科书.

组成 FP 腔的两个镜面是超导体, 取电场 $\boldsymbol{E} = E_x(z,t)\boldsymbol{e}_x$ 为横模, 只有 x 分量. 腔壁为理想金属时, 稳态时不应当有沿表面的电流, 因此, 在 $z = 0$ 和 $z = L$ 处, $E_x(0) = E_x(L) = 0$, 由此得到腔中经典电磁场的本征解

$$E_x(z,t) = q_n(t)\sin\frac{n\pi z}{L}, \tag{4.84}$$

其中 $n = 0, 1, 2, \cdots, q_n(t)$ 满足谐振子运动方程

$$\ddot{q}_n(t) + \frac{n^2\pi^2c^2}{L^2}q_n(t) = 0. \tag{4.85}$$

由于 $\nabla \times \boldsymbol{H} = \partial_t \boldsymbol{D}/c$ 及 $\boldsymbol{D} = \epsilon_0 \boldsymbol{E}$, 且腔壁上不能有沿着 z 方向的磁场 (这是因为 z 方向的磁场导致的洛伦兹力会引起导体表面上的电子回旋), 所以稳态情况下磁场只能沿 y 方向. 因此, 我们设磁场 $\boldsymbol{H} = H_y(z,t)\boldsymbol{e}_y$,

$$H_y(z,t) = \frac{\epsilon_0 L}{n\pi}\cos\frac{n\pi z}{L}\dot{q}_n(t), \tag{4.86}$$

由此得到 FP 腔中电磁场的哈密顿量

$$\begin{aligned}
\widehat{H}_n &= \frac{1}{2}\int_0^L S\mathrm{d}z[\epsilon_0 E_x^2 + \mu_0 H_y^2] \\
&= \frac{\epsilon_0 V}{4\omega_n^2}[\dot{q}_n^2(t) + \omega_n^2 q_n^2(t)],
\end{aligned} \tag{4.87}$$

其中, ϵ_0 和 μ_0 分别为真空介电常量和磁导率, S 为 FP 腔横截面积, $V = SL$ 是微腔的体积, $k_n = n\pi/L$ 是驻波的波矢, $\omega_n = ck_n = k_n/\sqrt{\mu_0\epsilon_0}$ 是驻波场的本征频率.

令

$$\widehat{q}_n(t) = q_n, \quad \widehat{p}_n = \dot{q}_n(t), \tag{4.88}$$

我们定义 n 模的湮灭算子

$$\widehat{a}_n = \sqrt{\frac{1}{2\hbar\omega_n}\frac{\mu_0\epsilon_0^2 V}{2k_n^2}}(\omega_n\widehat{q}_n + \mathrm{i}\widehat{p}_n), \tag{4.89}$$

则有对应于 n 模的哈密顿量

$$\widehat{H}_n = \hbar\omega_n\left(\widehat{a}_n^\dagger\widehat{a}_n + \frac{1}{2}\right), \tag{4.90}$$

以及相应的非零对易关系

$$[\widehat{a}_n, \widehat{a}_m^\dagger] = \delta_{mn}. \tag{4.91}$$

最后我们得到 FP 腔第 n 个模式中电磁场的量子化表示

$$\widehat{E}_n(z,t) = \xi_n(\widehat{a}_n + \widehat{a}_n^\dagger)\sin\frac{n\pi z}{L}, \tag{4.92}$$

其中 $\xi_n = \sqrt{\hbar\omega_n/V\epsilon_0}$ 是单位体积的场振幅. 由于对应于不同模的本征函数是相互正交的, 电磁场的总哈密顿量为

$$\widehat{H} = \sum_n \widehat{H}_n = \sum_n \hbar\omega_n\left(\widehat{a}_n^\dagger\widehat{a}_n + \frac{1}{2}\right). \tag{4.93}$$

接下来以仅有单电子运动的中性原子为例, 考虑原子与光场的相互作用. 设原子核质量为 M, 坐标为 $\boldsymbol{R}$, 电子质量为 m, 电荷为 $e(e = -1)$, 坐标为 $\boldsymbol{r}$, 原子在电磁势 $\boldsymbol{A}$ 中的哈密顿量为

$$\widehat{H}_{\mathrm{a}} = \frac{1}{2M}[\widehat{\boldsymbol{p}}_{\boldsymbol{R}} + \widehat{\boldsymbol{A}}(\boldsymbol{R})]^2 + \frac{1}{2m}[\widehat{\boldsymbol{p}}_{\boldsymbol{r}} + \widehat{\boldsymbol{A}}(\boldsymbol{r})]^2 + V(|\boldsymbol{R} - \boldsymbol{r}|). \tag{4.94}$$

引入相对坐标 $\boldsymbol{x}$ 和质心坐标 $\boldsymbol{Q}$:

$$\boldsymbol{x} = \boldsymbol{R} - \boldsymbol{r}, \quad \boldsymbol{Q} = \frac{M\boldsymbol{R} + m\boldsymbol{r}}{M + m} \approx \boldsymbol{R} + \frac{m}{M}\boldsymbol{r}, \tag{4.95}$$

当原子核质量很大, 即 $m/M \to 0$ 时, 再考虑到束缚态电子运动被限制在很小的范围内, 则 $\boldsymbol{Q} \approx \boldsymbol{R}, \boldsymbol{r} = \boldsymbol{R} - \boldsymbol{x} \approx \boldsymbol{R}$. 记 $\widehat{\boldsymbol{P}} = \widehat{\boldsymbol{p}}_{\boldsymbol{R}} + \widehat{\boldsymbol{A}}(\boldsymbol{R})$, 其中 $\boldsymbol{A}(\boldsymbol{r}) \approx \boldsymbol{A}(\boldsymbol{R}) \approx \boldsymbol{A}(\boldsymbol{Q})$ 为电子运动提供了一个近似均匀的外场. 再引入相对动量

$$\widehat{\boldsymbol{p}} \equiv \frac{Mm}{M + m}\dot{\boldsymbol{x}}, \tag{4.96}$$

并考虑到原子核相对于电子的运动是十分缓慢的 $(\dot{\boldsymbol{R}} \ll \dot{\boldsymbol{r}})$, 于是有

$$\widehat{\boldsymbol{p}} \approx m\dot{\boldsymbol{x}} = m(\dot{\boldsymbol{R}} - \dot{\boldsymbol{r}}) \approx -m\dot{\boldsymbol{r}} = -\widehat{\boldsymbol{p}}_{\boldsymbol{r}}. \tag{4.97}$$

这时, 我们近似得到

$$\widehat{H}_{\mathrm{a}} \approx \frac{\widehat{\boldsymbol{P}}^2}{2M} + \frac{\widehat{\boldsymbol{p}}^2}{2m} + V(\boldsymbol{x}) + \frac{\widehat{\boldsymbol{p}} \cdot \widehat{\boldsymbol{A}}(\boldsymbol{Q})}{m}, \tag{4.98}$$

其中已经忽略了 $\boldsymbol{A}^2$ 项和相关的高阶项. 由于原子核质量很大, 固定 $\boldsymbol{Q}$ 求解快变部分 $\boldsymbol{x}$ 的本征方程

$$\left(\frac{\widehat{\boldsymbol{p}}^2}{2m} + V(\boldsymbol{x})\right)|\alpha\rangle = E_\alpha|\alpha\rangle, \tag{4.99}$$

其中 E_α 为第 α 个本征值, $|\alpha\rangle$ 是其对应的本征态. 计算出 $\boldsymbol{x}$ 与哈密顿量的对易子

$$\frac{1}{\mathrm{i}\hbar}[\boldsymbol{x}, \widehat{H}_{\mathrm{a}}] = \frac{\widehat{\boldsymbol{p}}}{m} + \frac{\widehat{\boldsymbol{A}}}{m}. \tag{4.100}$$

对上式中等号两边取矩阵元, 有

$$\langle\alpha|\widehat{\boldsymbol{p}}|\beta\rangle = \frac{m}{\mathrm{i}\hbar}(E_\beta - E_\alpha)\langle\alpha|\boldsymbol{x}|\beta\rangle - \delta_{\alpha\beta}\widehat{\boldsymbol{A}}. \tag{4.101}$$

由此, (4.98) 式被改写为

$$\widehat{H}_\mathrm{a} \approx \hbar\sum_\alpha \omega_\alpha|\alpha\rangle\langle\alpha| - \mathrm{i}\sum_{\alpha,\beta}(\omega_\beta - \omega_\alpha)\widehat{\boldsymbol{A}} \cdot \langle\alpha|\boldsymbol{x}|\beta\rangle|\alpha\rangle\langle\beta|, \tag{4.102}$$

其中 $\omega_\alpha = E_\alpha/\hbar$. 假设单模电磁场只与其中的两个能级 $|e\rangle$ 和 $|g\rangle$ 共振, 我们可以考虑二能级近似, 只取基态 $|g\rangle$ 和第一激发态 $|e\rangle$:

$$\widehat{H}_\mathrm{a} \approx \hbar\omega_e|e\rangle\langle e| - \mathrm{i}\omega_e\widehat{\boldsymbol{A}} \cdot \boldsymbol{M}(|e\rangle\langle g| - |g\rangle\langle e|), \tag{4.103}$$

其中 $\boldsymbol{M} = \langle e|\boldsymbol{x}|g\rangle = \int \mathrm{d}\boldsymbol{x}\varphi_e^*(\boldsymbol{x})\boldsymbol{x}\varphi_g(\boldsymbol{x})$, 且已经考虑了 $\omega_g = 0$ 以及电偶极跃迁的选择定则 $\langle e|\boldsymbol{x}|e\rangle = \langle g|\boldsymbol{x}|g\rangle = 0$. 由

$$\widehat{E}(z,t) = \sqrt{\frac{\hbar\omega}{V\epsilon_0}}(\widehat{a}\mathrm{e}^{-\mathrm{i}\omega t} + \widehat{a}^\dagger\mathrm{e}^{\mathrm{i}\omega t})\sin kz, \tag{4.104}$$

以及电场

$$\begin{aligned}\widehat{E} &= -\frac{\partial}{\partial t}\widehat{A}, \\ \widehat{A}(z,t) &= -\mathrm{i}\sqrt{\frac{\hbar}{\omega V\epsilon_0}}(\widehat{a}\mathrm{e}^{-\mathrm{i}\omega t} - \widehat{a}^\dagger\mathrm{e}^{\mathrm{i}\omega t})\sin kz,\end{aligned} \tag{4.105}$$

再补充上单模电磁场的哈密顿量, 就得到了单原子与单模电磁场相互作用的哈密顿量

$$\widehat{H} = \hbar\omega_e|e\rangle\langle e| + \hbar\omega\widehat{a}^\dagger\widehat{a} + g(\widehat{a} + \widehat{a}^\dagger)(|e\rangle\langle g| + |g\rangle\langle e|), \tag{4.106}$$

其中

$$g = \omega_e\boldsymbol{M}\cdot\boldsymbol{e_x}\sqrt{\frac{\hbar}{V\epsilon_0\omega}}\sin kQ. \tag{4.107}$$

这个结果表明, FP 腔的体积越小, 光与原子的耦合就越强. 因此, 只有在体积很小的微腔中, 单模电磁场和原子相互作用才会产生显著的可观测效应.

4.3.3 杰恩斯 – 卡明斯 (JC) 模型及其精确解

哈密顿量 (4.106) 包含的相互作用有四项, 如图 4.6 所示, 图 4.7 是这四项对应的费曼图. 在图 4.6 或图 4.7 中, 二能级原子与单模光场的作用过程包含两个 "虚" 过程 (a) 和 (b), 以及两个 "实" 过程 (c) 和 (d). 在图 4.6(a) 中, $|g\rangle\langle e|\widehat{a}$, 代表吸收一个光子,

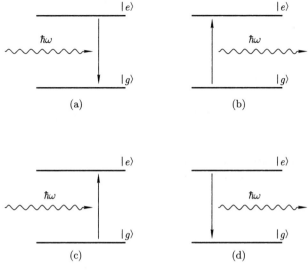

图 4.6   单模光场与二能级系统相互作用的四种形式

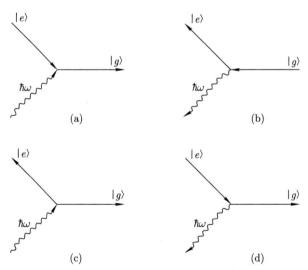

图 4.7   光场与二能级原子相互作用四种形式的费曼图表示

原子从高能态到低能态跃迁; 在图 4.6(b) 中, $|e\rangle\langle g|\hat{a}^{\dagger}$, 代表原子从低能态到高能态跃迁时, 放出一个光子; 在图 4.6(c) 中, $|e\rangle\langle g|\hat{a}$, 代表吸收一个光子, 原子从低能态到高能态跃迁; 在图 4.6(d) 中, $|g\rangle\langle e|\hat{a}^{\dagger}$, 代表原子从高能态跃迁到低能态, 放出一个光子.

从物理上讲, 四个相互作用项中的前两项 (a) 和 (b) 代表了难以发生的 "虚" 过程, 而 (c) 和 (d) 代表了容易发生的实过程, 因此前者可以忽略. 需要指出, 有的文献认为 (a) 和 (b) 之所以可以忽略, 是因为破坏能量守恒. 然而这种说法是不严谨的, 因为能量守恒必须针对所有项的加和而非单独一项或几项.

从数学上讲, 变换到相互作用表象, 利用零阶哈密顿量 $\widehat{H}_0 = \hbar\omega_e|e\rangle\langle e| + \hbar\omega\widehat{a}^\dagger\widehat{a}$, 相互作用项有变换

$$|e\rangle\langle g|\widehat{a} \to |e\rangle\langle g|\widehat{a}e^{-i(\omega-\omega_e)t}, \tag{4.108}$$

$$|g\rangle\langle e|\widehat{a} \to |g\rangle\langle e|\widehat{a}e^{-i(\omega+\omega_e)t}. \tag{4.109}$$

当近共振时 $\omega \approx \omega_e$, (4.108) 式是低频项, 而 (4.109) 式是高频项, 可以忽略. 这个结论的严格证明依赖于高频函数积分的渐近行为

$$\int_0^\infty e^{i\omega t}f(t)dt' \xrightarrow{\omega\to\infty} 0, \tag{4.110}$$

亦即高频函数积分为零. 一般说来, 哈密顿量中的高频项可以忽略不计, 这是因为

$$\int_0^t dt'i\hbar\frac{\partial}{\partial t'}|\psi\rangle = \int_0^t dt'[\widehat{H}_0 + (\widehat{V}e^{i\omega t'} + h.c.)]|\psi\rangle \tag{4.111}$$

有形式解

$$i\hbar(|\psi(t) - \psi(0)\rangle) = t\widehat{H}_0|\psi\rangle + \int_0^t (\widehat{V}e^{i\omega t'} + h.c.)|\psi\rangle dt', \tag{4.112}$$

其最后一项按照 (4.110) 式近似为零 (当 $\omega\to\infty$ 时).

上述忽略高频项的近似称为旋波近似 (rotating wave approximation), 其结果导致精确可解光与原子相互作用的杰恩斯 (Jaynes) – 卡明斯 (Cummings) (JC) 模型:

$$\widehat{H}_{JC} = \omega_e|e\rangle\langle e| + \omega\widehat{a}^\dagger\widehat{a} + g\widehat{a}^\dagger|g\rangle\langle e| + h.c., \tag{4.113}$$

其中我们取了 $\hbar = 1$. 下面求解 $\widehat{H}_{JC}$ 的本征函数和本征值. 为此, 我们考察它的态空间基矢

$$|n,e\rangle = |n\rangle \otimes |e\rangle, \quad |n,g\rangle = |n\rangle \otimes |g\rangle \tag{4.114}$$

在 $\widehat{H}_{JC}$ 作用下的变换, 其中 $|n\rangle = (n!)^{-\frac{1}{2}}\widehat{a}^{\dagger n}|0\rangle$ 是光场的福克态 $(n = 0,1,2,\cdots)$. 由于

$$\widehat{H}_{JC}|n,e\rangle = (\omega_e + n\omega)|n,e\rangle + g\sqrt{n+1}|n+1,g\rangle, \tag{4.115}$$

$$\widehat{H}_{JC}|n+1,g\rangle = (n+1)\omega|n+1,g\rangle + g\sqrt{n+1}|n,e\rangle, \tag{4.116}$$

对于每个给定的 $n \neq 0$, $\{|n,e\rangle, |n+1,g\rangle\}$ 张成了一个二维不变子空间, $\widehat{H}_{JC}$ 在该子空

间上的表示矩阵为

$$
\begin{aligned}
\mathcal{H}(n) &= \begin{bmatrix} \omega_e + n\omega & \sqrt{n+1}\,g \\ \sqrt{n+1}\,g & (n+1)\omega \end{bmatrix} \\
&= \left[\left(n + \frac{1}{2} \right)\omega + \frac{\omega_e}{2} \right] \begin{bmatrix} 1 & 0 \\ 0 & 1 \end{bmatrix} + \begin{bmatrix} \dfrac{\omega_e - \omega}{2} & \sqrt{n+1}\,g \\ \sqrt{n+1}\,g & -\dfrac{\omega_e - \omega}{2} \end{bmatrix} \\
&= \left[\left(n + \frac{1}{2} \right)\omega + \frac{\omega_e}{2} \right] I + \sqrt{\frac{1}{4}\delta^2 + (n+1)g^2} \begin{bmatrix} \cos\theta_n & \sin\theta_n \\ \sin\theta_n & -\cos\theta_n \end{bmatrix}, \quad (4.117)
\end{aligned}
$$

其中 $\delta = \omega_e - \omega$, I 为单位矩阵, 而混合角 θ_n 由以下方程决定:

$$
\sin\theta_n = \frac{g\sqrt{n+1}}{\sqrt{\delta^2/4 + (n+1)g^2}} = \frac{2g\sqrt{n+1}}{\sqrt{\delta^2 + 4(n+1)g^2}}. \quad (4.118)
$$

以上讨论表明 JC 模型的哈密顿量可以表示为准对角的形式, 即

$$
\widehat{H}_{\mathrm{JC}} \doteq \begin{bmatrix} \mathcal{H}(0) & & & & & \\ & \mathcal{H}(1) & & & & \\ & & \mathcal{H}(2) & & & \\ & & & \ddots & & \\ & & & & \mathcal{H}(n) & \\ & & & & & \ddots \end{bmatrix},
$$

其中 $\mathcal{H}(0) = 0$, 对应于基态 $|g, 0\rangle$. 从而我们对角化矩阵

$$
\begin{bmatrix} \cos\theta_n & \sin\theta_n \\ \sin\theta_n & -\cos\theta_n \end{bmatrix}, \quad (4.119)
$$

得到 $\widehat{H}_{\mathrm{JC}}$ 的本征值为

$$
E_n^{\pm} = n\omega + \epsilon_0 \pm \sqrt{\frac{\delta^2}{4} + (n+1)g^2}, \quad (4.120)
$$

其中 $\epsilon_0 = (\omega_e + \omega)/2$, 而 $n = 0, 1, 2, \cdots$ 是光场的量子数, 相应的本征函数为

$$
|+, n\rangle = \cos\frac{\theta_n}{2}|e, n\rangle + \sin\frac{\theta_n}{2}|g, n+1\rangle, \quad (4.121)
$$

$$
|-, n\rangle = \sin\frac{\theta_n}{2}|e, n\rangle - \cos\frac{\theta_n}{2}|g, n+1\rangle. \quad (4.122)
$$

这两组本征态也称为缀饰态, 代表了原子能级被 "穿上了" 光子衣服, 原子部分混进去了光子自由度. 共振 ($\omega_e = \omega$) 时, 有

$$
E_n^{\pm} = n\omega + \epsilon_0 \pm g\sqrt{(n+1)}. \quad (4.123)
$$

可见能级分裂取决于耦合强度 g 的大小. 我们注意到, $|g,0\rangle$ 也是 $\hat{H}_{JC}$ 的本征态, 本征值为 0, 而 $E_0^{\pm} = \varepsilon_0 \pm g$, 能级差 $\Delta E = E_0^+ - E_0^- = 2g$ 正比于场与原子的耦合强度, 称为真空拉比劈裂, 这是光与物质相互作用量子效应的典型标志, 只有光场量子化后才有这个效应. 最后, 我们给出单原子与单模光场相互作用的能谱结构, 如图 4.8 所示.

我们可以观察到这个单模光场与二能级原子耦合的系统的吸收谱存在拉比劈裂导致的双峰结构 (见图 4.9). 这种双峰结构的存在预示着光场的量子效应. 特别是 $n = 0$ 时, 真空场仍然会导致拉比劈裂. 在实验中, 一旦观察到这种真空劈裂, 我们就可以断言, 观察到了场的量子化.

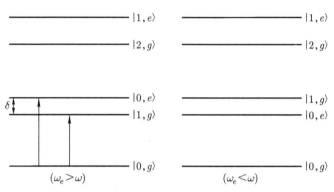

图 4.8 单模光场与二能级原子耦合的能级图

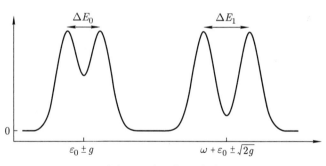

图 4.9 真空拉比劈裂

4.3.4 激子极化激元

我们还可以讨论全同的多原子系统与光场的相互作用. 对 JC 模型进行原子部分的二次量子化, 得到多体哈密顿量

$$\hat{H} = \omega_e \hat{b}_e^{\dagger} \hat{b}_e + \omega \hat{a}^{\dagger} \hat{a} + g \hat{b}_e \hat{b}_g^{\dagger} \hat{a}^{\dagger} + g^* \hat{a}^{\dagger} \hat{b}_e^{\dagger} \hat{b}_g. \tag{4.124}$$

当原子系统发生凝聚 (大量粒子处于基态) 时, 我们求解初值条件为 $\widehat{b}_g$ 的相干态

$$|\psi(0)\rangle = |\alpha\rangle \tag{4.125}$$

的薛定谔方程

$$i\hbar \frac{\partial}{\partial t}|\psi\rangle = \widehat{H}|\psi\rangle. \tag{4.126}$$

由于大量粒子聚集在 $|g\rangle$ 态, 粒子数平均值 $\langle\alpha|\widehat{b}_g^\dagger\widehat{b}_g|\alpha\rangle = |\alpha|^2$ 是一个很大的量. 对上述薛定谔方程和初值条件做幺正变换

$$\widehat{H} \rightarrow \widehat{H}' = \widehat{D}^\dagger(\alpha)\widehat{H}\widehat{D}(\alpha), \tag{4.127}$$

$$|\psi(0)\rangle \rightarrow |\psi'(0)\rangle = \widehat{D}(-\alpha)|\alpha\rangle = |0\rangle, \tag{4.128}$$

其中

$$\widehat{D}(\alpha) = \exp(\alpha\widehat{b}_g^\dagger - \alpha^*\widehat{b}_g), \tag{4.129}$$

则

$$\widehat{H}' = \omega_e\widehat{b}_e^\dagger\widehat{b}_e + g^*\alpha\widehat{b}_e^\dagger\widehat{a} + g\alpha^*\widehat{b}_e\widehat{a}^\dagger + \omega\widehat{a}^\dagger\widehat{a} + (g^*\widehat{b}_e^\dagger\widehat{b}_g\widehat{a} + h.c.). \tag{4.130}$$

由于 $|\alpha|$ 很大, 在凝聚条件下, 量子涨落项 $g^*\widehat{b}_e^\dagger\widehat{b}_g\widehat{a} + h.c.$ 是一个相对小量, 可以忽略不计, 由此可以得到有效哈密顿量

$$\widehat{H}' \approx \widehat{H}_{\text{eff}} = \omega_e\widehat{b}_e^\dagger\widehat{b}_e + g^*\alpha\widehat{b}_e^\dagger\widehat{a} + g\alpha^*\widehat{b}_e\widehat{a}^\dagger + \omega\widehat{a}^\dagger\widehat{a}. \tag{4.131}$$

为了对角化上述哈密顿量 $\widehat{H}_{\text{eff}}$, 我们把 $\widehat{H}_{\text{eff}}$ 写成双线性型:

$$
\begin{aligned}
\widehat{H}_{\text{eff}} &= [\widehat{b}_e^\dagger, \widehat{a}^\dagger] \begin{bmatrix} \omega_e & g^*\alpha \\ g\alpha^* & \omega \end{bmatrix} \begin{bmatrix} \widehat{b}_e \\ \widehat{a} \end{bmatrix} \\
&= [\widehat{b}_e^\dagger, \widehat{a}^\dagger] \begin{bmatrix} \dfrac{\omega_e + \omega}{2} & 0 \\ 0 & \dfrac{\omega_e + \omega}{2} \end{bmatrix} \begin{bmatrix} \widehat{b}_e \\ \widehat{a} \end{bmatrix} \\
&\quad + [\widehat{b}_e^\dagger, \widehat{a}^\dagger] \begin{bmatrix} \dfrac{\omega_e - \omega}{2} & g^*\alpha \\ g\alpha^* & -\dfrac{\omega_e - \omega}{2} \end{bmatrix} \begin{bmatrix} \widehat{b}_e \\ \widehat{a} \end{bmatrix} \\
&= \epsilon_0(\widehat{b}_e^\dagger\widehat{b}_e + \widehat{a}^\dagger\widehat{a}) + [\widehat{b}_e^\dagger, \widehat{a}^\dagger] \begin{bmatrix} \Omega & g^*\alpha \\ g\alpha^* & -\Omega \end{bmatrix} \begin{bmatrix} \widehat{b}_e \\ \widehat{a} \end{bmatrix} \\
&= \epsilon_0\widehat{N} + \sqrt{\Omega^2 + |g\alpha|^2}\,[\widehat{b}_e^\dagger, \widehat{a}^\dagger] \begin{bmatrix} \cos\theta & \sin\theta e^{i\varphi} \\ \sin\theta e^{-i\varphi} & -\cos\theta \end{bmatrix} \begin{bmatrix} \widehat{b}_e \\ \widehat{a} \end{bmatrix},
\end{aligned} \tag{4.132}
$$

其中, $\Omega = \dfrac{\omega_e - \omega}{2}, \epsilon_0 = \dfrac{\omega_e + \omega}{2}$. 现在只须对角化矩阵

$$\mathcal{H} = \begin{bmatrix} \cos\theta & \sin\theta e^{i\varphi} \\ \sin\theta e^{-i\varphi} & -\cos\theta \end{bmatrix}. \tag{4.133}$$

对应于本征值 ± 1, 有本征函数 $|\varphi_\pm\rangle$ 如下:

$$|\varphi_+\rangle = \begin{bmatrix} \cos\dfrac{\theta}{2} e^{\frac{i\varphi}{2}} \\ \sin\dfrac{\theta}{2} e^{-\frac{i\varphi}{2}} \end{bmatrix}, \quad |\varphi_-\rangle = \begin{bmatrix} \sin\dfrac{\theta}{2} e^{\frac{i\varphi}{2}} \\ -\cos\dfrac{\theta}{2} e^{-\frac{i\varphi}{2}} \end{bmatrix}. \tag{4.134}$$

这时用于对角化 $\mathcal{H}$ 的幺正矩阵可以由上述两个列矢量排列而成:

$$\widehat{W} = \begin{bmatrix} \cos\dfrac{\theta}{2} e^{\frac{i\varphi}{2}} & \sin\dfrac{\theta}{2} e^{\frac{i\varphi}{2}} \\ \sin\dfrac{\theta}{2} e^{-\frac{i\varphi}{2}} & -\cos\dfrac{\theta}{2} e^{-\frac{i\varphi}{2}} \end{bmatrix}. \tag{4.135}$$

它使得

$$\widehat{W}^\dagger \mathcal{H} \widehat{W} = \begin{bmatrix} 1 & 0 \\ 0 & -1 \end{bmatrix}. \tag{4.136}$$

于是得到了系统的哈密顿量

$$\widehat{H}_{\text{eff}} = \epsilon_0 \widehat{N} + \sqrt{\Omega^2 + |g\alpha|^2} [\widehat{b}_e^\dagger, \widehat{a}^\dagger] \widehat{W} \begin{bmatrix} 1 & 0 \\ 0 & -1 \end{bmatrix} \widehat{W}^\dagger \begin{bmatrix} \widehat{b}_e \\ \widehat{a} \end{bmatrix}. \tag{4.137}$$

定义极化激元 (polariton) 的产生、湮灭算子对 $\widehat{A}$ 和 $\widehat{B}$:

$$\begin{bmatrix} \widehat{B} \\ \widehat{A} \end{bmatrix} = \widehat{W}^\dagger \begin{bmatrix} \widehat{b}_e \\ \widehat{a} \end{bmatrix} = \begin{bmatrix} \cos\dfrac{\theta}{2} e^{-\frac{i\varphi}{2}} & \sin\dfrac{\theta}{2} e^{\frac{i\varphi}{2}} \\ \sin\dfrac{\theta}{2} e^{-\frac{i\varphi}{2}} & -\cos\dfrac{\theta}{2} e^{\frac{i\varphi}{2}} \end{bmatrix} \begin{bmatrix} \widehat{b}_e \\ \widehat{a} \end{bmatrix}, \tag{4.138}$$

亦即

$$\widehat{B} = e^{-\frac{i\varphi}{2}} \cos\frac{\theta}{2} \widehat{b}_e + \sin\frac{\theta}{2} e^{\frac{i\varphi}{2}} \widehat{a}, \tag{4.139}$$

$$\widehat{A} = \sin\frac{\theta}{2} e^{-\frac{i\varphi}{2}} \widehat{b}_e - \cos\frac{\theta}{2} e^{\frac{i\varphi}{2}} \widehat{a}, \tag{4.140}$$

其中 $\widehat{A}$ 和 $\widehat{B}$ 中混合了原子激发 $\widehat{b}_e$ 和光子激发 $\widehat{a}$. 由此, 对角化的哈密顿量表达为

$$\widehat{H}_{\text{eff}} = \epsilon_0 \widehat{N} + \sqrt{\Omega^2 + |g\alpha|^2} (\widehat{B}^\dagger \widehat{B} - \widehat{A}^\dagger \widehat{A}), \tag{4.141}$$

其中 $\widehat{N} = \widehat{b}_e^{\dagger}\widehat{b}_e + \widehat{a}^{\dagger}\widehat{a} = \widehat{B}^{\dagger}\widehat{B} - \widehat{A}^{\dagger}\widehat{A}$ 代表总激发数. 其能量本征态是

$$|N_A, N_B\rangle = \frac{1}{\sqrt{N_A!N_B!}} \widehat{A}^{\dagger N_A} \widehat{B}^{\dagger N_B} |0\rangle. \tag{4.142}$$

这是一个多原子的缀饰态, 对应的激发谱为

$$E_{N_A,N_B} = \epsilon_0(N_A + N_B) + E(N_B - N_A), \tag{4.143}$$

其中 $E = \sqrt{\Omega^2 + |g\alpha|^2}$. 根据上面结果, 两个最低激发态 $|1,0\rangle$ 和 $|0,1\rangle$ 的能量

$$E_{1,0} = \epsilon_0 + \sqrt{\Omega^2 + |g\alpha|^2}, \tag{4.144}$$

$$E_{0,1} = \epsilon_0 - \sqrt{\Omega^2 + |g\alpha|^2} \tag{4.145}$$

随耦合强度的变化如图 4.10 所示. 这两个能量分支表示光场与多原子集体态的耦合, 形成了相干的复合系统束缚态.

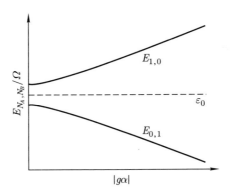

图 4.10 JC 模型两个最低激发态能量随着集体耦合强度 $|g\alpha|$ 的变化

4.4 自发辐射问题

4.4.1 单模自发拉比振荡 (辐射)

我们以下从 JC 模型出发, 考虑场量子化导致的不同寻常的物理效应 —— 受激辐射和自发辐射. 假设系统在 $t = 0$ 时处于 $|\psi(0)\rangle = |e, n\rangle$ 上, 即让一个激发态的原子进入有 n 个光子的腔中. $|e, n\rangle$ 可以由能量本征态展开, 即

$$|e, n\rangle = \cos\frac{\theta_n}{2}|+, n\rangle + \sin\frac{\theta_n}{2}|-, n\rangle, \tag{4.146}$$

则光 – 原子耦合系统 t 时刻的波函数为

$$|\psi(t)\rangle = \cos\frac{\theta_n}{2}e^{-iE_n^+ t}|+,n\rangle + \sin\frac{\theta_n}{2}e^{-iE_n^- t}|-,n\rangle. \tag{4.147}$$

由此计算从 $|e,n\rangle$ 跃迁到 $|g,n+1\rangle$ 的概率

$$
\begin{aligned}
P_n &= |\langle g,n+1|\psi(t)\rangle|^2 \\
&= \left|\cos\frac{\theta_n}{2}e^{-iE_n^+ t}\langle g,n+1|+,n\rangle + \sin\frac{\theta_n}{2}e^{-iE_n^- t}\langle g,n+1|-,n\rangle\right|^2 \\
&= \left|\sin\frac{\theta_n}{2}\cos\frac{\theta_n}{2}e^{-iE_n^+ t} - \sin\frac{\theta_n}{2}\cos\frac{\theta_n}{2}e^{-iE_n^- t}\right|^2 \\
&= \frac{1}{4}\sin^2\theta_n \sin^2\sqrt{\frac{\delta^2}{4}+(n+1)g^2}\,t \\
&= \frac{4g^2(n+1)}{\delta^2+4(n+1)g^2}\sin^2\sqrt{\frac{\delta^2}{4}+(n+1)g^2}\,t.
\end{aligned}
\tag{4.148}
$$

这个结果给出了一个反直觉的物理效应: 即使光场处在真空态上, $n=0$, 场强为零的量子化光场也会导致原子从激发态到基态的跃迁, 其跃迁概率为

$$P_0 = \frac{g^2}{\sqrt{\delta^2+4g^2}}\sin^2\sqrt{\frac{\delta^2}{4}+g^2}\,t. \tag{4.149}$$

这就是说, 短时间内真空中的原子可以发生从激发态到基态的辐射, 这个辐射称为自发辐射 (spontaneous radiation). 长时间内, 会发生振荡效应 —— 真空拉比振荡. 其实这是电磁场的真空涨落引起的纯量子效应. 以下我们一般地讨论自发辐射问题.

4.4.2 自发辐射的半经典理论

自发辐射的概念最早是由爱因斯坦提出的. 近代物理的许多实验表明, 即使在外部电磁场不存在的情况下, 处在激发态的原子也是不稳定的, 会从激发态跃迁到基态辐射光子. 这种现象不能用经典场的量子力学解释, 进而表明了电磁场量子化的必要性. 这是因为在经典场情形下, 微扰哈密顿量为

$$\widehat{H}_{\mathrm{I}} = \frac{1}{M}\widehat{\boldsymbol{p}}\cdot\boldsymbol{A} + \frac{\boldsymbol{A}^2}{2M}. \tag{4.150}$$

跃迁概率幅由矩阵元 $\langle g|\widehat{H}_{\mathrm{I}}|e\rangle$ 决定, 当 $\boldsymbol{A}=0$ 时, 它为零, 从而不会有辐射跃迁. 因此, 要想正确描述自发辐射现象, 一个完整的理论必然涉及场的量子化. 在量子化的情况下, 处于真空态的场对应的场强虽然为零, 但其真空涨落不为零, 这是导致上述自发辐射的根本原因. 需要指出的是, 早在量子力学建立之前, 爱因斯坦就提出了自发辐射的唯象描述, 这个理论在近似的意义下直到今天仍然是正确的.

为了全面了解自发辐射这一重要物理现象, 深入理解微腔对于自发辐射的影响,
我们先概略地介绍爱因斯坦对于自发辐射的半经典唯象描述.

如图 4.11 所示, 在强度分布为 $\rho(\omega)$ 的光场照射下, 原子从 $|g\rangle$ 到 $|e\rangle$ $(E_e > E_g)$
的受激吸收概率是

$$W_{eg} = B_{eg}\rho(\omega_e), \tag{4.151}$$

其中 B_{eg} 为吸收系数, 且与共振时的态密度 $\rho(\omega = \omega_e)$ 成正比. 在偶极近似下, 吸收系
数可以由微扰理论得到:

$$B_{eg} = \frac{4\pi^2 e^2}{3\hbar^2}|\langle e|\hat{\boldsymbol{r}}|g\rangle|^2. \tag{4.152}$$

而对于受激辐射过程, 从 $|e\rangle$ 到 $|g\rangle$ 的跃迁概率是

$$W_{ge} = B_{ge}\rho(\omega_e), \tag{4.153}$$

位置算子 $\hat{\boldsymbol{r}}$ 的厄米性决定了 $B_{eg} = B_{ge}$. 需要指出的是, 爱因斯坦讨论自发辐射时, 量
子力学并未建立, 其微扰论更无从谈起, 因此 (4.152) 式只可理解为偶极辐射.

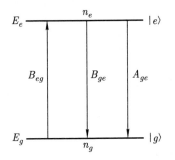

图 4.11　自发辐射的半经典图像

根据玻尔兹曼分布, 当系统整个处于稳定状态时, 在 $|e\rangle$ 和 $|g\rangle$ 上原子系统的平衡
态上原子数之比为

$$\frac{n_e}{n_g} = e^{\frac{(E_g - E_e)}{k_B T}} = e^{-\frac{\hbar\omega_e}{k_B T}}. \tag{4.154}$$

由此可以看出

$$n_g B_{eg}\rho(\omega_e) \neq n_e B_{ge}(\omega_e)\rho(\omega_e). \tag{4.155}$$

因而, 如果仅有受激过程时, 辐射和吸收无法平衡. 为了维持实际问题中的辐射吸收平
衡, 必须唯象地加入所谓的自发辐射项 A_{ge} (A 系数), 使得左边的受激吸收与右边的
辐射过程平衡:

$$n_g B_{eg}\rho(\omega_e) = n_e B_{ge}\rho(\omega_e) + n_e A_{ge}. \tag{4.156}$$

联立 (4.154) 和 (4.156) 式可解得

$$\rho(\omega_e) = \frac{A_{ge}}{B_{eg}} \frac{1}{\frac{n_g}{n_e} - 1} = \frac{A_{ge}}{B_{eg}} \frac{1}{e^{\beta \hbar \omega_e} - 1}. \tag{4.157}$$

$\beta = 1/k_{\mathrm{B}}T$ 在高温极限下很小, 即 $\exp(\beta \hbar \omega_e) \approx 1 + \beta \hbar \omega_e$, 这与黑体辐射经验公式相一致:

$$\rho(\omega_e) \xrightarrow{T \to \infty} \frac{A_{ge}}{B_{eg}} \frac{1}{\beta \hbar \omega_e}. \tag{4.158}$$

通过与黑体辐射高温极限的经验结果 —— 瑞利 (Reyleigh) – 金斯 (Jeans) 公式

$$\rho(\omega) = \frac{\omega^2}{\pi^2 c^3} k_{\mathrm{B}}T \tag{4.159}$$

比较, 再利用 (4.152) 式, 我们能够得到自发辐射系数

$$A_{eg} = \frac{4e^2 \omega_e^3}{3\hbar c^3} |\langle e|\hat{r}|g\rangle|^2. \tag{4.160}$$

这个公式与一阶微扰论得到的跃迁概率公式相似, 它描写了原子自发辐射的短时间行为.

为了对自发辐射强度有一个概观了解, 我们进行以下的估算. 为考虑从 $|2\mathrm{P}\rangle$ 态到 $|1\mathrm{S}\rangle$ 态的跃迁和相应的 A 系数

$$A_{1\mathrm{S},2\mathrm{P}} = \frac{4e^2}{3\hbar c^3} \omega_{1\mathrm{S},2\mathrm{P}}^3 |\langle 1\mathrm{S}|\hat{r}|2\mathrm{P}\rangle|^2, \tag{4.161}$$

我们利用氢原子本征函数

$$\psi_{210} = \langle \boldsymbol{r}|2\mathrm{P}\rangle = \frac{1}{4\sqrt{2\pi}} \frac{z}{a^{\frac{5}{2}}} e^{-\frac{r}{2a}}, \tag{4.162}$$

$$\psi_{100} = \langle \boldsymbol{r}|1\mathrm{S}\rangle = \frac{1}{\pi^{\frac{1}{2}} a^{\frac{3}{2}}} e^{-\frac{r}{a}}, \tag{4.163}$$

其中 $a = \hbar^2/m_e e^2$. 可以计算出 $A_{1\mathrm{S},2\mathrm{P}} \approx 6.27 \times 10^8 \ \mathrm{s}^{-1}$, 所以 $|2\mathrm{P}\rangle$ 态的寿命为 $\tau = 1/A_{1\mathrm{S},2\mathrm{P}} \approx 1.59 \ \mathrm{ns}$.

4.4.3 自发辐射的量子理论

在自由空间中, 没有微腔的限制, 我们必须考虑多模光场存在. 为方便起见, 现在仅考虑二能级原子与多模电磁场通过电偶极作用耦合起来. 用 $\hat{b}_\lambda^\dagger$ 和 $\hat{b}_\lambda$ 表示电磁场的产生、湮灭算子, $|e\rangle$ 和 $|g\rangle$ 分别表示原子的激发态和基态, 则系统的哈密顿量为

$$\hat{H} = \hbar \omega_e |e\rangle\langle e| + \sum_\lambda \hbar \omega_\lambda \hat{b}_\lambda^\dagger \hat{b}_\lambda + \sum_\lambda (V_\lambda^* \hat{b}_\lambda |e\rangle\langle g| + V_\lambda \hat{b}_\lambda^\dagger |g\rangle\langle e|). \tag{4.164}$$

注意上述哈密顿量中已使用了旋波近似. 所谓的自发辐射是指原子处在激发态、背景场处在真空态时的量子跃迁. 这个过程可以描述为从初态

$$|\psi(0)\rangle = |e\rangle \otimes |0_1\rangle \otimes \cdots \otimes |0_\Lambda\rangle \equiv |e\rangle \otimes |0\rangle \equiv |e, 0\rangle \tag{4.165}$$

到末态

$$|\psi_f\rangle = |g\rangle \otimes |1_\lambda\rangle = |g, 1_\lambda\rangle \tag{4.166}$$

的跃迁, 其中引入了记号

$$|0\rangle \equiv |0_1\rangle \otimes |0_2\rangle \otimes \cdots \otimes |0_\Lambda\rangle, \tag{4.167}$$

$$|1_\lambda\rangle \equiv |0_1\rangle \otimes |0_2\rangle \otimes \cdots \otimes |1_\lambda\rangle \otimes \cdots \otimes |0_\Lambda\rangle, \tag{4.168}$$

Λ 为模式数的上限. 设系统在 t 时刻的波函数为

$$|\psi(t)\rangle = e^{-i\omega_e t}\left(A(t)|e, 0\rangle + \sum_\lambda B_\lambda(t)|g, 1_\lambda\rangle\right), \tag{4.169}$$

则有系数 $A(t)$ 和 $B_\lambda(t)$ 满足的微分方程组

$$\begin{cases} i\hbar\dfrac{\partial A(t)}{\partial t} = \sum_\lambda V_\lambda^* B_\lambda(t), \\ i\hbar\dfrac{\partial B_\lambda(t)}{\partial t} = \hbar(\omega_\lambda - \omega_e)B_\lambda(t) + V_\lambda A(t). \end{cases} \tag{4.170}$$

对此进行拉普拉斯变换, $\overline{f}(P) = \int_0^\infty \mathrm{d}t f(t)\exp(-Pt)$ $(f = A, B_\lambda)$, 得到

$$\begin{cases} P\overline{A}(P) = \sum_\lambda \dfrac{V_\lambda^*}{i\hbar}\overline{B}_\lambda(P) + 1, \\ [P + i(\omega_\lambda - \omega_\alpha)]\overline{B}_\lambda(P) = \dfrac{V_\lambda}{i\hbar}\overline{A}(P). \end{cases} \tag{4.171}$$

注意根据初始条件已取 $A(0) = 1, B_\lambda(0) = 0$. 从中消除 $\overline{B}_\lambda(P)$, 可得

$$\begin{cases} \overline{A}(P) = \dfrac{1}{P + \Gamma(P)}, \\ \overline{B}_\lambda(P) = \dfrac{V_\lambda}{i\hbar(P + \Gamma(P))(P + i(\omega_\lambda - \omega_e))}, \end{cases} \tag{4.172}$$

其中

$$\Gamma(P) = \sum_\lambda \frac{|V_\lambda|^2}{\hbar^2}\frac{1}{P + i(\omega_\lambda - \omega_e)}. \tag{4.173}$$

为了通过拉普拉斯反演求出 $A(t)$ 和 $B_\lambda(t)$, 首先必须知道 $D(P) = P + \Gamma(P)$ 的零点 (即 $\overline{A}(P)$ 的奇点) 是什么. 由于 $\overline{A}(P)$ 涉及 P 的函数多重求和, 严格解是很难的.

为此, 我们采用维格纳 (Wigner) – 韦斯科普夫 (Weisskopf) 近似. 由于无相互作用时 $|V_\lambda|^2 = 0$, $P + \Gamma(P)$ 的零点为 $P_0 = 0$, 则 $|V_\lambda|^2$ 很小时, 零点是 0 附近的一个微扰展开, 即 $P_0 = P^{[0]} + \mu P^{[1]} + \mu^2 P^{[2]} + \cdots$ 是 $D(P)$ 的零点. μ 为引入的微扰参量, 目的是方便看出微扰阶数 (μ 的幂次直接对应阶数), 计算结束后令为 1, 由于我们将 $|V_\lambda|^2$ 视为一阶小量, 因此在计算时需要在其前面乘上 μ. 将展开式代入 $D(P_0) = 0$ 并比较 μ 的同次项系数, 有

$$P^{[0]} = 0, \quad P^{[1]} = -\sum_\lambda \frac{|V_\lambda|^2/\hbar^2}{P^{[0]} + \mathrm{i}\Delta_\lambda}, \tag{4.174}$$

其中 $\Delta_\lambda = \omega_\lambda - \omega_e$. 在一级近似下, 零点为

$$P_0 \approx P^{[1]} = -\lim_{P^{[0]} \to 0} \sum_\lambda \frac{|V_\lambda|^2/\hbar^2}{P^{[0]} + \mathrm{i}\Delta_\lambda}. \tag{4.175}$$

利用公式

$$\lim_{s \to 0} \frac{1}{x + \mathrm{i}s} = \frac{1}{x} - \mathrm{i}\pi\delta(x), \tag{4.176}$$

可以得到

$$P^{[1]} = \lim_{P^{[0]} \to 0} (-1) \sum_\lambda \frac{|V_\lambda|^2/\hbar^2}{P^{[0]} + \mathrm{i}\Delta_\lambda} = \mathrm{i} \sum_\lambda \frac{|V_\lambda|^2/\hbar^2}{\Delta_\lambda} - \pi \sum_\lambda \frac{|V_\lambda|^2}{\hbar^2}\delta(\omega_\lambda - \omega_e)$$

$$\equiv -\frac{1}{2}\gamma - \mathrm{i}\Delta\omega, \tag{4.177}$$

其中

$$\gamma = 2\pi \sum_\lambda \frac{|V_\lambda|^2}{\hbar^2}\delta(\omega_\lambda - \omega_e) \tag{4.178}$$

是系统的衰变率, 而

$$\Delta\omega = \sum_\lambda \frac{|V_\lambda|^2/\hbar^2}{\omega_e - \omega_\lambda} \tag{4.179}$$

是所谓的兰姆 (Lamb) 移动. 若不做进一步的处理, 以上给出的 γ 和 $\Delta\omega$ 在实际的连续系统中都是发散的, 严格处理这种发散问题需要用到从量子电动力学中发展出来的重整化理论.

在弱作用极限下, 我们得到

$$\overline{A}(P) \approx \frac{1}{P + \frac{1}{2}\gamma + \mathrm{i}\Delta\omega}, \tag{4.180}$$

$$\overline{B}_\lambda(P) \approx \frac{V_\lambda}{\mathrm{i}\hbar} \frac{1}{\left(P + \frac{\gamma}{2} + \mathrm{i}\Delta\omega\right)[P + \mathrm{i}(\omega_\lambda - \omega_e)]}. \tag{4.181}$$

反演给出演化态中各个分量的概率幅:

$$A(t) = e^{-\frac{1}{2}\gamma t - i\Delta\omega t}, \tag{4.182}$$

$$B_\lambda(t) = -\frac{V_\lambda}{\hbar}\frac{[e^{-\frac{\gamma t}{2}-i(\omega_e-\omega_\lambda+\Delta\omega)t}-1]e^{-i(\omega_\lambda-\omega_e)t}}{\omega_e+\Delta\omega-\omega_\lambda+\frac{i\gamma}{2}}. \tag{4.183}$$

把发散的 $\Delta\omega$ "吸收" 到 ω_e 中, 得到实验确定的重整化物理频率 $\omega_p = \omega_e + \Delta\omega$, 则

$$a(t) = e^{-i\omega_e t}A(t) = e^{-\frac{\gamma t}{2}-i\omega_p t}, \tag{4.184}$$

$$B_\lambda(t) = -\frac{V_\lambda}{\hbar}\frac{(e^{-\frac{\gamma t}{2}-i(\omega_p-\omega_\lambda)t}-1)e^{-i(\omega_\lambda-\omega_e)t}}{\omega_p-\omega_\lambda+\frac{i\gamma}{2}}. \tag{4.185}$$

单位时间内原子由激发态跃迁到基态的概率 —— 衰变率

$$P_{e\to g} = -\frac{1}{|a(t)|^2}\frac{d}{dt}|a(t)|^2 = \gamma. \tag{4.186}$$

辐射场的光子数分布, 即吸收谱是长时间的稳态结果:

$$|B_\lambda(t\to\infty)|^2 = \frac{|V_\lambda|^2}{\hbar^2}\frac{1}{\gamma^2/4+(\omega_p-\omega_\lambda)^2}, \tag{4.187}$$

这代表辐射场的谱形是一个典型的洛伦兹分布.

最后, 我们根据实际的物理参数, 计算 γ 的明显表达式. 记 $V(\omega_\lambda) = V_\lambda$. 在自由空间中, 量子化的电磁场的一般表达式为[⑥]

$$\widehat{\boldsymbol{E}}(\boldsymbol{r},t) = i\sum_{\lambda=(\boldsymbol{q},\delta)}\sqrt{\frac{\hbar\omega_\lambda}{2\epsilon_0 V}}\boldsymbol{e}_\delta(\boldsymbol{q})(\widehat{b}_{\boldsymbol{q}\delta}(t)e^{i\boldsymbol{q}\cdot\boldsymbol{r}}-\widehat{b}_{\boldsymbol{q}\delta}^\dagger(t)e^{-i\boldsymbol{q}\cdot\boldsymbol{r}}). \tag{4.188}$$

再利用偶极近似下相互作用的表达式

$$\widehat{V}_{\text{dipole}} = -e\widehat{\boldsymbol{E}}(0,t)\cdot\widehat{\boldsymbol{r}} = -\widehat{\boldsymbol{\mu}}\cdot\widehat{\boldsymbol{E}}(0,t), \tag{4.189}$$

我们得到

$$\begin{aligned}\gamma &= \frac{2\pi}{\hbar^2}\sum_{\boldsymbol{q}}\frac{\hbar\omega_{\boldsymbol{q}}}{2\epsilon_0 V}\sum_\delta|\langle e|\boldsymbol{e}_\delta(\boldsymbol{q})\cdot\widehat{\boldsymbol{\mu}}|g\rangle|^2\delta(\omega_{\boldsymbol{q}}-\omega_e)\\&= \frac{2\pi}{\hbar^2}\sum_{\boldsymbol{q}}\frac{\hbar\omega_{\boldsymbol{q}}}{2\epsilon_0 V}|\mu_{eg}|^2(1-\cos^2\theta)\delta(\omega_{\boldsymbol{q}}-\omega_e).\end{aligned} \tag{4.190}$$

[⑥]注意这里量子化电磁场的表达式与之前在 FP 腔中得到的表达式不同, 原因在于这里是以行波作为基底, 而在腔中我们选用了驻波作为基底. 具体的推导与讨论可以参见有关专著.

在非简并情况下, 把求和换成积分, 从而给出自发辐射率的明显表达式

$$\gamma = \frac{\omega_e^3 |\mu_{eg}|^2}{3\pi\hbar c^3 \epsilon_0}. \tag{4.191}$$

如果谱分布为 $\rho(\omega)$, 则

$$\gamma = \frac{\omega_e^3 |\mu_{eg}|^2 \rho(\omega_e)}{3\pi\hbar c^3 \epsilon_0}. \tag{4.192}$$

上述结果与爱因斯坦最早从半经典方法得到的结果是一致的.

4.5 相对论性带电粒子的量子力学与自旋

在以上各节的讨论中, 如初等量子力学一样, 我们不加证明地引入了电子自旋的概念. 什么是电子自旋的起源? 在经典电动力学里, 我们要求物理学定律在任何高速运动的参照系中, 其形式必须一样. 这种对称性被称为洛伦兹协变性. 如果我们对量子力学的运动方程做同样的要求, 会有什么样的后果? 以下两节的内容将统一回答上述两个基本问题: 自旋的出现是量子力学的协变性要求的必然结果. 不仅如此, 这种协变性可以自动给出自旋 – 轨道耦合和导致超精细结构的相对论修正.

4.5.1 相对论性带电粒子的量子化问题

为此, 我们讨论相对论量子力学的基本表达 —— 狄拉克方程. 由哈密顿量

$$\widehat{H} = \frac{1}{2m}\left(\widehat{\boldsymbol{p}} + \frac{e}{c}\boldsymbol{A}\right)^2 - e\phi \tag{4.193}$$

描述的量子力学是非相对论性的. 为了给出相对论性的洛伦兹方程

$$\frac{\mathrm{d}}{\mathrm{d}t}\left(\frac{m\boldsymbol{v}}{\sqrt{1-\dfrac{v^2}{c^2}}}\right) = -e\left[\boldsymbol{E} + \frac{1}{c}\boldsymbol{v}\times\boldsymbol{B}\right], \tag{4.194}$$

我们需要引入

$$H = \sqrt{m^2c^4 + c^2(\boldsymbol{p}+e\boldsymbol{A}/c)^2} - e\phi, \tag{4.195}$$

其中 $\boldsymbol{p}$ 为正则动量, 满足

$$\boldsymbol{p} + \frac{e\boldsymbol{A}}{c} = \frac{m\boldsymbol{v}}{\sqrt{1-\dfrac{v^2}{c^2}}}. \tag{4.196}$$

事实上, 它对应的正则方程 (以 x 方向为例) 为

$$\dot{x} = \frac{\partial H}{\partial p_x} = \frac{c^2(p_x + eA_x/c)}{\sqrt{m^2c^4 + c^2(\boldsymbol{p}+e\boldsymbol{A}/c)^2}}, \tag{4.197a}$$

$$\dot{p}_x = -\frac{\partial H}{\partial x} = -e\frac{\partial \phi}{\partial x} + \frac{\partial H}{\partial \left(\boldsymbol{p} + \dfrac{e\boldsymbol{A}}{c} \right)} \cdot \frac{e}{c}\frac{\partial \boldsymbol{A}}{\partial x}. \tag{4.197b}$$

应用导数关系

$$\dot{A}_x = \frac{\partial A_x}{\partial t} + \frac{\partial A_x}{\partial \boldsymbol{r}} \cdot \dot{\boldsymbol{r}} \tag{4.198}$$

与麦克斯韦方程

$$\boldsymbol{E} = -\nabla\phi - \frac{1}{c}\frac{\partial \boldsymbol{A}}{\partial t}, \quad \boldsymbol{B} = \nabla \times \boldsymbol{A}, \tag{4.199}$$

正则方程 (4.197) 正好给出电磁场中相对论性带电粒子的运动方程 (4.194).

对于 $\boldsymbol{A} = 0$ 情况, 如果把 (4.195) 式当成量子化的哈密顿量, 则薛定谔方程

$$\sqrt{m^2c^4 + c^2(-\mathrm{i}\hbar\nabla + e\boldsymbol{A}/c)^2}\,\psi(\boldsymbol{r},t) = \left(-\mathrm{i}\hbar\frac{\partial}{\partial t} + e\phi \right)\psi(\boldsymbol{r},t) \tag{4.200}$$

对时空坐标来说不对称. 这是因为方程左边涉及时空坐标的高阶微分, 而右边是时间的一阶微分, 因此方程是不协变的. 为此, 历史上薛定谔尝试写下二阶的克莱因 (Klein) – 戈登 (Gordon) 方程, 出发点是协变的质能关系

$$E^2 = c^2p^2 + m^2c^4. \tag{4.201}$$

相应的波动方程是

$$\hbar^2 \frac{\partial^2}{\partial t^2}\psi(\boldsymbol{r},t) = c^2(\hbar^2\nabla^2 - m^2c^2)\psi(\boldsymbol{r},t). \tag{4.202}$$

此即克莱因 – 戈登方程. 然而, 它的平面波解 $\psi(\boldsymbol{r},t) = \exp(\mathrm{i}\boldsymbol{p}\cdot\boldsymbol{r}/\hbar)\exp(-\mathrm{i}Et/\hbar)$ 给出色散关系

$$E = \pm\sqrt{c^2p^2 + m^2c^4}, \tag{4.203}$$

存在负能解, 系统本质上将是不稳定的.

图 4.12 给出相对论性带电粒子的能谱图. 由此可见, 在 $E_- = -\sqrt{c^2p^2 + m^2c^4}$ 上可填充无穷多个粒子, 系统的能量为负, 极不稳定. 后来, 狄拉克方程也遇到类似的问题, 但狄拉克的理解是 E_- 的能级开始已经被电子填满. 若有一个电子跃过能隙 $\Delta E = 2mc^2$, 则产生一个空穴, 该空穴可理解为带正电的正电子, 从而预言了正电子的存在. 这只是一个唯象的想法, 而真正解决这个问题需要把克莱因 – 戈登方程或狄拉克方程理解为量子化的场方程, 这是量子场论讨论的主题.

4.5.2　狄拉克方程

为了克服克莱因 – 戈登方程无法满足相对论协变性的困难, 狄拉克认为相对论性粒子的方程中只能含有时空的一阶导数, 这样才能是相对论协变的, 从而迫使方程中

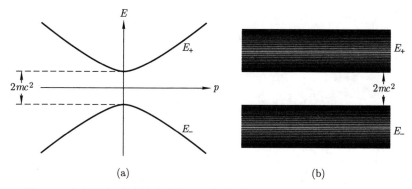

图 4.12 左图是相对论性自由粒子的色散关系, 右图是有能隙的能带结构

波函数必须是多分量的, 这就引入了自旋. 狄拉克假设了如下的线性形式:

$$\widehat{H} = c(\alpha_x \widehat{p}_x + \alpha_y \widehat{p}_y + \alpha_z \widehat{p}_z) + \beta mc^2$$
$$\equiv c\boldsymbol{\alpha} \cdot \widehat{\boldsymbol{p}} + \beta mc^2, \tag{4.204}$$

其中 $\alpha_x, \alpha_y, \alpha_z, \beta$ 是预先假定的某种形式的算子. 现在我们要求相应的本征方程

$$c[-\mathrm{i}\hbar(\alpha_x \partial_x + \alpha_y \partial_y + \alpha_z \partial_z) + \beta mc^2]\psi(\boldsymbol{r}, t) = E\psi(\boldsymbol{r}, t) \tag{4.205}$$

能够给出狭义相对论的质能关系

$$E^2 = m^2 c^4 + c^2 p^2. \tag{4.206}$$

这个要求使得我们能够确定分量的个数以及 $\boldsymbol{\alpha}$ 和 β 的具体形式.

为此, 重写定态狄拉克方程为

$$(c\boldsymbol{\alpha} \cdot \widehat{\boldsymbol{p}} + \beta mc^2 - E)\psi(\boldsymbol{r}, t) = 0, \tag{4.207}$$

然后, 用狄拉克算子

$$\widehat{D} = c\boldsymbol{\alpha} \cdot \widehat{\boldsymbol{p}} + \beta mc^2 - E \tag{4.208}$$

再一次作用到方程 (4.207), 得到

$$(c\boldsymbol{\alpha} \cdot \widehat{\boldsymbol{p}} + \beta mc^2 - E)^2 \psi(\boldsymbol{r}, t) = 0 \equiv \widehat{D}^2 \psi(\boldsymbol{r}, t). \tag{4.209}$$

展开 $\widehat{D}^2$ 到最简单的形式, 并假设 $\{\alpha_l | l = x, y, z, 0\}$ 与空间坐标和动量对易, 则 (取 $\hbar = 1$)

$$\widehat{D}^2 = c^2 \left(-\alpha_x^2 \frac{\partial^2}{\partial x^2} - \alpha_y^2 \frac{\partial^2}{\partial y^2} - \alpha_z^2 \frac{\partial^2}{\partial z^2} \right)$$
$$+ c^2(\alpha_x \alpha_y + \alpha_y \alpha_x)\frac{\partial^2}{\partial x \partial y} + \cdots + mc^3(\beta\alpha_x + \alpha_x\beta)\frac{\partial}{\partial x} + \cdots. \tag{4.210}$$

若要求

$$
\begin{cases}
\alpha_l^2 = 1 \quad (l = x, y, z, 0) \quad (\alpha_0 = \beta), \\
\alpha_x \alpha_y + \alpha_y \alpha_x = 0, \\
\alpha_l \beta + \beta \alpha_l = 0,
\end{cases}
\tag{4.211}
$$

则 $\widehat{D}^2 \psi(\boldsymbol{r}, t) = 0$ 可以给出质能关系方程 (4.205). 为了满足上述条件, $\boldsymbol{\alpha}$ 与 β 必须为矩阵, 在最低阶的非平凡情况下, 可以证明它们必须取为如下的 4×4 矩阵:

$$
\alpha_x = \begin{bmatrix} 0 & \sigma_x \\ \sigma_x & 0 \end{bmatrix}, \alpha_y = \begin{bmatrix} 0 & \sigma_y \\ \sigma_y & 0 \end{bmatrix}, \alpha_z = \begin{bmatrix} 0 & \sigma_z \\ \sigma_z & 0 \end{bmatrix}, \beta = \begin{bmatrix} I & 0 \\ 0 & -I \end{bmatrix}.
\tag{4.212}
$$

由此, 我们得到自由狄拉克粒子的哈密顿量

$$
\widehat{H} = c\boldsymbol{\alpha} \cdot \widehat{\boldsymbol{p}} + \beta mc^2.
\tag{4.213}
$$

这是一个 4×4 矩阵值算子方程, 它的本征方程 $\widehat{H}\psi = E\psi$ 中的 ψ 是一个四分量矢量:

$$
\psi = \begin{bmatrix} \psi_{\mathrm{L}} \\ \psi_{\mathrm{S}} \end{bmatrix} = \begin{bmatrix} \psi_1 \\ \psi_2 \\ \psi_3 \\ \psi_4 \end{bmatrix}.
\tag{4.214}
$$

相应地, 哈密顿量也是一个 4×4 矩阵:

$$
\widehat{H} = \begin{bmatrix} mc^2 I & c\boldsymbol{\sigma} \cdot \widehat{\boldsymbol{p}} \\ c\boldsymbol{\sigma} \cdot \widehat{\boldsymbol{p}} & -mc^2 I \end{bmatrix},
\tag{4.215}
$$

其中, I 为 2×2 单位矩阵. 在以上的讨论中, 我们要求运动方程同时满足协变性和自由粒子质能关系, 给出了波函数至少是四分量的推论. 这预示着自旋的存在, 下节我们将在薛定谔方程相对论修正的情况下给出证明.

4.5.3 狄拉克粒子的震颤运动

狄拉克方程对自由电子运动的另一个理论预言是在海森堡表象中给出的, 这就是震颤 (zitterbewegung) 效应. 在海森堡表象中, 算子的海森堡方程为

$$
\frac{\mathrm{d}}{\mathrm{d}t}\widehat{x} = \frac{1}{\mathrm{i}\hbar}[\widehat{x}, \widehat{H}] = c\alpha_x,
\tag{4.216}
$$

$$
\dot{\alpha}_x = \frac{1}{\mathrm{i}\hbar}[\alpha_x, \widehat{H}] = \frac{1}{\mathrm{i}\hbar}(\alpha_x \widehat{H} - \widehat{H}\alpha_x)
$$

$$
= \frac{1}{\mathrm{i}\hbar}[2\alpha_x \widehat{H} - \{\alpha_x, \widehat{H}\}].
\tag{4.217}
$$

上述第一个方程 α_x 代表以 c 为单位时的电子速度. 利用 $\alpha_x\alpha_l + \alpha_l\alpha_x = 0$, $\alpha_x^2 = 1$, 则

$$\dot{\alpha}_x = \frac{1}{\mathrm{i}\hbar}(2\alpha_x\widehat{H} - 2c\widehat{p}_x), \tag{4.218}$$

$$\ddot{\alpha}_x = \frac{1}{\mathrm{i}\hbar}\left(2\dot{\alpha}_x\widehat{H} - 2c\frac{\mathrm{d}\widehat{p}_x}{\mathrm{d}t}\right) = \frac{2\dot{\alpha}_x}{\mathrm{i}\hbar}\widehat{H}. \tag{4.219}$$

这里已经考虑到自由狄拉克粒子动量是守恒的, $\mathrm{d}\widehat{p}_x/\mathrm{d}t = 0$. 在 (4.218) 式中把 $\widehat{p}_x$ 和 $\widehat{H}$ 视作常数, 则得到

$$\alpha_x(t) = \frac{\mathrm{i}\hbar}{2H}\dot{\alpha}_x(0)\exp\left(-\frac{2\mathrm{i}H}{\hbar}t\right) + \frac{cp_x}{H}. \tag{4.220}$$

再由 (4.216) 式得到

$$\dot{x} = \frac{\mathrm{i}\hbar}{2H}c\dot{\alpha}_x(0)\exp\left(-\frac{2\mathrm{i}H}{\hbar}t\right) + \frac{c^2p_x}{H}. \tag{4.221}$$

这表明电子速度包含两部分: 依赖于初始速度的常数部分

$$v_{\mathrm{c}} = \frac{c^2p_x}{H} \approx \frac{c^2p_x}{mc^2} = \frac{p_x}{m}, \tag{4.222}$$

和依赖于初态的振荡部分

$$v_{\mathrm{os}} = \frac{\mathrm{i}\hbar}{2H}c\dot{\alpha}_x(0)\exp\left(-\frac{2\mathrm{i}H}{\hbar}t\right). \tag{4.223}$$

由于 $H \sim mc^2$, 振荡因子交互变化速率很大, 第一项对坐标的影响可以忽略. 事实上

$$x(t) = x(0) + \frac{c^2p_x}{H}t + \frac{\hbar^2}{4H^2}c\exp\left(-\frac{2\mathrm{i}H}{\hbar}t\right)\dot{\alpha}_x(0) + \alpha \tag{4.224}$$

给出粒子的运动轨迹方程, 其最后一项 $\alpha = x\dot{\alpha}_x(0)/(4H^2)$ 是常数. 在 $x(t)$ 中, 振幅部分是很小的, 即由 (4.218) 式可知

$$\frac{\hbar^2}{4H^2}c\dot{\alpha}_x(0)\exp\left(-\frac{2\mathrm{i}H}{\hbar}t\right) = \frac{\mathrm{i}}{2H}c\hbar\left(\frac{cp_x}{H} - \alpha_x\right), \tag{4.225}$$

其数量级为 $\hbar/(mc)$ (α_x 数量级为 1),

$$x(t) = x(0) + \frac{c^2p_x}{H} \approx x(0) + \frac{p_x}{m}t. \tag{4.226}$$

相对论自由电子高速振荡效应很难被观测到, 只是近些年人们基于冷原子量子模拟系统观察到了震颤效应 (Vaishnav J Y and Clark C W. Phys. Rev. Lett., 2008, 100(15): 153002). 其中考虑到的一个重要观念是: 对于格点上的非相对论性粒子的跳跃运动, 在低能近似下, 其运动方程是一个近似的狄拉克方程.

4.6   自旋与电磁场中的带电粒子

4.6.1   自旋及其与外磁场的耦合

根据带电粒子在电磁场中运动的最小耦合原理, 我们要求电子系统具有定域规范不变性, 为此, 要把 $\widehat{\boldsymbol{p}} = -\mathrm{i}\hbar\nabla$ 换为机械动量 $\widehat{\boldsymbol{\pi}} = \widehat{\boldsymbol{p}} + e\boldsymbol{A}/c = -\mathrm{i}\hbar\nabla + e\boldsymbol{A}/c$, 则电子在电磁场中运动的哈密顿量为

$$\widehat{H} = c\widehat{\boldsymbol{\pi}} \cdot \boldsymbol{\alpha} + \beta mc^2 - e\phi. \tag{4.227}$$

令 $|\psi\rangle = [\psi_L, \psi_S]^{\mathrm{T}}$ 为 $\widehat{H}|\psi\rangle = E|\psi\rangle$ 的解, 则

$$\begin{bmatrix} mc^2 - e\phi & c\boldsymbol{\sigma} \cdot \widehat{\boldsymbol{\pi}} \\ c\boldsymbol{\sigma} \cdot \widehat{\boldsymbol{\pi}} & -e\phi - mc^2 \end{bmatrix} \begin{bmatrix} \psi_L \\ \psi_S \end{bmatrix} = E \begin{bmatrix} \psi_L \\ \psi_S \end{bmatrix} \tag{4.228}$$

给出两个分量方程组

$$c(\boldsymbol{\sigma} \cdot \widehat{\boldsymbol{\pi}})\psi_S = (E - mc^2 + e\phi)\psi_L \equiv (E_{\mathrm{N}} + e\phi)\psi_L, \tag{4.229}$$

$$c(\boldsymbol{\sigma} \cdot \widehat{\boldsymbol{\pi}})\psi_L = (E_{\mathrm{N}} + 2mc^2 + e\phi)\psi_S. \tag{4.230}$$

考虑最低阶非相对论修正的条件

$$E_{\mathrm{N}} = (E - mc^2) \ll 2mc^2, \quad e\phi \ll 2mc^2, \tag{4.231}$$

则 (4.230) 式给出

$$\psi_S \approx \frac{1}{2mc}(\boldsymbol{\sigma} \cdot \widehat{\boldsymbol{\pi}})\psi_L. \tag{4.232}$$

代入 (4.229) 式得到

$$(E_{\mathrm{N}} + e\phi)\psi_L = \frac{1}{2m}(\boldsymbol{\sigma} \cdot \widehat{\boldsymbol{\pi}})^2 \psi_L. \tag{4.233}$$

再利用公式

$$(\boldsymbol{\sigma} \cdot \boldsymbol{a})(\boldsymbol{\sigma} \cdot \boldsymbol{b}) = (\boldsymbol{a} \cdot \boldsymbol{b}) + \mathrm{i}\boldsymbol{\sigma} \cdot (\boldsymbol{a} \times \boldsymbol{b}), \tag{4.234}$$

并计算

$$\begin{aligned}
\widehat{\boldsymbol{\pi}} \times \widehat{\boldsymbol{\pi}} &= \left(\widehat{\boldsymbol{p}} + \frac{e\boldsymbol{A}}{c}\right) \times \left(\widehat{\boldsymbol{p}} + \frac{e}{c}\boldsymbol{A}\right) \\
&= \widehat{\boldsymbol{p}} \times \widehat{\boldsymbol{p}} + \frac{e^2}{c^2}(\boldsymbol{A} \times \boldsymbol{A}) + \frac{e}{c}(\widehat{\boldsymbol{p}} \times \boldsymbol{A} + \boldsymbol{A} \times \widehat{\boldsymbol{p}}) \\
&= -\mathrm{i}e\hbar(\nabla \times \boldsymbol{A} + \boldsymbol{A} \times \nabla) \equiv -\mathrm{i}\frac{e}{c}\hbar\boldsymbol{B},
\end{aligned} \tag{4.235}$$

其中 $\boldsymbol{B} = \nabla \times \boldsymbol{A}$. 以上我们已经考虑到了 $(\nabla \times \boldsymbol{A} + \boldsymbol{A} \times \nabla) f(x) = (\nabla \times \boldsymbol{A}) f(x) = \boldsymbol{B} f(x)$, 由此得到近似的运动方程

$$\frac{1}{2m}\left(\widehat{\boldsymbol{p}} + \frac{e}{c}\boldsymbol{A}\right)^2 \psi_L - \frac{e\hbar}{2mc}(\boldsymbol{\sigma} \cdot \boldsymbol{B})\psi_L = \epsilon \psi_L, \tag{4.236}$$

或有非相对论近似下的哈密顿量

$$\widehat{H}_{\mathrm{N}} = \frac{1}{2m}\left(\widehat{\boldsymbol{p}} + \frac{e}{c}\boldsymbol{A}\right)^2 - \boldsymbol{\mu} \cdot \boldsymbol{B}, \tag{4.237}$$

其中

$$\boldsymbol{\mu} \equiv -\frac{\partial \widehat{H}_{\mathrm{N}}}{\partial \boldsymbol{B}} = -\frac{e\hbar}{2mc}\boldsymbol{\sigma} \equiv -\frac{e}{mc}\boldsymbol{S} \tag{4.238}$$

为自旋磁矩, $e/(mc)$ 称为旋磁比.

考虑特例, $B_z = B$, $B_x = B_y = 0$, 我们取对称规范, $A_y = Bx/2$, $A_x = -By/2$, $A_z = 0$, 则自由电子的哈密顿量为

$$\begin{aligned} \widehat{H}_0 &= \frac{1}{2m}\left(\widehat{\boldsymbol{p}} + \frac{e}{c}\boldsymbol{A}\right)^2 \approx \frac{\widehat{\boldsymbol{p}}^2}{2m} + \frac{e}{mc}(\boldsymbol{A} \cdot \widehat{\boldsymbol{p}}) \\ &= \frac{\widehat{\boldsymbol{p}}^2}{2m} + \frac{e}{2mc}B(x\widehat{p}_y - y\widehat{p}_x) \\ &= \frac{\widehat{\boldsymbol{p}}^2}{2mc} + \frac{e}{2mc}\widehat{\boldsymbol{L}} \cdot \boldsymbol{B} = \frac{\widehat{\boldsymbol{p}}^2}{2mc} - \widehat{\boldsymbol{\mu}} \cdot \boldsymbol{B}, \end{aligned} \tag{4.239}$$

其中 $\widehat{\boldsymbol{\mu}} = -e\widehat{\boldsymbol{L}}/(2mc)$. 这表明自旋的旋磁比 $e/(mc)$ 比轨道的磁旋比大了一倍.

以下我们考虑在中心力场中的狄拉克方程, 其哈密顿量是

$$\widehat{H} = c\boldsymbol{\alpha} \cdot \widehat{\boldsymbol{\pi}} + mc^2\beta - e\phi(r), \tag{4.240}$$

其中 $r = \sqrt{x^2 + y^2 + z^2}$. 对于 x 方向上的轨道角动量 $\widehat{L}_x = \widehat{y}\widehat{p}_z - \widehat{z}\widehat{p}_y$, 其海森堡运动方程为

$$\frac{\mathrm{d}\widehat{L}_x}{\mathrm{d}t} = \frac{1}{\mathrm{i}\hbar}[\widehat{L}_x, \widehat{H}] = c(\alpha_y\widehat{p}_z - \alpha_z\widehat{p}_y) = c(\boldsymbol{\alpha} \times \widehat{\boldsymbol{p}})_x, \tag{4.241}$$

即在自由电子或在中心力场中的粒子, 其角动量不是一个守恒量, 当时这是一种相当反直觉的效应. 然而, 如果引入

$$\widehat{\boldsymbol{S}} = \frac{1}{2}\begin{bmatrix} \boldsymbol{\sigma} & 0 \\ 0 & \boldsymbol{\sigma} \end{bmatrix}, \quad \widehat{S}_j = \frac{1}{2}\begin{bmatrix} \sigma_j & 0 \\ 0 & \sigma_j \end{bmatrix} \quad (j = 1, 2, 3), \tag{4.242}$$

它们满足

$$[\widehat{S}_j, \beta] = 0, \quad [\widehat{S}_j, \alpha_j] = 0, \tag{4.243}$$

$$[\widehat{S}_j, \alpha_l] = \mathrm{i}\varepsilon_{jl}^k\alpha_k, \tag{4.244}$$

和运动方程

$$\partial_t \widehat{\boldsymbol{S}} = \frac{1}{\mathrm{i}\hbar}[\widehat{\boldsymbol{S}}, \widehat{H}] = -c\boldsymbol{\alpha} \times \widehat{\boldsymbol{p}}. \tag{4.245}$$

由此可以证明, 总的角动量

$$\widehat{\boldsymbol{J}} = \widehat{\boldsymbol{L}} + \widehat{\boldsymbol{S}} \tag{4.246}$$

是一个守恒量. 也就是说, 电子存在内禀的角动量 $\widehat{\boldsymbol{S}}$, 与轨道角动量一道, 使得中心力场中 $\widehat{\boldsymbol{J}}$ 守恒. 这个内禀角动量就是自旋.

4.6.2 自旋 – 轨道耦合

最后, 我们进一步讨论电子在中心外场中运动的最低阶的相对论修正. 为此, 我们仍然要求 E_N 和 $e\widehat{\phi}$ 与 mc^2 相比很小, 但要把上述讨论的近似提高到 c^2 的阶:

$$\begin{aligned} \psi_S &= \frac{c}{2mc^2 + E_\mathrm{N} + e\phi}(\boldsymbol{\sigma} \cdot \widehat{\boldsymbol{\pi}})\psi_L \\ &\approx \left(1 - \frac{E_\mathrm{N} + e\phi}{2mc^2}\right)\frac{c}{2mc^2}(\boldsymbol{\sigma} \cdot \widehat{\boldsymbol{\pi}})\psi_L, \end{aligned} \tag{4.247}$$

即

$$\psi_S \approx \frac{1}{2mc}(\boldsymbol{\sigma} \cdot \widehat{\boldsymbol{\pi}})\psi_L - \frac{1}{2mc}\left(\frac{E_\mathrm{N} + e\phi}{2mc^2}\right)(\boldsymbol{\sigma} \cdot \widehat{\boldsymbol{\pi}})\psi_L. \tag{4.248}$$

代入 (4.229) 式, 我们近似地得到

$$\begin{aligned} \epsilon(\psi_L) = c(\boldsymbol{\sigma} \cdot \widehat{\boldsymbol{\pi}})\psi_S &\approx \frac{c}{2m}(\boldsymbol{\sigma} \cdot \widehat{\boldsymbol{\pi}})\left(1 - \frac{\epsilon}{2mc^2}\right)(\boldsymbol{\sigma} \cdot \widehat{\boldsymbol{\pi}})\psi_L \\ &\equiv \frac{1}{2m}(\boldsymbol{\sigma} \cdot \widehat{\boldsymbol{\pi}})(\boldsymbol{\sigma} \cdot \widehat{\boldsymbol{\pi}})\widehat{\boldsymbol{\pi}}\psi_L - \frac{1}{(2mc)^2}(\boldsymbol{\sigma} \cdot \widehat{\boldsymbol{\pi}})\epsilon(\boldsymbol{\sigma} \cdot \widehat{\boldsymbol{\pi}})\psi_L, \end{aligned} \tag{4.249}$$

其中已经定义了 $\epsilon(\phi) = E_\mathrm{N} + e\phi$. 对任何函数 f,

$$(\boldsymbol{\sigma} \cdot \widehat{\boldsymbol{\pi}})f = f(\boldsymbol{\sigma} \cdot \widehat{\boldsymbol{\pi}}) + \mathrm{i}\hbar f'(\varphi)(\boldsymbol{\sigma} \cdot \boldsymbol{E}), \tag{4.250}$$

其中 $\boldsymbol{E} = -\nabla\phi$. 而

$$[\boldsymbol{\sigma} \cdot \widehat{\boldsymbol{\pi}}, \epsilon] = (\boldsymbol{\sigma} \cdot \widehat{\boldsymbol{\pi}})\epsilon - \epsilon(\boldsymbol{\sigma} \cdot \widehat{\boldsymbol{\pi}}) = -[e\phi\boldsymbol{\sigma} \cdot \widehat{\boldsymbol{\pi}} - \boldsymbol{\sigma} \cdot \widehat{\boldsymbol{\pi}}(e\phi)] = -\mathrm{i}e\hbar\boldsymbol{\sigma} \cdot \nabla\phi, \tag{4.251}$$

且

$$\begin{aligned} \left[\widehat{p}_x + \frac{e}{c}A_x, \epsilon\right] &= \left(\widehat{p}_x + \frac{e}{c}A_x\right)\epsilon - \epsilon\left(\widehat{p}_x + \frac{e}{c}A_x\right) \\ &= \mathrm{i}\hbar e\left(-\frac{\partial\phi}{\partial x}\right) = \mathrm{i}e\hbar E_x. \end{aligned} \tag{4.252}$$

最后有

$$\frac{1}{2m}\left[\left(\widehat{\boldsymbol{p}}+\frac{e}{c}\boldsymbol{A}\right)^2+e\hbar\boldsymbol{\sigma}\cdot\boldsymbol{B}\right]\psi_L+\frac{e\hbar}{\mathrm{i}c}\frac{1}{2m}\boldsymbol{E}\cdot\left[\left(\widehat{\boldsymbol{p}}+\frac{e}{c}\boldsymbol{A}\right)+\mathrm{i}\left(\widehat{\boldsymbol{p}}+\frac{e}{c}\boldsymbol{A}\right)\times\boldsymbol{\sigma}\right]\psi_L=\epsilon\psi_L,$$

$$(4.253)$$

$$\left\{\frac{1}{2m}\left(\widehat{\boldsymbol{p}}+\frac{e}{c}\boldsymbol{A}\right)^2+\frac{e\hbar}{2m}-\frac{\widehat{\boldsymbol{p}}^4}{8m^3c^2}+\frac{e\hbar}{4m^2c^2}\left[\boldsymbol{\sigma}\cdot(\boldsymbol{E}\times\boldsymbol{p})+\underset{*}{\underline{\boldsymbol{E}\cdot\nabla}}\right]\right\}\psi_L=\epsilon\psi_L.$$

$$(4.254)$$

最后一项不依赖于自旋, 这是出乎意料的. 在中心力场中, $\boldsymbol{E}=E\boldsymbol{r}/r$ 平行于 $\boldsymbol{r}$, 则第四项为自旋 – 轨道耦合项

$$\frac{e}{2m^2c^2}\frac{E}{r}(\widehat{\boldsymbol{s}}\cdot\widehat{\boldsymbol{l}}),$$

$$(4.255)$$

其中 $\widehat{\boldsymbol{l}}=\widehat{\boldsymbol{r}}\times\widehat{\boldsymbol{p}}$ 是轨道角动量. 对于氢原子等, 这一项可以给出自旋 – 轨道耦合导致的超精细结构.

迄今为止, 狄拉克方程不仅自然地描述了自旋, 而且与最小耦合原理一道, 给出了自旋 – 磁场耦合, 以及自旋 – 轨道耦合的精确形式, 这些重要结果充分显示了基本理论描述自然规律的巨大成功.

4.7 相对论电子的平面波解与中微子二分量理论

4.7.1 狄拉克方程平面波解

设自由电子满足时间相关的狄拉克方程

$$\mathrm{i}\hbar\frac{\partial}{\partial t}\psi=\widehat{H}\psi,$$

$$(4.256)$$

其中

$$\widehat{H}=c\boldsymbol{\alpha}\cdot\widehat{\boldsymbol{p}}+mc^2\beta$$

$$(4.257)$$

是自由狄拉克粒子的哈密顿量. 设平面波解为

$$\psi_{\boldsymbol{p},E}=\varphi(\boldsymbol{p})\mathrm{e}^{\mathrm{i}(\boldsymbol{p}\cdot\boldsymbol{r}-Et)/\hbar},$$

$$(4.258)$$

则有定态本征方程

$$(c\boldsymbol{\alpha}\cdot\widehat{\boldsymbol{p}}+mc^2\beta)\varphi=E\varphi,$$

$$(4.259)$$

其中 E 为狄拉克粒子的能量. 在以上的讨论中, 我们考虑了 $\boldsymbol{p}$ 是一个守恒量. 再设

$$\varphi = \begin{bmatrix} \varphi_1 \\ \varphi_2 \\ \varphi_3 \\ \varphi_4 \end{bmatrix} \tag{4.260}$$

是上述方程的四分量解, 并取电子动量的方向为 z 轴方向, $\boldsymbol{p} = p\boldsymbol{e}_z$, 从其矩阵形式

$$\begin{bmatrix} 0 & 0 & cp & 0 \\ 0 & 0 & 0 & -cp \\ cp & 0 & 0 & 0 \\ 0 & -cp & 0 & 0 \end{bmatrix} \begin{bmatrix} \varphi_1 \\ \varphi_2 \\ \varphi_3 \\ \varphi_4 \end{bmatrix} + mc^2 \begin{bmatrix} 1 & 0 & 0 & 0 \\ 0 & 1 & 0 & 0 \\ 0 & 0 & -1 & 0 \\ 0 & 0 & 0 & -1 \end{bmatrix} \begin{bmatrix} \varphi_1 \\ \varphi_2 \\ \varphi_3 \\ \varphi_4 \end{bmatrix} = E \begin{bmatrix} \varphi_1 \\ \varphi_2 \\ \varphi_3 \\ \varphi_4 \end{bmatrix}, \tag{4.261}$$

可以得到

$$(mc^2 - E)\varphi_1 + cp\varphi_3 = 0, \tag{4.262a}$$

$$cp\varphi_1 - (mc^2 + E)\varphi_3 = 0, \tag{4.262b}$$

$$(mc^2 - E)\varphi_2 - cp\varphi_4 = 0, \tag{4.262c}$$

$$-cp\varphi_2 - (mc^2 + E)\varphi_4 = 0. \tag{4.262d}$$

(4.262a, b) 两式是关于 φ_1 与 φ_3 的联立方程组, 它与 (4.262c, d) 两式形成的 φ_2 与 φ_4 的联立方程组是相互独立的, 因此它们有非平凡解的必要条件为

$$\begin{vmatrix} mc^2 - E & cp \\ cp & -(mc^2 + E) \end{vmatrix} = 0. \tag{4.263}$$

由此可以解出 E 的两个根

$$E = E_\pm \triangleq \pm\sqrt{m^2c^4 + c^2p^2} = \pm|E|. \tag{4.264}$$

先求正能解. 把 $E = E_+$ 分别代入 (4.262b) 和 (4.262d) 式, 可求出

$$\varphi_3 = \frac{cp}{mc^2 + E_+}\varphi_1, \tag{4.265}$$

$$\varphi_4 = \frac{-cp}{mc^2 + E_+}\varphi_2. \tag{4.266}$$

进一步要求 φ 也是 $\widehat{\Sigma}_z$ 的本征态:

$$\widehat{\Sigma}_z \begin{bmatrix} \varphi_1 \\ \varphi_2 \\ \varphi_3 \\ \varphi_4 \end{bmatrix} = \lambda \begin{bmatrix} \varphi_1 \\ \varphi_2 \\ \varphi_3 \\ \varphi_4 \end{bmatrix}. \tag{4.267}$$

按照 $\widehat{\Sigma}_z^2 = 1$, 可求出它的本征值是 $\lambda = \pm 1$, $\widehat{\Sigma}_z$ 的矩阵表示为

$$\widehat{\Sigma}_z = \begin{bmatrix} \sigma_z & 0 \\ 0 & \sigma_z \end{bmatrix} = \begin{bmatrix} 1 & 0 & 0 & 0 \\ 0 & -1 & 0 & 0 \\ 0 & 0 & 1 & 0 \\ 0 & 0 & 0 & -1 \end{bmatrix}. \tag{4.268}$$

代入 (4.267) 式, 得

$$\varphi_1 = \lambda\varphi_1, \quad -\varphi_2 = \lambda\varphi_2, \quad \varphi_3 = \lambda\varphi_3, \quad -\varphi_4 = \lambda\varphi_4. \tag{4.269}$$

对于不同的本征值, 我们有不同的本征态解:

$$\lambda = +1 \quad \left(s_z = \frac{\hbar}{2}\right), \quad \varphi_2 = \varphi_4 = 0, \tag{4.270}$$

$$\lambda = -1 \quad \left(s_z = -\frac{\hbar}{2}\right), \quad \varphi_1 = \varphi_3 = 0. \tag{4.271}$$

再根据 (4.265), (4.266) 式, 可知对于 $E = E_+$, 有如下两组本征值和本征态:

$$\lambda = +1 \quad \left(s_z = \frac{\hbar}{2}\right), \quad \varphi^{(1)} \sim \begin{bmatrix} 1 \\ 0 \\ \dfrac{cp}{mc^2 + E_+} \\ 0 \end{bmatrix}, \tag{4.272}$$

$$\lambda = -1 \quad \left(s_z = -\frac{\hbar}{2}\right), \quad \varphi^{(2)} \sim \begin{bmatrix} 0 \\ 1 \\ 0 \\ \dfrac{-cp}{mc^2 + E_+} \end{bmatrix}. \tag{4.273}$$

经过归一化, 得

$$\varphi^{(1)} = N_+ \begin{bmatrix} 1 \\ 0 \\ \dfrac{cp}{mc^2 + E_+} \\ 0 \end{bmatrix}, \quad \varphi^{(2)} = N_+ \begin{bmatrix} 0 \\ 1 \\ 0 \\ \dfrac{-cp}{mc^2 + E_+} \end{bmatrix}, \tag{4.274}$$

其中

$$N_+ = \left[1 + \frac{c^2 p^2}{(mc^2 + E_+)^2}\right]^{-\frac{1}{2}}. \tag{4.275}$$

以上所得 $\varphi^{(1)}$ 和 $\varphi^{(2)}$ 是两个正能解. 类似地可求出两个负能解. 动量 (设沿 z 轴方向) 值为 p 的电子的四个可能态归纳如下:

$$\varphi^{(1)} \sim N_+ \begin{bmatrix} 1 \\ 0 \\ \dfrac{cp}{mc^2 + E_+} \\ 0 \end{bmatrix}, \quad E = E_+, \quad s_z = \frac{\hbar}{2}(\uparrow), \tag{4.276a}$$

$$\varphi^{(2)} \sim N_+ \begin{bmatrix} 0 \\ 1 \\ 0 \\ \dfrac{-cp}{mc^2 + E_+} \end{bmatrix}, \quad E = E_+, \quad s_z = -\frac{\hbar}{2}(\downarrow), \tag{4.276b}$$

$$\varphi^{(3)} \sim N_- \begin{bmatrix} \dfrac{-cp}{mc^2 - E_-} \\ 0 \\ 1 \\ 0 \end{bmatrix}, \quad E = E_-, \quad s_z = \frac{\hbar}{2}(\uparrow), \tag{4.276c}$$

$$\varphi^{(4)} \sim N_- \begin{bmatrix} 0 \\ \dfrac{cp}{mc^2 - E_-} \\ 0 \\ 1 \end{bmatrix}, \quad E = E_-, \quad s_z = -\frac{\hbar}{2}(\downarrow), \tag{4.276d}$$

其中归一化常数为

$$N_\pm = \left[1 + \frac{c^2 p^2}{(mc^2 + E_\pm)^2} \right]^{-\frac{1}{2}}. \tag{4.277}$$

以上给出的 $\varphi^{(1)}$ 与 $\varphi^{(2)}$ 是正能解, 而 $\varphi^{(3)}$ 与 $\varphi^{(4)}$ 为负能解.

在非相对论极限 $(v/c \to 0)$ 下, (4.276a~d) 式趋于

$$\varphi^{(1)} = \begin{bmatrix} 1 \\ 0 \\ 0 \\ 0 \end{bmatrix}, \quad \varphi^{(2)} = \begin{bmatrix} 0 \\ 1 \\ 0 \\ 0 \end{bmatrix}, \quad \varphi^{(3)} = \begin{bmatrix} 0 \\ 0 \\ 1 \\ 0 \end{bmatrix}, \quad \varphi^{(4)} = \begin{bmatrix} 0 \\ 0 \\ 0 \\ 1 \end{bmatrix}. \tag{4.278}$$

负能级的出现, 是量子力学相对论化后所遭遇的普遍困难. 后来的研究表明, 只有把波动方程解释为场方程并进行量子化以后, 才能从根本上克服这个困难. 但根据狄拉克的思想, 如果假设所有负能级被无限多个电子填满, 电子若被激发超过能隙 $2mc^2$, 则湮灭一个负能 "海" 中的电子, 相当于产生一个带正电的空穴 —— 正电子, 由此, 狄拉克预言了正电子的存在.

4.7.2 相对论性粒子二分量理论

接下来我们把狄拉克方程应用于质量为零的粒子. 为了加深对狄拉克方程的理解, 我们重新推导狄拉克方程的二分量形式. 其实, 狄拉克方程的建立原则上是没有经典对应的. 为了深入理解其精神实质, 我们考虑中微子二分量理论的建立, 它重现了狄拉克方程建立的精神.

"中微子" 自旋为 $\hbar/2$, 静质量为零[⑦], 考虑到 $m=0$ 的特点, 协变的中微子波动方程可表示为

$$\frac{1}{c}\frac{\partial}{\partial t}\phi_\lambda + \sum_\mu \sigma_{\lambda\mu} \cdot \frac{\partial}{\partial x}\phi_\mu = 0, \tag{4.279}$$

其中 ϕ_λ 为中微子的多分量波函数, 其维数待定, σ 性质也待定. 若把 ϕ_λ 写成列矢形式, $\sigma_{\lambda\mu}$ 写成矩阵, 则上式可简单表达为

$$\frac{1}{c}\frac{\partial}{\partial t}\phi + \sum_{i=1}^{3} \sigma_i \cdot \frac{\partial}{\partial x_i}\phi = 0. \tag{4.280}$$

按照狭义相对论中的能量动量关系式, $m=0$ 时有

$$E^2 = c^2 p^2. \tag{4.281}$$

要求 ϕ 的每一个分量满足一个含时间的二阶导数的微分方程, 即

$$\left(-\hbar^2 \frac{\partial^2}{\partial t^2} + c^2 \hbar^2 \nabla^2\right)\phi = 0, \tag{4.282}$$

或

$$\left(-\frac{1}{c^2}\frac{\partial^2}{\partial t^2} + \nabla^2\right)\phi = 0. \tag{4.283}$$

这将对 (4.280) 式中的矩阵 $\sigma_i(i=x,y,z)$ 加以一定的限制. 我们用

$$\left(-\frac{1}{c}\frac{\partial}{\partial t} + \sum_k \sigma_k \frac{\partial}{\partial x_k}\right) \tag{4.284}$$

对 (4.280) 式左端进行作用, 由此得到

$$\left(-\frac{1}{c^2}\frac{\partial^2}{\partial t^2} + \sum_{k,i} \sigma_k \sigma_i \frac{\partial}{\partial x_k}\frac{\partial}{\partial x_i}\right)\phi = 0. \tag{4.285}$$

经过对称化后, 得

$$\left[-\frac{1}{c^2}\frac{\partial^2}{\partial t^2} + \frac{1}{2}\sum_{k,i}(\sigma_i\sigma_k + \sigma_k\sigma_i)\frac{\partial}{\partial x_i}\frac{\partial}{\partial x_k}\right]\phi = 0. \tag{4.286}$$

---

⑦当年讨论这个问题时假设了 $m=0$, 但如今发现中微子是有微小的质量的.

与 (4.283) 式比较, 可以得出

$$\frac{1}{2}(\sigma_i\sigma_k + \sigma_k\sigma_i) = \delta_{ik} \quad (i, k = x, y, z), \tag{4.287}$$

即

$$\sigma_x^2 = \sigma_y^2 = \sigma_z^2 = 1, \tag{4.288}$$

$$\sigma_x\sigma_y = -\sigma_y\sigma_x, \cdots \tag{4.289}$$

这正是泡利矩阵所满足的关系式. 因此, σ_i 可取为 2×2 矩阵 —— 泡利矩阵. 概率守恒要求

$$\sigma_i^\dagger = \sigma_i \quad (i = x, y, z \text{ 或 } 1, 2, 3), \tag{4.290}$$

可以验证, 上述方程保证概率守恒. 从 (4.279) 或 (4.280) 式出发, 可求出连续性方程

$$\frac{\partial}{\partial t}\rho + \nabla \cdot \boldsymbol{j} = 0, \tag{4.291}$$

其中

$$\rho = \boldsymbol{\phi}^\dagger\boldsymbol{\phi} = \sum_\lambda \phi_\lambda^*\phi_\lambda, \tag{4.292}$$

$$\boldsymbol{j} = c\boldsymbol{\phi}^\dagger\boldsymbol{\sigma}\boldsymbol{\phi} = c\sum_{\lambda,\mu} \phi_\lambda^*\boldsymbol{\sigma}_{\lambda\mu}\phi_\mu. \tag{4.293}$$

与有质量粒子的狄拉克方程有所不同, 由于中微子静质量为零, 在 (4.280) 式中只出现三个彼此反对易的矩阵, (4.279) 或 (4.280) 式还常写成

$$\frac{1}{c}\frac{\partial}{\partial t}\boldsymbol{\phi} = -\boldsymbol{\sigma} \cdot \frac{\partial}{\partial \boldsymbol{x}}\boldsymbol{\phi}, \tag{4.294}$$

或

$$i\hbar\frac{\partial}{\partial t}\boldsymbol{\phi} = \widehat{H}\boldsymbol{\phi}, \tag{4.295}$$

$$\widehat{H} = -i\hbar c\boldsymbol{\sigma} \cdot \frac{\partial}{\partial \boldsymbol{x}} = c\boldsymbol{\sigma} \cdot \widehat{\boldsymbol{p}}. \tag{4.296}$$

这就是静质量 $m = 0$、自旋 $s = 1/2$ 的粒子满足的二分量波动方程.

这个相对论二分量的波动方程有以下性质:

(1) 显然, $[\widehat{\boldsymbol{p}}, \widehat{H}] = 0$, 所以动量 $\boldsymbol{p}$ 是守恒量;

(2) $[\boldsymbol{\sigma} \cdot \widehat{\boldsymbol{p}}, \widehat{H}] = 0$, 所以 $\boldsymbol{\sigma} \cdot \boldsymbol{p}$ 是守恒量, $\boldsymbol{\sigma} \cdot \boldsymbol{p}/|\boldsymbol{p}|$ 也是守恒量, 即 $\boldsymbol{\sigma}$ 沿动量方向 $\boldsymbol{p}$ 的投影是守恒量. 考虑到 $(\boldsymbol{\sigma} \cdot \boldsymbol{A})(\boldsymbol{\sigma} \cdot \boldsymbol{B}) = \boldsymbol{A} \cdot \boldsymbol{B}$, 则

$$\frac{\boldsymbol{\sigma} \cdot \boldsymbol{p}}{|\boldsymbol{p}|}\frac{\boldsymbol{\sigma} \cdot \boldsymbol{p}}{|\boldsymbol{p}|} = 1, \tag{4.297}$$

所以

$$\frac{\boldsymbol{\sigma} \cdot \boldsymbol{p}}{|\boldsymbol{p}|} = \pm 1, \tag{4.298}$$

其中, $\boldsymbol{\sigma} \cdot \boldsymbol{p}/|\boldsymbol{p}| = +1$ 称为右旋粒子态, $\boldsymbol{\sigma} \cdot \boldsymbol{p}/|\boldsymbol{p}| = -1$ 称为左旋粒子态, 如图 4.13 所示.

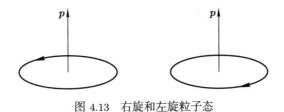

图 4.13 右旋和左旋粒子态

4.8 非理想电子气基态与超导的 BCS 理论

带电粒子与电磁场相互作用理论的一个重要应用是超导理论. 1911 年, 昂内斯 (Onnes) 在实验上发现了超导电性: 当物质温度低于某一个临界温度时, 其电阻会突然变为零, 同时超导体内的磁通量会变为零, 从而产生绝对抗磁性. 直到 20 世纪 50 年代中期, 巴丁 (Bardeen)、库珀 (Cooper) 和施里弗 (Schrieffer) 等人才建立起正确的超导微观理论 —— BCS 理论. 其要点是晶格振动的声子会在费米面附近诱导出电子之间的吸引相互作用. 在基本物理方面, BCS 理论启发了对称性自发破缺的观念, 为基本粒子标准模型的建立奠定了基础.

基于电子–声子相互作用, 有三种等价方法处理超导问题, 即在提出 BCS 理论的经典论文中采用的变分法和通常教科书中采用的两种平均场方法: 博戈留波夫提出的正则变换方法 —— 博戈留波夫变换和安德森的准自旋方法. 这三种方法相依相通、各有侧重. 这里, 我们先介绍巴丁、库珀和施里弗在原始论文中如何用变分法研究超导基态. 在介绍这个方法之前, 我们对可能的超导基态进行一般性的讨论.

4.8.1 库珀对机制

BCS 理论的出发点是存在库珀对 (Cooper pair) 机制: 电子之间即使存在很弱的吸引相互作用, 也会形成电子束缚态, 这是费米面形成及其上激发的费米子统计效应联合的结果. 我们假设存在两电子的波函数

$$\psi(\boldsymbol{r}_1\sigma_1, \boldsymbol{r}_2\sigma_2) = \sum_{k>k_{\mathrm{F}}} G_{\boldsymbol{k}} \cos(\boldsymbol{k} \cdot (\boldsymbol{r}_1 - \boldsymbol{r}_2)) \otimes (|\uparrow\rangle_1 |\downarrow\rangle_2 - |\downarrow\rangle_1 |\uparrow\rangle_2), \tag{4.299}$$

其中 σ_1 和 σ_2 代表自旋自由度. 它满足费米统计的要求: 空间部分有交换对称而自旋部分交换反对称, 从而整体波函数是交换反对称的. 把上述形式解代入薛定谔方程

$$\left[\frac{\boldsymbol{p}_1^2}{2m} + \frac{\boldsymbol{p}_2^2}{2m} + V(\boldsymbol{r}_1 - \boldsymbol{r}_2)\right]\psi(\boldsymbol{r}_1, \boldsymbol{r}_2) = E\psi(\boldsymbol{r}_1, \boldsymbol{r}_2). \tag{4.300}$$

因为 $\cos(\boldsymbol{k} \cdot (\boldsymbol{r}_2 - \boldsymbol{r}_1))$ 是 $\boldsymbol{p}_1^2/(2m)$ 和 $\boldsymbol{p}_2^2/(2m)$ 的本征态, 且本征值是电子动能

$$\epsilon_k = \frac{\hbar^2 k^2}{2m}, \tag{4.301}$$

所以

$$\sum_{k > k_{\mathrm{F}}} G_{\boldsymbol{k}}(E - 2\epsilon_k)\cos(\boldsymbol{k} \cdot (\boldsymbol{r}_1 - \boldsymbol{r}_2)) = \sum_{k > k_{\mathrm{F}}} G_{\boldsymbol{k}}\cos(\boldsymbol{k} \cdot (\boldsymbol{r}_1 - \boldsymbol{r}_2))V(\boldsymbol{r}_1 - \boldsymbol{r}_2). \tag{4.302}$$

令 $\boldsymbol{r} = \boldsymbol{r}_1 - \boldsymbol{r}_2$, 在上式两边同时取积分 $1/\Omega \int \mathrm{e}^{-\mathrm{i}\boldsymbol{q}\cdot\boldsymbol{r}}(\cdots)\mathrm{d}^3\boldsymbol{r}$, 则可以得到 $\boldsymbol{k}$ 空间的本征方程

$$(E - 2\epsilon_k)G_{\boldsymbol{k}} = \sum_{\boldsymbol{q}} V_{\boldsymbol{k}\boldsymbol{q}}G_{\boldsymbol{q}}, \tag{4.303}$$

这里中心力场的 $\boldsymbol{k}$ 空间矩阵元

$$V_{\boldsymbol{k}\boldsymbol{q}} \equiv \langle\boldsymbol{k}|\widehat{V}(\boldsymbol{r})|\boldsymbol{q}\rangle = \frac{1}{\Omega}\int V(\boldsymbol{r})\mathrm{e}^{\mathrm{i}(\boldsymbol{k}-\boldsymbol{q})\cdot\boldsymbol{r}}\mathrm{d}^3\boldsymbol{r}. \tag{4.304}$$

库珀假设, 存在一个截断 (cut-off) 频率 ω_{c}, 使得其下有 $V_{\boldsymbol{k}\boldsymbol{q}} = -V$, 而在其他区间 $V_{\boldsymbol{k}\boldsymbol{q}} = 0$. 于是有

$$G_{\boldsymbol{k}} = \frac{V}{2\epsilon_k - E}\sum_{\boldsymbol{q}} G_{\boldsymbol{q}}. \tag{4.305}$$

两侧对 $\boldsymbol{k}$ 再求和, 有

$$\frac{1}{V} = \sum_{\boldsymbol{k}} \frac{1}{2\epsilon_k - E}. \tag{4.306}$$

设电子在费米面附近的态密度 n 为常数, 则

$$\frac{1}{V} = n\int_{E_{\mathrm{F}}}^{E_{\mathrm{F}}+\hbar\omega_{\mathrm{c}}} \frac{\mathrm{d}\epsilon}{2\epsilon - E} = \frac{1}{2}\ln\frac{2E_{\mathrm{F}} - E + 2\hbar\omega_{\mathrm{c}}}{2E_{\mathrm{F}} - E}, \tag{4.307}$$

所以得到本征能量

$$E = 2E_{\mathrm{F}} - \frac{2\hbar\omega_{\mathrm{c}}}{\mathrm{e}^{\frac{2}{nV}} - 1}. \tag{4.308}$$

在弱耦合极限下, $nV \ll 1$, 则

$$E \approx 2E_{\mathrm{F}} - 2\hbar\omega_{\mathrm{c}}\mathrm{e}^{-\frac{2}{nV}} \leqslant 2E_{\mathrm{F}}. \tag{4.309}$$

这表明, 只要存在吸引势, 无论多么弱, 都存在低于 E_{F} 的束缚态. 而且两个电子自旋方向相反, 形成自旋单态.

4.8.2 BCS 模型及其变分基态

我们通过正则变换可以证明, 的确存在这样的吸引势, 使得声子诱导电子间吸引势的 BCS 有效哈密顿量为

$$\hat{H}_{\text{BCS}} = \sum_{k} \epsilon_k (\hat{c}_k^\dagger \hat{c}_k + \hat{c}_{-k}^\dagger \hat{c}_{-k}) + \sum_{k,q} V_{kq} \hat{c}_k^\dagger \hat{c}_{-k}^\dagger \hat{c}_{-q} \hat{c}_q, \tag{4.310}$$

其中下标 $\pm k$ 分别标记 $(k, \uparrow)$ 和 $(-k, \downarrow)$, $\epsilon_k = \hbar^2 k^2/(2m)$ 是自由电子的动能. 在下面的记号中, 我们将出现在下标中的 k, q 等矢量简记为 k, q, 例如 $\hat{c}_k$ 简记为 $\hat{c}_k$. 考虑到库珀对的存在, 我们从电子的真空态 $|\text{vac}\rangle$ 构造一般的配对多电子态

$$|\text{BCS}\rangle \equiv |0\rangle = \prod_k (u_k + v_k \hat{c}_k^\dagger \hat{c}_{-k}^\dagger)|\text{vac}\rangle, \tag{4.311}$$

其中 u_k 和 v_k 满足 $|u_k|^2 + |v_k|^2 = 1$ 使得 $\langle \text{BCS}|\text{BCS}\rangle = 1$, 即归一化.

在零温情形下, 我们可以把上述 BCS 态视为超导系统的变分基态. 把费米能看成化学势 μ (即每有一个电子激发, 增加一个化学势的能量). 我们做变分

$$\delta \langle 0|\hat{H}_{\text{BCS}} - \mu \hat{N}|0\rangle = 0, \tag{4.312}$$

其中

$$\hat{N} = \sum_k (\hat{c}_k^\dagger \hat{c}_k + \hat{c}_{-k}^\dagger \hat{c}_{-k}) \tag{4.313}$$

为总粒子数算子, $\mu \hat{N}$ 项代表粒子数平均值给定时的变分约束条件. 计算变分 "泛函"

$$L \equiv \langle 0|\hat{H}_{\text{BCS}} - \mu \hat{N}|0\rangle = \langle 0| \sum_k (\epsilon_k - \mu)(\hat{c}_k^\dagger \hat{c}_k + \hat{c}_{-k}^\dagger \hat{c}_{-k}) + \sum_{k,q} V_{kq} \hat{c}_k^\dagger \hat{c}_{-k}^\dagger \hat{c}_{-q} \hat{c}_q |0\rangle$$

$$= 2 \sum_k (\epsilon_k - \mu)|v_k|^2 + \sum_{k,q} V_{kq} u_k v_k^* u_q^* v_q. \tag{4.314}$$

根据 $|u_k|^2 + |v_k|^2 = 1$, 我们不失一般性地设 u_k 为实的:

$$u_k = \cos\theta_k, \quad v_k = e^{i\phi_k} \sin\theta_k. \tag{4.315}$$

由此得到以实函数 (ϕ_k, θ_k) 为变量的变分 "泛函"

$$L(\{\theta_p\}, \{\phi_p\}) = \sum_k (\epsilon_k - \mu)(1 - \cos 2\theta_k) + \frac{1}{4} \sum_{k,q} V_{kq} \sin 2\theta_k \sin 2\theta_q e^{i(\phi_q - \phi_k)}. \tag{4.316}$$

由变分取极值条件

$$\frac{\delta L}{\delta \theta_p} = 0, \quad \frac{\delta L}{\delta \phi_p} = 0, \tag{4.317}$$

我们具体计算如下：

$$\frac{\delta L}{\delta \theta_p} = \sum_k (\epsilon_k - \mu)\left(2\sin 2\theta_k \frac{\delta\theta_k}{\delta\theta_p}\right) + \frac{1}{2}\sum_{k,q} V_{kq}\cos 2\theta_k \frac{\delta\theta_k}{\delta\theta_p}\sin 2\theta_q \mathrm{e}^{\mathrm{i}(\phi_q-\phi_k)}$$

$$+ \frac{1}{2}\sum_{k,q} V_{kq}\sin 2\theta_k \cos 2\theta_q \frac{\delta\theta_q}{\delta\theta_p}\mathrm{e}^{\mathrm{i}(\phi_q-\phi_k)}$$

$$= 2(\epsilon_p - \mu)\sin 2\theta_p + \frac{1}{2}\sum_k V_{pk}\cos 2\theta_p \sin 2\theta_k[\mathrm{e}^{\mathrm{i}(\phi_k-\phi_p)} + \mathrm{e}^{\mathrm{i}(\phi_p-\phi_k)}]$$

$$= 2(\epsilon_p - \mu)\sin 2\theta_p + \sum_k V_{pk}\cos 2\theta_p \sin 2\theta_k \cos(\phi_p - \phi_k). \tag{4.318}$$

以上计算过程用到了 $\delta\theta_k/\delta\theta_p = \delta_{kp}$, 以及 $V_{kp} = V_{pk}$. 类似计算出 $\delta L/\delta\phi_p$, 得到变分极值条件

$$\begin{cases} (\epsilon_p - \mu)\sin 2\theta_p + \dfrac{1}{2}\sum_k V_{kp}\sin 2\theta_k \cos 2\theta_p \cos(\phi_p - \phi_k) = 0, \\ \sin 2\theta_p \sum_k V_{kp}\sin 2\theta_k \sin(\phi_p - \phi_k) = 0. \end{cases} \tag{4.319}$$

对于任意 p 对应的 (θ_p, ϕ_p), $\phi_p = \phi_k = \phi$ 可以使得 (4.319) 的第二式恒成立, 同时

$$(\epsilon_p - \mu)\sin 2\theta_p + \frac{1}{2}\sum_k V_{kp}\sin 2\theta_k \cos 2\theta_p = 0, \tag{4.320}$$

从而方程组 (4.319) 给出

$$\begin{cases} \tan 2\theta_p = \dfrac{-\dfrac{1}{2}\displaystyle\sum_k V_{kp}\sin 2\theta_k}{(\epsilon_p - \mu)}, \\ \phi_k = \phi. \end{cases} \tag{4.321}$$

自洽求解出 θ_p, 便得到 (4.319) 式的一组特解. 其中 ϕ 确定了超导体的整体相位, 预示着存在超导体的宏观序参量. 以上结果表明, 对于给定的一块超导体, 其基态完全由超导相位 ϕ 决定, 即

$$|\mathrm{BCS}(\phi)\rangle = \prod_k (u_k + v_k \mathrm{e}^{\mathrm{i}\phi} c_k^\dagger c_{-k}^\dagger)|\mathrm{vac}\rangle. \tag{4.322}$$

在这块超导体中, 每一个库珀对 (无论 k 为何值) 的相位 ϕ 都是一样的, 整块超导体有统一的相位. 而对于不同的 ϕ 值, 对应的超导基态 $|\mathrm{BCS}(\phi)\rangle$ 是简并的, 因为超导体的哈密顿量明显具有 U(1) 对称性: 当 $c_k \to c_k \exp(\mathrm{i}\delta)$ 时, $|\mathrm{BCS}(\phi)\rangle \to |\mathrm{BCS}(\phi+2\delta)\rangle$, 系统能量并不改变. 如果给定一个具体的超导体, 也就给定了一个 ϕ, 系统不再具有 U(1) 对称性, 因而发生了对称性自发破缺.

我们定义 "序参量"

$$\Delta_k = -\frac{1}{2} \sum_{k'} V_{k'k} \sin 2\theta_{k'} \tag{4.323}$$

和激发能能谱 (见图 4.14)

$$E_k = \sqrt{\varepsilon_k^2 + |\Delta_k|^2}, \tag{4.324}$$

则有

$$\tan 2\theta_k = \frac{\Delta_k}{\varepsilon_k}, \quad \sin 2\theta_k = \frac{\Delta_k}{E_k}, \quad \cos 2\theta_k = \frac{\varepsilon_k}{E_k}, \tag{4.325}$$

其中 $\varepsilon_k = \epsilon_k - \mu$ 代表从费米面 ($\mu \equiv E_F$) 算起的激发能量. $E_k = \sqrt{\varepsilon_k^2 + |\Delta_k|^2}$ 代表元激发能量存在能隙 $|\Delta_k|$, $|\Delta_k|$ 是从费米面激发一准粒子所需的最小能量 —— 超导能隙, 能谱结构如图 4.14 所示.

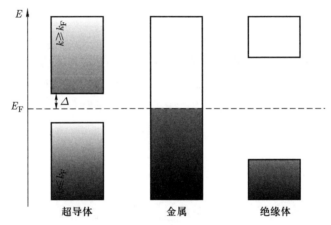

图 4.14 超导体、金属、绝缘体的能谱示意图. 阴影 (白色) 表示波函数中电子 (空穴) 成分的相对大小. 在零温下, 超导体费米面附近的能级仍然存在电子 – 空穴混合

由方程 (4.323) 可以写下零温时的 "序参量" Δ_k 满足的方程

$$\Delta_p = -\frac{1}{2} \sum_k V_{kp} \frac{\Delta_k}{E_k} = -\frac{1}{2} \sum_k V_{kp} \frac{\Delta_k}{\sqrt{\varepsilon_k^2 + |\Delta_k|^2}}. \tag{4.326}$$

上述方程难以一般地求解. 回顾一下出现库珀对的条件

$$V_{kq} = \begin{cases} -V, & |\epsilon_k - \mu| < \hbar\omega_c, \\ 0, & \text{其他}. \end{cases} \tag{4.327}$$

相应地, 根据序参量方程 (4.326), 可以假设

$$\Delta_k = \begin{cases} \Delta, & |\epsilon_k - \mu| < \hbar\omega_c, \\ 0, & |\epsilon_k - \mu| > \hbar\omega_c, \end{cases} \tag{4.328}$$

于是我们得到了标准的能隙方程

$$1 = \frac{V}{2} \sum_k \frac{1}{\sqrt{\varepsilon_k^2 + |\Delta|^2}}, \tag{4.329}$$

或有连续形式的积分方程 (取费米面处的态密度 n 近似地作为吸引区态密度)

$$\frac{1}{nV} = \int_0^{\hbar\omega_c} \frac{\mathrm{d}\varepsilon}{\sqrt{\varepsilon^2 + \Delta^2}}. \tag{4.330}$$

因此, 可近似地得到

$$\Delta = \frac{\hbar\omega_c}{\sinh\left(\dfrac{1}{nV}\right)} \approx 2\hbar\omega_c \mathrm{e}^{-\frac{1}{nV}} \ (nV \ll 1). \tag{4.331}$$

对于金属元素, 我们可以估算 $nV = 0.2 \sim 0.3$, $\hbar\omega_p = 10^{-2}$ eV, $\Delta = 10^{-4}$ eV.

　　同样, 我们可以讨论有限温度的情况, 与零温时的显著区别是能隙依赖于温度并且准粒子激发满足费米分布 (详细推导可以参考固体理论有关专著).

　　以上我们得到了超导的基态 $|\mathrm{BCS}\rangle$ 态, 它可以用来解释和预言超导相关现象和效应.

　　(1) 抗磁电流.

　　在超导基态上, 我们可以计算抗磁电流算子

$$\widehat{\boldsymbol{J}}_2(\boldsymbol{r}) = -\frac{e^2}{mc}\widehat{\Psi}^\dagger \boldsymbol{A}\widehat{\Psi} = -\frac{e^2}{mc}\boldsymbol{A}(\boldsymbol{r}) \sum_{k,q} \mathrm{e}^{-\mathrm{i}\boldsymbol{q}\cdot\boldsymbol{r}}(\widehat{c}_{k+q}^\dagger \widehat{c}_k + \widehat{c}_{-k}^\dagger \widehat{c}_{-k-q}). \tag{4.332}$$

在一阶有效近似下, 只须考虑在零温超导基态上的平均值:

$$\boldsymbol{J}_2(\boldsymbol{r}) = \langle\widehat{\boldsymbol{J}}_2(\boldsymbol{r})\rangle_0 = -\frac{e^2}{mc}\boldsymbol{A}(\boldsymbol{r}) \sum_{k,q} \langle 0|\widehat{c}_{k+q}^\dagger \widehat{c}_k + \widehat{c}_{-k}^\dagger \widehat{c}_{-k-q}|0\rangle. \tag{4.333}$$

(4.333) 式只有 $q = 0$ 项有贡献, 即

$$\langle\mathrm{BCS}|\widehat{c}_k^\dagger \widehat{c}_k|\mathrm{BCS}\rangle = \sin^2\theta_k = \langle\mathrm{BCS}|\widehat{c}_k^\dagger \widehat{c}_{-k}|\mathrm{BCS}\rangle. \tag{4.334}$$

于是推导出伦敦方程

$$\begin{aligned}
\boldsymbol{J}_2(\boldsymbol{r}) &= -\frac{e^2}{mc}\boldsymbol{A}(\boldsymbol{r}) \sum_k 2\sin^2\theta_k = -\frac{e^2}{mc}\boldsymbol{A}(\boldsymbol{r}) \sum_k \left(1 - \frac{\varepsilon_k}{E_k}\right) \\
&= -\frac{ne^2}{mc}\boldsymbol{A}(\boldsymbol{r}) = -\frac{c}{4\pi}\lambda_c^{-2}(0)\boldsymbol{A}(\boldsymbol{r}).
\end{aligned} \tag{4.335}$$

这意味着, 在超导态上可以发生磁场趋肤效应和迈斯纳 (Meissner) 效应, 详细讨论见超导理论专著.

(2) 同位素效应.

当温度升高时, 超导能隙会被抑制, 而当温度升高到超导临界温度 (T_c) 时, 超导能隙就会消失, 即超导态变成正常金属态:

$$\Delta(T_c) = 0. \tag{4.336}$$

由 (4.336) 式我们可以确定超导临界温度 (详细推导见超导理论专著)

$$k_B T_c \approx 1.13\hbar\omega_c \exp\left(-\frac{1}{nV}\right). \tag{4.337}$$

又因为截断频率 ω_c 反比于晶格离子质量 M 的 1/2 次方: $\omega_c \sim M^{-\frac{1}{2}}$, 如果 n 和 V 不因同位素不同而改变, 则由 (4.337) 式就可得出同位素效应

$$T_c M^{\frac{1}{2}} = 常数, \tag{4.338}$$

即超导转变温度依赖于晶格离子的质量.

(3) 约瑟夫森效应.

BCS 理论也可以预言约瑟夫森效应. 考虑两块超导体, 它们的超导相位分别为 ϕ_L 和 ϕ_R, 中间隔着一个很薄的绝缘体层, 构成了一个约瑟夫森结 (Josephson junction). 超导体间隧穿相互作用的哈密顿量可以写为

$$\widehat{H}_T = \sum_{k,q,\sigma} T_{kq,\sigma}(\widehat{c}_{Lk\sigma}^\dagger \widehat{c}_{Rq\sigma} + h.c.), \tag{4.339}$$

其中 $\widehat{c}_{k\sigma}, \widehat{c}_{q\sigma}$ 分别代表在左右超导体中的电子湮灭算子, σ 代表自旋, $T_{kq,\sigma}$ 描述了电子间的隧穿强度. 在弱耦合近似下, 上述隧穿哈密顿量可以近似描述两超导体间库珀对的隧穿, 可以表达为

$$\widehat{H}_T = \sum_{k,q} g_{kq}(\widehat{S}_{L-}^{(k)} \widehat{S}_{R+}^{(q)} + h.c.), \tag{4.340}$$

其中

$$\widehat{S}_{-}^{(k)} = \widehat{c}_k^\dagger \widehat{c}_{-k}^\dagger, \tag{4.341}$$

$$\widehat{S}_{+}^{(k)} = \widehat{c}_{-k}\widehat{c}_k, \tag{4.342}$$

$$\widehat{S}_z^{(k)} = \frac{1}{2}(\widehat{c}_{-k}\widehat{c}_{-k}^\dagger - \widehat{c}_k^\dagger \widehat{c}_k) \tag{4.343}$$

代表满足自旋对易关系的准自旋算子 (详见附录 4.1). 此外, g_{kq} 为库珀对的隧穿强度, 它由 $T_{kq,\sigma}$ 等决定, 且在后面的讨论中近似为一个不依赖 k 的常数 g.

我们计算从左到右的隧穿电流, 亦左边超导体中电荷数

$$\widehat{N}_{\mathrm{L}} = \sum_k \widehat{c}_{\mathrm{L}k}^\dagger \widehat{c}_{\mathrm{L}k} + \widehat{c}_{\mathrm{L},-k}^\dagger \widehat{c}_{\mathrm{L},-k} \tag{4.344}$$

随时间的改变率算子

$$\widehat{J}(t) = -e \frac{\mathrm{d}}{\mathrm{d}t} \widehat{N}_{\mathrm{L}}(t) = 4 \frac{\mathrm{i}e}{\hbar} g \sum_{k,q} (\widehat{S}_{\mathrm{L}-}^{(k)} \widehat{S}_{\mathrm{R}+}^{(q)} - h.c.). \tag{4.345}$$

无隧穿过程发生时, 整个超导体的基态波函数为两块超导基态的直积:

$$|\mathrm{BSC}\rangle = |\mathrm{BSC}(\phi_{\mathrm{L}})\rangle \otimes |\mathrm{BSC}(\phi_{\mathrm{R}})\rangle, \tag{4.346}$$

因此, 在 g 的一阶近似下, 两超导体间的平均隧穿电流

$$\begin{aligned}
J &= \langle \mathrm{BCS} | \widehat{J}(t) | \mathrm{BCS} \rangle \\
&= 4g \frac{\mathrm{i}e}{\hbar} \sum_{k,q} \langle \mathrm{BCS}(\phi_{\mathrm{L}}) | \widehat{S}_{\mathrm{L}-}^{(k)} | \mathrm{BCS}(\phi_{\mathrm{L}}) \rangle \langle \mathrm{BCS}(\phi_{\mathrm{R}}) | \widehat{S}_{\mathrm{R}+}^{(q)} | \mathrm{BCS}(\phi_{\mathrm{R}}) \rangle - c.c. \\
&\approx 2g \frac{e}{\hbar} \sum_{k,q} \sin 2\theta_k \sin 2\theta_q \sin(\phi_{\mathrm{L}} - \phi_{\mathrm{R}}) \equiv j \sin(\phi_{\mathrm{L}} - \phi_{\mathrm{R}}), \tag{4.347}
\end{aligned}$$

其中电流的振幅

$$j = 2g \frac{e}{\hbar} \sum_{k,q} \sin 2\theta_k \sin 2\theta_q \tag{4.348}$$

由超导序参量决定.

以上讨论表明, 两块超导体靠近时, 即使两端不加电压, 也会有从左到右的直流电流通过, 这就是著名的直流约瑟夫森效应. 它直接展示了对称性破缺的物理效应, 也是对超导能隙存在性的直接证明, 从根本上确立了 BCS 理论的正确性.

还需要指出的是, 如果两端加上一个稳定的电压 V, 两块超导体间将产生交流电流

$$J(t) = j \sin \left(2 \frac{eV}{\hbar} t + \phi_{\mathrm{L}} - \phi_{\mathrm{R}} \right), \tag{4.349}$$

此即交流约瑟夫森效应. 大家可以思考一下怎么从我们上述的讨论中理解交流约瑟夫森效应, 也可以参考其他文献.

附录 4.1   超导基态与准自旋方法

以下我们介绍安德森发展的处理 BCS 理论的准自旋方法. 如前所述, 我们定义准

自旋算子

$$\widehat{S}_-^{(k)} = \widehat{c}_k^\dagger \widehat{c}_{-k}^\dagger, \tag{4.350}$$

$$\widehat{S}_+^{(k)} = \widehat{c}_{-k} \widehat{c}_k, \tag{4.351}$$

$$\widehat{S}_z^{(k)} = \frac{1}{2}(\widehat{c}_{-k} \widehat{c}_{-k}^\dagger - \widehat{c}_k^\dagger \widehat{c}_k). \tag{4.352}$$

它们满足自旋的对易关系

$$[\widehat{S}_+^{(k)}, \widehat{S}_-^{(k)}] = 2\widehat{S}_z^{(k)}, \tag{4.353}$$

$$[\widehat{S}_z^{(k)}, \widehat{S}_\pm^{(k)}] = \pm \widehat{S}_\pm^{(k)}. \tag{4.354}$$

基于这些准自旋算子, BCS 系统的哈密顿量可以重新写为

$$\widehat{H}'_{\mathrm{BCS}} = \sum_k \varepsilon_k (1 - 2\widehat{S}_z^{(k)}) - V \sum_{k,k'} \widehat{S}_-^{(k)} \widehat{S}_+^{(k')}. \tag{4.355}$$

我们定义序参量

$$\Delta \equiv V \sum_k \langle \widehat{S}_+^{(k)} \rangle, \tag{4.356}$$

$$\Delta^* \equiv V \sum_k \langle \widehat{S}_-^{(k)} \rangle, \tag{4.357}$$

其中 $\langle \cdot \rangle$ 代表在基态 $|\mathrm{BCS}\rangle$ 上的平均. 在零温情况下, $\widehat{S}_-^{(k)}$ 与其平均值的差别为一个小量. 采用平均场近似方法, 取

$$\delta_k = \widehat{S}_+^{(k)} - \langle \widehat{S}_+^{(k)} \rangle, \tag{4.358}$$

$$\delta_k^\dagger = \widehat{S}_-^{(k)} - \langle \widehat{S}_-^{(k)} \rangle, \tag{4.359}$$

δ_k 代表在平均值附近的量子涨落. 因此

$$\widehat{S}_-^{(k)} \widehat{S}_+^{(k')} = \langle \widehat{S}_-^{(k)} \rangle \langle \widehat{S}_+^{(k')} \rangle + \delta_k^\dagger \langle \widehat{S}_+^{(k')} \rangle + \delta_k \langle \widehat{S}_-^{(k)} \rangle + \delta_k \delta_k^\dagger. \tag{4.360}$$

保留到涨落的最低阶项, 则可以得到低能有效哈密顿量

$$\widehat{H}'_{\mathrm{BCS}} \approx -\sum_k (2\varepsilon_k \widehat{S}_z^{(k)} + \Delta^* \widehat{S}_+^{(k)} + \Delta \widehat{S}_-^{(k)}) + E_0, \tag{4.361}$$

其中

$$\Delta \equiv V \sum_k \langle \widehat{S}_+^{(k)} \rangle, \tag{4.362}$$

$$E_0 \equiv \sum_k \varepsilon_k + \frac{\Delta^2}{V}. \tag{4.363}$$

引入 $\widehat{S}_x^{(k)}, \widehat{S}_y^{(k)}$, 满足

$$\widehat{S}_+^{(k)} = \widehat{S}_x^{(k)} + \mathrm{i}\widehat{S}_y^{(k)}, \tag{4.364}$$

$$\widehat{S}_-^{(k)} = \widehat{S}_x^{(k)} - \mathrm{i}\widehat{S}_y^{(k)}. \tag{4.365}$$

上述哈密顿量可以写成自旋进动的形式:

$$
\begin{aligned}
\widehat{H}'_{\mathrm{BCS}} &= -\sum_k (2\varepsilon_k \widehat{S}_z^{(k)} + (\Delta^* + \Delta)\widehat{S}_x^{(k)} + \mathrm{i}(\Delta^* - \Delta)\widehat{S}_y^{(k)}) + E_0 \\
&= -\sum_k \boldsymbol{B}(k) \cdot \widehat{\boldsymbol{S}}(k) + E_0,
\end{aligned} \tag{4.366}
$$

其中

$$\widehat{\boldsymbol{S}}(k) = (\widehat{S}_x^{(k)}, \widehat{S}_y^{(k)}, \widehat{S}_z^{(k)}),$$

$$\boldsymbol{B}(k) = (2\mathrm{Re}(\Delta), 2\mathrm{Im}(\Delta), 2\varepsilon_k).$$

可见在平均场的意义下, 超导 BCS 有效理论相当于描述准自旋在外磁场中的运动, 这个等效磁场 $\boldsymbol{B}(k) = B(k)(\sin 2\theta_k \cos\phi, \sin 2\theta_k \sin\phi, \cos 2\theta_k)$ 由超导体能隙 (序参量) Δ 和激发能确定, 其中 $B(k) = 2\sqrt{\varepsilon_k^2 + |\Delta|^2}$, $\phi \equiv \arg(\Delta)$, 并且

$$\tan 2\theta_k \equiv \frac{|\Delta|}{\varepsilon_k}. \tag{4.367}$$

对于每一个给定的 k, 我们对角化 $\widehat{H}_k \equiv \boldsymbol{B}(k) \cdot \widehat{\boldsymbol{S}}(k)$, 得到其本征值和相应的本征函数分别为

$$E_k = \sqrt{\varepsilon_k^2 + |\Delta|^2}, \tag{4.368}$$

$$|S(\theta_k, \phi)\rangle = (\cos\theta_k + \mathrm{e}^{\mathrm{i}\varphi}\sin\theta_k \widehat{S}_-^{(k)})|\mathrm{vac}\rangle, \tag{4.369}$$

所以超导基态为

$$
\begin{aligned}
|\mathrm{BCS}(\phi)\rangle &= \prod_k |S(\theta_k, \phi)\rangle = \prod_k (\cos\theta_k + \mathrm{e}^{\mathrm{i}\phi}\sin\theta_k \widehat{S}_-^{(k)})|\mathrm{vac}\rangle \\
&= \prod_k \cos\theta_k \prod_k (1 + \mathrm{e}^{\mathrm{i}\phi}\tan\theta_k \widehat{S}_-^{(k)})|\mathrm{vac}\rangle \\
&\sim \left[1 + \mathrm{e}^{\mathrm{i}\phi}\sum_k \tan\theta_k \widehat{S}_-^{(k)} + \frac{1}{2!}\mathrm{e}^{\mathrm{i}2\phi}\sum_{k,k'} \tan\theta_k \tan\theta_{k'} \widehat{S}_-^{(k)}\widehat{S}_-^{(k')} + \cdots \right]|\mathrm{vac}\rangle.
\end{aligned} \tag{4.370}
$$

利用正交归一关系

$$\frac{1}{2\pi} \int_0^{2\pi} e^{i(N-M)\phi} d\phi = \delta_{NM},\tag{4.371}$$

可以计算出含有 N 个库珀对的态为

$$|\psi_N\rangle \equiv \frac{1}{N!} \sum_{k_1 \neq k_2 \neq \cdots \neq k_N} \tan\theta_{k_1} \cdots \tan\theta_{k_N} \widehat{S}_-^{(k_1)} \cdots \widehat{S}_-^{(k_N)} |\text{vac}\rangle$$

$$= \frac{1}{2\pi} \int_0^{2\pi} |\text{BCS}(\phi)\rangle e^{-iN\phi} d\phi.\tag{4.372}$$

在 $|\text{BCS}(\phi)\rangle$ 的展式中, 第一项是电子真空, 第二项有一个库珀对激发, 第 N 项有 $N-1$ 个库珀对激发, 以此类推.

由以上分析看出, 准自旋方法的优势在于能用来讨论相位和库珀对数目涨落的不确定关系. 不难计算 $N/2$ 个库珀对的平均值

$$\overline{N} = \langle \widehat{N} \rangle = \langle 0|\widehat{N}|0 \rangle = \sum_k 2|v_k|^2,\tag{4.373}$$

其中 $\widehat{N} = \sum_k \widehat{c}_k^\dagger \widehat{c}_k + \widehat{c}_{-k}^\dagger \widehat{c}_{-k}$, 从而得到

$$\langle (\widehat{N} - \overline{N})^2 \rangle = \langle \widehat{N}^2 \rangle - \overline{N}^2 = 4\sum_k u_k^2 v_k^2.\tag{4.374}$$

因此粒子数的相对不确定性为

$$\frac{\delta N}{N} = \frac{\sqrt{\langle (\widehat{N} - \overline{N})^2 \rangle}}{\overline{N}} = \frac{2\sqrt{\sum_k u_k^2 v_k^2}}{\sum_k 2|v_k|^2}.\tag{4.375}$$

可以估计

$$\frac{\delta N}{N} \approx \frac{\sqrt{T_c}}{\sqrt{N}} \to 0.\tag{4.376}$$

此外, 超导相位和库珀对数量之间满足不确定关系

$$\Delta N \Delta \phi \geqslant 1.\tag{4.377}$$

这是目前广泛应用于超导量子计算研究的电路量子化问题的理论基础.

习　题

1. 在对称规范下, 直接求解耦合谐振子

$$\widehat{H} = \frac{1}{2m}\left(p_x - \frac{eB}{2c}y\right)^2 + \left(p_y + \frac{eB}{2c}x\right)^2,$$

并分析磁场 B 很大时, 系统能谱结构的变化.

2. 已知真空电场方程是

$$\nabla^2 \boldsymbol{E} - \frac{1}{c^2}\frac{\partial^2}{\partial t^2}\boldsymbol{E} = 0.$$

试求解:

(1) 二维波导中的电磁波, 设波导长为 L、宽为 W.

(2) 谐振腔中的电磁波, 设谐振腔长为 L、宽为 W、高为 H.

3. 试给出在规范变换下, 不含电磁场的狄拉克方程

$$\mathrm{i}\hbar\frac{\partial}{\partial t}\psi = (c\boldsymbol{\alpha}\cdot\boldsymbol{p} + \beta mc^2)\psi$$

的变换结果, 并验证: 具有最小耦合作用的狄拉克方程在规范变换下是不变的.

4. 记 $\boldsymbol{\Sigma} = \begin{pmatrix} \boldsymbol{\sigma} & 0 \\ 0 & \boldsymbol{\sigma} \end{pmatrix}$, 证明 $\boldsymbol{\Sigma}\cdot\boldsymbol{p}$ 是自由狄拉克方程的守恒量.

5. 试证明满足 $\{\sigma_i, \sigma_j\} = 2\delta_{ij}(i,j = x,y,z)$ 的关系的 2×2 矩阵是泡利矩阵, 其中 $\{A, B\} = AB + BA$.

6. (思考题) 试在非旋波近似下, 讨论多模光场的自发辐射.

7. 应用本章的知识, 推导交流约瑟夫森效应公式.

第五章　　对称性与角动量理论

物理学的研究对象是一个极其复杂的物质世界. 根据现代物理的观点, 每一个物理层次上的运动规律和形态往往取决于更深一个层次上组元间的相互作用及其形成的结构. 在物质微观层次上, 有时我们很难知道其结构和相互作用的具体形式, 因而以微观的动力学方法研究物质运动的科学范式遇到了挑战. 为此, 人们可以退而求其次, 从各种对称性出发去研究物质结构及其动力学. 从这个意义上讲, 对称性在一定程度上决定了相互作用及其导致的运动形式. 在原子分子物理和核物理中, 通过对称性可以对系统的能级结构进行分类, 给出量子跃迁的选择定则和对分支比进行简化计算. 例如, 我们知道核子系统具有中子 – 质子变换的同位旋对称性, 便可以进行强子谱的分类. 夸克模型的建立也是对称性思想成功应用的里程碑.

亦如上一章提及, 如果我们发现一个物理系统具有某种定域不变性, 则这个系统相互作用的基本形式就确定下来. 基于这种思想, 人们在杨 – 米尔斯场理论基础上发展了统一描述电、弱、强三种基本过程的规范理论, 成功地预言了中间玻色子 W 和 Z 的存在. 如果进一步考虑对称性的自发破缺, 人们可以刻画多体相互作用系统出现的相变现象, 解释有序涌现的基本规律, 这方面研究涉及超导、超流和粒子物理标准模型希格斯机制等诸多现代物理领域. 总之, 在现代物理学中, 对称性及其破缺效应的研究十分重要.

5.1　　量子力学中的对称性与群论初步

对称性的观念起源于自然界或人工系统的几何对称性, 如人体、植物的叶子和古今建筑等. 数学上几何对称性被定义为某种变换下的不变性 —— 与原来的图形重合. 如一个中心在原点 O 处的正方形, 它在沿 y 轴的镜像反演 $(x, y) \rightarrow (-x, y)$ 下是不变的, 绕过中心 O 垂直于平面轴旋转 90° 的整数倍也是不变的, 如图 5.1 所示.

物理学中, 对称性定义为运动方程及其解在某种变换下的不变性. 在经典力学中, 系统的对称性是和守恒定律相联系的. 对于保守系统, 给定哈密顿量 $H = H(p, q)$, 其运动方程为

$$\dot{p} = \{p, H\} = -\frac{\partial H}{\partial q} \left(= -\frac{\partial V}{\partial q} \right), \tag{5.1}$$

$$\dot{q} = \{q, H\} = \frac{\partial H}{\partial p} \left(= \frac{p}{m} \right). \tag{5.2}$$

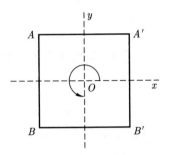

图 5.1   正方形及其对称性变换

在上述二式右边的最后一个等号中, 我们考虑了 H 的一种具体形式

$$H = \frac{p^2}{2m} + V(q),\tag{5.3}$$

而其中的泊松括号定义为

$$\{A, B\} = \frac{\partial A}{\partial p}\frac{\partial B}{\partial q} - \frac{\partial A}{\partial q}\frac{\partial B}{\partial p}.\tag{5.4}$$

如果我们对系统进行坐标变换 $q \to f(q)$, 则哈密顿量

$$H(p, q) \to H(p', f(q)).\tag{5.5}$$

若 H 保持不变, 则说明系统具有一种对称性. 例如, 我们考虑最简单的平移变换 $f(q) = q + \delta$. 当 δ 为一小量时,

$$\begin{aligned}H(p, q) &\to H(p, q + \delta)\\&= H(p, q) + \frac{\partial H(p, q)}{\partial q}\delta\\&= H(p, q) - \dot{p}\delta.\end{aligned}\tag{5.6}$$

若系统具有平移对称性, 则对任意小量 δ, $H = H - \dot{p}\delta$ 成立, 于是有

$$\dot{p} = 0.\tag{5.7}$$

故具有平移对称性的系统, 动量 p 是守恒的. 一般来说, 对称性表现为经典运动在一般变换下的不变性. 相应地, 我们可以考虑哈密顿量在更一般变化下的对称性, 如诺特 (Noether) 对称性和李 (Lie) 对称性等, 它们对应着更多的守恒量.

在量子力学中, 对称性表现为其运动方程 (薛定谔方程或海森堡方程) 在某种变换下的不变性. 给定哈密顿量 $\hat{H}$, 系统的波函数 $|\psi(t)\rangle$ 满足给定初值条件的运动方程

$$\begin{cases}\mathrm{i}\hbar\dfrac{\partial}{\partial t}|\psi(t)\rangle = \hat{H}|\psi(t)\rangle,\\|\psi(t = 0)\rangle = |\psi(0)\rangle.\end{cases}\tag{5.8}$$

当波函数经历一个一般的表象变换

$$|\psi\rangle \to |\psi'\rangle = \widehat{W}|\psi\rangle, \tag{5.9}$$

其中一般情形的幺正算子 $\widehat{W}$ 可以依赖于时间, 有

$$\begin{aligned}
\mathrm{i}\hbar\frac{\partial}{\partial t}|\psi'\rangle &= \mathrm{i}\hbar\frac{\partial \widehat{W}}{\partial t}|\psi\rangle + \widehat{W}\mathrm{i}\hbar\frac{\partial}{\partial t}|\psi\rangle \\
&= \mathrm{i}\hbar\frac{\partial \widehat{W}}{\partial t}\widehat{W}^{-1}|\psi'\rangle + \widehat{W}\widehat{H}|\psi\rangle \\
&= \left(\mathrm{i}\hbar\frac{\partial \widehat{W}}{\partial t}\widehat{W}^{-1} + \widehat{W}\widehat{H}\widehat{W}^{-1}\right)|\psi'\rangle.
\end{aligned} \tag{5.10}$$

由此得到一个关于变换后的波函数 $|\psi'\rangle$ 的等效薛定谔方程

$$\mathrm{i}\hbar\frac{\partial}{\partial t}|\psi'\rangle = \widehat{H}'|\psi'\rangle. \tag{5.11}$$

其初值条件变为

$$|\psi'(0)\rangle = \widehat{W}|\psi(0)\rangle, \tag{5.12}$$

而其等效的哈密顿量为

$$\widehat{H}' = \widehat{W}\widehat{H}\widehat{W}^{-1} + \mathrm{i}\hbar\frac{\partial \widehat{W}}{\partial t}\widehat{W}^{-1}. \tag{5.13}$$

很明显, 对于时变的幺正变换 $\widehat{W}$, 如果满足由同一个 $\widehat{H}$ 决定的海森堡型方程

$$\mathrm{i}\hbar\frac{\partial}{\partial t}\widehat{W} = [\widehat{H}, \widehat{W}], \tag{5.14}$$

则有 $\widehat{H}' = \widehat{H}$, 说明系统具有某种时变的对称性. 这时, 量子力学系统运动方程的形式是不变的. 进一步可以证明, $\widehat{W}(t)$ 的全体构成一个群, 我们称之为量子系统的一般对称性群. 事实上, 满足 (5.14) 式的 $\widehat{W}(t)$ 满足群的基本性质:

(1) 封闭性. 设 $\widehat{W}_1, \widehat{W}_2$ 都满足 (5.14) 式, 则

$$\begin{aligned}
[\widehat{H}, \widehat{W}_1\widehat{W}_2] &= \widehat{W}_1[\widehat{H}, \widehat{W}_2] + [\widehat{H}, \widehat{W}_1]\widehat{W}_2 \\
&= \mathrm{i}\hbar\widehat{W}_1\left(\frac{\partial}{\partial t}\widehat{W}_2\right) + \mathrm{i}\hbar\left(\frac{\partial}{\partial t}\widehat{W}_1\right)\widehat{W}_2 = \mathrm{i}\hbar\frac{\partial}{\partial t}(\widehat{W}_1\widehat{W}_2),
\end{aligned} \tag{5.15}$$

即 $\widehat{W}_1\widehat{W}_2$ 也满足 (5.14) 式.

(2) 结合律. 设 $\widehat{W}_1, \widehat{W}_2$ 和 $\widehat{W}_3$ 都满足 (5.14) 式, 则 $\widehat{W}_1(\widehat{W}_2\widehat{W}_3) = (\widehat{W}_1\widehat{W}_2)\widehat{W}_3$ 也满足 (5.14) 式:

$$\widehat{W}_1(\widehat{W}_2\widehat{W}_3)\widehat{H}[\widehat{W}_1(\widehat{W}_2\widehat{W}_3)]^{-1} = \widehat{H} - \mathrm{i}\hbar\widehat{W}_1\widehat{W}_2\widehat{W}_3\frac{\partial}{\partial t}(\widehat{W}_1\widehat{W}_2\widehat{W}_3)^{-1}. \tag{5.16}$$

而 $(\widehat{W}_1\widehat{W}_2)\widehat{W}_3$ 满足方程

$$
\begin{aligned}
(\widehat{W}_1\widehat{W}_2)&\widehat{W}_3\widehat{H}[(\widehat{W}_1\widehat{W}_2)\widehat{W}_3]^{-1} \\
&= (\widehat{W}_1\widehat{W}_2)\left[\widehat{H} + \mathrm{i}\hbar\frac{\partial}{\partial t}\widehat{W}_3\widehat{W}_3^{-1}\right](\widehat{W}_1\widehat{W}_2)^{-1} \\
&= \widehat{H} + \mathrm{i}\hbar\frac{\partial}{\partial t}(\widehat{W}_1\widehat{W}_2)(\widehat{W}_1\widehat{W}_2)^{-1} + \mathrm{i}\hbar(\widehat{W}_1\widehat{W}_2)\frac{\partial}{\partial t}\widehat{W}_3\widehat{W}_3^{-1}(\widehat{W}_1\widehat{W}_2)^{-1} \\
&= \widehat{H} - \mathrm{i}\hbar\widehat{W}_1\widehat{W}_2\widehat{W}_3\frac{\partial}{\partial t}(\widehat{W}_1\widehat{W}_2\widehat{W}_3)^{-1}.
\end{aligned}
\tag{5.17}
$$

因此, $\widehat{W}_1(\widehat{W}_2\widehat{W}_3)$ 和 $(\widehat{W}_1\widehat{W}_2)\widehat{W}_3$ 对 $\widehat{H}$ 变换结果一样,

$$
\widehat{W}_1(\widehat{W}_2\widehat{W}_3)\widehat{H}[\widehat{W}_1(\widehat{W}_2\widehat{W}_3)]^{-1} = (\widehat{W}_1\widehat{W}_2)\widehat{W}_3\widehat{H}[(\widehat{W}_1\widehat{W}_2)\widehat{W}_3]^{-1},
\tag{5.18}
$$

即

$$
\widehat{W}_1(\widehat{W}_2\widehat{W}_3) = (\widehat{W}_1\widehat{W}_2)\widehat{W}_3.
\tag{5.19}
$$

(3) 单位元. 显然, 单位元为恒等变换 $\widehat{I}$, 满足 (5.14) 式.

(4) 逆元素. 设 $\widehat{W}$ 满足 (5.14) 式, 那么 $\widehat{W}^{-1}$ 也满足 (5.14) 式, 证明如下:

$$
\begin{aligned}
0 = [\widehat{I}, \widehat{H}] = [\widehat{W}\widehat{W}^{-1}, \widehat{H}] &= \widehat{W}[\widehat{W}^{-1}, \widehat{H}] + [\widehat{W}, \widehat{H}]\widehat{W}^{-1} \\
&= \widehat{W}[\widehat{W}^{-1}, \widehat{H}] - \mathrm{i}\hbar\left(\frac{\partial}{\partial t}\widehat{W}\right)\widehat{W}^{-1}.
\end{aligned}
\tag{5.20}
$$

那么左乘以 $\widehat{W}^{-1}$ 得到

$$
\mathrm{i}\hbar\left(\frac{\partial}{\partial t}\widehat{W}^{-1}\right) = [\widehat{H}, \widehat{W}^{-1}],
\tag{5.21}
$$

即逆元素也满足 (5.14) 式. 综上所述, 满足 (5.14) 式的 $\widehat{W}$ 构成一个群, 我们称之为量子系统的一般对称性群.

如果变换 $\widehat{W}$ 还依赖于参数 λ, $\widehat{W} = \widehat{W}(\lambda)$, 且 $\widehat{W}(0) = \widehat{I}$ 是变换的单位变换, 则可定义其 (无穷小) 生成元

$$
\widehat{L} = \left.\frac{\partial \widehat{W}(\lambda)}{\partial \lambda}\right|_{\lambda=0}.
\tag{5.22}
$$

由于 $\widehat{W}(\lambda)$ 是幺正的, $\widehat{L}$ 是反厄米的, 即

$$
\widehat{L}^\dagger = -\widehat{L}.
\tag{5.23}
$$

通常我们以此定义力学量 $\widehat{J} = \mathrm{i}\widehat{L}$, 它是厄米的, $\widehat{J}^\dagger = \widehat{J}$. 通常, 我们说一个系统具有对称性 $\widehat{W}$, 是说 $\widehat{W}$ 是不含时的, 且 $[\widehat{W}, \widehat{H}] = 0$, 这是上面含时对称性的特殊情况. 当 $\widehat{W}$ 不含时间时, 有效哈密顿量只差一个幺正变换:

$$
\widehat{H}' = \widehat{W}\widehat{H}\widehat{W}^{-1}.
\tag{5.24}
$$

量子系统如果在 $\widehat{W}$ 变换下是不变的, 则 $\widehat{H} = \widehat{H}'$, 即 $[\widehat{H}, \widehat{W}] = 0$, 或称 $\widehat{W}$ 是 $\widehat{H}$ 的对称性变换. 与含时情况一样, 此时 $\widehat{W}$ 的全体构成了一个群 G, 我们称之为量子系统的对称性群. 而 $\widehat{H}$ 完备的本征函数则张成 G 的一个表示空间 V, 即 $\forall w, v \in G$, 它们对应于 V 上的线性变换 $\widehat{\Gamma}(w)$ 和 $\widehat{\Gamma}(v)$, 这些变换在其乘法规则下满足 G 同态性质, 如 $\widehat{\Gamma}(w)\widehat{\Gamma}(v) = \widehat{\Gamma}(w \cdot v)$, $\widehat{\Gamma}^{-1}(w) = \widehat{\Gamma}(w^{-1})$.

我们现在以 $\mathbb{R}^3$ 上的变换为例, 说明在坐标空间和函数空间上群表示的意义. 考虑三维欧氏空间 $\mathbb{R}^3 = \{\boldsymbol{r} = (x, y, z)\}$ 上的变换 (如旋转 $R(\theta)$)

$$\boldsymbol{r} \to \boldsymbol{r}' = g\boldsymbol{r}(= R(\theta)\boldsymbol{r}). \tag{5.25}$$

这些 g 构成了 $\mathbb{R}^3$ 上的变换群. 对于 $\boldsymbol{r}$ 的本征函数有 $\widehat{\Gamma}(g)|\boldsymbol{r}\rangle = |g\boldsymbol{r}\rangle$, 因而 $\mathbb{R}^3$ 上的 g 变换使得希尔伯特空间上的波函数

$$|\psi\rangle \to |\psi'\rangle = \widehat{\Gamma}(g)|\psi\rangle. \tag{5.26}$$

为了给出它的坐标表示 (利用 $\widehat{\Gamma}(g)$ 是一个幺正变换), 我们计算

$$\begin{aligned}
\langle \boldsymbol{r}|\psi'\rangle &= \langle \boldsymbol{r}|\widehat{\Gamma}(g)\psi\rangle = (\widehat{\Gamma}(g)^\dagger|\boldsymbol{r}\rangle)^\dagger|\psi\rangle \\
&= (|g^{-1}\boldsymbol{r}\rangle)^\dagger|\psi\rangle = \langle g^{-1}\boldsymbol{r}|\psi\rangle = \psi(g^{-1}\boldsymbol{r}).
\end{aligned} \tag{5.27}$$

因此, 一般来说群元对坐标表象波函数的作用, 相当于对坐标进行逆向旋转:

$$\widehat{\Gamma}(g)\psi(\boldsymbol{r}) = \psi(g^{-1}\boldsymbol{r}). \tag{5.28}$$

在下一节可以看到, 这个结果是上述旋转变换性质的一个推广, 适用于一般的群变换.

事实上, 在 $\mathbb{R}^3$ 上, 如果 g 和 h 均为旋转变换, 则 gh 也是一个旋转变换, 记 $gh \in \{e, g, h, g', h', \cdots\} \equiv G$. 在 G 中, 存在一个单位元 $e(= R(\theta = 0))$, 对 $g(= R(\theta))$ 存在一个逆元素 $g^{-1}(= R(-\theta))$ 使 $gg^{-1} = g^{-1}g = e$. 另外, $g, f, h \in G$ 满足结合律 $g(f \cdot h) = (gf) \cdot h$. 因此, 在这种乘法下, $G = \{g, h, \cdots, e\}$ 构成了一个群. 按上面群元对波函数作用定义的 $\widehat{\Gamma}(g)$ 称为变换 g 在波函数空间上的一个表示, $\widehat{\Gamma}(g)$ 的全体构成了一个变换群, 或叫矩阵群. 事实上, $\widehat{\Gamma}(g)$ 满足群的性质, 如 $\widehat{\Gamma}(g)\widehat{\Gamma}(h) = \widehat{\Gamma}(g \cdot h)$. 下面对此做出证明.

首先我们检验以下乘法群的性质:

$$\begin{aligned}
\widehat{\Gamma}(g)\widehat{\Gamma}(h)\psi(\boldsymbol{r}) &= \widehat{\Gamma}(g)\psi(h^{-1}\boldsymbol{r}) = \psi(h^{-1}(g^{-1}\boldsymbol{r})) \\
&= \psi((gh)^{-1}\boldsymbol{r}) = \widehat{\Gamma}(gh)\psi(\boldsymbol{r}).
\end{aligned} \tag{5.29}$$

取状态空间一组基矢 $\{|\psi_n\rangle \equiv |n\rangle | n = 1, 2, \cdots, d\}$, 群元 g 作用在每个基矢上, 一定得到所有基矢的线性组合:

$$\widehat{\Gamma}(g)|n\rangle = \sum_{m=1}^{d} \Gamma(g)_{mn}|m\rangle, \quad \forall g \in G. \tag{5.30}$$

因此 $\Gamma(g)_{mn} = \langle m|\widehat{\Gamma}(g)|n\rangle$ 定义的矩阵 $\Gamma(g)$, 给出了群 G 的一个 d 维矩阵表示, 即构成了矩阵群, 而在 $d \times d$ 维矩阵乘法的意义下, 有 $\Gamma(g)\Gamma(h) = \Gamma(g \cdot h)$.

如果 V 中存在一个 d_S 维的 G 不变的子空间 $V_S \subset V$ $(\forall|\xi\rangle \in V_S, \widehat{\Gamma}(g)|\xi\rangle \in V_S)$, 则称 $\Gamma(g)$ 是 G 的一个可约表示. 取 V 基矢 $\{|S_1\rangle, |S_2\rangle, \cdots, |S_{d_S}\rangle, |S_{d_S+1}\rangle, \cdots, |S_d\rangle\}$, 则 $\Gamma(g)$ 可表示为

$$\Gamma(g) = \begin{bmatrix} \Gamma^{(S)}(g) & 0 \\ 0 & \overline{\Gamma}^{(S)}(g) \end{bmatrix}, \quad \forall g \in G, \tag{5.31}$$

其中 $\Gamma^{(S)}(g)$ 为 G 在 V_S 上的矩阵表示. 若找不到这样的不变子空间, 则称 $\Gamma(g)$ 为不可约表示.

有了上述初步的群论知识, 我们可以给出关于群表示物理应用的关键结论 —— 维格纳定理.

定理 5.1 (维格纳定理) 设 G 是哈密顿量 $\widehat{H}$ 的对称性群, $\Gamma^{(d)}$ 是群 G 的一个 d 维不可约表示, 则 $\widehat{H}$ 存在 d 维简并的能级, 简并的本征函数张成了群 G 的不可约表示空间 V.

证明 设 $|\lambda\rangle$ 是 $\widehat{H}$ 的本征函数, 即 $\widehat{H}|\lambda\rangle = \lambda|\lambda\rangle$, 则

$$|\lambda(g)\rangle \equiv \widehat{\Gamma}(g)|\lambda\rangle \tag{5.32}$$

也是 $\widehat{H}$ 的本征函数, 具有相同本征值 λ. 若能级 λ 有 d 度简并, 我们记 $\widehat{H}$ 的简并子空间 V 的基矢为本征函数 $|\lambda_\alpha\rangle$, 它满足

$$\widehat{H}|\lambda_\alpha\rangle = \lambda|\lambda_\alpha\rangle, \quad \alpha = 1, 2, \cdots, d. \tag{5.33}$$

很明显, 由于 $[\widehat{\Gamma}(g), \widehat{H}] = 0$, $\widehat{\Gamma}(g)|\lambda_\alpha\rangle$ 也是 $\widehat{H}$ 具有本征值 λ 的本征函数, 它们可以展开为基矢的线性组合:

$$\widehat{\Gamma}(g)|\lambda_\alpha\rangle = \sum_{\beta=1}^{d} \Gamma(g)_{\beta\alpha}|\lambda_\beta\rangle, \quad \forall g \in G, \tag{5.34}$$

即对应于本征值 λ, $\widehat{H}$ 的全体简并本征矢张成 G 的一个表示空间 V_λ.

下面, 进一步用反证法证明 V_λ 是不可约的. 先假设它是可约的, 则存在一个不变子空间 $S \subset V_\lambda$, 如图 5.2 所示, $G|\lambda_S\rangle \in S, (\forall|\lambda_S\rangle \in S), \widehat{H}|\lambda_S\rangle = \lambda|\lambda_S\rangle$. 我们构造变换

$$g = |\lambda_S\rangle\langle\lambda| + |\lambda\rangle\langle\lambda_S|, \tag{5.35}$$

其中 $|\lambda > \notin S, |\lambda\rangle \in V_\lambda$. 可以证明, 对于 $|\lambda_S\rangle \in S$, g 也是一个对称变换. 由于 $\langle\lambda_S|\widehat{H} = \langle\lambda_S|\lambda$, 则

$$\begin{aligned}
[\widehat{H}, g] &= \widehat{H}g - g\widehat{H} \\
&= \widehat{H}(|\lambda_S\rangle\langle\lambda| + |\lambda\rangle\langle\lambda_S|) - (|\lambda_S\rangle\langle\lambda| + |\lambda\rangle\langle\lambda_S|)\widehat{H} \\
&= \lambda(|\lambda_S\rangle\langle\lambda| + |\lambda_S\rangle\langle\lambda|) - (|\lambda_S\rangle\langle\lambda| + |\lambda\rangle\langle\lambda_S|)\lambda = 0.
\end{aligned} \tag{5.36}$$

因此, $[g, \widehat{H}] = 0$. 这就是说, 在 G 中有对称变换 $g \in G$ 把 S 中矢量变到 S 以外,

$$g|\lambda_S\rangle = |\lambda_S\rangle\langle\lambda|\lambda_S\rangle + |\lambda\rangle, \tag{5.37}$$

即 S 不是 V_λ 的不变子空间, 与 "可约" 假设矛盾.

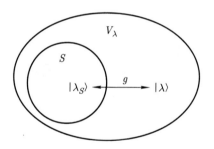

图 5.2 不变子空间 $S \subset V_\lambda$

根据 (5.24) 式, 对应于对称性变换的生成元 $\widehat{L}$ 是一个守恒量, 它具有以下的特性:
(1) $\widehat{L}$ 的期望值是时间不变的;
(2) 若 $|\psi(0)\rangle$ 是 $\widehat{L}$ 的本征态, 则 $|\psi(t)\rangle$ 也是 $\widehat{L}$ 的本征态.
先来证明 (1). 直接计算, 有

$$\partial\langle\psi|\widehat{L}|\psi\rangle/\partial t = \frac{1}{\mathrm{i}\hbar}\langle\psi|[\widehat{L}, \widehat{H}]|\psi\rangle = 0.$$

再来证明 (2). 设 $|\psi(0)\rangle$ 满足 $\widehat{L}|\psi(0)\rangle = \lambda|\psi(0)\rangle$, 定义 $|\psi'(t)\rangle = (\widehat{L} - \lambda)|\psi(t)\rangle$, 很明显, $\widehat{H}\widehat{L} = \widehat{L}\widehat{H}$, 则

$$\mathrm{i}\hbar\frac{\partial}{\partial t}|\psi'(t)\rangle = (\widehat{L} - \lambda)\frac{\partial}{\partial t}|\psi(t)\rangle = (\widehat{L} - \lambda)\widehat{H}|\psi(t)\rangle = \widehat{H}|\psi'(t)\rangle. \tag{5.38}$$

由于 $\widehat{L}|\psi(0)\rangle = \lambda|\psi(0)\rangle$, 则 $|\psi'(0)\rangle = (\widehat{L} - \lambda)|\psi(0)\rangle = 0$. 对于守恒系统, 内积是不随时间改变的, 即

$$i\hbar\frac{\partial}{\partial t}\langle\psi'(t)|\psi'(t)\rangle = 0, \tag{5.39}$$

从而有

$$\langle\psi'(t)|\psi'(t)\rangle = \langle\psi'(0)|\psi'(0)\rangle = 0. \tag{5.40}$$

由此推导出, $|\psi'(t)\rangle = 0$, 从而有 $\widehat{L}|\psi(t)\rangle = \lambda|\psi(t)\rangle$.

以上的讨论表明, 守恒的力学量的测量观察结果才具有稳定的特征. 更一般地讲, 只有对守恒的物理量才能做精确的测量.

5.2 量子力学中的对称性: 平移、空间反射和时间反演

在这一节我们介绍量子力学中最典型的三种对称性: 平移、空间反射和时间反演.

5.2.1 平移对称性与动量守恒

如上所述, 在经典力学中, 当外势 $V(x)$ 平移不变, 即对任意 $a, V(x) \to V(x+a) = V(x)$ 成立时, 有

$$\frac{\mathrm{d}V}{\mathrm{d}x} \xrightarrow{a\to 0} \frac{V(x+a) - V(x)}{a} = 0. \tag{5.41}$$

故 $V(x) =$ 常数, $\dot{p} = -\partial_x V(x) = 0$. 因此平移不变的系统, 动量是守恒的.

现在考察量子力学情形. 让波函数 $\psi(x)$ 从坐标原点整体平移到 a, 这个平移变换可等价地理解为坐标原点的反向移动 (如图 5.3 所示).

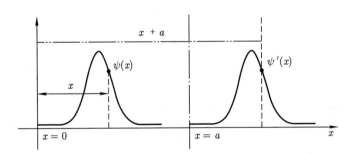

图 5.3 波函数的平移相当于坐标原点的反向移动

平移后波函数为 $\psi'(x) = \widehat{W}(a)\psi(x)$, 这意味着

$$\psi'(x+a) = \psi(x), \tag{5.42}$$

$$\psi'(x) = \psi(x-a) = \widehat{W}(a)\psi(x). \tag{5.43}$$

我们可以比较上述结果与变换 g 坐标表示的一般形式 $\widehat{\Gamma}(g)\psi(\boldsymbol{r}) = \psi(g^{-1}\boldsymbol{r})$. 对于一个无穷小平移 $\widehat{W}(\varepsilon)$,

$$\begin{aligned}\widehat{W}(\varepsilon)\psi(x) &= \psi(x-\varepsilon) = \left(1 - \varepsilon\frac{\partial}{\partial x}\right)\psi(x)\\&= \left(1 + \frac{\varepsilon}{\mathrm{i}\hbar}\widehat{p}_x\right)\psi(x).\end{aligned} \tag{5.44}$$

对于有限的平移 $\widehat{W}(a)$, 平移量可以分成 N 份, $a = N\varepsilon$, 平移算子重新写为

$$\begin{aligned}\widehat{W}(a)\psi(x) &= \widehat{W}\left(\frac{a}{N}\right)\widehat{W}\left(\frac{a}{N}\right)\cdots\widehat{W}\left(\frac{a}{N}\right)\psi(x)\\&= \left(1 + \frac{\varepsilon}{\mathrm{i}\hbar}\widehat{p}_x\right)^N\psi(x)\\&= \left(1 + \frac{a}{\mathrm{i}\hbar N}\widehat{p}_x\right)^N\psi(x).\end{aligned} \tag{5.45}$$

因此, 平移算子的表达式可以分解为无穷小平移的乘积, 其极限是

$$\widehat{W}(a) = \lim_{N\to\infty}\left(1 + \frac{a\widehat{p}_x}{\mathrm{i}\hbar N}\right)^N = \mathrm{e}^{-\mathrm{i}\widehat{p}_x a/\hbar}, \tag{5.46}$$

其中 $\widehat{p}_x$ 叫作平移群的生成元. 可以证明,

$$\widehat{W}(a)x\widehat{W}^{-1}(a) = x - a. \tag{5.47}$$

如果一个系统是平移不变的, 其哈密顿量 $\widehat{H}$ 满足

$$[\widehat{H},\widehat{W}(a)] = 0, \quad \forall a \in \mathbb{R}, \tag{5.48}$$

$$\frac{\mathrm{d}}{\mathrm{d}a}[\widehat{H},\widehat{W}(a)] \xrightarrow{a\to0} -\frac{\mathrm{i}}{\hbar}[\widehat{H},\widehat{p}_x] = 0. \tag{5.49}$$

由此可以得到结论:

$$[\widehat{p}_x,\widehat{H}] = 0, \tag{5.50}$$

即平移矩阵的无穷小生成元 $\widehat{p}_x$ 是一个守恒量.

以上讨论的平移对称性是连续的, 物理上还存在具有离散平移对称性的系统. 例如一个在一维周期势 $V(x)$ 中运动的粒子: $V(x+na) = V(x)$ $(n = 0, \pm1, \pm2, \cdots)$, 这个势的周期为 a, 其物理例子是电子在周期晶格中运动.

这时我们记平移算子

$$\widehat{W}_n = \widehat{W}(na) = \mathrm{e}^{-\mathrm{i}na\widehat{p}} \quad (\widehat{p} = \widehat{p}_x). \tag{5.51}$$

显然

$$\widehat{W}_n V(x)\widehat{W}_n^{-1} = V(\widehat{W}_n x\widehat{W}_n^{-1}) = V(x-na) = V(x). \tag{5.52}$$

此时系统的哈密顿量 $\hat{H} = \hat{p}^2/2M + V(x)$ 在 $\widehat{W}_n$ 变换下是不变的, 亦即 $[\widehat{W}_n, \hat{H}] = 0 (n = 0, \pm 1, \pm 2, \cdots)$. 如图 5.4 所示, 假设当势阱很深, 阱底的形状近似为谐振子势时, 相应的哈密顿量是 $\hat{H}_0$ 有能量本征态 $|\phi_m\rangle$,

$$\phi_m(x) = \langle x|\phi_m\rangle \sim \exp\left[-\frac{(x - ma)^2}{\sigma^2}\right], \tag{5.53}$$

代表局域在 $x = ma$ 格点附近的、宽度为 σ 的高斯波包, 显然

$$\widehat{W}_n|\phi_m\rangle = |\phi_{m+n}\rangle. \tag{5.54}$$

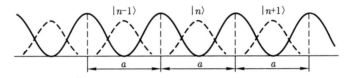

图 5.4   粒子在周期为 a 的周期势中运动

这是因为

$$\widehat{W}_n|x\rangle = |x + na\rangle, \tag{5.55}$$

从而有

$$\langle x|\widehat{W}_n|\phi_m\rangle \sim \langle x - na|\phi_m\rangle \sim \exp\left[-\frac{(x - ma - na)^2}{\sigma^2}\right]. \tag{5.56}$$

显然不同的 $|\phi_m\rangle$ 不是严格正交的, 仅当势阱无穷深时, 局域波包不能延伸到势阱之外, 它们才近似正交. 以下先讨论无穷深情况. 当然, 基于对称性的考虑, $\hat{H}_0$ 的基态 $|\phi_m\rangle(m = 0, \pm 1, \pm 2, \cdots)$ 是高度简并的:

$$\hat{H}_0|\phi_m\rangle = E|\phi_m\rangle. \tag{5.57}$$

$\widehat{W}_n$ 构成了一个 $Z(\infty)$ 阿贝尔 (Abel) 群 $(\widehat{W}_n\widehat{W}_m = \widehat{W}_{n+m} = \widehat{W}_m\widehat{W}_n)$, 而 $\{|\phi_m\rangle\}$ 构成了它的无穷维可约表示. 我们现在需要找到 $Z(\infty)$ 仅存在的一维不可约表示 $\Gamma^{(\theta)}$, 使得一维表示空间基矢

$$|\xi\rangle = \sum_{m=-\infty}^{\infty} C_m|\phi_m\rangle \tag{5.58}$$

是 $\hat{H}_0$ 和 $\widehat{W}_n(\widehat{W}_1)$ 的共同本征态,

$$\widehat{W}_1|\xi\rangle = \xi|\xi\rangle. \tag{5.59}$$

从

$$\sum_{m=-\infty}^{\infty} C_m|\phi_{m+1}\rangle = \sum_{m=-\infty}^{\infty} \xi C_m|\phi_m\rangle \tag{5.60}$$

得到递推关系

$$C_{m-1} = \xi C_m, \quad m = 0, \pm 1, \pm 2, \cdots. \tag{5.61}$$

取 $C_m = 1$, 于是有

$$C_m = \left(\frac{1}{\xi}\right)^m. \tag{5.62}$$

如果需要表示为幺正的[①], 则

$$\xi = \mathrm{e}^{\mathrm{i}\theta} \quad (\theta \in \mathbb{R}). \tag{5.63}$$

也就是说,

$$|\theta\rangle \equiv |\xi\rangle = \sum_{m=-\infty}^{\infty} \mathrm{e}^{-\mathrm{i}m\theta}|\phi_m\rangle, \tag{5.64}$$

$$\widehat{W}_n|\theta\rangle = \mathrm{e}^{-\mathrm{i}n\theta}|\theta\rangle \tag{5.65}$$

定义了 $Z(\infty)$ 的不可约表示 $\Gamma(n)$, 它近似地对应于能量本征态

$$\widehat{H}_0|\theta\rangle = E|\theta\rangle. \tag{5.66}$$

当 $V(x)$ 中势阱不是无限深时, 对应的哈密顿量 $\widehat{H}_0 \to \widehat{H}$. 由于 $|\phi_m\rangle$ 是一个定域在 $x = ma$ 点有宽度 σ 的一个波包, 不同的 $|\phi_m\rangle$ 之间并不正交, 因此在 $\{|\phi_m\rangle\}$ 上不能严格对角化. 我们采用紧束缚态近似 (只保留紧邻的两个波包的交叠积分), $\widehat{H}$ 在 $\{|\phi_m\rangle\}$ 上仅有非零矩阵元

$$\langle\phi_m|\widehat{H}|\phi_m\rangle = E, \quad \langle\phi_{m\pm 1}|\widehat{H}|\phi_m\rangle = -\Delta. \tag{5.67}$$

利用其明显表达式 (5.64), 可以验证 $|\theta\rangle$ 也是 $\widehat{H}$ 和 $\widehat{W}_n$ 的共同本征函数:

$$\widehat{H}|\theta\rangle = (E - 2\Delta\cos\theta)|\theta\rangle, \tag{5.68}$$

$\widehat{H}$ 的本征值为 $E - 2\Delta\cos\theta$.

为了考虑 θ 的物理意义, 我们计算这个本征态在坐标表象的表示 $\langle x|\theta\rangle$. 一方面应用 $\widehat{W}_1$ 的性质 $\widehat{W}_1^\dagger|x\rangle = |x - a\rangle$, 则

$$\langle x|\widehat{W}_1|\theta\rangle = (\widehat{W}_1^\dagger|x\rangle)^\dagger|\theta\rangle = (|x - a\rangle)^\dagger|\theta\rangle = \langle x - a|\theta\rangle. \tag{5.69}$$

另一方面, 考虑到 $|\theta\rangle$ 是 $\widehat{W}_1$ 的本征函数, 则

$$\langle x|\widehat{W}_1|\theta\rangle = \mathrm{e}^{-\mathrm{i}\theta}\langle x|\theta\rangle. \tag{5.70}$$

[①]即表示矩阵是幺正的. 这里是一维表示, 一维矩阵即是数.

求解方程

$$\langle x - a | \theta \rangle = \mathrm{e}^{-\mathrm{i}\theta} \langle x | \theta \rangle, \tag{5.71}$$

可以得到

$$\langle x | \theta \rangle = \mathrm{e}^{\mathrm{i}\frac{\theta}{a}x} \psi_\theta(x), \tag{5.72}$$

其中 $\psi_\theta(x)$ 是以 a 为周期的函数:

$$\psi_\theta(x + a) = \psi_\theta(x). \tag{5.73}$$

如果我们把 $\theta/a = k$ 看成 "波矢", 则 (5.72) 式给出的正好是能带理论中的布洛赫定理.

5.2.2　空间反射对称性

上述讨论的空间平移对称性是一种连续对称性, 现在可定义另一种类型的对称性操作 —— 空间反射, 它描述了最简单的离散对称性. 考虑空间反射操作 $\widehat{P}$ 对波函数的作用

$$\widehat{P}\psi(\boldsymbol{r}, t) = \psi(-\boldsymbol{r}, t). \tag{5.74}$$

显然

$$\widehat{P}^2\psi(\boldsymbol{r}, t) = \widehat{P}\psi(-\boldsymbol{r}, t) = \psi(\boldsymbol{r}, t), \tag{5.75}$$

所以 $\widehat{P}$ 和 $\widehat{I} = \widehat{P}^2$ 生成了最简单的阿贝尔群 Z_2. 事实上, 空间反射变换存在以下性质:
(1) $\widehat{P}$ 是厄米的, 即 $\widehat{P}^\dagger = \widehat{P}$;
(2) $\widehat{P}$ 的本征值仅为 ± 1, 相应的本征函数分别称为偶、奇宇称态.
下面给出证明. 直接计算得

$$\langle \boldsymbol{r} | \widehat{P} | \psi \rangle = \psi(-\boldsymbol{r}) = \langle -\boldsymbol{r} | \psi \rangle = \langle \widehat{P}\boldsymbol{r} | \psi \rangle = \langle \boldsymbol{r} | \widehat{P}^\dagger | \psi \rangle, \tag{5.76}$$

即 $\widehat{P}^\dagger = \widehat{P}$ 是厄米的. 设 $|\psi\rangle$ 是 $\widehat{P}$ 的本征函数, 即

$$\widehat{P}|\psi\rangle = \lambda|\psi\rangle, \tag{5.77}$$

$$\widehat{P}^2|\psi\rangle = \lambda^2|\psi\rangle = |\psi\rangle, \tag{5.78}$$

则 $\lambda = \pm 1$.

以下考虑一个简单的例子: 自由粒子的哈密顿量 $\widehat{H} = \widehat{p}_x^2/(2m)$ 具有空间反射对称性, $[\widehat{P}, \widehat{H}] = 0$, 而 $\widehat{H}$ 的简并本征态 (对应于简并的本征值 $E(k) = \hbar^2 k^2/(2m)$) 为

$$\psi_{\pm k}(x) = \langle x | \psi(\pm k) \rangle = \frac{1}{\sqrt{2\pi}} \mathrm{e}^{\pm \mathrm{i}kx}. \tag{5.79}$$

它们可以组合为奇偶宇称态:

$$\psi_-(x) = \frac{1}{2i}(\psi_{+k}(x) - \psi_{-k}(x)) = \sin kx, \tag{5.80}$$

$$\psi_+(x) = \frac{1}{2}(\psi_{+k}(x) + \psi_{-k}(x)) = \cos kx. \tag{5.81}$$

显然

$$\widehat{P}\psi_\pm(x) = \pm\psi(x). \tag{5.82}$$

$\psi_+(x)$ 构成了空间反射群 Z_2 的恒等表示 (所有群元都被映射为单位元), $\psi_-(x)$ 构成了 Z_2 群的非恒等表示. 需要指出的是 Z_2 群只有两个不可约的一维表示.

一般来说, 对于宇称守恒的系统, 其本征态 $|E, \pm\rangle$ 具有确定的宇称:

$$\widehat{H}_0|\alpha, \pm\rangle = E_\alpha|\alpha, \pm\rangle, \tag{5.83}$$

$$\widehat{P}|\alpha, \pm\rangle = \pm|\alpha, \pm\rangle. \tag{5.84}$$

假设有一个小的扰动 $\widehat{V}$ 与 $\widehat{H}_0$ 不对易, 可能产生从能量为 E_α 的态到能量为 E_β 的态的量子跃迁, 跃迁概率正比于跃迁矩阵元的模平方:

$$P_{\alpha\to\beta} \propto |\langle\beta, \pm|\widehat{V}|\alpha, \pm\rangle|^2. \tag{5.85}$$

当 $\widehat{V}$ 具有偶宇称, 即 $\widehat{P}\widehat{V}\widehat{P}^{-1} = V$ 时,

$$\begin{aligned}\langle\beta, +|\widehat{V}|\alpha, -\rangle &= \langle\beta, +|\widehat{P}\widehat{V}\widehat{P}|\alpha, -\rangle \\ &= (+\langle\beta, +|)\widehat{V}(-|\alpha, -\rangle) = -\langle\beta, +|\widehat{V}|\alpha, -\rangle, \end{aligned} \tag{5.86}$$

也就是 $\langle\beta, +|\widehat{V}|\alpha, -\rangle = 0$, 因而从 $|\alpha, -\rangle$ 到 $|\beta, +\rangle$ 的跃迁是禁戒的. 类似地, 考虑 V 为偶 (奇) 宇称时的所有跃迁, 我们有如图 5.5 所示的基于宇称的跃迁选择定则, 其中图 5.5(a) 意味着 "相互作用" 导致保持宇称守恒的跃迁.

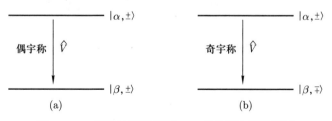

图 5.5 (a) 宇称守恒的跃迁, (b) 宇称不守恒的跃迁

在近代物理学史上, 宇称选择定则的研究意义十分重大, 它与基本相互作用导致的粒子衰变过程是否保持宇称守恒这一重要问题相联系. 以前, 人们认为弱相互作用保持宇称守恒, 但这个传统观念在 1956 年被李政道和杨振宁打破了, 从此人们才能够正确理解 20 世纪 50 年代大量新粒子的反应过程, 开启了粒子物理的新纪元.

5.2.3　时间反演对称性

在经典牛顿力学中, 质量为 m 的粒子在外力 $\boldsymbol{F}(t,\boldsymbol{r})$ 驱动下的牛顿方程为

$$m\frac{\mathrm{d}^2\boldsymbol{r}}{\mathrm{d}t^2} = \boldsymbol{F}(t,\boldsymbol{r}), \quad \frac{\mathrm{d}\boldsymbol{r}}{\mathrm{d}t} = \boldsymbol{v}. \tag{5.87}$$

进行时间反演变换, 令 $t \to -t'$, 则牛顿方程变为

$$m\frac{\mathrm{d}^2\boldsymbol{r}}{\mathrm{d}(-t')^2} = m\frac{\mathrm{d}\boldsymbol{r}}{\mathrm{d}t'^2} = \boldsymbol{F}(-t',\boldsymbol{r}), \tag{5.88}$$

粒子速度变为

$$\boldsymbol{v} = \frac{\mathrm{d}\boldsymbol{r}}{\mathrm{d}(-t')} = -\frac{\mathrm{d}\boldsymbol{r}}{\mathrm{d}t'} = -\boldsymbol{v}'. \tag{5.89}$$

因此:

(1) 如果所受外力满足 $\boldsymbol{F}(-t',\boldsymbol{r}) = \boldsymbol{F}(t',\boldsymbol{r})$, 则运动方程是不变的;

(2) 如果 $\boldsymbol{F}(-t',\boldsymbol{r})$ 形式改变, 则系统的动力学就不再是时间反演不变的了.

在经典力学中, 时间反演问题与几个主要的物理量 (位置、动量、角动量) 在时间反演下的变换性质有关:

$$\boldsymbol{r} \to \boldsymbol{r}, \quad \boldsymbol{p} \to -\boldsymbol{p}, \quad \boldsymbol{L} \to -\boldsymbol{L}. \tag{5.90}$$

另外, 如果我们进一步考虑在电磁场中带电粒子的运动, 它满足洛伦兹运动方程

$$m\frac{\mathrm{d}^2\boldsymbol{r}}{\mathrm{d}t^2} = q(\boldsymbol{E} + \boldsymbol{v} \times \boldsymbol{B}), \tag{5.91}$$

其中 $\boldsymbol{v} = \mathrm{d}\boldsymbol{r}/\mathrm{d}t$. 把时间 t 变为 $-t$, 则上述方程变为

$$m\frac{\mathrm{d}^2\boldsymbol{r}(-t)}{\mathrm{d}t^2} = q\left(\boldsymbol{E} - \frac{\mathrm{d}\boldsymbol{r}(-t)}{\mathrm{d}t} \times \boldsymbol{B}\right). \tag{5.92}$$

这时, 要保证 $\boldsymbol{r}(-t)$ 和 $\boldsymbol{r}(t)$ 满足一样的方程, 必须把磁场变号, 而电场不变号, 即

$$\boldsymbol{B} \to \boldsymbol{B}' = -\boldsymbol{B}, \quad \boldsymbol{E} \to \boldsymbol{E}' = \boldsymbol{E}. \tag{5.93}$$

对于量子力学而言, 由于概率分布是可观测的物理结果, 在时间反演变换下, $t \to t' = -t$, $\psi(\boldsymbol{r},t) \to \psi'(\boldsymbol{r},-t)$, 时间反演不变性要求概率幅模方保持不变:

$$|\psi'(\boldsymbol{r},-t)|^2 = |\psi(\boldsymbol{r},t)|^2. \tag{5.94}$$

也就是说,

$$\psi'(\boldsymbol{r},t) = \mathrm{e}^{\mathrm{i}\theta}\psi(\boldsymbol{r},-t) \tag{5.95}$$

或

$$\psi'(\boldsymbol{r}, t) = e^{i\theta}\psi^*(\boldsymbol{r}, -t). \tag{5.96}$$

前者显然不能满足同样的薛定谔方程, 而后者在 θ 取零时有可能.

事实上, 一个无自旋粒子在实的势场 $V(\boldsymbol{r})$ 中的运动, 其哈密顿量

$$\widehat{H} = -\frac{\hbar^2}{2m}\nabla^2 + V(\boldsymbol{r}) \tag{5.97}$$

不显含时间. 相应的薛定谔方程为

$$i\hbar\frac{\partial}{\partial t}\psi(\boldsymbol{r}, t) = \left(-\frac{\hbar^2}{2m}\nabla^2 + V(\boldsymbol{r})\right)\psi(\boldsymbol{r}, t). \tag{5.98}$$

做变换 $t = -t'$ 后,

$$i\hbar\frac{\partial}{(-\partial t')}\psi(\boldsymbol{r}, -t') = \left(-\frac{\hbar^2}{2m}\nabla^2 + V(\boldsymbol{r})\right)\psi(\boldsymbol{r}, -t'). \tag{5.99}$$

很明显, $\psi(\boldsymbol{r}, -t)$ 不是原来薛定谔方程的解, 然而 $\psi^*(\boldsymbol{r}, -t)$ 却满足相同的方程, 这是因为上述方程的复共轭给出

$$i\hbar\frac{\partial}{\partial t'}\psi^*(\boldsymbol{r}, -t') = \left(-\frac{\hbar^2}{2m}\nabla^2 + V(\boldsymbol{r})\right)\psi^*(\boldsymbol{r}, -t'). \tag{5.100}$$

由此可知, $\psi^*(\boldsymbol{r}, -t)$ 与 $\psi(\boldsymbol{r}, t)$ 满足相同的薛定谔方程, 它称为 $\psi(\boldsymbol{r}, t)$ 的时间反演态. 于是我们证明了, 只要 $\widehat{H} = \widehat{H}^*$, 则

$$\psi'(\boldsymbol{r}, t) = \widehat{T}\psi(\boldsymbol{r}, t) \equiv e^{i\theta}\psi^*(\boldsymbol{r}, -t) \tag{5.101}$$

与 $\psi(\boldsymbol{r}, t)$ 满足同样的方程, 其中 $\widehat{T}$ 称为时间反演算子.

现在一般地讨论时间反演变换. 在量子力学中一般要求物理上的变换是幺正的, 这和量子力学的概率诠释有关, 即对任何幺正变换不改变观测量的投影测量结果. 例如, 考虑量子态 $|\psi\rangle$, 其可以写成完备矢量集 $\{|n\rangle\}$ 的线性叠加:

$$|\psi\rangle = \sum_n C_n|n\rangle, \quad C_n = \langle n|\psi\rangle. \tag{5.102}$$

在变换 $\widehat{T}$ 下,

$$\begin{cases} |\psi\rangle \rightarrow |\psi'\rangle = \widehat{T}|\psi\rangle, \\ |n\rangle \rightarrow |n'\rangle = \widehat{T}|n\rangle, \end{cases} \tag{5.103}$$

测量 $|\psi'\rangle$ 在 $|n'\rangle$ 态上的概率是不变的, 即

$$P'_n = |\langle n'|\psi'\rangle|^2 = P_n = |\langle n|\psi\rangle|^2. \tag{5.104}$$

然而, 变换的幺正性只是保持概率幅不变的充分条件, 还有其他解满足概率不变的要求, 如

$$\langle n'|\psi'\rangle = \mathrm{e}^{\mathrm{i}\theta}\langle n|\psi\rangle, \tag{5.105}$$

其中 θ 是任意实数. 幺正变换只是上述方程的一个特殊情况 $\theta = 0$. 不仅如此, 如果有一个变换 $\widehat{T}$ 满足

$$\langle n'|\psi'\rangle = \langle n|\psi\rangle^*, \tag{5.106}$$

则同样给出 $P_n' = P_n$, 这是另一个物理上合理的解. 因此, 我们可以引入满足上述要求的反幺正算子 $\widehat{T}$:

$$|\varphi\rangle \rightarrow |\varphi'\rangle = \widehat{T}|\varphi\rangle, \tag{5.107}$$

$$|\phi\rangle \rightarrow |\phi'\rangle = \widehat{T}|\phi\rangle, \tag{5.108}$$

使得

$$\langle \phi'|\varphi'\rangle = \langle\phi|\varphi\rangle^*, \tag{5.109}$$

$$\widehat{T}(c_1|\phi_1\rangle + c_2|\phi_2\rangle) = (c_1^*\widehat{T}|\phi_1\rangle + c_2^*\widehat{T}|\phi_2\rangle). \tag{5.110}$$

由此定义了这样一个反线性算子, 其中 $|\phi_1\rangle$ 和 $|\phi_2\rangle$ 正交.

现在证明 $\widehat{U}\widehat{K}$ 是一个符合上述定义的反幺正算子, 其中 $\widehat{U}$ 是一个幺正变换, $\widehat{K}$ 是复共轭操作 (算子), 满足

$$\widehat{K}(c_1|\varphi_1\rangle + c_2|\varphi_2\rangle) = (c_1^*\widehat{K}|\varphi_1\rangle + c_2^*\widehat{K}|\varphi_2\rangle). \tag{5.111}$$

事实上, 设 $\{|n\rangle\}_{n=1}^N$ 是一组完备基矢, $\widehat{K}$ 的定义依赖于基矢的选择:

$$|\varphi\rangle = \sum_n \langle n|\varphi\rangle|n\rangle \xrightarrow{\widehat{K}} |\varphi'\rangle = \sum_n \langle n|\varphi\rangle^*|n\rangle. \tag{5.112}$$

首先验证变换 $\widehat{U}\widehat{K}$ 满足 (5.109) 式,

$$
\begin{aligned}
|\varphi\rangle \rightarrow |\varphi'\rangle = \widehat{U}\widehat{K}|\varphi\rangle &= \widehat{U}\widehat{K}\sum_n \langle n|\varphi\rangle|n\rangle \\
&= \sum_n \langle n|\varphi\rangle^*\widehat{U}|n\rangle = \sum_n \langle\varphi|n\rangle\widehat{U}|n\rangle.
\end{aligned} \tag{5.113}
$$

同理,

$$|\phi\rangle \rightarrow |\phi'\rangle = \widehat{U}\widehat{K}|\phi\rangle = \sum_n \langle\phi|m\rangle\widehat{U}|m\rangle. \tag{5.114}$$

因此,

$$\langle \varphi' | \phi' \rangle = \sum_{m,n} \langle n | \varphi \rangle \langle \phi | m \rangle \langle n | \widehat{U}^\dagger \widehat{U} | m \rangle$$

$$= \sum_{m,n} \langle n | \varphi \rangle \langle \phi | m \rangle \delta_{mn} = \langle \phi | \varphi \rangle. \tag{5.115}$$

故有 $\langle \varphi' | \phi' \rangle = \langle \varphi | \phi \rangle^*$.

再验证变换 $\widehat{U}\widehat{K}$ 满足 (5.110) 式:

$$\widehat{U}\widehat{K}(c_1 | \phi_1 \rangle + c_2 | \phi_2 \rangle)) = \widehat{U}(c_1^* \widehat{K} | \phi_1 \rangle) + \widehat{U}(c_2^* \widehat{K} | \phi_2 \rangle)$$

$$= c_1^* \widehat{U}\widehat{K} | \phi_1 \rangle + c_2^* \widehat{U}\widehat{K} | \phi_2 \rangle. \tag{5.116}$$

因此, $\widehat{U}\widehat{K}$ 是一个反幺正算子.

接下来我们进一步证明, 任意的反幺正算子 $\widehat{T}$ 总可以分解为幺正算子与共轭算子的乘积, 即 $\widehat{T} = \widehat{U}\widehat{K}$. 为了证明这个结论, 我们首先证明 $\widehat{T}\widehat{K}$ 是幺正算子. 为方便, 这里内积的符号改用 $(\phi, \varphi) \equiv \langle \phi | \varphi \rangle$. 由于 $\widehat{T}$ 为反幺正算子, 故有

$$(\widehat{T}\phi, \widehat{T}\varphi) = (\phi, \varphi)^*, \tag{5.117}$$

因此

$$(\widehat{T}\widehat{K}\phi, \widehat{T}\widehat{K}\varphi) = (\widehat{K}\phi, \widehat{K}\varphi)^* = (\phi, \varphi). \tag{5.118}$$

可见 $\widehat{T}\widehat{K}$ 保持内积不变. 此外, 我们容易验证 $\widehat{T}\widehat{K}$ 为线性算子, 因此 $\widehat{T}\widehat{K}$ 是一个幺正变换, 即

$$\widehat{T}\widehat{K} = \widehat{U}. \tag{5.119}$$

上式右乘 $\widehat{K}$, 得到 $\widehat{T} = \widehat{U}\widehat{K}$.

(5.101) 式给出的时间反演态要求 $H = H^*$, 对于更一般的情形, 我们有方程

$$i\hbar \frac{\partial}{\partial t'} \psi^*(\boldsymbol{r}, -t') = \widehat{H}^* \psi^*(\boldsymbol{r}, -t'). \tag{5.120}$$

若存在幺正算子 $\widehat{U}$, 使得 $\widehat{H}^* = \widehat{U}^\dagger \widehat{H} \widehat{U}$, 则有

$$i\hbar \frac{\partial}{\partial t'} \psi^*(\boldsymbol{r}, -t') = \widehat{U}^\dagger \widehat{H} \widehat{U} \psi^*(\boldsymbol{r}, -t'). \tag{5.121}$$

上式左乘 $\widehat{U}$, 得到

$$i\hbar \frac{\partial}{\partial t'} (\widehat{U}\psi^*(\boldsymbol{r}, -t')) = \widehat{H}(\widehat{U}\psi^*(\boldsymbol{r}, -t')). \tag{5.122}$$

令 $\widehat{T} = \widehat{U}\widehat{K}$, 由此定义的一般情况下的时间反演态

$$\psi'(\boldsymbol{r}, t) = \widehat{T}\psi(\boldsymbol{r}, -t) = \widehat{U}\psi^*(\boldsymbol{r}, -t), \tag{5.123}$$

与 $\psi(\boldsymbol{r}, t)$ 满足相同的薛定谔方程, 在这个意义下, 我们认为该量子力学系统具有时间反演不变性.

以下以一个二分量的自旋系统为例, 讨论多分量系统的时间反演对称性. 考虑一个有自旋的粒子, 约束在势阱 $V(\boldsymbol{r})$ 中, 在磁场 B 中进动, 其哈密顿量为

$$\widehat{H} = \frac{\widehat{\boldsymbol{p}}^2}{2m} + V(\boldsymbol{r}) + B(\boldsymbol{r})\widehat{\sigma}_z. \tag{5.124}$$

我们现在分析以下定义的两组二分量波函数

$$|\psi\rangle = \begin{bmatrix} \psi_1(\boldsymbol{r}, t) \\ \psi_2(\boldsymbol{r}, t) \end{bmatrix}, \quad \widehat{T}|\psi\rangle = (-\mathrm{i}\widehat{\sigma}_y) \begin{bmatrix} \psi_1^*(\boldsymbol{r}, -t') \\ \psi_2^*(\boldsymbol{r}, -t') \end{bmatrix} \tag{5.125}$$

在什么情况下满足相同的薛定谔方程, 即该系统具有时间反演不变性.

事实上, 记 $\widehat{H} = \widehat{H}_0 + B(\boldsymbol{r})\widehat{\sigma}_z$, 我们有 $|\psi\rangle$ 满足薛定谔方程

$$\mathrm{i}\hbar \frac{\partial}{\partial t} \begin{bmatrix} \psi_1(\boldsymbol{r}, t) \\ \psi_2(\boldsymbol{r}, t) \end{bmatrix} = \begin{bmatrix} \widehat{H}_0 + B(\boldsymbol{r}) & 0 \\ 0 & \widehat{H}_0 - B(\boldsymbol{r}) \end{bmatrix} \begin{bmatrix} \psi_1(\boldsymbol{r}, t) \\ \psi_2(\boldsymbol{r}, t) \end{bmatrix}, \tag{5.126}$$

其中

$$\widehat{H}_0 = \frac{\widehat{\boldsymbol{p}}^2}{2m} + V(\boldsymbol{r}). \tag{5.127}$$

在时间反演 $t \to -t'$ 下, 有薛定谔方程

$$-\mathrm{i}\hbar \frac{\partial}{\partial t'} \begin{bmatrix} \psi_1(\boldsymbol{r}, -t') \\ \psi_2(\boldsymbol{r}, -t') \end{bmatrix} = \begin{bmatrix} \widehat{H}_0 - B(\boldsymbol{r}) & 0 \\ 0 & \widehat{H}_0 + B(\boldsymbol{r}) \end{bmatrix} \begin{bmatrix} \psi_1(\boldsymbol{r}, -t') \\ \psi_2(\boldsymbol{r}, -t') \end{bmatrix}. \tag{5.128}$$

取上述方程的复共轭, 有

$$\mathrm{i}\hbar \frac{\partial}{\partial t'} \begin{bmatrix} \psi_1^*(\boldsymbol{r}, -t') \\ \psi_2^*(\boldsymbol{r}, -t') \end{bmatrix} = \begin{bmatrix} \widehat{H}_0 - B(\boldsymbol{r}) & 0 \\ 0 & \widehat{H}_0 + B(\boldsymbol{r}) \end{bmatrix} \begin{bmatrix} \psi_1^*(\boldsymbol{r}, -t') \\ \psi_2^*(\boldsymbol{r}, -t') \end{bmatrix}. \tag{5.129}$$

另一方面, 时间反演态为

$$\widehat{T}|\psi\rangle = \widehat{U} \begin{bmatrix} \psi_1^*(\boldsymbol{r}, -t') \\ \psi_2^*(\boldsymbol{r}, -t') \end{bmatrix}, \tag{5.130}$$

满足

$$\mathrm{i}\hbar \frac{\partial}{\partial t'} \widehat{U} \begin{bmatrix} \psi_1^*(\boldsymbol{r}, -t') \\ \psi_2^*(\boldsymbol{r}, -t') \end{bmatrix} = \widehat{U} \begin{bmatrix} \widehat{H}_0 - B(\boldsymbol{r}) & 0 \\ 0 & \widehat{H}_0 + B(\boldsymbol{r}) \end{bmatrix} \widehat{U}^{-1} \widehat{U} \begin{bmatrix} \psi_1^*(\boldsymbol{r}, -t') \\ \psi_2^*(\boldsymbol{r}, -t') \end{bmatrix}. \tag{5.131}$$

取 $\widehat{U} = -\mathrm{i}\widehat{\sigma}_y$, 故 $\widehat{U}\widehat{\sigma}_z\widehat{U}^{-1} = -\widehat{\sigma}_z$, 有

$$\mathrm{i}\hbar \frac{\partial}{\partial t'} \begin{bmatrix} -\psi_2^*(\boldsymbol{r}, -t') \\ \psi_1^*(\boldsymbol{r}, -t') \end{bmatrix} = \begin{bmatrix} \widehat{H}_0 + B(\boldsymbol{r}) & 0 \\ 0 & \widehat{H}_0 - B(\boldsymbol{r}) \end{bmatrix} \begin{bmatrix} -\psi_2^*(\boldsymbol{r}, -t') \\ \psi_1^*(\boldsymbol{r}, -t') \end{bmatrix}. \tag{5.132}$$

上述方程与 $|\psi\rangle$ 所满足的薛定谔方程 (5.126) 形式一样, 故对于二分量系统时间反演算子为

$$\hat{T} = -\mathrm{i}\hat{\sigma}_y\hat{K}. \tag{5.133}$$

之前已经证明, 作为反幺正算子, 时间反演算子一定可以写成如下形式:

$$\hat{T} = \hat{U}\hat{K}, \tag{5.134}$$

其中, $\hat{U}$ 为一幺正算子, $\hat{K}$ 则是复共轭算子, 即它作用在一个态上时, 使之取其复共轭. 不难证明

$$\hat{T}^2 = C\hat{I}, \tag{5.135}$$

并且 $C = \pm 1$. 实际上, 对于任何态 ψ, 我们都有

$$\hat{T}^2\psi = \hat{U}\hat{K}(\hat{U}\hat{K}\psi) = \hat{U}\hat{K}(\hat{U}\psi^*) = \hat{U}(\hat{U}^*\psi) = \hat{U}\hat{U}^*\psi, \tag{5.136}$$

因此, $\hat{T}^2 = \hat{U}\hat{U}^*$. 另一方面, 由于 $\hat{T}^2\psi$ 与 ψ 表示同一个量子态, 应该有 $\hat{T}^2\psi = \exp(\mathrm{i}\alpha)\psi$, 即

$$\hat{U}\hat{U}^* = \mathrm{e}^{\mathrm{i}\alpha}\hat{I}. \tag{5.137}$$

现将上式左乘 $\hat{U}^\dagger$ 后给出

$$\hat{U}^* = \mathrm{e}^{\mathrm{i}\alpha}\hat{U}^\dagger, \tag{5.138}$$

再取转置后得到

$$(\hat{U}^*)^{\mathrm{T}} = \hat{U}^\dagger = \mathrm{e}^{\mathrm{i}\alpha}(\hat{U}^\dagger)^{\mathrm{T}} = \mathrm{e}^{\mathrm{i}\alpha}\hat{U}^*. \tag{5.139}$$

代入 (5.138) 式后, 有

$$\hat{U}^* = \mathrm{e}^{\mathrm{i}\alpha}(\mathrm{e}^{\mathrm{i}\alpha}\hat{U}^*) = \mathrm{e}^{2\mathrm{i}\alpha}\hat{U}^*, \tag{5.140}$$

即 $\exp(2\alpha\mathrm{i}) = 1$. 由此我们推出, $C = \exp(\mathrm{i}\alpha) = \pm 1$.

下面, 我们分别讨论两种情况:

(1) 对于无自旋的粒子, 由于 $\hat{T} = \hat{K}$, 因此 $\hat{T}^2 = \hat{I}$. 由此, 我们得出 $C = 1$.

(2) 对于自旋为 $1/2$ 的粒子, $\hat{T} = -\mathrm{i}\hat{\sigma}_y\hat{K}$. 因此, 有

$$\hat{T}^2 = (-\mathrm{i}\hat{\sigma}_y)\hat{K}(-\mathrm{i}\hat{\sigma}_y\hat{K}) = (-\mathrm{i}\hat{\sigma}_y)(\mathrm{i}\hat{\sigma}_y^*) = \hat{\sigma}_y\hat{\sigma}_y^* = -\hat{\sigma}_y^2 = -\hat{I}. \tag{5.141}$$

由此得 $C = -1$.

与一般对称性分析一样, 我们无须了解量子系统的动力学细节, 只须基于时间反演对称性的分析, 就能得到重要的物理结论.

定理 5.2　具有时间反演对称性的量子系统非简并能级对应的坐标波函数必为实的, 或相差一个乘数.

证明　设 $\widehat{H}$ 为系统的哈密顿量, $[\widehat{H}, \widehat{T}] = 0$. $\widehat{H}$ 的本征函数为 φ, $\widehat{H}\varphi = E\varphi$, 则 $\varphi' = \widehat{T}\varphi = \varphi^*$ 也为 $\widehat{H}$ 的本征函数, $\widehat{H}\varphi^* = E\varphi^*$. 因为无简并,

$$\varphi = c\varphi^*. \tag{5.142}$$

令 $\varphi = \text{Re}(\varphi) + i\text{Im}(\varphi)$, 上式给出

$$\text{Re}(\varphi) + i\text{Im}(\varphi) = c\text{Re}(\varphi) - ic\text{Im}(\varphi), \tag{5.143}$$

从而

$$\text{Re}(\varphi) = \frac{1+c}{(1-c)i}\text{Im}(\varphi), \tag{5.144}$$

也就是说

$$\varphi = i\frac{2c}{1-c}\text{Im}(\varphi). \tag{5.145}$$

现在考虑时间反演不变性带来的物理结果. 首先, 考察 $\widehat{T}\varphi$ 和 $\widehat{T}\psi$ 的内积. 按照定义, 我们有

$$(\widehat{T}\varphi, \widehat{T}\psi) = (\widehat{U}\widehat{K}\varphi, \widehat{U}\widehat{K}\psi) = (\widehat{U}\varphi^*, \widehat{U}\psi^*) = (\varphi^*, \widehat{U}^\dagger\widehat{U}\psi^*)$$
$$= (\varphi^*, \psi^*) = \overline{(\varphi, \psi)} = (\psi, \varphi). \tag{5.146}$$

令 $\psi = \widehat{T}\varphi$, 我们有

$$(\widehat{T}\varphi, \widehat{T}^2\varphi) = (\widehat{T}\varphi, \varphi). \tag{5.147}$$

当讨论玻色子系统 (或具有偶数个费米子的多体系统) 时, 有 $\widehat{T}^2 = \widehat{I}$. 因此上式变为

$$(\widehat{T}\varphi, \varphi) = (\widehat{T}\varphi, \varphi). \tag{5.148}$$

它是一个恒等式, 从中得不出任何结论. 但是, 当系统有奇数个费米子时, $\widehat{T}^2 = -\widehat{I}$. 此时, 我们得到

$$-(\widehat{T}\varphi, \varphi) = (\widehat{T}\varphi, \varphi). \tag{5.149}$$

因此, $(\widehat{T}\varphi, \varphi) = 0$. 这样, φ 与它的时间反演态 $\widehat{T}\varphi$ 是相互正交的.

另一方面, 对于时间反演不变的哈密顿量 $\widehat{H}$ 而言, 有

$$[\widehat{H}, \widehat{T}] = 0. \tag{5.150}$$

其证明如下. 任取一个态 Ψ, 都有

$$
\begin{aligned}
\widehat{T}(\widehat{H}\Psi) &= \widehat{U}\widehat{K}(\widehat{H}\Psi) = \widehat{U}(\widehat{H}^*\Psi^*) \\
&= (\widehat{U}\widehat{H}^*\widehat{U}^\dagger)(\widehat{U}\Psi^*) = \widehat{H}(\widehat{U}\widehat{K}\Psi) \\
&= \widehat{H}\widehat{T}\Psi.
\end{aligned}
\tag{5.151}
$$

因此, 对易关系式 $[\widehat{H}, \widehat{T}] = 0$ 成立. 由此得到克雷默 (Kramer) 定理.

定理 5.3 (克雷默定理) 对于一个具有时间反演不变性的系统, 当系统有奇数个费米子时, 若 φ 是 $\widehat{H}$ 的一个本征态, 则 $\widehat{T}\varphi$ 也是 $\widehat{H}$ 的一个本征态, 并且具有相同的能量. 由于它们是正交的, 因此要求这个能级至少是二重简并的.

作为另一个例子, 我们讨论狄拉克方程的时间反演对称性. 引入狄拉克矩阵 γ_μ:

$$
\gamma_j = -\mathrm{i}\beta\alpha_j \quad (j = 1, 2, 3), \quad \gamma_4 = \beta,
\tag{5.152}
$$

它们对应于时空坐标 $x = (x_1, x_2, x_3, x_4) = (x, y, z, \mathrm{i}ct)$. 记 $M = mc/\hbar$, 则狄拉克方程重新表达为洛伦兹协变的形式

$$
(\gamma_\mu \partial_\mu + M)\psi = 0,
\tag{5.153}
$$

其中 $\partial_\mu = \partial/\partial x_\mu$, 且 γ_μ 满足狄拉克代数

$$
\gamma_\mu\gamma_r + \gamma_r\gamma_\mu = 2\delta_{\mu r}, \quad \mu, r = 1, 2, 3, 4.
\tag{5.154}
$$

把时间 $t \to -t$, 则方程 (5.151) 变为

$$
(\boldsymbol{\gamma} \cdot \nabla - \gamma_4\partial_4 + M)\psi(-t) = 0.
\tag{5.155}
$$

取上述方程的复共轭, 同时注意到

$$
\gamma_1^* = -\gamma_1, \quad \gamma_2^* = \gamma_2, \quad \gamma_3^* = -\gamma_3, \quad \gamma_4^* = -\gamma_4,
\tag{5.156}
$$

并应用狄拉克代数, 有

$$
(\gamma_\mu\partial_\mu + M)(\gamma_1\gamma_3\psi^*(-t)) = 0.
\tag{5.157}
$$

因此, 有四分量波函数 ψ, 满足狄拉克方程的时间反演:

$$
\psi'(t) = \widehat{T}\psi(t) = \gamma_1\gamma_3\psi^*(-t).
\tag{5.158}
$$

当 $M = 0$ 时, 上述讨论给出对二分量理论的时间反演对称性的讨论.

5.3 转动对称性

5.3.1 三维空间中的转动群 SO(3)

考虑刚体绕固定点 O 的转动 $\widehat{R}(\boldsymbol{\theta})$, 用矢量 $\boldsymbol{\theta} = (\theta_x, \theta_y, \theta_z)$ 刻画绕转动轴 $\boldsymbol{\theta}$ 按右手法则转 $\theta = |\boldsymbol{\theta}|$ 角的转动 (见图 5.6).

在三维矢量空间 $\mathbb{R}^3$ 中, 转动变换 $\widehat{R}(\boldsymbol{\theta})$ 的一个基本性质是保内积不变, 保矢量积关系不变:

$$[\widehat{R}(\boldsymbol{\theta})\boldsymbol{a}] \cdot [\widehat{R}(\boldsymbol{\theta})\boldsymbol{b}] = \boldsymbol{a} \cdot \boldsymbol{b}, \tag{5.159}$$

$$[\widehat{R}(\boldsymbol{\theta})\boldsymbol{a}] \times [\widehat{R}(\boldsymbol{\theta})\boldsymbol{b}] = \widehat{R}(\boldsymbol{\theta})[\boldsymbol{a} \times \boldsymbol{b}]. \tag{5.160}$$

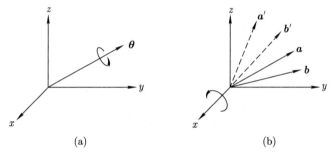

图 5.6 (a) 绕 $\boldsymbol{\theta}$ 转 $|\boldsymbol{\theta}|$ 角的转动; (b) 转动保两个矢量的内积不变

可以证明, 这些转动可以构成一个 SO(3) 群. 设 $(\boldsymbol{e}_1, \boldsymbol{e}_2, \boldsymbol{e}_3)$ 是 $\mathbb{R}^3$ 的基矢, 则

$$\widehat{R}(\boldsymbol{\theta})\boldsymbol{e}_\alpha = \sum_{\beta=1,2,3} [R(\boldsymbol{\theta})]_{\beta\alpha} \boldsymbol{e}_\beta. \tag{5.161}$$

由保内积的性质, $\boldsymbol{e}_\alpha \cdot \boldsymbol{e}_\beta = \widehat{R}(\boldsymbol{\theta})\boldsymbol{e}_\alpha \cdot \widehat{R}(\boldsymbol{\theta})\boldsymbol{e}_\beta = \delta_{\alpha\beta}$, 可以证明转动矩阵元满足正交条件

$$\sum_\alpha R_{\alpha\beta} R_{\alpha\delta} = \delta_{\beta\delta}, \tag{5.162}$$

或记 $(\widehat{R})^{\mathrm{T}}\widehat{R} = I$. 这表明转动算子是一个实正交矩阵. 另外, 由

$$1 = \boldsymbol{e}_1 \cdot (\boldsymbol{e}_2 \times \boldsymbol{e}_3) = (\widehat{R}(\boldsymbol{\theta})\boldsymbol{e}_1)[\widehat{R}(\boldsymbol{\theta})\boldsymbol{e}_2 \times \widehat{R}(\boldsymbol{\theta})\boldsymbol{e}_3]$$

$$= \det\widehat{R}, \tag{5.163}$$

知转动矩阵的行列式为 1. 以上应用了公式

$$\boldsymbol{a} \cdot (\boldsymbol{b} \times \boldsymbol{c}) = \begin{vmatrix} a_1 & a_2 & a_3 \\ b_1 & b_2 & b_3 \\ c_1 & c_2 & c_3 \end{vmatrix}. \tag{5.164}$$

SO(3) 转动可以推广到任意维实正交空间 $\mathbb{R}^n$ 的 n 维实正交群:

$$\widehat{R}\widehat{R}^{\mathrm{T}} = \widehat{R}^{\mathrm{T}}\widehat{R} = I, \quad \det\widehat{R} = 1. \tag{5.165}$$

基本的 SO(3) 操作包含绕 x, y, z 的三个基本转动, 它们分别是以下的 3×3 矩阵:

$$\widehat{R}_1(\theta_x) = \widehat{R}(\theta_x, 0, 0) = \begin{bmatrix} 1 & 0 & 0 \\ 0 & & \\ 0 & \boxed{\widehat{R}(\theta_x)} \end{bmatrix}, \tag{5.166}$$

$$\widehat{R}_2(\theta_y) = \widehat{R}(0, \theta_y, 0) = \begin{bmatrix} \cos\theta_y & 0 & \sin\theta_y \\ 0 & 1 & 0 \\ -\sin\theta_y & 0 & \cos\theta_y \end{bmatrix}, \tag{5.167}$$

$$\widehat{R}_3(\theta_z) = \widehat{R}(0, 0, \theta_z) = \begin{bmatrix} \boxed{\widehat{R}(\theta_z)} & 0 \\ & & 0 \\ 0 & 0 & 1 \end{bmatrix}, \tag{5.168}$$

其中子矩阵

$$\widehat{R}(\theta) = \begin{bmatrix} \cos\theta & -\sin\theta \\ \sin\theta & \cos\theta \end{bmatrix} \tag{5.169}$$

代表一个转 θ 角的旋转. 一般地说, 令 $\boldsymbol{\theta} = \boldsymbol{n}\theta$, $\boldsymbol{n}$ 是 $\boldsymbol{\theta}$ 方向的单位矢量, 则有

$$\widehat{R}(\boldsymbol{\theta})\boldsymbol{r} = \boldsymbol{r}\cos\theta + \boldsymbol{n}(\boldsymbol{n}\cdot\boldsymbol{r})(1 - \cos\theta) + (\boldsymbol{n}\times\boldsymbol{r})\sin\theta. \tag{5.170}$$

为了证明上式, 我们借助图 5.7. 如图 5.7(a) 所示, 把 $\boldsymbol{r} \in \mathbb{R}^3$ 分解为平行于 $\boldsymbol{n}$ 的部分 $\boldsymbol{r}_\parallel$ 和垂直于 $\boldsymbol{n}$ 的部分 $\boldsymbol{r}_\perp$, 即

$$\boldsymbol{r} = \boldsymbol{r}_\parallel + \boldsymbol{r}_\perp, \tag{5.171}$$

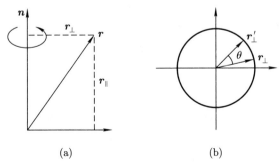

(a)   (b)

图 5.7 (a) $\boldsymbol{r}$ 沿 $\boldsymbol{n}$ 方向正交分解; (b) 在垂直于 $\boldsymbol{n}$ 的平面内把 $\boldsymbol{r}_\perp$ 转动 $\boldsymbol{\theta}$ 角度

其中

$$r_\parallel = n(n \cdot r), \quad r_\perp = r - r_\parallel. \tag{5.172}$$

绕 n 转 θ 角时, $r_\parallel$ 不变, $r_\perp$ 变为

$$r'_\perp = r_\perp \cos\theta + n \times r_\perp \sin\theta = (r - r_\parallel)\cos\theta + n \times (r - r_\parallel)\sin\theta$$

$$= r\cos\theta - n(n \cdot r)\cos\theta + n \times r \sin\theta. \tag{5.173}$$

另外, SO(3) 群有一个重要性质: 任意转动都具有性质

$$\widehat{R}(\boldsymbol{\varphi})\widehat{R}(\boldsymbol{\theta})\widehat{R}(-\boldsymbol{\varphi}) = \widehat{R}[\widehat{R}(\boldsymbol{\varphi})\boldsymbol{\theta}]. \tag{5.174}$$

亦即, 转动有一个有趣的性质, 先绕 $\boldsymbol{\varphi}$ 转 $-\boldsymbol{\varphi}$, 后绕 $\boldsymbol{\theta}$ 转 θ, 再绕 $\boldsymbol{\varphi}$ 转 φ 回去, 相当于绕 $\widehat{R}(\boldsymbol{\varphi})\boldsymbol{\theta}$ 转 θ 角 (见图 5.8).

为了证明这个性质, 我们不失一般性取 $\boldsymbol{\varphi}$ 沿 z 方向, $\boldsymbol{\varphi} = \varphi \boldsymbol{e}_z$, 选 $\boldsymbol{\theta}$ 在 x-z 平面.

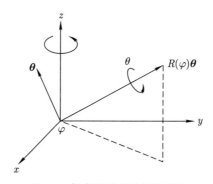

图 5.8 任意转动的欧拉角表示

为了证明 (5.174) 式, 我们令

$$\boldsymbol{\theta}' \equiv \widehat{R}_z(\boldsymbol{\varphi})\boldsymbol{\theta} = \boldsymbol{\theta}\cos\varphi + \boldsymbol{e}_z(\boldsymbol{e}_z \cdot \boldsymbol{\theta})(1 - \cos\varphi) + (\boldsymbol{e}_z \times \boldsymbol{\theta})\sin\varphi, \tag{5.175}$$

利用 (5.168) 式计算并比较 $\widehat{R}(\boldsymbol{\theta}')\boldsymbol{r}$ 与 $\widehat{R}_z(\varphi)\widehat{R}(\boldsymbol{\theta})\widehat{R}_z(-\varphi)\boldsymbol{r}$ 的结果.

利用 SO(3) 群的这个性质, 可以从基本转动生成任意一个转动的标准表示

$$\widehat{R}(\theta, \varphi) = \widehat{R}_z(\varphi)\widehat{R}_y(\theta)\widehat{R}_z(-\varphi). \tag{5.176}$$

当然转动群还有一种表示由 "欧拉 (Euler) 转动定理" 给出.

定理 5.4 (欧拉转动定理) 刚体的任意转动, 可以由三次转动来完成:

$$\widehat{R}(\alpha, \beta, \gamma) = \widehat{R}_z(\alpha)\widehat{R}_y(\beta)\widehat{R}_z(\gamma). \tag{5.177}$$

证明 任意一个转动 $\widehat{R} = \widehat{R}_{z'}(\gamma)\widehat{R}_{y'}(\beta)\widehat{R}_z(\alpha)$ 可以表达为以下三个转动的乘积 (见图 5.9):

(1) 先用 $\widehat{R}_z(\alpha)$ 把 y 轴转到 y';

(2) 再绕 y' 轴转 β 角, 这时 z 变成 z';

(3) 然后再绕 z' 轴转 γ 角.

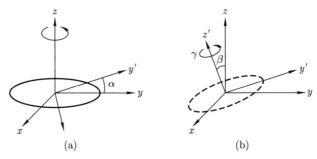

(a)   (b)

图 5.9 欧拉转动

利用上面的公式, 有

$$\widehat{R}_{y'}(\beta) = \widehat{R}_z(\alpha)\widehat{R}_y(\beta)\widehat{R}_z(-\alpha), \tag{5.178}$$

$$\widehat{R}_{z'}(\gamma) = \widehat{R}_{y'}(\beta)\widehat{R}_z(\gamma)\widehat{R}_{y'}(-\beta). \tag{5.179}$$

最后可以写成固定转动乘积连乘的形式

$$\widehat{R} = [\widehat{R}_z(\alpha)\widehat{R}_y(\beta)\widehat{R}_z(-\alpha)\widehat{R}_z(\gamma)\widehat{R}_z(\alpha)\widehat{R}_y(-\beta)\widehat{R}_z(-\alpha)]\widehat{R}_z(\alpha)\widehat{R}_y(\beta)\widehat{R}_z(-\alpha)\widehat{R}_z(\alpha)$$

$$= \widehat{R}_z(\alpha)\widehat{R}_y(\beta)\widehat{R}_z(\gamma). \tag{5.180}$$

5.3.2 SO(3) 群的生成元

由 SO(3) 群基本操作 $\widehat{R}_\alpha(\theta)$ $(\alpha = 1, 2, 3)$ 可以写下 SO(3) 群的生成元

$$\widehat{I}_\alpha = \frac{\partial \widehat{R}(\theta_1, \theta_2, \theta_3)}{\partial \theta_\alpha}\Bigg|_{\theta_1, \theta_2, \theta_3 = 0}, \tag{5.181}$$

即

$$\widehat{I}_1 = \begin{bmatrix} 0 & 0 & 0 \\ 0 & 0 & -1 \\ 0 & 1 & 0 \end{bmatrix}, \quad \widehat{I}_2 = \begin{bmatrix} 0 & 0 & 1 \\ 0 & 0 & 0 \\ -1 & 0 & 0 \end{bmatrix}, \quad \widehat{I}_3 = \begin{bmatrix} 0 & -1 & 0 \\ 1 & 0 & 0 \\ 0 & 0 & 0 \end{bmatrix}. \tag{5.182}$$

上述 3×3 矩阵是李代数 so(3) 的基本表示, 它们满足角动量的基本关系

$$[\widehat{I}_\alpha, \widehat{I}_\beta] = \sum_\gamma \epsilon_{\alpha\beta\gamma}\widehat{I}_\gamma, \tag{5.183}$$

其中 $\epsilon_{\alpha\beta\gamma}$ 称为莱维 (Levi) – 齐维塔 (Civita) 符号, $\epsilon_{123} = \epsilon_{231} = \epsilon_{312} = 1$, 交换其中两个指标改变符号, 且在有指标重复时定义为 0.

现在考虑 SO(3) 群生成元在函数空间上的表示. 注意到转动操作对波函数的作用

$$\varphi(\boldsymbol{r}) \to \varphi'(\boldsymbol{r}) = \widehat{D}(\boldsymbol{\theta})\varphi(\boldsymbol{r}) \equiv \varphi(\widehat{R}^{-1}(\boldsymbol{\theta})\boldsymbol{r}), \tag{5.184}$$

我们有生成元的另一种表示 —— 坐标表示:

$$\widehat{I}_\alpha \equiv \left.\frac{\partial \widehat{D}(\boldsymbol{\theta})}{\partial \theta_\alpha}\right|_{\theta=0}. \tag{5.185}$$

为了得到生成元在坐标表象的具体表达式, 让它们作用在波函数上. 例如, 对于 x 方向的生成元, 有

$$\widehat{I}_x\varphi(x,y,z) = \left.\frac{\partial}{\partial \theta_x}\varphi(R_x^{-1}(\theta)\boldsymbol{r})\right|_{\theta_x=0}. \tag{5.186}$$

注意到

$$\begin{aligned}
\varphi(\widehat{R}^{-1}(\theta_x)\boldsymbol{r}) &= \varphi(x, \cos\theta_x y + \sin\theta_x z, -\sin\theta_x y + \cos\theta_x z) \\
&\equiv \varphi(\boldsymbol{r}') \equiv \varphi(x, y', z'),
\end{aligned} \tag{5.187}$$

$$\begin{aligned}
\left.\frac{\partial}{\partial \theta_x}\varphi(\boldsymbol{r}')\right|_{\theta_x=0} &= \left.\frac{\partial y'}{\partial \theta_x}\frac{\partial \varphi}{\partial y'}\right|_{\theta_x=0} + \left.\frac{\partial z'}{\partial \theta_x}\frac{\partial \varphi}{\partial z'}\right|_{\theta_x=0} \\
&= z\frac{\partial}{\partial y}\varphi(x,y,z) - y\frac{\partial}{\partial z}\varphi(x,y,z).
\end{aligned} \tag{5.188}$$

由 $\varphi(x,y,z)$ 是任意的, 我们得到 SO(3) 群生成元的微分表示

$$\widehat{I}_x = z\frac{\partial}{\partial y} - y\frac{\partial}{\partial z} \equiv -\mathrm{i}\widehat{J}_x \equiv -\mathrm{i}\widehat{J}_1. \tag{5.189}$$

利用动量算子在坐标表象中的表示

$$\widehat{P}_y = -\mathrm{i}\frac{\partial}{\partial y}, \quad \widehat{P}_z = -\mathrm{i}\frac{\partial}{\partial z}, \tag{5.190}$$

则

$$\widehat{J}_x = y\widehat{P}_z - z\widehat{P}_y. \tag{5.191}$$

同理, 我们得到 SO(3) 群的另外两个生成元的微分形式:

$$\widehat{I}_y = x\frac{\partial}{\partial z} - z\frac{\partial}{\partial x} \equiv -\mathrm{i}\widehat{J}_y \equiv -\mathrm{i}\widehat{J}_2, \tag{5.192}$$

$$\widehat{I}_z = y\frac{\partial}{\partial x} - x\frac{\partial}{\partial y} \equiv -\mathrm{i}\widehat{J}_z \equiv -\mathrm{i}\widehat{J}_3. \tag{5.193}$$

也就是说

$$\widehat{J}_z = x\widehat{P}_y - y\widehat{P}_x, \tag{5.194}$$

$$\widehat{J}_y = z\widehat{P}_x - x\widehat{P}_y. \tag{5.195}$$

以上定义的厄米算子 $\widehat{J}_x, \widehat{J}_y, \widehat{J}_z$ 是角动量算子, 满足

$$[\widehat{J}_\alpha, \widehat{J}_\beta] = \mathrm{i} \sum_{\alpha,\beta,\gamma} \epsilon_{\alpha\beta\gamma} \widehat{J}_\gamma. \tag{5.196}$$

利用这些生成元, 我们可以重新表达 SO(3) 群的元素. 考虑单参数子群 $\widehat{D}_z(\theta) = \widehat{D}(0,0,\theta)$, 利用群的性质 $\widehat{D}_z(\theta)\widehat{D}_z(\varphi) = \widehat{D}_z(\theta+\varphi)$, 两边对 φ 取微分并取 $\varphi \to 0$, 有

$$\widehat{D}_z(\theta)\partial_\varphi \widehat{D}_z(\varphi)|_{\varphi\to0} = \partial_\varphi \widehat{D}_z(\theta+\varphi)|_{\varphi\to0}, \quad I_3\widehat{D}_z(\theta) = \partial_\theta \widehat{D}_z(\theta). \tag{5.197}$$

由此可以证明李群元 $\widehat{D}_z(\theta)$ 满足方程

$$\frac{\mathrm{d}}{\mathrm{d}\theta}\widehat{D}_z(\theta) = \widehat{I}_3\widehat{D}_z(\theta). \tag{5.198}$$

根据这个方程, 可以写下

$$\widehat{D}_z(\theta) = \exp(\widehat{I}_3\theta) = \exp(-\mathrm{i}\widehat{J}_3\theta). \tag{5.199}$$

同理, 利用 SO(3) 群的生成元或角动量算子, 可以把 SO(3) 群的群元一般地表达为

$$\widehat{D}(\theta_1,\theta_2,\theta_3) = \exp\left(-\mathrm{i}\sum_{\alpha=1}^{3}\theta_\alpha \widehat{J}_\alpha\right). \tag{5.200}$$

它也可以进一步表达为欧拉转动

$$\widehat{R}(\alpha,\beta,\gamma) = \widehat{R}_z(\alpha)\widehat{R}_y(\beta)\widehat{R}_z(\gamma). \tag{5.201}$$

对于自旋 1/2 系统, 我们有 SO(3) 群李代数的最低维非平凡表示 —— 二维基础表示:

$$\widehat{J}_1 = \frac{1}{2}\sigma_1 \equiv \frac{1}{2}\begin{bmatrix} 0 & 1 \\ 1 & 0 \end{bmatrix}, \quad \widehat{J}_2 = \frac{1}{2}\sigma_2 \equiv \frac{1}{2}\begin{bmatrix} 0 & -\mathrm{i} \\ \mathrm{i} & 0 \end{bmatrix}, \quad \widehat{J}_3 = \frac{1}{2}\sigma_3 \equiv \frac{1}{2}\begin{bmatrix} 1 & 0 \\ 0 & -1 \end{bmatrix}. \tag{5.202}$$

利用 (5.197) 和 (5.199) 式, 我们明确地写下对应于 SO(3) 群的二维表示的转动矩阵:

$$\widehat{R}(\alpha,\beta,\gamma) = \begin{bmatrix} \mathrm{e}^{-\frac{1}{2}\alpha} & 0 \\ 0 & \mathrm{e}^{\frac{1}{2}\alpha} \end{bmatrix} \begin{bmatrix} \cos\dfrac{\beta}{2} & -\sin\dfrac{\beta}{2} \\ \sin\dfrac{\beta}{2} & \cos\dfrac{\beta}{2} \end{bmatrix} \begin{bmatrix} \mathrm{e}^{-\frac{1}{2}\gamma} & 0 \\ 0 & \mathrm{e}^{\frac{1}{2}\gamma} \end{bmatrix}$$

$$= \begin{bmatrix} \mathrm{e}^{-\frac{1}{2}(\alpha+\gamma)}\cos\dfrac{\beta}{2} & -\mathrm{e}^{-\frac{1}{2}(\alpha-\gamma)}\sin\dfrac{\beta}{2} \\ \mathrm{e}^{\frac{1}{2}(\alpha-\gamma)}\sin\dfrac{\beta}{2} & \mathrm{e}^{\frac{1}{2}(\alpha+\gamma)}\cos\dfrac{\beta}{2} \end{bmatrix}. \tag{5.203}$$

这是 SO(3) 群的 2×2 矩阵表示.

5.4 单粒子的角动量理论

本节将给出 SO(3) 角动量算子的任意维矩阵表示. 对于角动量算子 $\widehat{J}_\alpha(\alpha = 1, 2, 3)$, 我们定义总角动量算子

$$\widehat{J}^2 = \widehat{J}_1^2 + \widehat{J}_2^2 + \widehat{J}_3^2 \tag{5.204}$$

和阶梯算子

$$\widehat{J}_\pm = \widehat{J}_1 \pm \mathrm{i}\widehat{J}_2. \tag{5.205}$$

有对易关系 (取 $\hbar = 1$)

$$[\widehat{J}^2, \widehat{J}_\alpha] = 0, \tag{5.206}$$

$$[\widehat{J}_z, \widehat{J}_\pm] = \pm\widehat{J}_\pm. \tag{5.207}$$

$\widehat{J}_\pm$ 和 $\widehat{J}_3$ 张成了转动群 SO(3) 的李代数基矢的另一种线性组合.

以下我们给出它在 n 维空间上的矩阵表示:

$$SO(3) \to \mathrm{End}(\mathbb{R}^n). \tag{5.208}$$

如上所述, 泡利矩阵给出了李代数 so(3) 的一个基本表示

$$\Gamma(\widehat{J}_\alpha) = \frac{1}{2}\sigma_\alpha, \tag{5.209}$$

即

$$\Gamma(\widehat{J}_3) = \begin{bmatrix} +\frac{1}{2} & 0 \\ 0 & -\frac{1}{2} \end{bmatrix}, \quad \Gamma(\widehat{J}_+) = \begin{bmatrix} 0 & 1 \\ 0 & 0 \end{bmatrix}, \quad \Gamma(J_-) = \begin{bmatrix} 0 & 0 \\ 1 & 0 \end{bmatrix}. \tag{5.210}$$

现在应用二次量子化办法, 由基本表示构造出 SO(3) 群的高维表示 —— 若尔当 – 施温格 (Schwinger) 表示: 用 $\widehat{a}_1$ 和 $\widehat{a}_2$ 表示对应于 $|0\rangle = [1, 0]^{\mathrm{T}}$ 态和 $|1\rangle = [0, 1]^{\mathrm{T}}$ 态的两个玻色子的湮灭算子, 则多粒子角动量算子 $\widehat{J}_\alpha = \sum_{k=1}^N \sigma_\alpha(k)/2$ 的二次量子化为

$$\widehat{J}_+ = \widehat{a}_1^\dagger \widehat{a}_2, \quad \widehat{J}_- = \widehat{a}_2^\dagger \widehat{a}_1, \quad \widehat{J}_3 = \frac{1}{2}(\widehat{a}_1^\dagger \widehat{a}_1 - \widehat{a}_2^\dagger \widehat{a}_2). \tag{5.211}$$

这个从抽象的角动量算子到产生、湮灭算子二次型之间的变换也叫作若尔当 – 施温格映射. 显然 $\widehat{a}_1^\dagger$ 和 $\widehat{a}_2^\dagger$ 对应的双玻色子系统具有无穷维的福克空间

$$V = \left\{ |n_1, n_2\rangle = \frac{1}{\sqrt{n_1!n_2!}} \widehat{a}_1^{\dagger n_1} \widehat{a}_2^{\dagger n_2} |0\rangle \, \big| \, n_1, n_2 = 0, 1, 2, \cdots \right\}. \tag{5.212}$$

而且 $\hat{J}_\pm$ 和 $\hat{J}_3$ 不改变总粒子数 $n_1 + n_2$, 即总粒子数算子 $\hat{N} = \hat{a}_1^\dagger \hat{a}_1 + \hat{a}_2^\dagger \hat{a}_2$ 是一个守恒量, 满足 $[\hat{N}, \hat{J}_\alpha] = 0$, 而总角动量算子平方可以由总粒子数表达出来:

$$\hat{\boldsymbol{J}}^2 = \hat{J}_3^2 + \frac{1}{2}(\hat{J}_+ \hat{J}_- + \hat{J}_- \hat{J}_+) = \frac{\hat{N}}{2}\left(\frac{\hat{N}}{2} + 1\right). \tag{5.213}$$

把 SO(3) 群生成元二次量子化表示形式作用在二模福克态 $|n_1, n_2\rangle$ 上, 我们得到 SO(3) 群的无穷维福克空间表示

$$\hat{J}_+ |n_1, n_2\rangle = \sqrt{n_2(n_1 + 1)}|n_1 + 1, n_2 - 1\rangle, \tag{5.214}$$

$$\hat{J}_- |n_1, n_2\rangle = \sqrt{n_1(n_2 + 1)}|n_1 - 1, n_2 + 1\rangle, \tag{5.215}$$

$$\hat{J}_3 |n_1, n_2\rangle = \frac{1}{2}(n_1 - n_2)|n_1, n_2\rangle. \tag{5.216}$$

我们注意到在 SO(3) 群元素的作用下, $|n_1, n_2\rangle$ 变换到一个态 $|n_1', n_2'\rangle$, 显然 $n_1 + n_2 = n_1' + n_2'$ 是一个不变量, 因而 $\{|n_1, n_2\rangle | n_1 + n_2 = N, n_1 = 0, 1, 2, \cdots, N\}$ 张成了 V 的一个不变子空间 V_N. 由此定义角动量本征态

$$|j, m\rangle = |n_1 = j + m, n_2 = j - m\rangle, \tag{5.217}$$

给定 $j, m = -j, -j+1, \cdots, j-1, j, |j, m\rangle$ 张成了这个不变子空间 V_N. $N = (j - m) + (j + m) = 2j$ 是一个守恒量, $j = N/2$ 是整数或半整数. 于是, 上述表示可写为标准的角动量表示:

$$\begin{cases} \hat{J}_\pm |j, m\rangle = \sqrt{(j \mp m)(j \pm m + 1)}|j, m \pm 1\rangle, \\ \hat{J}_3 |j, m\rangle = m|j, m\rangle, \\ \hat{\boldsymbol{J}}^2 |j, m\rangle = j(j+1)|j, m\rangle. \end{cases} \tag{5.218}$$

这是 SO(3) 群的一个 $2j + 1$ 维的不可约表示. $D^{[j]}$ 定义在整个希尔伯特空间上, 总粒子数 N 变化时, 整个表示 D 分解为不可约表示的直和:

$$D = \sum_{j=1/2}^\infty \oplus D^{[j]}. \tag{5.219}$$

由上述方法构造的李代数 so(3) 的角动量表示称为若尔当 – 施温格表示或二次量子化表示.

利用这个表示, 可以明确计算 SO(3) 群的表示矩阵 $\hat{D}(\alpha, \beta, \gamma)$:

$$\hat{D}(\alpha, \beta, \gamma)|j, m\rangle = \sum_{m'} |j, m'\rangle\langle j, m'|\hat{D}|j, m\rangle. \tag{5.220}$$

相应的表示矩阵元是

$$D_{m'm}^{(j)}(\alpha, \beta, \gamma) = \langle j, m' | \widehat{D} | j, m \rangle = \langle j, m' | e^{-i\widehat{J}_z \alpha} e^{-i\widehat{J}_y \beta} e^{-i\widehat{J}_z \gamma} | j, m \rangle$$

$$\equiv e^{-i(m'\alpha + m\gamma)} d_{m'm}^{(j)}(\beta). \tag{5.221}$$

这里我们定义了 d 矩阵的矩阵元为

$$d_{m'm}^{(j)}(\beta) = \langle j, m' | e^{-i\widehat{J}_y \beta} | j, m \rangle \equiv \langle j, m' | \widehat{R}_y(\beta) | j, m \rangle. \tag{5.222}$$

为了得到 d 矩阵的显式, 我们让 $\widehat{R}_y(\beta)$ 作用在标准的二次量子化角动量态上,

$$\widehat{R}_y(\beta) | j, m \rangle = \frac{(\widehat{R}\widehat{a}_1^\dagger \widehat{R}^{-1})^{j+m} (\widehat{R}\widehat{a}_2^\dagger \widehat{R}^{-1})^{j-m}}{\sqrt{(j+m)!(j-m)!}} \widehat{R} | 0 \rangle, \tag{5.223}$$

其中, 我们简记 $\widehat{R} = \widehat{R}_y(\beta)$. 因为 $\widehat{R} | 0 \rangle = \exp(-i\widehat{J}_y \beta) | 0 \rangle = | 0 \rangle$, 可以证明

$$\begin{cases} \widehat{R}\widehat{a}_1^\dagger \widehat{R}^{-1} = \widehat{a}_1^\dagger \cos\dfrac{\beta}{2} + \widehat{a}_2^\dagger \sin\dfrac{\beta}{2}, \\[2mm] \widehat{R}\widehat{a}_2^\dagger \widehat{R}^{-1} = \widehat{a}_2^\dagger \cos\dfrac{\beta}{2} - \widehat{a}_1^\dagger \sin\dfrac{\beta}{2}. \end{cases} \tag{5.224}$$

以下记 $c = \cos(\beta/2), s = \sin(\beta/2)$, 我们进一步计算

$$\widehat{R} | j, m \rangle$$

$$= \sum_{k,l} \frac{(j+m)!(j-m)!}{(j+m-k)!k!(j-m-l)!l!} \frac{(c\widehat{a}_1^\dagger)^{j+m-k} (s\widehat{a}_2^\dagger)^k}{\sqrt{(j+m)!(j-m)!}} (-s\widehat{a}_1^\dagger)^{j-m-l} (c\widehat{a}_2^\dagger)^l | 0 \rangle. \tag{5.225}$$

比较 $d_{m'm}^j(\beta)$ 的定义, 我们得到 d 的矩阵元表达式

$$d_{m'm}^{(j)} = \sum_k (-1)^{k-m+m'} \frac{\sqrt{(j+m)!(j-m)!(j+m')!(j-m')!}}{(j+m-k)!k!(j-m-k)!(k+m'-m)!}$$

$$\times \left(\cos\frac{\beta}{2} \right)^{2j-2k+m-m'} \left(\sin\frac{\beta}{2} \right)^{2k-m+m'}. \tag{5.226}$$

下面对 (5.224) 式做一个补充证明. 由

$$\widehat{a}_1^\dagger(\beta) \equiv e^{-i\widehat{J}_y \beta} \widehat{a}_1^\dagger e^{i\widehat{J}_y \beta}, \tag{5.227}$$

可以得到微分方程

$$\frac{\partial \widehat{a}_1^\dagger}{\partial \beta} = [-i e^{-i\widehat{J}_y \beta} \widehat{J}_y \widehat{a}_1^\dagger + i e^{-i\widehat{J}_y \beta} \widehat{a}_1^\dagger \widehat{J}_y] e^{i\widehat{J}_y \beta}$$

$$= e^{-i\widehat{J}_y \beta} i[\widehat{a}_1^\dagger, \widehat{J}_y] e^{i\widehat{J}_y \beta} \quad ([\widehat{a}_1^\dagger, \widehat{J}_y] = -i\widehat{a}_2^\dagger/2)$$

$$= \frac{1}{2} e^{-i\widehat{J}_y \beta} \widehat{a}_2^\dagger e^{i\widehat{J}_y \beta}, \tag{5.228}$$

亦即

$$\frac{\partial \widehat{a}_1^\dagger(\beta)}{\partial \beta} = \frac{1}{2} \widehat{a}_2^\dagger(\beta).\tag{5.229}$$

同理有

$$\frac{\partial \widehat{a}_2^\dagger(\beta)}{\partial \beta} = -\frac{1}{2} \widehat{a}_1^\dagger(\beta).\tag{5.230}$$

由此, 我们可以写下矩阵方程

$$\frac{\partial}{\partial \beta} \begin{bmatrix} \widehat{a}_1^\dagger(\beta) \\ \widehat{a}_2^\dagger(\beta) \end{bmatrix} = \frac{\mathrm{i}}{2} \widehat{\sigma}_y \begin{bmatrix} \widehat{a}_1^\dagger(\beta) \\ \widehat{a}_2^\dagger(\beta) \end{bmatrix}\tag{5.231}$$

及其初值条件

$$\widehat{a}_k^\dagger(0) = \widehat{a}_k^\dagger \ (k = 1, 2).\tag{5.232}$$

解得

$$\begin{bmatrix} \widehat{a}_1^\dagger(\beta) \\ \widehat{a}_2^\dagger(\beta) \end{bmatrix} = \mathrm{e}^{\frac{\mathrm{i}}{2} \widehat{\sigma}_y \beta} \begin{bmatrix} \widehat{a}_1 \\ \widehat{a}_2 \end{bmatrix}.\tag{5.233}$$

进一步, 利用变换矩阵的明显矩阵形式

$$\mathrm{e}^{\frac{\mathrm{i}}{2} \widehat{\sigma}_y \beta} = \begin{bmatrix} \cos\dfrac{\beta}{2} & \sin\dfrac{\beta}{2} \\ -\sin\dfrac{\beta}{2} & \cos\dfrac{\beta}{2} \end{bmatrix},\tag{5.234}$$

则 (5.233) 式给出 (5.224) 式.

现在, 我们应用上述角动量理论来研究任意自旋在磁场中的进动. 考虑到大自旋系统的哈密顿量是

$$\widehat{H}(t) = \xi \boldsymbol{B}(t) \cdot \widehat{\boldsymbol{J}},\tag{5.235}$$

其中 $\widehat{\boldsymbol{J}}$ 是一般的角动量算子, 而 $\boldsymbol{B}(t)$ 定义如下:

$$\boldsymbol{B}(t) = B_0 \sin\theta(\boldsymbol{e}_x \cos\omega t + \boldsymbol{e}_y \sin\omega t) + B_0 \cos\theta \boldsymbol{e}_z.\tag{5.236}$$

我们希望在以 ω 角速度绕 z 方向转动的坐标系中研究自旋的进动, 以望得到时间无关的有效哈密顿量. 设 $|\psi(t)\rangle = \exp(-\mathrm{i}J_z \omega t)|\varphi(t)\rangle$ 为 $\mathrm{i}\hbar\partial_t|\psi(t)\rangle = \widehat{H}(t)|\psi(t)\rangle$ 的解, 则

$$\mathrm{i}\hbar\frac{\partial}{\partial t}|\varphi(t)\rangle = \{\underbrace{\mathrm{e}^{\mathrm{i}\widehat{J}_z \omega t}\widehat{H}(t)\mathrm{e}^{-\mathrm{i}\widehat{J}_z \omega t} - \hbar\omega\widehat{J}_z}_{\widehat{H}'(t)}\}|\varphi(t)\rangle.\tag{5.237}$$

应用角动量的算子性质

$$\mathrm{e}^{\mathrm{i}\widehat{J}_z \omega t}\widehat{J}_x\mathrm{e}^{-\mathrm{i}\widehat{J}_z \omega t} = \widehat{J}_x \cos\omega t - \widehat{J}_y \sin\omega t,\tag{5.238}$$

$$\mathrm{e}^{\mathrm{i}\widehat{J}_z \omega t}\widehat{J}_y\mathrm{e}^{-\mathrm{i}\widehat{J}_z \omega t} = \widehat{J}_y \cos\omega t + \widehat{J}_x \sin\omega t,\tag{5.239}$$

在随粒子转动的坐标系中的确可以得到时间无关的有效哈密顿量

$$\widehat{H}'(t) = \xi B_0[\sin\theta \widehat{J}_x + (\cos\theta - \lambda)\widehat{J}_z]$$
$$= \hbar\omega_0(\sin\alpha \widehat{J}_x + \cos\alpha \widehat{J}_z), \tag{5.240}$$

其中 $\lambda = \omega/(\xi B_0)$,

$$\omega_0 = \xi B_0[1 + \lambda^2 - 2\cos\theta\lambda]^{\frac{1}{2}}, \tag{5.241}$$

$$\sin\alpha = \frac{\sin\theta}{\sqrt{1 + \lambda^2 - 2\cos\theta\lambda}}, \tag{5.242}$$

$$\cos\alpha = \frac{\cos\theta - \lambda}{\sqrt{1 + \lambda^2 - 2\cos\theta\lambda}}. \tag{5.243}$$

我们进一步把 $\widehat{H}'$ 表达为 $\widehat{J}_z$ 绕 y 轴转一个固定角:

$$\widehat{H}' = \hbar\omega_0 \mathrm{e}^{-\mathrm{i}\widehat{J}_y\alpha} \widehat{J}_z \mathrm{e}^{\mathrm{i}\widehat{J}_y\alpha}. \tag{5.244}$$

由于 $\widehat{H}'$ 不含时间, 我们很容易得到其本征值 $E_m = m\hbar\omega_0$ 和对应的本征函数

$$|j, m(\alpha)\rangle = \mathrm{e}^{-\mathrm{i}\widehat{J}_y\alpha}|j, m\rangle = \sum_{m'} d_{m'm}^j(\alpha)|j, m'\rangle, \tag{5.245}$$

由此得到任意一个波函数在转动坐标系中的时间演化:

$$|\varphi(t)\rangle = \sum_{m=-j}^{j} C_m \mathrm{e}^{-\mathrm{i}\omega_0 tm}|j, m(\alpha)\rangle$$
$$= \sum_{m,m'=-j}^{j} C_m d_{m'm}^j(\alpha)\mathrm{e}^{-\mathrm{i}m\omega_0 t}|j, m'\rangle. \tag{5.246}$$

最后回到实验室坐标, 我们得到波函数的时间演化:

$$|\psi(t)\rangle = \sum_{m,m'=-j}^{j} C_m d_{m'm}^j(\alpha)\mathrm{e}^{-\mathrm{i}(m\omega_0 + m'\omega)t}|j, m'\rangle, \tag{5.247}$$

其中

$$C_m = \langle j, m(\alpha)|\varphi(0)\rangle = \sum_n \langle j, m|\mathrm{e}^{\mathrm{i}\widehat{J}_y\alpha}|j, n\rangle\langle j, n|\varphi(0)\rangle$$
$$= \sum_n d_{mn}^j(-\alpha)\langle j, n|\varphi(0)\rangle. \tag{5.248}$$

在绝热极限下, $\lambda = \omega/(\xi B_0) \to 0$, 因而

$$\omega_0 \to \xi B_0\left(1 - \frac{\omega}{\xi B_0}\cos\theta\right) = \xi B_0 - \omega\cos\theta. \tag{5.249}$$

最后, 我们考虑这个精确解如何回到绝热近似, 给出几何相因子. 如果初值条件为 $|\psi(0)\rangle = |j, m(\alpha)\rangle \approx |j, m(\theta)\rangle$ (这里考虑了绝热条件下 $\lambda = \omega/(\xi B_0) \to 0$), 则绝热极限下的波函数

$$|\psi(t)\rangle = \underbrace{\mathrm{e}^{-\mathrm{i}\xi B_0 t m}}_{\text{动力学相因子}} \underbrace{\mathrm{e}^{-\mathrm{i}m\omega t(1-\cos\theta)}}_{\text{几何相因子}} |j, m(\theta, \omega t)\rangle \tag{5.250}$$

明显包含了动力学相位和几何相位, 其中 $|j, m(\theta, \omega t)\rangle = \mathrm{e}^{\mathrm{i}m\omega t}\mathrm{e}^{-\mathrm{i}\hat{J}_z\omega t}\mathrm{e}^{-\mathrm{i}\hat{J}_y\theta}|j, m\rangle$ 为瞬时本征态.

5.5 角动量耦合

考虑两个子系统组成的复合系统, 如果 $\{\varphi_\alpha(\boldsymbol{r}_1)\}$ 和 $\{\chi_\beta(\boldsymbol{r}_2)\}$ 分别张成了其希尔伯特空间 V_1 和 V_2 的基矢, 则其直积

$$\{\varphi_\alpha(\boldsymbol{r}_1) \otimes \chi_\beta(\boldsymbol{r}_2)|\alpha = 1, 2, \cdots, d_1, \beta = 1, 2, \cdots, d_2\} \tag{5.251}$$

张成了希尔伯特空间 $V = V_1 \otimes V_2$ 的基矢, 这是因为对 $\forall \psi(\boldsymbol{r}_1, \boldsymbol{r}_2) \in V$, 先固定 $\boldsymbol{r}_2$, 对于 $\varPhi(\boldsymbol{r}_1) \equiv \psi(\boldsymbol{r}_1, \boldsymbol{r}_2)$, 可以先看成以 $\boldsymbol{r}_1$ 为变量的函数, 可按 V_1 完备基 $\{\varphi_\alpha(\boldsymbol{r}_1)\}$ 展开,

$$\psi(\boldsymbol{r}_1, \boldsymbol{r}_2) = \sum_\alpha C_\alpha(\boldsymbol{r}_2)\varphi_\alpha(\boldsymbol{r}_1), \tag{5.252}$$

再把依赖于 $\boldsymbol{r}_2$ 的展开系数 $C_\alpha(\boldsymbol{r}_2)$ 按 $\{\chi_\beta(\boldsymbol{r}_2)\}$ 展开,

$$C_\alpha(\boldsymbol{r}_2) = \sum_\beta C_{\alpha\beta}\chi_\beta(\boldsymbol{r}_2), \tag{5.253}$$

则最后得到任意双变量函数的展开

$$\psi(\boldsymbol{r}_1, \boldsymbol{r}_2) = \sum_{\alpha,\beta} C_{\alpha\beta}\varphi_\alpha(\boldsymbol{r}_1)\chi_\beta(\boldsymbol{r}_2). \tag{5.254}$$

这表明 $\{\varphi_\alpha(\boldsymbol{r}_1) \otimes \chi_\beta(\boldsymbol{r}_2)\}$ 是 $V = V_1 \otimes V_2$ 的完备基.

再考虑一个由实空间上的变换 g 诱导的整体变换 $\hat{D}(g) = \hat{D}^{(1)}(g) \otimes \hat{D}^{(2)}(g)$ 作用于 $V_1 \otimes V_2$ 上,

$$\hat{D}(g)\psi(\boldsymbol{r}_1, \boldsymbol{r}_2) = \sum_{\alpha,\beta} C_{\alpha\beta}\hat{D}^{(1)}(g)\varphi_\alpha(\boldsymbol{r}_1)\hat{D}^{(2)}(g)\chi_\beta(\boldsymbol{r}_2). \tag{5.255}$$

不依赖于坐标的表示, 我们写下

$$\hat{D}(g)|\varphi_\alpha\rangle \otimes |\chi_\beta\rangle = \hat{D}^{(1)}(g)|\varphi_\alpha\rangle \otimes \hat{D}^{(2)}(g)|\chi_\beta\rangle. \tag{5.256}$$

相应的无穷小生成元 $\widehat{I}_k = \mathrm{d}D(g)/\mathrm{d}g_k|_{g=0}$ 作用在直积空间上, 其效果为

$$
\begin{aligned}
\widehat{I}_k(|\varphi_\alpha\rangle \otimes |\chi_\beta\rangle) &= \frac{\partial}{\partial g_k}(\widehat{D}(g)|\varphi_\alpha\rangle \otimes |\chi_\beta\rangle)|_{g=0} \\
&= \widehat{I}_k^{(1)}|\varphi_\alpha\rangle \otimes |\chi_\beta\rangle + |\varphi_\alpha\rangle \otimes \widehat{I}_k^{(2)}|\chi_\beta\rangle,
\end{aligned}
\tag{5.257}
$$

从而有复合系统无穷小生成元的表达式

$$
\widehat{I}_k = \widehat{I}_k^{(1)} \otimes \widehat{I} + \widehat{I} \otimes \widehat{I}_k^{(2)}.
\tag{5.258}
$$

也就是如果群表示为直积, 则李代数表达为直和的形式.

对于转动群 SO(3), 把生成元写为厄米的形式, 直积变换 $\widehat{R}(g) = \widehat{R}^{(1)}(g) \otimes \widehat{R}^{(2)}(g)$ 的无穷小生成元是单体生成元的相加, 即角动量加法:

$$
\widehat{J}_\alpha = \widehat{J}_\alpha^{(1)} \otimes \widehat{I} + \widehat{I} \otimes \widehat{J}_\alpha^{(2)} = \widehat{J}_\alpha^{(1)} + \widehat{J}_\alpha^{(2)}.
\tag{5.259}
$$

这就是从群论的角度理解为什么总角动量等于个体角动量的相加. 很明显, 非耦合基矢

$$
\{|j_1, m_1\rangle \otimes |j_2, m_2\rangle \equiv |j_1, m_1, j_2, m_2\rangle\}
\tag{5.260}
$$

构成总角动量的一个表示. 根据群论的观点, 这个表示是可约的, 其分解如下:

$$
D^{[j_1]} \otimes D^{[j_2]} = \sum_{j=j_{\min}}^{j_{\max}} \oplus D^{[j]},
\tag{5.261}
$$

其中总角动量的取值 $j_{\min} = |j_1 - j_2|, j_{\max} = j_1 + j_2$, 即两个表示 $D^{[j_\alpha]}(\alpha = 1, 2)$ 的直积约化成不可约表示的直和.

为了证明上述结论, 我们预先假设 $D^{[j]}$ 在上述约化中出现的次数是 r_j 次, 再证明 $r_j = 1$. 设

$$
D = \sum_j \oplus r_j D^{[j]}.
\tag{5.262}
$$

由于其中每一个 j 大于或等于 $|m|$ 的表示 $D^{[m]}, D^{[m+1]}, D^{[m+2]}, \cdots$ 中都会出现一次 $\widehat{J}_z$ 的本征值, 则在 D 中 $\widehat{J}_z$ 取 m 的简并度为

$$
d[m] = \sum_{j=|m|,|m|+1,\cdots} r_j,
\tag{5.263}
$$

故表示 $D^{[j]}$ 出现的重数是

$$
r_j = \sum_{j=|m|,|m|+1,\cdots} r_j - \sum_{j=|m|+1,|m|+2,\cdots} r_j = d[j] - d[j+1].
\tag{5.264}
$$

而对于非耦合基矢 (假设 $j_1 > j_2$),

$$\widehat{J}_z|j_1,m_1,j_2,m_2\rangle = (m_1+m_2)|j_1,m_1,j_2,m_2\rangle, \tag{5.265}$$

因此

$$d[m] = \begin{cases} 0, & |m| > j_1+j_2, \\ 2\min\{j_1,j_2\}+1, & |m| \leqslant |j_1-j_2|, \\ j_1+j_2-|m|+1, & \text{其他情况}. \end{cases}$$

对上述结论我们说明如下. 不失一般性, 假设 $j_1 > j_2$.

(1) 总角动量分量最大为 j_1+j_2, 因此 $|m|$ 不可能大于 j_1+j_2.

(2) $|m| < |j_1-j_2|$ 时, 有以下 $2j_2+1$ 个态是简并的:

$$\begin{aligned} &|j_1,m,j_2,0\rangle, |j_1,m-1,j_2,1\rangle, \cdots, |j_1,m-j_2,j_2,j_2\rangle, \\ &|j_1,-m,j_2,0\rangle, |j_1,-m+1,j_2,-1\rangle, \cdots, |j_1,-m+j_2,j_2,-j_2\rangle. \end{aligned} \tag{5.266}$$

(3) 当 $m = j_1+j_2-1$ 时, 有二度简并态 $|j_1,j_1,j_2,j_2-1\rangle$ 和 $|j_1,j_1-1,j_2,j_2\rangle$, 当 $m = j_1+j_2-2$ 时, 有三度简并态 $|j_1,j_2-2\rangle$, $|j_1-2,j_2\rangle$ 和 $|j_1-1,j_2-1\rangle$, 以此类推, 因此有

$$\begin{aligned} r_j &= d[j-1] - d[j] \\ &= [(j_1+j_2)-|m-1|+1] - [(j_1+j_2)-|m|+1] \\ &= |m|-|m-1| = \begin{cases} 1, & |j_1-j_2| \leqslant j \leqslant |j_1+j_2|, \\ 0, & \text{其他情况}. \end{cases} \end{aligned} \tag{5.267}$$

最后我们得到 SO(3) 群直积约化的一般结构

$$D^{[j_1]} \otimes D^{[j_2]} = \sum_{j=|j_1-j_2|}^{j_1+j_2} \oplus D^{[j]}. \tag{5.268}$$

我们可写下耦合基矢

$$|j,m\rangle \equiv |(j_1j_2)j,m\rangle = \sum_{m_1,m_2} C_{j_1m_1j_2m_2}^{jm}|j_1,m_1,j_2,m_2\rangle, \tag{5.269}$$

它是总角动量 $J^2 = (J_1+J_2)^2$ 和分量 $J_z = J_{1z}+J_{2z}$ 的共同本征函数. 其中, 由于每个不可约表示只出现一次, 克勒布施 (Clebsch) – 戈丹 (Gordan) 系数 (CG 系数)

$$C_{j_1m_1j_2m_2}^{jm} = \langle j_1,m_1,j_2,m_2|j,m\rangle \tag{5.270}$$

不再依赖其他标志. 它们通常由递推公式求得. 例如, 用 $\widehat{J}_+ = \widehat{J}_+(1) + \widehat{J}_+(2)$ 作用于 (5.267) 式两边可得公式

$$\sqrt{(j-m)(j+m+1)}C^{j,m+1}_{j_1 m_1 j_2 m_2} = \sqrt{(j_1 - m_1 + 1)(j_1 + m_1)}C^{jm}_{j_1, m_1-1, j_2, m_2} + (1 \leftrightarrow 2).$$

$$(5.271)$$

同样, 由 $\widehat{J}_- = \widehat{J}_-(1) + \widehat{J}_-(2)$ 作用, 也有类似关系. CG 系数还必须满足一些正交关系: $\langle j'm'|jm\rangle = \delta_{jj'}\delta_{mm'}$ 给出

$$\sum_{m_1, m_2} C^{jm}_{j_1 m_1 j_2 m_2} C^{j'm'}_{j_1 m_1 j_2 m_2} = \delta_{mm'}\delta_{jj'}. \qquad (5.272)$$

CG 系数间存在一些基本关系, 为了表达 CG 系数之间关系, 我们引入了 3-j 符号

$$\begin{pmatrix} j_1 & j_2 & j \\ m_1 & m_2 & -m \end{pmatrix} = (-1)^{j_1 - j_2 + m}\frac{C^{jm}_{j_1 m_1 j_2 m_2}}{\sqrt{2j+1}}. \qquad (5.273)$$

以下我们不加证明地罗列了 3-j 符号的基本性质:

$$(1) \begin{pmatrix} j_1 & j_2 & j_3 \\ m_1 & m_2 & m_3 \end{pmatrix} = \begin{pmatrix} j_2 & j_3 & j_1 \\ m_2 & m_3 & m_1 \end{pmatrix} = \begin{pmatrix} j_3 & j_1 & j_2 \\ m_3 & m_1 & m_2 \end{pmatrix}, \qquad (5.274)$$

$$(2) \begin{pmatrix} j_1 & j_2 & j_3 \\ m_1 & m_2 & m_3 \end{pmatrix} = (-1)^{j_1 + j_2 + j_3}\begin{pmatrix} j_2 & j_1 & j_3 \\ m_2 & m_1 & m_3 \end{pmatrix}, \qquad (5.275)$$

$$(3) \sum_{j_3, m_3} (2j_3 + 1)\begin{pmatrix} j_1 & j_2 & j_3 \\ m_1 & m_2 & m_3 \end{pmatrix}\begin{pmatrix} j_1 & j_2 & j_3 \\ m'_1 & m'_2 & m_3 \end{pmatrix} = \delta_{m_1 m'_1}\delta_{m_2 m'_2}, \quad (5.276)$$

$$(4) (2j_3 + 1)\sum_{m_1, m_2}\begin{pmatrix} j_1 & j_2 & j_3 \\ m_1 & m_2 & m_3 \end{pmatrix}\begin{pmatrix} j_1 & j_2 & j'_3 \\ m_1 & m_2 & m'_3 \end{pmatrix} = \delta_{j_3 j'_3}\delta_{m_3 m'_3}. \quad (5.277)$$

利用上述关系加上一些相位约定, 我们可求得 CG 系数的明显形式, 这里不再具体讨论, 可以查表或直接计算. 过去, 我们还可以讨论更多个角动量的耦合, 这就是所谓的 9-j 符号. 角动量理论的主要工作是采用各种技巧 (如求和公式等) 求解递推关系, 给出 CG 系数系统的明显表达式. 现在, 因为计算机能力变革性提高, 我们只须借助计算机符号运算就行了.

作为计算和应用 CG 系数的例子, 现考虑自旋轨道耦合问题, 计算 $\widehat{H} = g\widehat{\boldsymbol{L}}\cdot\widehat{\boldsymbol{S}}$ 的本征值和本征函数. 取 $j_1 = l$, $j_2 = 1/2$, 记 $|l, m_l\rangle \equiv |m_l\rangle$, $|j_2 = 1/2, m_s\rangle = |m_s\rangle (m_s = \pm 1/2)$, 而非耦合基记为

$$|l, m_l, 1/2, m_s\rangle \equiv |m_l, m_s\rangle. \qquad (5.278)$$

耦合后总角动量只可取两个值: $j = l \pm 1/2$, 即

$$|j, m\rangle = \sum_{m_l, m_s} C^{jm}_{l, m_l, \frac{1}{2}, m_s}|m_l, m_s\rangle = \sum_{m_l, m_s} C^{jm}_{l, m_l, \frac{1}{2}, m_s}\left|l, m_l, \frac{1}{2}, m_s\right\rangle. \qquad (5.279)$$

取 $j = l + 1/2$, 把 $\hat{J}_- = \hat{J}_-(1) + \hat{J}_-(2)$ 作用到上式两边, 得到

$$
\sqrt{\left(l + \frac{1}{2} + m + 1\right)\left(l + \frac{1}{2} - m\right)} C^{l+\frac{1}{2},m}_{l,m-\frac{1}{2},\frac{1}{2},\frac{1}{2}}
$$
$$
= \sqrt{\left(l + m + \frac{1}{2}\right)\left(l - m + \frac{1}{2}\right)} C^{l+\frac{1}{2},m+1}_{l,m+\frac{1}{2},\frac{1}{2},\frac{1}{2}}. \tag{5.280}
$$

于是有递推关系

$$
C^{l+\frac{1}{2},m}_{l,m-\frac{1}{2},\frac{1}{2},\frac{1}{2}} = \sqrt{\frac{l+m+1/2}{l+m+3/2}} C^{l+\frac{1}{2},m+1}_{l,m+\frac{1}{2},\frac{1}{2},\frac{1}{2}}. \tag{5.281}
$$

不断地应用这个关系可以得到

$$
C^{l+\frac{1}{2},m}_{l,m-\frac{1}{2},\frac{1}{2},\frac{1}{2}} = \sqrt{\frac{l+m+1/2}{l+m+3/2}}\sqrt{\frac{l+m+3/2}{l+m+5/2}} C^{l+\frac{1}{2},m+2}_{l,m+\frac{3}{2},\frac{1}{2},\frac{1}{2}}
$$
$$
= \sqrt{\frac{l+m+1/2}{l+m+3/2}}\sqrt{\frac{l+m+3/2}{l+m+5/2}}\sqrt{\frac{l+m+5/2}{l+m+7/2}} C^{l+\frac{1}{2},m+3}_{l,m+\frac{5}{2},\frac{1}{2},\frac{1}{2}}
$$
$$
\cdots\cdots
$$
$$
= \sqrt{\frac{l+m+1/2}{2l+1}} C^{l+\frac{1}{2},l+\frac{1}{2}}_{l,l,\frac{1}{2},\frac{1}{2}}. \tag{5.282}
$$

如果约定 $C^{l+1/2,l+1/2}_{l,l,1/2,1/2} = 1$, 则有

$$
\left|l + \frac{1}{2}, m\right\rangle = \sqrt{\frac{l+m+1/2}{2l+1}}\left|m - \frac{1}{2}, \frac{1}{2}\right\rangle + \xi\left|m + \frac{1}{2}, -\frac{1}{2}\right\rangle, \tag{5.283}
$$

并设

$$
\left|l - \frac{1}{2}, m\right\rangle = \eta\left|m - \frac{1}{2}, \frac{1}{2}\right\rangle + \sigma\left|m + \frac{1}{2}, -\frac{1}{2}\right\rangle, \tag{5.284}
$$

其中 ξ, η 和 σ 为待定系数. 利用正交归一关系, 可以确定它们的具体表达式

$$
\xi = \sqrt{\frac{l-m+1/2}{2l+1}}, \quad \eta = -\sqrt{\frac{l-m+1/2}{2l+1}}, \quad \sigma = \sqrt{\frac{l+m+1/2}{2l+1}}. \tag{5.285}
$$

在坐标表象和自旋矩阵表象下,

$$
\langle \boldsymbol{r} | l, m \rangle = Y_l^m(\theta, \varphi), \tag{5.286}
$$
$$
\langle s | 1/2, m_s \rangle = x_{m_s} = \begin{bmatrix} 1 \\ 0 \end{bmatrix}, \begin{bmatrix} 0 \\ 1 \end{bmatrix}. \tag{5.287}
$$

由于 $\hat{\boldsymbol{J}}^2 = (\hat{\boldsymbol{L}} + \hat{\boldsymbol{S}})^2$, 则自旋 – 轨道耦合可以表示为

$$
\hat{\boldsymbol{L}} \cdot \hat{\boldsymbol{S}} = \frac{1}{2}(\hat{\boldsymbol{J}}^2 - \hat{\boldsymbol{L}}^2 - \hat{\boldsymbol{S}}^2), \tag{5.288}
$$

而 $\widehat{\boldsymbol{S}}^2 = 3/4$, 从而知, $\widehat{\boldsymbol{L}} \cdot \widehat{\boldsymbol{S}}$ 的本征函数就是耦合基矢, 即得到 $\widehat{H} = g\widehat{\boldsymbol{L}} \cdot \widehat{\boldsymbol{S}}$ 的本征函数是

$$y\left(j = l \pm \frac{1}{2}, m\right) = \frac{1}{\sqrt{2l+1}} \begin{bmatrix} \pm\sqrt{l \pm m + \frac{1}{2}} & Y_l^{m-\frac{1}{2}}(\theta, \varphi) \\ \sqrt{l \mp m + \frac{1}{2}} & Y_l^{m+\frac{1}{2}}(\theta, \varphi) \end{bmatrix}. \tag{5.289}$$

相应的本征值为

$$E_{lm} = \frac{\hbar^2}{2}\left[j(j+1) - l(l+1) - \frac{3}{4}\right]. \tag{5.290}$$

5.6   不可约张量与维格纳 – 埃卡特定理

在原子分子物理和核物理等领域, 研究电磁相互作用或强相互作用的效应要计算各种算子的矩阵元. 涉及中心力场问题, 这些计算是在角动量基矢上完成的, 通常这些计算要求解动力学方程. 由于矩阵元的一些特定性质只依赖于相互作用的对称性而非全部动力学细节, 我们可以根据对称性把相互作用算子进行分类 (不可约张量算子), 然后尽可能利用对称性质, 间接地研究复杂的动力学问题.

5.6.1   矢量算子

在 $\mathbb{R}^3$ 中, 位置矢量 $\boldsymbol{r} = (x_1 = x, x_2 = y, x_3 = z)$ 在旋转操作下的变化方式为

$$\widehat{R}(\boldsymbol{\theta})x_j = \sum_l R_{jl}(\boldsymbol{\theta})x_l, \tag{5.291}$$

其中矩阵元 $R_{jl}(\boldsymbol{\theta})$ 定义了转动群 SO(3) 的矢量表示 $R^{(1)}$. 任何一个数组 $\boldsymbol{v} = (v_1, v_2, v_3)$, 如果在 SO(3) 群作用下, 变换形式如 (5.291) 式一样, 即

$$\widehat{R}(\boldsymbol{\theta})v_j = \sum_l R_{jl}(\boldsymbol{\theta})v_l, \tag{5.292}$$

则称 $\boldsymbol{v}$ 是一个矢量. 这个讨论可以推广到任意维的欧氏空间 $\mathbb{R}^N$.

相应地, 对算子组 $\widehat{\boldsymbol{O}} = (\widehat{O}_1, \widehat{O}_2, \widehat{O}_3)$, 若在旋转变换下, 变换

$$\widehat{O}_j \to \widehat{O}_j' = \widehat{R}^\dagger(\boldsymbol{\theta})\widehat{O}_j\widehat{R}(\boldsymbol{\theta}) = \sum_l R_{jl}(\boldsymbol{\theta})\widehat{O}_l \tag{5.293}$$

的形式与 $\boldsymbol{v}$ 一样, 则称 $\widehat{\boldsymbol{O}}$ 为矢量算子. 对于无穷小变换, $\boldsymbol{\theta} \to 0$, 一般地, 转动算子

$$\widehat{R}(\boldsymbol{\theta}) = \mathrm{e}^{-\mathrm{i}\theta\widehat{\boldsymbol{L}} \cdot \boldsymbol{n}} \tag{5.294}$$

变为

$$\widehat{R}(\boldsymbol{\theta}) \approx 1 - \mathrm{i}\theta\widehat{\boldsymbol{L}} \cdot \boldsymbol{n}, \tag{5.295}$$

这里 $\boldsymbol{n} = \boldsymbol{\theta}/|\boldsymbol{\theta}|$. 注意到

$$(1 + \mathrm{i}\theta\widehat{\boldsymbol{L}} \cdot \boldsymbol{n})\widehat{O}_j(1 - \mathrm{i}\theta\widehat{\boldsymbol{L}} \cdot \boldsymbol{n}) \approx \sum_l R_{jl}\widehat{O}_l, \tag{5.296}$$

于是有

$$\widehat{O}_j - \mathrm{i}\theta[\widehat{O}_j, \widehat{\boldsymbol{L}} \cdot \boldsymbol{n}] = \sum_l R_{jl}\widehat{O}_l. \tag{5.297}$$

取 $\boldsymbol{n}$ 为 z 方向,

$$R(\theta) = \begin{bmatrix} \cos\theta & -\sin\theta & 0 \\ \sin\theta & \cos\theta & 0 \\ 0 & 0 & 1 \end{bmatrix} \xrightarrow{\theta \to 0} \begin{bmatrix} 1 & -\theta & 0 \\ +\theta & 1 & 0 \\ 0 & 0 & 1 \end{bmatrix}. \tag{5.298}$$

取 $j = 1$, 则有

$$\widehat{O}_x + \frac{\theta}{\mathrm{i}}[\widehat{O}_x, \widehat{L}_z] = \widehat{O}_x - \theta\widehat{O}_y. \tag{5.299}$$

这个式子可以化简为

$$[\widehat{O}_x, \widehat{L}_z] = -\mathrm{i}\widehat{O}_y. \tag{5.300}$$

同样代入各个分量, 得到

$$[\widehat{O}_i, \widehat{L}_j] = \mathrm{i} \sum_k \epsilon_{ijk}\widehat{O}_k. \tag{5.301}$$

以后, 我们只须验证 $\widehat{\boldsymbol{O}}$ 的分量满足的 (5.301) 式与角动量算子满足的对易关系是否一样, 就可以断定 $\widehat{\boldsymbol{O}}$ 是否是矢量算子. 方程 (5.301) 也可以直接用作矢量算子的定义.

5.6.2　张量算子

注意到角动量表示

$$\widehat{L}_\pm|l, m\rangle = \sqrt{(l \mp m)(l \pm m + 1)}|l, m \pm 1\rangle, \tag{5.302}$$

$$\widehat{L}_z|l, m\rangle = m|l, m\rangle, \tag{5.303}$$

当 $l = 1$ 时, $m = 0, \pm 1$, 角动量态 $|1, 0\rangle$, $|1, \pm 1\rangle$ 的坐标表示可写为

$$Y_1^0 = \sqrt{\frac{3}{4\pi}}\cos\theta = \sqrt{\frac{3}{4\pi}}\frac{z}{r}, \tag{5.304}$$

$$Y_1^\pm = \sqrt{\frac{3}{4\pi}}\frac{x \pm \mathrm{i}y}{\sqrt{2}r}. \tag{5.305}$$

这表明, $|1,0\rangle$ 和 $|1,\pm1\rangle$ 的变换方式与 x,y,z 一样, 只是重新组合一下而已. 这个结果可以推广到一般高阶张量算子的定义: 对应于 $\{|l,m\rangle\}$ 的 $2l+1$ 个算子组 $\{\widehat{T}_m^{[l]}|m = -l, -l+1, \cdots, l-1, l\}$, 如果满足对易关系

$$[\widehat{L}_z, \widehat{T}_m^{[l]}] = m\widehat{T}_m^{[l]}, \tag{5.306}$$

$$[\widehat{L}_\pm, \widehat{T}_m^{[l]}] = \sqrt{(l \mp m)(l \pm m + 1)}\widehat{T}_{m\pm1}^{[l]}, \tag{5.307}$$

则称 $\widehat{T}_m^{[l]}(m = -l, \cdots, l)$ 构成 SO(3) 群 l 阶不可约张量算子.

可以证明 (见习题 6), 两张量算子 $\widehat{T}_m^{[l]}$ 和 $\widehat{T}_n^{[s]}$ 可耦合出更高阶张量算子

$$\widehat{T}_k^{[j]} = \sum_{m,n} C_{lmsn}^{jk} \widehat{T}_m^{[l]} \widehat{T}_n^{[s]}, \tag{5.308}$$

其中 $j = l+s, l+s-1, \cdots, l-s$.

5.6.3 维格纳 – 埃卡特 (WE) 定理

以下我们仅以 SO(3) 对称性为例, 展示对称性分析如何助力跃迁矩阵元计算, 相关结果可以直接推广到一般对称情形.

定理 5.5 (维格纳 – 埃卡特定理) 在中心力场中, 设 $|\alpha; j, m\rangle$ 代表角动量 J^2, J_z 的本征态 (指标 α 用来区分其他量子数), 则张量算子 $\widehat{T}_q^{[k]}$ 的矩阵元

$$\langle \alpha'; j', m'|\widehat{T}_q^{[k]}|\alpha; j, m\rangle = C_{jmkq}^{j'm'} \frac{\langle \alpha', j'\|\widehat{T}^{[k]}\|\alpha, j\rangle}{\sqrt{2j+1}}, \tag{5.309}$$

其中 $\langle \alpha', j'\|\widehat{T}^{[k]}\|\alpha, j\rangle$ 是与 m, m' 和 q 无关的数, 称为约化矩阵元.

证明

$$\langle \alpha'; j', m'|[\widehat{L}_\pm, \widehat{T}_q^{[k]}]|\alpha; j, m\rangle = \sqrt{(k \mp q)(k \pm q + 1)}\langle \alpha'; j', m'|\widehat{T}_{q\pm1}^{[k]}|\alpha; j, m\rangle$$
$$= \sqrt{(j' \pm m')(j' \mp m' + 1)}\langle \alpha'; j', m' \mp 1|\widehat{T}_q^{[k]}|\alpha; j, m\rangle$$
$$- \sqrt{(j \mp m)(j \pm m + 1)}\langle \alpha'; j', m'|\widehat{T}_q^{[k]}|\alpha; j, m \pm 1\rangle. \tag{5.310}$$

注意到 CG 系数的关系

$$\sqrt{(j' - m')(j' + m' + 1)}C_{jmkq+1}^{j',m'+1}$$
$$= \sqrt{(j+m)(j-m+1)}C_{j,m-1,k,q}^{j'm'} + \sqrt{(k+q)(k-q+1)}C_{j,m,k,q-1}^{j'm'}, \tag{5.311}$$

方程 (5.309) 的一个可能解为

$$\langle \alpha'; j', m'|\widehat{T}_q^{[k]}|\alpha; j, m\rangle \propto C_{jmkq}^{j'm'}. \tag{5.312}$$

其实 WE 定理不仅适用于 SO(3) 对称性, 也普适于其他对称性. 群论对物理学应用的专著对此都有系统的讨论. 维格纳 – 埃卡特定理在物理学中有广泛的应用, 在原子物理和核物理中, 用维格纳 – 埃卡特定理可以大大简化各种矩阵元的计算. 例如维格纳 – 埃卡特定理可自动给出选择定则, 而无须计算具体矩阵元:

(1) 仅当 $m' = m + q$ 时, $\langle \alpha'; j', m' | \widehat{T}_q^{[k]} | \alpha; j, m \rangle$ 才不为零;

(2) 仅当 $j' = k + j, \cdots, |k - j|$ 时, 矩阵元才不为零.

这些选择定则原则上是由 CG 系数决定的.

事实上, 我们对定义 (5.306) 取矩阵元

$$M = \langle \alpha'; j', m' | [\widehat{L}_z, \widehat{T}_q^{[k]}] - q\widehat{T}_q^{[k]} | \alpha; j, m \rangle = 0$$
$$= [(m' - m) - q]\langle \alpha'; j', m' | \widehat{T}_q^{[k]} | \alpha; j, m \rangle, \tag{5.313}$$

$m' \neq m + q$ 矩阵元为零, 于是有选择定则 (1). 选择定则 (2) 由群的直积分解 $D^{[j]} \otimes D^{[k]} = \sum_{s=|j-k|}^{j+k} D^{[s]}$ 给出, 即只有当 $D^{[j]}$ 表示出现在 $D^{[j]} \otimes D^{[k]}$ 的约化中时, M 才不为零.

维格纳 – 埃卡特定理不仅给出定性的选择定则, 而且可以有定量的结果. 它的一个重要应用是用来估算跃迁的相对强度. 考虑到哈密顿量中有张量微扰 $\widehat{T}_k^{[q]}$,

$$\widehat{H} = \widehat{H}_0 + \xi \widehat{T}_k^{[q]}. \tag{5.314}$$

从 $|\alpha; l, m\rangle$ 到 $|\alpha; l, m'\rangle$ 和 $|\alpha; l, m''\rangle$ 的两个跃迁 (见图 5.10) 的强度之比只由对称性决定.

事实上, 一阶微扰下,

$$|\langle \alpha; l, m | \widehat{T}_q^{[k]} | \alpha; l, m' \rangle|^2 = \left| \frac{\langle \alpha, l \| \widehat{T}^{[k]} \| \alpha, l \rangle}{\sqrt{2j+1}} C_{lm'kq}^{lm} \right|^2 \equiv F(m \to m'), \tag{5.315}$$

$$|\langle \alpha; l, m | \widehat{T}_q^{[k]} | \alpha; l, m'' \rangle|^2 = \left| \frac{\langle \alpha, l \| \widehat{T}^{[k]} \| \alpha, l \rangle}{\sqrt{2j+1}} C_{lm''kq}^{lm} \right|^2 \equiv F(m \to m''). \tag{5.316}$$

于是, 我们得到跃迁概率的比值

$$\frac{F(m \to m')}{F(m \to m'')} = \left| \frac{C_{lm'kq}^{lm}}{C_{lm''kq}^{lm}} \right|^2, \tag{5.317}$$

它是 CG 系数的比值, 而 CG 系数完全决定于 SO(3) 对称性.

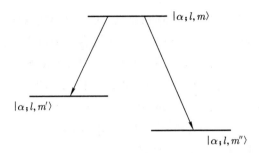

图 5.10 相同轨道不同磁量子数之间的跃迁, 相对强度由对称性决定

5.7 氢原子的 SO(4) 对称性和偶然简并

根据维格纳定理, 由于氢原子具有表观的 SO(3) 对称性, 则直观地看能级简并度应该是其不可约表示 $D^{[l]}$ 的维数 $2l + 1$. 然而, 氢原子能级简并度却是

$$d_n = \sum_{l=0}^{n-1} (2l + 1) = n^2, \tag{5.318}$$

这意味着氢原子具有更大的对称性. 量子力学刚刚建立不久, 泡利在矩阵力学的框架下解决了上述问题, 人们由此发现了这个更大对称性是 SO(4). 1926 年泡利首次采用矩阵力学的方法求解氢原子的能级, 也导致了动力学对称性 (dynamic symmetry) 基本观念的诞生.

对于三维氢原子, 当年泡利利用经典力学中的守恒量 —— 龙格 (Runge) – 楞次 (Lenz) (RL) 矢量的量子化, 以极为精妙的手法给出了其能级的精确解. 定义龙格 – 楞次矢量为下列厄米算子:

$$\widehat{\boldsymbol{R}} = \frac{1}{2\mu k} (\widehat{\boldsymbol{p}} \times \widehat{\boldsymbol{L}} - \widehat{\boldsymbol{L}} \times \widehat{\boldsymbol{p}}) - \boldsymbol{e}_r, \tag{5.319}$$

其中 μ 为电子约化质量, $k = e^2/4\pi\epsilon_0$ 为一常数, $\boldsymbol{e}_r = \boldsymbol{r}/r$ 为径向单位矢量. 利用

$$\widehat{\boldsymbol{p}} \times \widehat{\boldsymbol{L}} + \widehat{\boldsymbol{L}} \times \widehat{\boldsymbol{p}} = 2\mathrm{i}\hbar\widehat{\boldsymbol{p}}, \tag{5.320}$$

$\widehat{\boldsymbol{R}}$ 可重新表达为

$$\widehat{\boldsymbol{R}} = \frac{1}{\mu} (\widehat{\boldsymbol{p}} \times \widehat{\boldsymbol{L}} - \mathrm{i}\hbar\widehat{\boldsymbol{p}}) - \boldsymbol{e}_r. \tag{5.321}$$

当 $\hbar \to 0$ 时, $\widehat{\boldsymbol{R}}$ 将回到经典龙格 – 楞次矢量. 可以证明

$$[\widehat{\boldsymbol{L}}, \widehat{H}] = 0, \quad [\widehat{\boldsymbol{R}}, \widehat{H}] = 0, \tag{5.322}$$

即除了轨道角动量 $\widehat{\boldsymbol{L}}$ 之外, 还有 $\widehat{\boldsymbol{R}}$ 也是守恒量. 大家知道, $\widehat{\boldsymbol{L}}$ 的三个分量满足下列对易关系式:

$$[\widehat{L}_\alpha, \widehat{L}_\beta] = \mathrm{i}\hbar \sum_\gamma \varepsilon_{\alpha\beta\gamma} \widehat{L}_\gamma \quad (\alpha, \beta, \gamma = x, y, z), \tag{5.323}$$

即 $\widehat{L}_x, \widehat{L}_y$ 和 $\widehat{L}_z$ 构成三维转动群 SO(3) 的李代数. 根据 $\widehat{\boldsymbol{R}}$ 的定义 (5.317), 可以证明

$$[\widehat{L}_\alpha, \widehat{R}_\beta] = \mathrm{i}\hbar \sum_\gamma \varepsilon_{\alpha\beta\gamma} \widehat{R}_\gamma, \tag{5.324}$$

$$[\widehat{R}_\alpha, \widehat{R}_\beta] = -\frac{2\mathrm{i}\hbar}{\mu k^2} \widehat{H} \sum_\gamma \varepsilon_{\alpha\beta\gamma} \widehat{L}_\gamma. \tag{5.325}$$

由于上述对易关系中出现了额外的算子 (哈密顿量) $\widehat{H}$, 6 个算子 $\widehat{L}_x, \widehat{L}_y, \widehat{L}_z, \widehat{R}_x, \widehat{R}_y$ 和 $\widehat{R}_z$ 彼此之间的对易式是不封闭的. 然而, 如果讨论局限于 $E < 0$ 的某一给定能级的诸简并态所张开的子空间上, 则 $\widehat{H}$ 可以代之以常数. 于是我们定义厄米算子

$$\widehat{\boldsymbol{A}} = \sqrt{-\frac{\mu k^2}{2E}} \widehat{\boldsymbol{R}} \quad (E < 0), \tag{5.326}$$

则 (5.322) 和 (5.323) 式形成一组封闭的对易关系:

$$[\widehat{L}_\alpha, \widehat{A}_\beta] = \mathrm{i}\hbar \sum_\gamma \varepsilon_{\alpha\beta\gamma} \widehat{A}_\gamma, \tag{5.327}$$

$$[\widehat{A}_\alpha, \widehat{A}_\beta] = \mathrm{i}\hbar \sum_\gamma \varepsilon_{\alpha\beta\gamma} \widehat{L}_\gamma. \tag{5.328}$$

从 (5.322), (5.325), 以及 (5.326) 式看出, $\widehat{\boldsymbol{L}}$ 和 $\widehat{\boldsymbol{A}}$ 的诸分量构成了比 so(3) 大的李代数. 令

$$(\widehat{L}_x, \widehat{L}_y, \widehat{L}_z) \equiv (\widehat{L}_{23}, \widehat{L}_{31}, \widehat{L}_{12}) = -(\widehat{L}_{32}, \widehat{L}_{13}, \widehat{L}_{21}), \tag{5.329}$$

$$(\widehat{A}_x, \widehat{A}_y, \widehat{A}_z) \equiv (\widehat{L}_{14}, \widehat{L}_{24}, \widehat{L}_{34}) = -(\widehat{L}_{41}, \widehat{L}_{42}, \widehat{L}_{43}), \tag{5.330}$$

则 (5.324), (5.327), (5.328) 诸式可概括为 $(\hbar = 1)$

$$[\widehat{L}_{ij}, \widehat{L}_{kl}] = \mathrm{i}(\delta_{ik}\widehat{L}_{jl} - \delta_{il}\widehat{L}_{jk} - \delta_{jk}\widehat{L}_{il} + \delta_{jl}\widehat{L}_{ik}). \tag{5.331}$$

这 6 个反对称算子 $\widehat{L}_{ij} = -\widehat{L}_{ji}$ $(i, j = 1, 2, 3, 4)$ 正好张成 SO(4) 群的李代数. 也就是说三维氢原子对于给定的能级而言具有 SO(4) 对称性, 这个对称性比 SO(3) 更大, 被称为动力学对称性.

现在需要补充说明一下什么是动力学对称性. 对于哈密顿量为 $\widehat{H} = \widehat{\boldsymbol{p}}^2/(2m) + \widehat{V}(\boldsymbol{r})$ 的系统, 可能存在一种变换 $\widehat{W}$, 如果 $[\widehat{W}, \widehat{V}(\boldsymbol{r})] = 0$, 则称为系统具有几何对称性

$\widehat{W}$. 也可能存在一种更为一般的情况：

$$[\widehat{W}, \widehat{V}(\boldsymbol{r})] = \widehat{\xi} \neq 0, \tag{5.332}$$

$$\left[\widehat{W}, \frac{\widehat{\boldsymbol{p}}^2}{2m}\right] = -\widehat{\xi} \neq 0, \tag{5.333}$$

但整个哈密顿量在 $\widehat{W}$ 变换下却是不变的，

$$\left[\widehat{W}, \frac{\widehat{\boldsymbol{p}}^2}{2m} + \widehat{V}(\boldsymbol{r})\right] = 0. \tag{5.334}$$

我们称这种哈密顿量描述的量子系统具有动力学对称性 $\widehat{W}$. 龙格 – 楞次矢量犹如上述的 $\widehat{W}$, 可以看作这样一种动力学对称性变换.

以下将展示, 利用氢原子 SO(4) 动力学对称性可以求解氢原子的能谱, 而无须求解相应的微分方程. 为此, 我们证明

$$\widehat{\boldsymbol{R}}^2 = \frac{2\widehat{H}}{\mu k^2}(\widehat{\boldsymbol{L}}^2 + \hbar^2) + 1. \tag{5.335}$$

结合 (5.326) 式, 得

$$\widehat{\boldsymbol{A}}^2 = -(\widehat{\boldsymbol{L}}^2 + \hbar^2) - \frac{\mu k^2}{2E}. \tag{5.336}$$

考虑到 $\widehat{\boldsymbol{R}} \cdot \widehat{\boldsymbol{L}} = \widehat{\boldsymbol{A}} \cdot \widehat{\boldsymbol{L}} = 0$, 上式可改为

$$(\widehat{\boldsymbol{A}} + \widehat{\boldsymbol{L}})^2 + \hbar^2 = -\frac{\mu k^2}{2E}. \tag{5.337}$$

定义新的力学量 $\widehat{\boldsymbol{I}}$ 和 $\widehat{\boldsymbol{K}}$:

$$\widehat{\boldsymbol{I}} = \frac{1}{2}(\widehat{\boldsymbol{L}} + \widehat{\boldsymbol{A}}), \quad \widehat{\boldsymbol{K}} = \frac{1}{2}(\widehat{\boldsymbol{L}} - \widehat{\boldsymbol{A}}), \tag{5.338}$$

把表观的角动量 $\widehat{\boldsymbol{L}}$ 和 $\widehat{\boldsymbol{A}}$ 用它们重新表示：

$$\widehat{\boldsymbol{L}} = \widehat{\boldsymbol{I}} + \widehat{\boldsymbol{K}}, \quad \widehat{\boldsymbol{A}} = \widehat{\boldsymbol{I}} - \widehat{\boldsymbol{K}}. \tag{5.339}$$

容易证明, $\widehat{\boldsymbol{I}}$ 和 $\widehat{\boldsymbol{K}}$ 形成了几乎完全独立的两组角动量算子：

$$[\widehat{I}_\alpha, \widehat{K}_\beta] = 0, \tag{5.340}$$

$$[\widehat{I}_\alpha, \widehat{I}_\beta] = \mathrm{i}\hbar \sum_\gamma \varepsilon_{\alpha\beta\gamma} \widehat{I}_\gamma, \tag{5.341}$$

$$[\widehat{K}_\alpha, \widehat{K}_\beta] = \mathrm{i}\hbar \sum_\gamma \varepsilon_{\alpha\beta\gamma} \widehat{K}_\gamma, \tag{5.342}$$

$$\widehat{\boldsymbol{I}}^2 = \widehat{\boldsymbol{K}}^2, \tag{5.343}$$

即 $\widehat{\boldsymbol{I}}$ 与 $\widehat{\boldsymbol{K}}$ 对易, $\widehat{\boldsymbol{I}}$ 和 $\widehat{\boldsymbol{K}}$ 的分量各自构成一个 SO(3) 群的无穷小算子. (5.343) 式限制了 $\widehat{\boldsymbol{I}}$ 和 $\widehat{\boldsymbol{K}}$ 的独立性, $\widehat{\boldsymbol{I}}^2 = \widehat{\boldsymbol{K}}^2$ 的本征值是

$$\widehat{\boldsymbol{I}}^2 \to I(I+1)\hbar^2, \quad \widehat{\boldsymbol{K}}^2 \to K(K+1)\hbar^2. \tag{5.344}$$

当两个量子数取为相同时,

$$I, K = \begin{cases} 0, 1, 2, \cdots, \\ \dfrac{1}{2}, \dfrac{3}{2}, \dfrac{5}{2}, \cdots \end{cases} \tag{5.345}$$

就自动保证了这种限制. 因此, 我们有

$$(\widehat{\boldsymbol{A}} + \widehat{\boldsymbol{L}})^2 = 4\widehat{\boldsymbol{I}}^2 \to 4I(I+1)\hbar^2. \tag{5.346}$$

代入 (5.337) 式, 得

$$\frac{-\mu k^2}{2E} = (2I+1)^2\hbar^2. \tag{5.347}$$

由此我们得到氢原子的能级

$$E = -\frac{\mu k^2}{2\hbar^2 n^2}, \quad n = (2I+1) = 1, 2, 3, \cdots. \tag{5.348}$$

这就是玻尔最早提出的氢原子束缚态能级公式, 它也可以通过求解定态薛定谔方程得到. 现在, 我们用代数方式重新得到了这个结果, 于是, 能级简并度可由如下方式求出. 按 (5.337) 式, $\widehat{\boldsymbol{L}}$ 可看成大小相等的两个角动量 $\widehat{\boldsymbol{I}}$ 和 $\widehat{\boldsymbol{K}}$ 的相加, 因此 $\widehat{\boldsymbol{L}}$ 的取值

$$L = |I-K|, |I-K|+1, \cdots, (I+K) = 0, 1, 2, \cdots, 2I = 0, 1, 2, \cdots, (n-1). \tag{5.349}$$

由此得到能级 E_n 的简并度

$$d_n = \sum_{L=0}^{n-1} (2L+1) = n^2. \tag{5.350}$$

由 (5.349) 式还可看出, 属于同一能级 E_n 的诸简并态, 可能是偶宇称态, 也可能是奇宇称态, 这与系统含有两类守恒量有密切关系, 即 $\widehat{\boldsymbol{L}}$ 为轴矢量 (空间反射下不变), 而 $\widehat{\boldsymbol{R}}$ 为极矢量 (空间反射下改变正负号).

以上关于氢原子的能级简并的例子表明, 把氢原子简单地理解成仅具有表观的 SO(3) 对称性的量子系统, 推断出的能级简并度较低, 而实际中却发现了更高的简并度, 并很容易误解这种简并是偶然发生的, 与对称性无关, 维格纳定理当然不成立. 而氢原子的例子表明, SO(3) 群不是它完全的对称性群, 把更多的对称性群包含进来, 形成更大对称性群, 维格纳定理就起作用了.

　　下面说说 "偶然简并". 不少教科书中常常把参数改变导致能级交叉出现的简并笼统地叫偶然简并, 有的甚至强调指出这种简并与对称性无关, 氢原子的动力学对称性是中心力场 $V(r) \sim r^{-n}$, 参数 n 取 2 的 "偶然简并". 然而这种简并本质上意味着更高的对称性. 为理解这个问题, 我们考虑塞曼效应中随外磁场变化导致的能级交叉. 系统的哈密顿量为 $\widehat{H} = \Omega \widehat{\boldsymbol{L}}^2 + B \widehat{L}_z$, 显然, 角动量态 $|L, m\rangle$ 是 $\widehat{H}$ 的本征态, 相应的本征值

$$E_{lm} = \Omega L(L+1) + Bm, \tag{5.351}$$

其中 $m = -L, -L+1, \cdots, L-1, L$. 为了简单起见, 我们考虑 $L = 1, 2$ 的两组能级图, 见图 5.11. 当 $B = B_c$ 时, $E_{2,-2} = 6\Omega - 2B_c$ 和 $E_{1,1} = 2\Omega + B_c$ 简并, 显然, $B_c = 4\Omega/3$. $B \neq B_c$ 时, 系统的对称性为 SO(2), 而 "偶然简并" 出现时, 系统的对称性不再是 SO(2), 这是因为算子

$$\widehat{A} = |2, -2\rangle\langle 1, 1| + |1, 1\rangle\langle 2, -2| \tag{5.352}$$

在 $B = B_c$ 时与 $\widehat{H}$ 可对易, 即

$$\widehat{H}\widehat{A} = E_{2,-2}|2,-2\rangle\langle 1,1| + E_{1,1}|1,1\rangle\langle 2,-2| = \widehat{A}\widehat{H}. \tag{5.353}$$

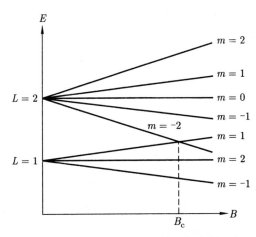

图 5.11　塞曼效应中能级交叉随磁场改变而出现

因 $B = B_c$ 时出现更多的对称性变换 $\widehat{A}$. 事实上, 子空间 $\{|1,1\rangle, |2,-2\rangle\}$ 在 $B = B_c$ 时变成简并的不变子空间, 其上的任何幺正变换 $u \in$ U(2) 在 $B = B_c$ 时是 $\widehat{H}$ 的一个对称性. 因此, 能级交叉出现时, 量子系统的对称性群变成了 U(2). 最后, 我们得到结论: 任何简并的出现都不是偶然的, 它们一定与较高的对称性相联系.

习 题

1. 给出含时对称变换群 $\widehat{W}$ 的一个具体的物理例子.

2. 利用泡利算子的性质, 讨论无质量相对论 (中微子) 二分量方程的时间反演问题.

3. 若尔当 – 施温格 (JS) 表示. 已知 $\widehat{J}_+ = \widehat{a}_1^\dagger \widehat{a}_2$, $\widehat{J}_- = \widehat{a}_2^\dagger \widehat{a}_1$, $\widehat{J}_3 = \dfrac{1}{2}(\widehat{a}_1^\dagger \widehat{a}_2 + \widehat{a}_2^\dagger \widehat{a}_1)$. 若 $\widehat{a}_1$, $\widehat{a}_2$ 是费米子算子, 试计算 $\widehat{J}_+$, $\widehat{J}_-$ 和 $\widehat{J}_3$ 三者间的对易关系.

4. 玻色子算子的旋转. 利用角动量算子的若尔当 – 施温格表示, 直接计算 $\widehat{R}\widehat{a}_1^\dagger \widehat{R}^{-1}$ 和 $\widehat{R}\widehat{a}_2^\dagger \widehat{R}^{-1}$, 其中

$$\widehat{R} = \widehat{R}_y(\beta) = \mathrm{e}^{-\mathrm{i}\widehat{J}_y \beta}.$$

5. 对于角动量算子的矢量表示 (5.182),

$$\widehat{I}_1 = \begin{bmatrix} 0 & 0 & 0 \\ 0 & 0 & -1 \\ 0 & 1 & 0 \end{bmatrix}, \quad \widehat{I}_2 = \begin{bmatrix} 0 & 0 & 1 \\ 0 & 0 & 0 \\ -1 & 0 & 0 \end{bmatrix}, \quad \widehat{I}_3 = \begin{bmatrix} 0 & -1 & 0 \\ 1 & 0 & 0 \\ 0 & 0 & 0 \end{bmatrix}.$$

利用二次量子化写下 3 个玻色子算子 $(\widehat{a}_1, \widehat{a}_2, \widehat{a}_3)$ 的表示. 在福克态 $|n_1, n_2, n_3\rangle$ 上构造标准的角动量表示.

6. 证明两张量算子 $\widehat{T}_m^{[l]}$ 和 $\widehat{T}_n^{[s]}$ 可耦合出更高阶张量算子

$$\widehat{T}_k^{[j]} = \sum_{m,n} C_{lmsn}^{jk} \widehat{T}_m^{[l]} \widehat{T}_n^{[s]},$$

其中 $j = l + s, l + s - 1, \cdots, l - s$.

第六章 散射的量子理论

在探索微观粒子物质结构的科学进程中, 散射过程的理论和实验研究至关重要. 最早卢瑟福用 α 粒子轰击金箔时发现大角度散射现象, 暗示着原子核的存在, 导致了原子有核模型的建立. 在此基础上, 玻尔提出了关于原子结构的旧量子论, 启发了量子力学的建立. 此后, 玻恩进一步应用量子力学的薛定谔形式, 建立了散射的量子理论. 与此同时, 他深入思考了波粒二象性诠释在散射过程描述中的自洽性要求, 给出了波函数的概率诠释, 这也是量子力学奠基性的工作之一. 这些历史事实表明, 散射问题的研究在量子力学发展中的地位是举足轻重的.

在高能物理的实验中, 散射过程的研究为探索物质的深层次结构提供了不可或缺的工具. "二战" 以后大型粒子对撞机的建立, 不仅使得人们能够在更高的能量尺度探测更细致的物质结构, 而且形成了产生更多新粒子的现代实验方法. 从方法论的角度看, 此前人们对能谱和能级结构的探测有一定的被动成分, 而散射实验提供了人类探索深层次物质结构的主动方法. 当然, 高能散射过程的研究要涉及相对论, 而本章只涉及非相对论散射理论的基本思想和方法.

最早由玻恩建立的散射的量子理论主要基于薛定谔方程的定态求解, 直觉看上去有些不协调, 因为散射过程似乎应该是一个时间演化问题. 本章将从分析这个问题入手, 通过实例展示: 在理想的碰撞条件下, 针对散射问题的定态时间无关处理与基于波包的时间演化处理是一致的. 希望大家能从这个例子中体会到散射的量子理论的基本精神.

6.1 散射问题的一般讨论

以下讨论的散射问题, 限定于有固定散射中心的情况. 变换到相对运动坐标系, 它等价于两粒子对撞问题的研究. 散射过程一般可以分为两种类型, 即弹性散射和非弹性散射. 后者可以看成某种反应过程, 非弹性散射发生后, 散射中心或被散射粒子内部结构发生改变, 如化学反应和核反应在一定条件下可视为非弹性散射.

以下考虑经典粒子的弹性散射, 即散射前后粒子的能量不变的情况. 如图 6.1 所示, 离中心线距离 (称为碰撞参数或瞄准距离) 为 b、能量为 E 的粒子被散射中心 A 散射后, 运动方向改变 $(t \to \infty)$ 的角度为

$$\theta = \theta(b, E). \tag{6.1}$$

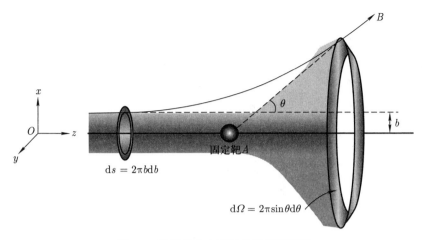

图 6.1　粒子在中心势下的散射横截面

而粒子散射到 θ 到 $\theta + \mathrm{d}\theta$ 中的概率, 正比于入射粒子束流截面的面积 $\mathrm{d}s = 2\pi b \mathrm{d}b$. 设入射流密度为 J (单位时间内通过单位面积的粒子数), 粒子被散射至 $\theta \to \theta + \mathrm{d}\theta$ 的扇区内. 在散射前的位置 A 看, 单位时间内观察到的粒子数为

$$\mathrm{d}N = J\mathrm{d}s = 2\pi b J \mathrm{d}b. \tag{6.2}$$

另一方面, 这些被散射的粒子数目也正比于立体角微元 $\mathrm{d}\Omega = 2\pi \sin\theta\mathrm{d}\theta$:

$$J\mathrm{d}s = 2\pi J\sigma(\theta)\sin\theta\mathrm{d}\theta, \tag{6.3}$$

其中比例系数 $\sigma(\theta)$ 定义为微分散射截面, 也就是

$$\sigma(\theta) = b\frac{1}{\sin\theta}\frac{\mathrm{d}b}{\mathrm{d}\theta}. \tag{6.4}$$

总散射面积可由 $\sigma(\theta)$ 积分得到:

$$\Sigma = 2\pi \int \sigma(\theta)\sin\theta\mathrm{d}\theta = \pi b^2. \tag{6.5}$$

　　现在分析上述经典散射理论在什么情况下不适用, 而必须应用量子力学. 假设粒子在中心势中的运动有确定轨道, 势的有效作用距离尺度为 r. 这时, 我们可以基于经典力学计算散射截面. 由于粒子有确定的轨道, 碰撞参数的改变 $\mathrm{d}b$ 应远远小于作用距离 r. 由于微观粒子的轨道角动量 $L = mvb$, 且轨道角动量的改变最小为 $\mathrm{d}L \sim h$, 因此 $\mathrm{d}b \approx h/(mv) \ll r$, 从而粒子的物质波波长

$$\lambda = \frac{h}{p} = \frac{h}{mv} \ll r. \tag{6.6}$$

这意味着, 如果粒子间的有效作用距离远大于物质波波长, 即 $r \gg \lambda$, 则不必考虑量子效应; 反之, 则必须考虑散射过程的量子效应.

在量子力学中, 粒子波函数记为 ψ, 概率流的定义为

$$\boldsymbol{J} = \frac{\mathrm{i}\hbar}{2m}(\psi\nabla\psi^* - \psi^*\nabla\psi), \tag{6.7}$$

它满足概率流守恒方程

$$\partial_t\rho + \nabla\cdot\boldsymbol{J} = 0, \tag{6.8}$$

其中概率密度 $\rho = |\psi|^2$. 对于能量 $E = \hbar^2 k^2/(2m)$, 沿 z 方向入射的平面波

$$\psi_{\mathrm{I}} = \frac{1}{(2\pi)^{3/2}}\exp(\mathrm{i}kz) \tag{6.9}$$

有概率流

$$\boldsymbol{J} = (0, 0, v|\psi_{\mathrm{I}}|^2), \quad v = \frac{p}{m} = \frac{\hbar k}{m}. \tag{6.10}$$

散射过程可以用一个包含球面散射波 $(r \to \infty)$ 的定态波函数 (本章以下各节会详细讨论)

$$\psi_{\mathrm{F}}(r\to\infty) = \frac{1}{(2\pi)^{3/2}}\left[\mathrm{e}^{\mathrm{i}kz} + f(\theta,\varphi)\frac{\mathrm{e}^{\mathrm{i}kr}}{r}\right] = \psi_{\mathrm{I}} + \psi_{\mathrm{S}} \tag{6.11}$$

描述, 其中 $\psi_{\mathrm{I}} = \exp(\mathrm{i}kz)/(2\pi)^{3/2}$ 代表入射的平面波, 而

$$\psi_{\mathrm{S}} = \frac{1}{(2\pi)^{3/2}}f(\theta,\varphi)\frac{\mathrm{e}^{\mathrm{i}kr}}{r} \tag{6.12}$$

代表出射的球面波. 此处, $\hbar k = mv$ 代表入射粒子的动量大小, 散射后动量大小不变, 但方向改变, 与原方向的夹角为 θ.

由此, 我们计算入射流

$$\boldsymbol{J}_{\mathrm{I}} = \frac{\mathrm{i}\hbar}{2m}(\psi_{\mathrm{I}}\nabla\psi_{\mathrm{I}}^* - \psi_{\mathrm{I}}^*\nabla\psi_{\mathrm{I}}) = \frac{1}{(2\pi)^{3/2}}\frac{\hbar k}{m}\boldsymbol{e}_z = \frac{1}{(2\pi)^{3/2}}v\boldsymbol{e}_z \tag{6.13}$$

和出射流

$$\begin{aligned}
\boldsymbol{J}_{\mathrm{S}} &= \frac{\mathrm{i}\hbar}{2m}(\psi_{\mathrm{S}}\nabla\psi_{\mathrm{S}}^* - \psi_{\mathrm{S}}^*\nabla\psi_{\mathrm{S}}) \\
&\approx \frac{\boldsymbol{r}}{r^3}\frac{1}{(2\pi)^{3/2}}\frac{\hbar k}{m}|f(\theta)|^2 = \frac{1}{(2\pi)^{3/2}}\frac{1}{r^2}|f(\theta)|^2 v\widehat{\boldsymbol{r}},
\end{aligned} \tag{6.14}$$

其中 $\boldsymbol{e}_z$ 和 $\widehat{\boldsymbol{r}} = \boldsymbol{r}/r$ 分别为入射和出射方向上的单位矢量 (见图 6.2). 因此, 振幅 $|f(\theta)|^2$ 描述了 $\widehat{\boldsymbol{r}}$ 方向上单位立体角单位时间内通过的粒子个数.

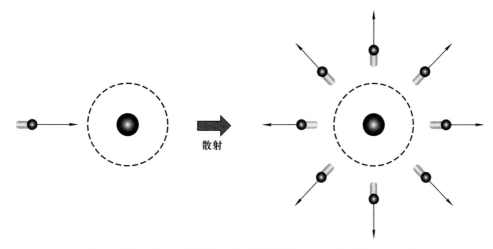

图 6.2 沿 z 方向入射的单个粒子散射到方向 $\hat{r}$ 对应的各方向出射

事实上, 被散射到 θ 角附近垂直于运动方向的面积元 $\mathrm{d}S$ 中的粒子数正比于相应的立体角 $\mathrm{d}\boldsymbol{\Omega} = \mathrm{d}S/r^2$ 和入射粒子流密度 $\boldsymbol{J}_{\mathrm{I}}$:

$$\mathrm{d}N = \sigma(\theta, \varphi) \boldsymbol{J}_{\mathrm{I}} \cdot \mathrm{d}\boldsymbol{\Omega}, \tag{6.15}$$

其中比例系数 $\sigma = \sigma(\theta, \varphi)$ 就是微分散射截面. 我们也可以由出射波概率流 $\boldsymbol{J}_{\mathrm{S}}$ 写出粒子数改变:

$$\mathrm{d}N = \boldsymbol{J}_{\mathrm{S}} \cdot \mathrm{d}\boldsymbol{S} = \boldsymbol{J}_{\mathrm{S}} \cdot r^2 \mathrm{d}\boldsymbol{\Omega}, \tag{6.16}$$

从而有微分散射截面表达式

$$\sigma(\theta, \varphi) = \frac{\boldsymbol{J}_{\mathrm{S}} \cdot \mathrm{d}\boldsymbol{\Omega}}{\boldsymbol{J}_{\mathrm{I}} \cdot \mathrm{d}\boldsymbol{\Omega}} r^2. \tag{6.17}$$

对于上述中心力场情况, 有

$$\sigma(\theta) = |f(\theta)|^2. \tag{6.18}$$

上述分析还存在一个疑问: 在流的计算中原则上应该使用整体波函数 $\psi_{\mathrm{F}} = \psi_{\mathrm{I}} + \psi_{\mathrm{S}}$, 因而存在 ψ_{I} 和 ψ_{S} 交叉项的干涉效应. 其实, 有各种理由可以说明这个效应可以忽略不计, 其中一个直观的说法是: 在行进方向上, 粒子可以看成一个波包, 在 r 很大时, 入射波包与出射波包不交叠. 这表明, 使用波包的图像描述散射过程更为合适. 因此, 散射的直观图像应该是一个向散射中心入射的波包在中心势场中运动, 并在远离中心后被观测到 (见图 6.3). 需要指出的是, 玻恩最早是通过求解定态薛定谔方程研究散射问题的. 这样一种时间无关的描述, 怎么会与波包时间演化的图像相一致? 这需要仔细论证. 下两节, 我们将先以一维散射的例子说明这一点, 然后再对一般情况进行分析说明.

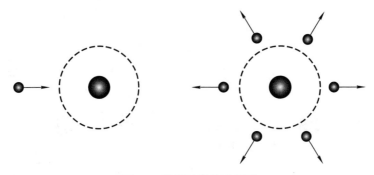

图 6.3 散射过程的示意图

在进入对处理散射问题各种具体方法的讨论之前, 我们先对散射问题定态处理方法的框架进一步做概括性的阐述: 设系统的波函数 $\psi(\boldsymbol{r}, 0) = \psi(\boldsymbol{r}) = \langle \boldsymbol{r} | \psi \rangle$ 依赖于变量 $\boldsymbol{r}$, 系统的哈密顿量

$$\widehat{H} = \frac{\widehat{\boldsymbol{p}}^2}{2m} + \widehat{V}(\boldsymbol{r}) \equiv \widehat{H}_0 + \widehat{V}(\boldsymbol{r}). \tag{6.19}$$

为了简单起见, 考虑球对称势函数 $\widehat{V}(\boldsymbol{r})$ 只依赖于 $r = |\boldsymbol{r}|$, 且在无穷远处趋于零, 有渐近行为

$$\widehat{V}(\boldsymbol{r}) \xrightarrow{r \to \infty} O\left(\frac{1}{r^3}\right). \tag{6.20}$$

粒子的初态波包 $\psi(\boldsymbol{r})$ 满足

$$\int |\psi(\boldsymbol{r})|^2 \mathrm{d}^3 \boldsymbol{r} < \infty. \tag{6.21}$$

记自由粒子的哈密顿量 $\widehat{H}_0 = \widehat{\boldsymbol{p}}^2/2m$ 的本征态为平面波 $|\boldsymbol{k}\rangle$, 对应的本征值为

$$E_{\boldsymbol{k}} = \frac{\hbar^2 \boldsymbol{k}^2}{2m}, \tag{6.22}$$

也就是说

$$\widehat{H}_0 |\boldsymbol{k}\rangle = E_{\boldsymbol{k}} |\boldsymbol{k}\rangle. \tag{6.23}$$

这个态在坐标表象中的表示为

$$\langle \boldsymbol{r} | \boldsymbol{k} \rangle = \frac{1}{(2\pi)^{3/2}} \mathrm{e}^{\mathrm{i}\boldsymbol{k} \cdot \boldsymbol{r}}. \tag{6.24}$$

每个波矢 $\boldsymbol{k}$ 都对应一个散射态, 总哈密顿量 $\widehat{H} = \widehat{H}_0 + \widehat{V}(\boldsymbol{r})$ 的本征态记为 $|\boldsymbol{k}+\rangle$, 即

$$\widehat{H} |\boldsymbol{k}+\rangle = E_{\boldsymbol{k}} |\boldsymbol{k}+\rangle, \tag{6.25}$$

且在弹性散射情况下, 其能量 $E_{\boldsymbol{k}}$ 与自由粒子相同, 相应的波函数为

$$\psi_{\boldsymbol{k}}^{(+)}(\boldsymbol{r}) \equiv \langle \boldsymbol{r} | \boldsymbol{k}+\rangle, \tag{6.26}$$

在整个空间处处连续, 且从不同方向逼近 r, 所得极限均相同.

在中心力场散射问题的研究中, 我们要求 $\psi_{\boldsymbol{k}}^{(+)}(\boldsymbol{r})$ 满足出射边界条件:

$$\lim_{r\to\infty}\psi_{\boldsymbol{k}}^{(+)}(\boldsymbol{r})=\frac{1}{(2\pi)^{3/2}}\left[\mathrm{e}^{\mathrm{i}\boldsymbol{k}\cdot\boldsymbol{r}}+f_{\boldsymbol{k}}(\widehat{\boldsymbol{r}})\frac{\mathrm{e}^{\mathrm{i}kr}}{r}+o\left(\frac{1}{r}\right)\right],\tag{6.27}$$

其中 $\widehat{\boldsymbol{r}}\equiv\boldsymbol{r}/|\boldsymbol{r}|$ 为 $\boldsymbol{r}$ 方向上的单位矢量, $f_{\boldsymbol{k}}(\widehat{\boldsymbol{r}})$ 具有长度量纲, 也被称为散射振幅. 由此我们计算微分散射截面

$$\sigma(\widehat{\boldsymbol{r}})=|f_{\boldsymbol{k}}(\widehat{\boldsymbol{r}})|^2.\tag{6.28}$$

散射理论的核心任务就是计算 $f_{\boldsymbol{k}}(\widehat{\boldsymbol{r}})$. 在 $r\to\infty$ 下, $\psi_{\boldsymbol{k}}^{(+)}(\boldsymbol{r})$ 领头项为 $(2\pi)^{-3/2}\exp(\mathrm{i}\boldsymbol{k}\cdot\boldsymbol{r})$, 而次级项正比于 $(2\pi)^{-3/2}\exp(\mathrm{i}kr)/r$, 其系数 $f_{\boldsymbol{k}}(\widehat{\boldsymbol{r}})$ 未知, 但它只与 $\widehat{\boldsymbol{r}}$ 有关, 与 r 无关 (证明见附录 6.1).

6.2 一维散射问题: 平面波处理

本节以一维 δ 势散射为例, 介绍定态散射理论的基本思想. 下一节还要特别向大家展示, 为什么可以通过求解定态问题来描述实际的散射过程, 其直观物理图像是波包在特殊势场作用下的时间演化. 需要指出的是, 在一维散射问题中, 由于粒子只能在一个方向上入射和出射, 散射截面的概念将被透射系数和反射系数替代.

我们求解一维 δ 势下的定态薛定谔方程

$$\widehat{H}|k\pm\rangle=E|k\pm\rangle,\tag{6.29}$$

其中哈密顿量

$$\widehat{H}=\frac{\widehat{p}^2}{2m}+g\delta(x),\tag{6.30}$$

$|k\pm\rangle$ 代表粒子向左或向右传播的本征函数 (见图 6.4).

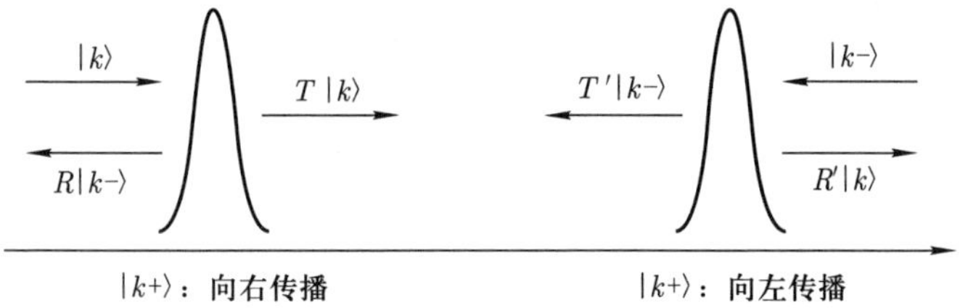

图 6.4 一维散射的两个本征函数 $|k\pm\rangle$ 的渐近形式

一般地, 我们可以假设 $k>0$ 且

$$\psi(x)=\begin{cases}A\mathrm{e}^{\mathrm{i}kx}+B\mathrm{e}^{-\mathrm{i}kx}&(x\leqslant0),\\C\mathrm{e}^{\mathrm{i}kx}+D\mathrm{e}^{-\mathrm{i}kx}&(x>0)\end{cases}\tag{6.31}$$

是定态方程

$$-\frac{\hbar^2}{2m}\frac{\mathrm{d}^2}{\mathrm{d}x^2}\psi(x) + [g\delta(x)]\psi(x) = E\psi(x) \tag{6.32}$$

的解. 利用波函数在 $x = 0$ 处的连续条件

$$\psi(x = 0^+) = \psi(x = 0^-), \tag{6.33}$$

和薛定谔方程 (6.32) 在 $x = 0$ 两侧的积分结果

$$\psi'(x = 0^+) - \psi'(x = 0^-) = \frac{2mg}{\hbar^2}\psi(0), \tag{6.34}$$

可以确定 A, B, C, D 之间的关系. 将波函数 (6.31) 代入, 上述两个连续条件 (6.33) 和 (6.34) 可以显式地表达为

$$\begin{cases} C + D = A + B, \\ C - D = A - B - \dfrac{2mg\mathrm{i}}{\hbar^2 k}(A + B). \end{cases} \tag{6.35}$$

令 $\alpha = -mg/(\hbar^2 k)$, 则有齐次线性方程组

$$\begin{cases} B = \dfrac{\mathrm{i}\alpha}{1 - \mathrm{i}\alpha}A + \dfrac{1}{1 - \mathrm{i}\alpha}D, \\ C = \dfrac{1}{1 - \mathrm{i}\alpha}A + \dfrac{\mathrm{i}\alpha}{1 - \mathrm{i}\alpha}D. \end{cases} \tag{6.36}$$

它可以表达为矩阵形式

$$\begin{bmatrix} B \\ C \end{bmatrix} = \widehat{S}\begin{bmatrix} A \\ D \end{bmatrix} \triangleq \frac{1}{1 - \mathrm{i}\alpha}\begin{bmatrix} \mathrm{i}\alpha & 1 \\ 1 & \mathrm{i}\alpha \end{bmatrix}\begin{bmatrix} A \\ D \end{bmatrix}, \tag{6.37}$$

其中散射矩阵 (S 矩阵) 定义为

$$\widehat{S} = \frac{1}{1 - \mathrm{i}\alpha}\begin{bmatrix} \mathrm{i}\alpha & 1 \\ 1 & \mathrm{i}\alpha \end{bmatrix}, \tag{6.38}$$

满足幺正性条件

$$\widehat{S}\widehat{S}^\dagger = \widehat{S}^\dagger\widehat{S} = 1. \tag{6.39}$$

$\widehat{S}$ 把由 $(A, D)^{\mathrm{T}}$ 表示的 "入射态" 变换为 $(B, C)^{\mathrm{T}}$ 代表的 "出射态". 按图 6.4 中的约定, 向右传播的波 $|k+\rangle$ 对应于 $D = 0$, 则透射和反射振幅为

$$T \triangleq \frac{C}{A} = \frac{1}{1 - \mathrm{i}\alpha}, \quad R \triangleq \frac{B}{A} = \frac{\mathrm{i}\alpha}{1 - \mathrm{i}\alpha}. \tag{6.40}$$

于是, 取 $A = 1$, 得到右传的本征波函数

$$\psi_k^{(+)}(x) = \langle x|k+\rangle = \begin{cases} \mathrm{e}^{\mathrm{i}kx} + R\mathrm{e}^{-\mathrm{i}kx}, & x \leqslant 0, \\ T\mathrm{e}^{\mathrm{i}kx}, & x > 0, \end{cases} \tag{6.41}$$

其反射振幅 R 和透射振幅 T 对应的反射系数和透射系数

$$|R|^2 = \frac{\alpha^2}{1+\alpha^2}, \quad |T|^2 = \frac{1}{1+\alpha^2} \tag{6.42}$$

满足概率流守恒定律

$$|R|^2 + |T|^2 = 1. \tag{6.43}$$

同样, 取 $A = 0, D = 1$, 得到左传的本征波函数

$$\psi_k^{(-)}(x) = \langle x|k-\rangle = \begin{cases} T'\mathrm{e}^{-\mathrm{i}kx}, & x \leqslant 0, \\ \mathrm{e}^{-\mathrm{i}kx} + R'\mathrm{e}^{\mathrm{i}kx}, & x > 0, \end{cases} \tag{6.44}$$

其中透射系数和反射系数

$$T' \triangleq \frac{B}{D} = \frac{1}{1-\mathrm{i}\alpha}, \quad R' \triangleq \frac{C}{D} = \frac{\mathrm{i}\alpha}{1-\mathrm{i}\alpha} \tag{6.45}$$

同样满足概率流守恒 $|R'|^2 + |T'|^2 = 1$.

需要强调的是上述散射态 $\psi_k(x)$ 在 "箱归一" 的意义下是完备的. 当 $g < 0$ 时, 可能有束缚态 (记作 $\psi_n(x)$) 存在, 完备条件可以表述如下:

$$\sum_n \psi_n(x)\psi_n^*(x') + \frac{1}{2\pi}\int \mathrm{d}k\, \psi_k^*(x)\psi_k(x') = \delta(x-x'). \tag{6.46}$$

需要指出, 在一些特定的散射问题 (如散射共振效应) 中, 束缚态可能很重要. 如图 6.5 所示, $\hat{H} = \hat{H}_0 + \hat{V}(x)$ 的一部分本征值为所有 $E_k > 0$, 本征态为连续态 $|k+\rangle$ (或 $|k-\rangle$). 同时可能存在一些小于 0 的分立本征值, 本征态为束缚态. 在附录 6.2 中, 我们将讨论离散情况下的一维散射问题, 并以此为例, 探讨束缚态的效应.

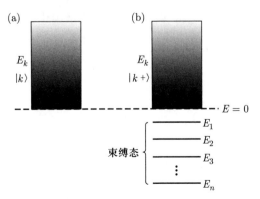

图 6.5 (a) $\hat{H}_0$ 的连续谱; (b) $\hat{H} = \hat{H}_0 + \hat{V}$ 的连续谱与束缚态

6.3 一维定态散射问题: 波包处理

上一节中通过一维定态薛定谔方程的解, 一般地讨论了平面波描述的一维散射问题, 然而, 使用波包描述量子力学中的散射过程看上去符合人们的直觉. 假设 $t \to -\infty$ 时, 粒子的初态是一个向右传播的波包 $|\text{in}\rangle$ (见图 6.6(a)), 它远离在 $x = 0$ 处的散射中心. 在 $t \approx 0$ 时, 它与散射中心相互作用, 波包形状可能发生变化 (见图 6.6(b)). 但 $t \to \infty$ 时, 它恢复波包形状 (见图 6.6(c)).

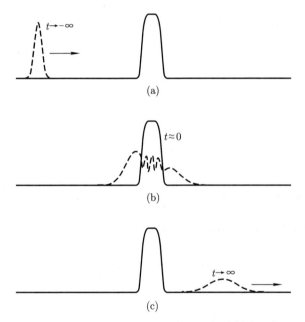

图 6.6 散射过程中波包的形变示意图. (a) 粒子入射; (b) 与散射中心作用; (c) 远离中心出射

初始波包 $\psi_{\text{in}}(x) = \langle x|\text{in}\rangle$ 通常在位置空间远离散射中心 $x = 0$ 处. 它在动量空间定域在 $k = k_0 > 0$ 附近, 我们可以用如下高斯波包具体描述它:

$$\psi_{\text{in}}(x) = \frac{1}{(2\pi a^2)^{1/4}} e^{ik_0(x-x_0) - \left(\frac{x-x_0}{2a}\right)^2} = \frac{1}{\sqrt{2\pi}} \int_{-\infty}^{\infty} \varphi(k) e^{ikx} dk, \quad (6.47)$$

其中动量为 k 的概率幅为

$$\varphi(k) = \frac{1}{\sqrt{2\pi}} \int_{-\infty}^{\infty} \psi(x) e^{-ikx} dx$$

$$= \left(\frac{2a^2}{\pi}\right)^{1/4} e^{-ikx_0 - a^2(k-k_0)^2}, \quad (6.48)$$

计算中我们利用了积分公式

$$\int_{-\infty}^{\infty} e^{-\alpha^2 x^2 \pm 2i\beta x} dx = \frac{\sqrt{\pi}}{\alpha} e^{-\frac{\beta^2}{\alpha^2}}. \tag{6.49}$$

需要强调的是, 以上我们把波包 $|in\rangle$ 按动量本征态 (即平面波) 展开, 而非按 δ 势下的能量本征态 $|k, \pm\rangle$ 展开.

以下证明, 对于从远离散射中心的左侧 ($x_0 \ll 0$) 以较大速率向右传播 ($k_0 \gg 0$) 的波包, 在较窄波包为初态的情况下, 平面波展开可以足够好地近似按 δ 势下能量本征函数的展开. 其实, δ 势散射波函数 —— 能量本征态 $\psi_k^{(\pm)}(x)$ 是完备的, 初态波包可由此展开为

$$\psi_{in}(x) = \frac{1}{\sqrt{2\pi}} \left[\int_0^{\infty} \widetilde{\psi}(k)\psi_k^{(+)}(x)dk + \int_0^{\infty} \widetilde{\psi}'(k)\psi_k^{(-)}(x)dk \right]. \tag{6.50}$$

按照上一节中解得的散射波函数, 我们把相应的概率幅分为两部分:

$$\begin{aligned}
\widetilde{\psi}(k) &= \frac{1}{\sqrt{2\pi}} \int_{-\infty}^{\infty} \psi_{in}(x)\psi_k^{(+)}(x)^* dx \\
&= \frac{1}{\sqrt{2\pi}} \int_{-\infty}^0 \psi_{in}(x)(e^{-ikx} + R^* e^{ikx})dx + \frac{1}{\sqrt{2\pi}} \int_0^{\infty} \psi_{in}(x)T^* e^{-ikx}dx. \quad (6.51)
\end{aligned}$$

由于 $\psi_{in}(x)$ 完全定域在左方, 中心远离 $x = 0$, 第二个积分可近似为零, 而第一个积分可延拓到 $(0, \infty)$, 于是

$$\begin{aligned}
\widetilde{\psi}(k) &\approx \frac{1}{\sqrt{2\pi}} \int_{-\infty}^{\infty} \psi_{in}(x)(e^{-ikx} + R^* e^{ikx})dx \\
&\approx \varphi(k) + R^* \varphi(-k) \approx \varphi(k). \tag{6.52}
\end{aligned}$$

由于初始波包在动量空间中定域在 $k = k_0 > 0$ 附近, 因此在推导中我们使用了 $\varphi(k < 0) \approx 0$.

同理, 也可以说明初始波包在向左传播的本征态上的展开系数为 0, 即 $\widetilde{\psi}'(k) \approx 0$. 于是我们断言, 对于一个定域在远离散射中心, 以较大速率向右行进的波包, 它在能量本征态上的展开系数与它在动量空间平面波上的展开系数可近似看成一样的.

以下继续分析入射波包

$$\psi_{in}(x) \approx \int_0^{\infty} dk\, \varphi(k)\psi_k^{(+)}(x) \tag{6.53}$$

的演化, 其中 $\varphi(k)$ 是动量空间中中心在 k_0 的波包 (见图 6.7(a)), 在实空间中它对应于图 6.7(b) 所示的从远离原点的左侧向右传播的波包.

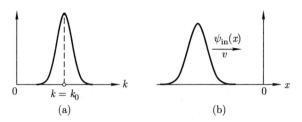

图 6.7　(a) 入射波包在动量空间的分布. (b) 入射波包定域于实空间 $x < 0$ 的区域

经过时间 t, 入射波包演化到如下的状态:

$$\psi(x,t) = \int_0^\infty \mathrm{d}k\varphi(k)\mathrm{e}^{-\mathrm{i}\frac{\hbar}{2m}k^2 t}\psi_k(x). \tag{6.54}$$

代入能量本征态 $\psi_k(x) \sim \exp(\mathrm{i}kx) + R\exp(-\mathrm{i}kx)$, 当 $x < 0$ 时,

$$\psi(x,t) = \int_0^\infty \mathrm{d}k\varphi(k)\mathrm{e}^{\mathrm{i}\left(kx - \frac{\hbar}{2m}k^2 t\right)} \tag{I}$$

$$+ R\int_0^\infty \mathrm{d}k\varphi(k)\mathrm{e}^{-\mathrm{i}\left(kx + \frac{\hbar}{2m}k^2 t\right)}, \tag{II}$$

当 $x > 0$ 时,

$$\psi(x,t) = T\int_0^\infty \mathrm{d}k\varphi(k)\mathrm{e}^{\mathrm{i}\left(kx - \frac{\hbar}{2m}k^2 t\right)}. \tag{III}$$

注意到当时间 $t \to -\infty$ 时, 快速振荡因子 $\exp(\mathrm{i}\hbar k^2|t|/2m)$ 将使得积分项 (II) 和 (III) 近似为零, 只有 (I) 可能不为零. 事实上, $t \to -\infty$, 积分 (II) 中相位

$$\theta(k) = kx - \frac{\hbar}{2m}k^2|t| \tag{6.55}$$

取极小值时, 有 $\partial_k\theta(k) = 0$, 对应于

$$x = \frac{\hbar k}{m}|t| > 0, \tag{6.56}$$

虽然这时 (II) 中积分振荡较慢, 可以保留, 但左侧区域没有 (II) 的相位极小值点, 则 $t \to -\infty$ 时, (II)$\to 0$. 同理证明, 在 $t \to -\infty$ 时, 在右侧区域中积分项 (III) 没有相位极小值点, 故 (III)$\to 0$[①]. 因此, 我们近似得到

[①]事实上, 对于积分 $I(x) = \int_0^\infty \mathrm{e}^{\mathrm{i}\theta(k)}\varphi(k)\mathrm{d}k$, 在 $\partial_k\theta(k) = 0$ $(k = \overline{k})$ 附近做泰勒展开, 有

$$I(x) \approx \mathrm{e}^{\mathrm{i}\theta(\overline{k})}\int_0^\infty \varphi(k)\mathrm{d}k + \mathrm{i}\partial_k\theta(\overline{k})\mathrm{e}^{\mathrm{i}\theta(\overline{k})}\int_0^\infty (k - \overline{k})\varphi(k)\mathrm{d}k \approx \mathrm{e}^{\mathrm{i}\theta(\overline{k})}\int_0^\infty \varphi(k)\mathrm{d}k = \text{有限值}.$$

$$\psi(x,t) = (\mathrm{I}) \triangleq \psi_{\mathrm{in}}(x,t) = \langle x|\mathrm{e}^{-\mathrm{i}\hat{H}_0 t}|\mathrm{in}\rangle. \tag{6.57}$$

这相当于自由粒子 (高斯) 波包的演化. 不难看出这个波包的相位

$$\theta(k) = kx + \frac{\hbar}{2m}k^2|t| \tag{6.58}$$

有极小值点

$$x_{\mathrm{c}} = -\frac{\hbar k}{m}|t|, \tag{6.59}$$

它代表着局域在左侧的入射波包中心运动的经典轨迹 (见图 6.8).

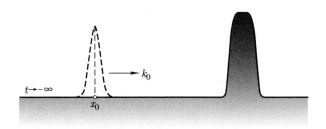

图 6.8 散射前的入射波包

接下来考虑 $t \to \infty$ 的情形, 重复前面的分析可知, 快速振荡因子 $\exp(-\mathrm{i}tk^2\hbar/2m)$ 使得积分 (I) 为零, 而非零积分 (II) 代表向左侧运动的波包, 非零积分 (III) 代表向右侧运动的波包.

以下通过解析计算确定上述定性分析给出的物理图像. 在 $t = 0$ 时刻, 中心处于 $x = x_0$ 的波包由左向右运动, 在 $x = 0$ 处被 $\delta(x)$ 形式的势散射. 假设波包是高斯型的, 其在动量空间的形式由 (6.48) 式给出:

$$\varphi(k) = \left(\frac{2a^2}{\pi}\right)^{\frac{1}{4}} \mathrm{e}^{-\mathrm{i}kx_0 - a^2(k-k_0)^2}, \tag{6.60}$$

$v = \hbar k_0/m$ 是入射波包的中心速度.

根据本节开头的分析, 对于初态定域在左侧向右入射的波包, 其在能量本征态上的展开系数即为在平面波态上的展开系数 $\varphi(k)$. 将波包代入 (6.54) 式中的积分, 我们可以写下任意 t 时刻的波包演化:

$$\psi(x,t) = \begin{cases} \psi_+(x,t) + R\psi_-(x,t), & x \leqslant 0, \\ T\psi_+(x,t), & x > 0, \end{cases} \tag{6.61}$$

其中向左、向右运动的波包定义为

$$
\begin{aligned}
\psi_{\pm}(x,t) &= \left(\frac{2a^2}{\pi}\right)^{\frac{1}{4}} \int \mathrm{d}k\, e^{-\mathrm{i}kx_0 - a^2(k-k_0)^2}\, e^{\pm \mathrm{i}kx - \mathrm{i}\frac{\hbar^2}{2m}k^2|t|} \\[2mm]
&= \left(\frac{a^2}{2\pi}\right)^{\frac{1}{4}} \frac{1}{\sqrt{a^2 + \dfrac{\mathrm{i}\hbar|t|}{2m}}} \\[2mm]
&\quad \times \exp\left[-\frac{\left(x_0 \mp x + \dfrac{\hbar k_0}{m}|t|\right)^2}{4a^2\left(1 + \dfrac{\mathrm{i}\hbar}{2a^2 m}|t|\right)} - \mathrm{i}k_0\left(x_0 \mp x + \frac{\hbar k_0}{2m}|t|\right) \right] \\[2mm]
&\sim \exp\left[-\frac{\left(x_0 \mp x + \dfrac{\hbar k_0}{m}|t|\right)^2}{4a^2\left(1 + \dfrac{\hbar^2|t|^2}{4a^4 m^2}\right)} \right] \\[2mm]
&\quad \times \exp\left[\frac{-\mathrm{i}\left[\dfrac{\hbar|t|}{2a^2}(x_0 \mp x)^2 - 4a^2 k_0\left(x_0 \mp x + \dfrac{\hbar k_0}{m}|t|\right)\right]}{4a^2\left(1 + \dfrac{\hbar^2|t|^2}{4a^4 m^2}\right)} \right]. \quad (6.62)
\end{aligned}
$$

当 $t \leqslant x_0/v$ 时, 波包中心尚未到达 $x = 0$ 的散射中心, $\psi(x,t) = \psi_+(x,t)$. 在这个过程中, 波包中心以 $x(t) = x_0 + (\hbar k/m)|t|$ 的方式运动, 并伴随着波包扩散, 波包的宽度按以下方式随时间改变:

$$
\Delta x = a\sqrt{1 + \frac{\hbar^2 t^2}{4a^4 m^2}} = \Delta x_0 \sqrt{1 + \frac{\hbar^2 t^2}{m^2 \Delta x_0{}^4}}. \quad (6.63)
$$

在 $t = x_0/v$ 时刻后足够长的时间, 原来的波包分裂为两个离开中心分别向左和向右传播的波包 (见图 6.9), 其概率幅正好正比于反射系数 R 和透射系数 T, 即

$$
\psi(x,t) = \begin{cases} R\psi_-(x,t), & x \leqslant 0, \\ T\psi_+(x,t), & x > 0. \end{cases} \quad (6.64)
$$

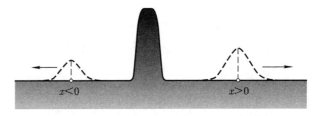

图 6.9　散射后分为左右两部分传播的散射波

以上分析表明, 用定态方法计算出来的散射结果与用波包演化计算得到的结论相同. $t \to -\infty$ 或 $x_0 \to -\infty$ 时, t 时刻的波函数由 (6.62) 式给出. 当 $a \to \infty$ 时, 反射和透射波包回到平面波散射的结果:

$$\psi_\pm(x,t) \sim \exp\left[\left(\pm \mathrm{i}k_0(x-x_0) - \mathrm{i}\frac{\hbar k_0^2|t|}{2m}\right)\right]. \tag{6.65}$$

总之, 考虑到散射问题中左右渐近散射态的完备性, 可以用平面波叠加替代能量本征态展开描述波包, 从而得到与直觉相一致的散射图像. 从这个意义上讲, 非近场散射时, 波包演化的图像与定态散射相一致, 这个结论可以推广到三维情况.

6.4 散射问题定态理论和波包处理: 入态和出态

在上一节中, 我们以一维散射为例展示了一个事实: 在一定条件下, 符合人们直觉的对散射过程的波包演化描述, 与定态渐近描述是一致的. 现在, 我们说明这些结论可以推广到实际的三维情况.

在散射问题的定态处理中, 我们认为入射的平面波在空间和时间上是无限扩展的. 而实际情况如图 6.10 所示, 我们考虑一个波包逼近散射中心运动, 足够长时间后, 原来的波包略有变形地离开散射中心继续前行, 同时产生离开中心的球面波. 与一维的情况类似, 只要在长时演化中, 波包的尺度远远小于散射中心尺度 (作用范围), 则基于平面波的定态处理是适用的. 而渐近入射态和出射态的描述, 本质上是说散射问题定态描述和波包演化描述是等价的.

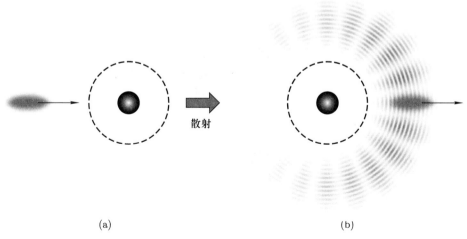

(a)   (b)

图 6.10 高维散射. (a) 散射前; (b) 散射后

事实上, 对零时刻任意波包 $|\psi(0)\rangle$, 薛定谔方程的通解是一个随时间演化的波包

$$|\psi(t)\rangle = \widehat{U}(t)|\psi(0)\rangle. \tag{6.66}$$

对于 $t \to -\infty$, 我们定义入射渐近态 (简称入态) $|\psi_{\mathrm{in}}\rangle$: $|\psi(t)\rangle = \widehat{U}_0(t)|\psi_{\mathrm{in}}\rangle$, 即 t 时刻的波函数可以设想为入态 $|\psi_{\mathrm{in}}\rangle$ 的自由演化, 即

$$\widehat{U}_0 = \exp\left(-\mathrm{i}\frac{\widehat{\boldsymbol{p}}^2}{2m\hbar}t\right). \tag{6.67}$$

这就是说, $t \to -\infty$ 时, 系统的渐近行为很像完全自由的粒子从入态 $|\psi_{\mathrm{in}}\rangle$ 开始的演化. 同样, $t \to \infty$ 时, 系统的渐近行为很像一个态 $|\psi_{\mathrm{out}}\rangle$ 的自由演化:

$$\widehat{U}(t)|\psi(0)\rangle \to \widehat{U}_0(t)|\psi_{\mathrm{out}}\rangle. \tag{6.68}$$

通常 $|\psi_{\mathrm{out}}\rangle$ 称为出射渐近态 (简称出态), $|\psi(0)\rangle$ 叫作中间态.

基于波包描述, 以上入态、出态的概念可以由图 6.11 的经典图像形象地描述. 如图 6.11 所示, 我们只须考虑圆形相互作用中心区域内粒子运动的渐近行为, 而在相互作用区的边界上, 要求出态和入态与真实波函数的边界值是一样的. 我们需要证明中间态 $|\psi(0)\rangle$ 的存在性, 即对于每一个 $|\psi_{\mathrm{in}}\rangle$ ($|\psi_{\mathrm{out}}\rangle$) 存在 $|\phi\rangle = |\psi(0)\rangle$, 使得

$$\widehat{U}(t)|\phi\rangle \xrightarrow{t \to -\infty} \widehat{U}_0(t)|\psi_{\mathrm{in}}\rangle, \tag{6.69}$$

$$\widehat{U}(t)|\phi\rangle \xrightarrow{t \to \infty} \widehat{U}_0(t)|\psi_{\mathrm{out}}\rangle. \tag{6.70}$$

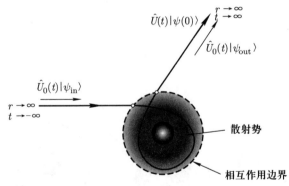

图 6.11　入射渐近态与出射渐近态的图示: 实线代表真实的时间演化, 它在进入相互作用区域之前与入态的自由演化一致. 在出离相互作用点之后, 与出态 $|\psi_{\mathrm{out}}\rangle$ 的自由演化一致

为了以上的结论, 我们需要证明以下极限的存在:

$$|\phi\rangle \to \widehat{U}^{\dagger}(t)\widehat{U}_0(t)|\psi_{\mathrm{in}}\rangle \quad (t \to -\infty), \tag{6.71}$$

$$|\phi\rangle \to \widehat{U}^{\dagger}(t)\widehat{U}_0(t)|\psi_{\mathrm{out}}\rangle \quad (t \to \infty). \tag{6.72}$$

令 $\widehat{W}(t) = \widehat{U}^\dagger(t)\widehat{U}_0(t)$, 则

$$\begin{aligned}\frac{\mathrm{d}\widehat{W}(t)}{\mathrm{d}t} &= \mathrm{i}\mathrm{e}^{\mathrm{i}\widehat{H}t}(\widehat{H} - \widehat{H}_0)\mathrm{e}^{-\mathrm{i}\widehat{H}_0 t} \\ &= \mathrm{i}\widehat{U}^\dagger(t)\widehat{V}\widehat{U}_0(t).\end{aligned} \tag{6.73}$$

于是有 (为了简便, 记 $|\psi_{\mathrm{in}}\rangle$ 为 $|\mathrm{in}\rangle$, $|\psi_{\mathrm{out}}\rangle$ 为 $|\mathrm{out}\rangle$)

$$\widehat{W}(t)|\mathrm{in}\rangle = |\mathrm{in}\rangle + \mathrm{i}\int_0^t \mathrm{d}t_1 (\widehat{U}^\dagger(t_1)\widehat{V}\widehat{U}_0(t_1))|\mathrm{in}\rangle. \tag{6.74}$$

对于 $W(t)|\mathrm{in}\rangle$ 的模 $\|W(t)|\mathrm{in}\rangle\|$, 收敛性要求

$$\int_{-\infty}^0 \mathrm{d}t \|\widehat{U}^\dagger(t)\widehat{V}\widehat{U}_0(t)|\mathrm{in}\rangle\| < \infty. \tag{6.75}$$

又因为 $\widehat{U}$ 是幺正的, 则

$$\int_{-\infty}^0 \mathrm{d}t \|\widehat{V}\widehat{U}_0(t)|\mathrm{in}\rangle\| < \infty. \tag{6.76}$$

显然, 若 $|\mathrm{in}\rangle$ 是高斯波包,

$$\varphi_i(\boldsymbol{r}) = \langle\boldsymbol{r}|\mathrm{in}\rangle = \frac{1}{(2\pi a^2)^{\frac{1}{4}}}\mathrm{e}^{-(\boldsymbol{r}-\boldsymbol{a})^2/(4a^2)}, \tag{6.77}$$

则有

$$|\langle\boldsymbol{r}|\widehat{U}_0(t)|\mathrm{in}\rangle|^2 = \frac{1}{\sqrt{2\pi}}\left(\sigma^2 + \frac{t^2}{m^2\sigma^2}\right)^{-\frac{1}{2}}\exp\left[-\frac{(\boldsymbol{r}-\boldsymbol{r}_0)^2}{2[\sigma^2 + \hbar^2 t^2/(m^2\sigma^2)]}\right] \tag{6.78}$$

和

$$\begin{aligned}\|V\widehat{U}_0(t)|\mathrm{in}\rangle\|^2 &\sim \int \mathrm{d}^3\boldsymbol{r}\|\widehat{V}(\boldsymbol{r})\|^2\left(\sigma^2 + \frac{t^2}{m^2\sigma^2}\right)^{-\frac{1}{2}}\exp\left[-\frac{(\boldsymbol{r}-\boldsymbol{r}_0)^2}{2[\sigma^2 + \hbar^2 t^2/(m^2\sigma^2)]}\right] \\ &\leqslant \left(\sigma^2 + \frac{t^2}{m^2\sigma^2}\right)^{-\frac{1}{2}}\int \mathrm{d}^3\boldsymbol{r}\|\widehat{V}(\boldsymbol{r})\|^2.\end{aligned} \tag{6.79}$$

对于散射势, 我们一般要求 $\|\widehat{V}(\boldsymbol{r})\|^2$ 的积分是收敛的, $|t| \to \infty$, 上述积分必然趋近于零. 根据方程 (6.74), $\widehat{U}(t)|\mathrm{in}\rangle \xrightarrow{t\to-\infty} \widehat{U}_0(t)|\mathrm{in}\rangle$. 同理也可以证明: $\widehat{U}(t)|\phi\rangle \xrightarrow{t\to\infty} \widehat{U}_0(t)|\psi_{\mathrm{out}}\rangle$.

以上分析表明, 任何一个实际演化态 $|\psi(t)\rangle = \widehat{U}(t)|\psi(0)\rangle$ 都对应某个倒退至碰撞前很久的入态 $|\mathrm{in}\rangle$ 和碰撞很久以后的出态 $|\mathrm{out}\rangle$. 由 $t = 0$ 时的波函数

$$|\psi(0)\rangle = \lim_{t\to-\infty}\widehat{U}^\dagger(t)\widehat{U}_0(t)|\mathrm{in}\rangle \triangleq \widehat{\Omega}_+|\mathrm{in}\rangle, \tag{6.80}$$

可以一般地定义莫勒 (Moller) 算子

$$\widehat{\Omega}_+ = \lim_{t \to -\infty} \widehat{U}^\dagger(t)\widehat{U}_0(t). \tag{6.81}$$

同理, 对于出射渐近态 |out⟩, 有

$$|\psi(0)\rangle = \widehat{\Omega}_-|\text{out}\rangle, \tag{6.82}$$

其中描述反向传播的莫勒算子为

$$\widehat{\Omega}_- = \lim_{t \to \infty} \widehat{U}^\dagger(t)\widehat{U}_0(t). \tag{6.83}$$

出、入态的上述分析可以给出

$$|\text{out}\rangle = \widehat{\Omega}_-^\dagger|\psi\rangle = \widehat{\Omega}_-^\dagger\widehat{\Omega}_+|\psi_{\text{in}}\rangle \equiv \widehat{S}|\text{in}\rangle, \tag{6.84}$$

则有联系出态 |out⟩ 和入态 |in⟩ 的散射矩阵

$$\widehat{S} = (\widehat{\Omega}_-)^\dagger\widehat{\Omega}_+. \tag{6.85}$$

这个 $\widehat{S}$ 矩阵包括了粒子散射实验的全部信息. 显然, 散射矩阵是幺正的:

$$\widehat{S}\widehat{S}^\dagger = \widehat{S}^\dagger\widehat{S} = 1. \tag{6.86}$$

这些分析表明, 用出态和入态描述散射问题比较方便. 这是因为出态和入态服从没有相互作用的渐近时间演化规律, 可以用平面波近似地刻画.

我们还可以从微扰论的角度进一步理解散射问题的定态处理与时间相关的波包演化处理的关系. 描述散射过程的波包时间演化由下面的 "非齐次" 方程支配:

$$\left(i\hbar\frac{\partial}{\partial t} - \widehat{H}_0\right)|\psi(t)\rangle = \widetilde{V}(t)|\psi(t)\rangle, \tag{6.87}$$

其中

$$\widetilde{V}(t) = \lim_{\eta \to 0^+} e^{\eta t/\hbar}\widehat{V} \tag{6.88}$$

代表相互作用势 $\widehat{V}$ 在 $\hbar/\eta$ 的时间尺度上是缓慢加入的, 也可以理解为 V 在空间上分布很窄, 可形成散射中心.

为了形式地求解上述方程, 我们定义时间相关的格林 (Green) 函数 $G_+(t, t')$, 它满足 "冲量" 方程

$$\left(i\hbar\frac{\partial}{\partial t} - \widehat{H}_0\right)G_+(t, t') = \delta(t - t'). \tag{6.89}$$

(6.89) 式右端视为 "非齐次" 项, 代表加入的一个冲力. 对于从左向右运动的粒子的散射问题, 我们要引入延迟 (retarded) 边界条件

$$G_+(t,t') = 0, \quad 对 \; t < t'. \tag{6.90}$$

这是因果性的要求: 只有当 $t > t'$ 时, t' 时刻发生的相互作用才能在 t 时刻发生影响. 于是, 我们得到方程 (6.89) 的解

$$G_+(t,t') = -\frac{i}{\hbar}\theta(t-t')e^{-i\widehat{H}_0(t-t')/\hbar}. \tag{6.91}$$

这里利用了阶梯函数 $\dot{\theta}(t-t') = \delta(t-t')$. 基于上述格林函数, 波包的时间演化可表达为下面的积分方程:

$$|\psi^+(t)\rangle = |\phi(t)\rangle + \int_{-\infty}^{\infty} G_+(t,t')\widetilde{V}(t')|\psi^+(t')\rangle dt', \tag{6.92}$$

其中 $|\phi(t)\rangle$ 是对应于 $\widehat{H}_0$ 的自由粒子的薛定谔方程的解. 进一步假设分离变量的形式

$$|\phi(t)\rangle = |\phi\rangle e^{-iEt/\hbar}, \tag{6.93}$$

$$|\psi^+(t)\rangle = |\psi^+\rangle e^{-iEt/\hbar}. \tag{6.94}$$

$|\phi\rangle$ 和 $|\psi\rangle$ 可以理解为两个能量相同的本征态, 这是弹性散射的要求. 于是有

$$
\begin{aligned}
|\psi^+\rangle &= |\phi\rangle - \frac{i}{\hbar}\int_{-\infty}^{0} e^{i\widehat{H}_0 t'/\hbar}e^{-iEt'/\hbar}\widetilde{V}(t'+t)|\psi^+\rangle dt' \\
&= |\phi\rangle - \frac{i}{\hbar}\lim_{\eta\to 0^+}\int_{-\infty}^{0} e^{i(\widehat{H}_0-E-i\eta)t'/\hbar}e^{\eta t/\hbar}\widehat{V}|\psi^+\rangle dt' \\
&= |\phi\rangle - \frac{i}{\hbar}\lim_{\eta\to 0^+}\lim_{t''\to -\infty}\int_{t''}^{0} e^{i(\widehat{H}_0-E-i\eta)t'/\hbar}e^{\eta t/\hbar}\widehat{V}|\psi^+\rangle dt' \\
&= |\phi\rangle - \frac{1}{\widehat{H}_0-E-i\eta}\left[1-\lim_{t''\to -\infty}e^{i(\widehat{H}_0-E)t''+\eta t''}\right]\widehat{V}|\psi^+\rangle, \tag{6.95}
\end{aligned}
$$

其中 $\eta = 0^+$ (第一个等号利用了变量替换 $t'-t \to t'$), 亦即

$$|\psi^+\rangle = |\phi\rangle + \widehat{G}_+(E)\widehat{V}|\psi^+\rangle, \tag{6.96}$$

而

$$\widehat{G}_+(E) = \frac{1}{E-\widehat{H}_0+i\eta} \tag{6.97}$$

是与时间无关的格林函数. 方程 (6.96) 正是有散射问题定态处理的标准方程 —— 李普曼 (Lippman) – 施温格方程 (LSE).

下一节我们将给出基于定态的李普曼 – 施温格方程的推导. 这里我们人为地假设了势能够缓慢地打开和关闭, 这种处理暗含了窄波包的使用: 运动的窄波包离开散射中心时可以自动关闭相互作用. 另外, 因果性的要求也暗含了窄波包的使用: 对于平面波和较宽的波包, 因果性会在概率意义上被破坏, 因为散射前已经有粒子以一定概率分布在势垒的另一边了.

6.5 李普曼 – 施温格方程与玻恩近似

根据上面的分析, 对散射问题可以采用定态的处理, 与采用波包的处理在远场的情况下是一致的. 考虑自由哈密顿量为 $\widehat{H}_0 = \widehat{\boldsymbol{p}}^2/(2m)$ 的粒子在 $\widehat{V} = V(\widehat{\boldsymbol{r}})$ 的势场中被散射. 若 $\widehat{V} = 0$, 则能量本征态为平面波 $|\boldsymbol{k}\rangle$; 若 $\widehat{V} \neq 0$, 则能量本征态被改变. 不过在弹性散射中, 我们仍然考虑能量相同, 但偏离平面波的 $\widehat{H}$ 的本征态. 设 $\widehat{H}_0$ 的本征态为 $|\phi\rangle$, 则

$$\widehat{H}_0|\phi\rangle = E|\phi\rangle. \tag{6.98}$$

动量本征态 $|\phi\rangle$ 一般情况下不必是一个平面波. 由于 $E_k = \hbar^2|\boldsymbol{k}|^2/(2m)$, 它可以是 $|\boldsymbol{k}| = k$ 球面上态的任意叠加. 为了求解总哈密顿量的本征值问题

$$(\widehat{H}_0 + \widehat{V})|\psi\rangle = E|\psi\rangle, \tag{6.99}$$

在弹性散射的情况下, 要求上述两个方程本征值是一样的. 这时, $\widehat{V} \to 0$ 时, $|\psi\rangle \to |\phi\rangle$. 然而, 由 (6.99) 式直接给出的形式解

$$|\psi\rangle = \frac{1}{E - \widehat{H}_0}\widehat{V}|\psi\rangle \tag{6.100}$$

并不满足上述极限条件. 但是我们知道一般的形式解可以差一个能量为 E 的 $\widehat{H}_0$ 的本征函数 $|\phi\rangle$, 即若 $|\psi\rangle$ 是一个解, 则 $|\psi\rangle + \alpha|\phi\rangle$ 也是一个解 (α 为任意复数). 由此, 我们先假设满足渐近条件

$$|\psi\rangle \xrightarrow{\widehat{V} \to 0} |\phi\rangle \tag{6.101}$$

的形式解为

$$|\psi\rangle = \frac{1}{E - \widehat{H}_0}\widehat{V}|\psi\rangle + |\phi\rangle. \tag{6.102}$$

上述形式解可以看成一个关于 $|\psi\rangle$ 的方程, 它本质上是一个积分方程. 这就是未重整的李普曼 – 施温格方程. 事实上, 由 $(E - \widehat{H}_0)|\phi\rangle = 0$, 则由李普曼 – 施温格方程可

以给出

$$(E - \widehat{H}_0)|\psi\rangle = (E - \widehat{H}_0) \left(\frac{1}{E - \widehat{H}_0} \widehat{V}|\psi\rangle + |\phi\rangle \right)$$
$$= \widehat{V}|\psi\rangle + 0 + \cdots, \tag{6.103}$$

从而有

$$(E - \widehat{H}_0 - \widehat{V})|\psi\rangle = (E - \widehat{H})|\psi\rangle = 0. \tag{6.104}$$

由此可知, 满足李普曼 – 施温格方程的定态解一定满足薛定谔方程, 反之亦然.

由李普曼 – 施温格方程原则上可迭代出显式解:

$$|\psi\rangle = |\phi\rangle + \frac{1}{E - \widehat{H}_0} \widehat{V} \left(|\phi\rangle + \frac{1}{E - \widehat{H}_0} \widehat{V}|\psi\rangle \right)$$
$$= |\phi\rangle + \frac{1}{E - \widehat{H}_0} \widehat{V}|\phi\rangle + \frac{1}{E - \widehat{H}_0} \widehat{V} \frac{1}{E - \widehat{H}_0} \widehat{V}|\phi\rangle + \cdots. \tag{6.105}$$

然而, 由于算子 $1/(E - \widehat{H}_0)$ 存在奇点, 上述方程严格意义下是不可用的. 不过, 由于 E 取值实数, 我们通过复扩张定义在实轴上没有奇异性的格林函数

$$\widehat{G}_\pm(E) = \frac{1}{E - \widehat{H}_0 \pm \mathrm{i}\epsilon} \quad (\epsilon \geqslant 0). \tag{6.106}$$

用 $\widehat{G}_\pm(E)$ 替代上述方程中的 $1/(E - \widehat{H}_0)$, 我们就得到了 "重整" 的李普曼 – 施温格方程

$$|\psi_\pm\rangle = \widehat{G}_\pm(E)\widehat{V}|\psi_\pm\rangle + |\phi\rangle \tag{6.107}$$

和它的形式迭代解

$$|\psi_\pm\rangle = |\phi\rangle + \widehat{G}_\pm(E)\widehat{V}|\phi\rangle + \widehat{G}_\pm(E)\widehat{V}\widehat{G}_\pm(E)\widehat{V}|\phi\rangle + \cdots. \tag{6.108}$$

我们希望, 当 $\epsilon \to 0$ 时, $|\psi_k^{(\pm)}\rangle$ 回到实际的散射问题.

下面考虑李普曼 – 施温格方程 (6.107) 的坐标表示. 记 $\psi_\pm(\boldsymbol{r}) = \langle \boldsymbol{r}|\psi_\pm\rangle$, 则

$$\psi_\pm(\boldsymbol{r}) = \phi(\boldsymbol{r}) + \int \mathrm{d}^3 r' G_\pm(\boldsymbol{r}, \boldsymbol{r}') V(\boldsymbol{r}') \psi_\pm(\boldsymbol{r}'), \tag{6.109}$$

其中

$$G_\pm(\boldsymbol{r}, \boldsymbol{r}') = \langle \boldsymbol{r}| \frac{1}{E - \widehat{H}_0 \pm \mathrm{i}\epsilon} |\boldsymbol{r}'\rangle$$
$$= \iint \langle \boldsymbol{r}|\boldsymbol{k}\rangle\langle \boldsymbol{k}| \frac{1}{E - \widehat{H}_0 \pm \mathrm{i}\epsilon} |\boldsymbol{k}'\rangle\langle \boldsymbol{k}'|\boldsymbol{r}'\rangle \mathrm{d}^3 k \, \mathrm{d}^3 k'$$
$$= \frac{1}{(2\pi)^3} \int \mathrm{e}^{\mathrm{i}\boldsymbol{k}\cdot(\boldsymbol{r}-\boldsymbol{r}')} \frac{1}{E - \hbar^2 k^2/(2m) \pm \mathrm{i}\epsilon} \mathrm{d}^3 k. \tag{6.110}$$

可以证明它正好是亥姆霍兹 (Helmholtz) 方程

$$(\nabla^2 + k^2)G_\pm(\boldsymbol{r}, \boldsymbol{r}') = 2m\delta(\boldsymbol{r} - \boldsymbol{r}') \tag{6.111}$$

的解, ± 号对应于散射系统不同的渐近行为, 亦即

$$G_\pm(\boldsymbol{r}, \boldsymbol{r}') = -\frac{m}{2\pi}\frac{\exp(\pm \mathrm{i}k|\boldsymbol{r} - \boldsymbol{r}'|)}{|\boldsymbol{r} - \boldsymbol{r}'|}. \tag{6.112}$$

这个结果也可以从 (6.110) 式直接积分得到. 记 $E = \hbar^2 k_0^2/(2m)$, 令 $\rho = |\boldsymbol{k}|$,

$$
\begin{aligned}
G_\pm(\boldsymbol{r}, \boldsymbol{r}') &= \frac{2m}{\hbar^2(2\pi)^3}\int_0^\infty \rho^2\mathrm{d}\rho\int_0^{2\pi}\mathrm{d}\varphi\int_{-1}^1\frac{\mathrm{e}^{\mathrm{i}\rho|\boldsymbol{r}-\boldsymbol{r}'|\zeta}}{k_0^2 - \rho^2 \pm \mathrm{i}\epsilon_0}\mathrm{d}\zeta \\
&= \frac{\mathrm{i}m}{2\pi^2\hbar^2|\boldsymbol{r} - \boldsymbol{r}'|}\int_0^\infty \rho\mathrm{d}\rho\frac{\mathrm{e}^{-\mathrm{i}\rho|\boldsymbol{r}-\boldsymbol{r}'|} - c.c.}{k_0^2 - \rho^2 \pm \mathrm{i}\epsilon_0} \\
&= \frac{\mathrm{i}m}{2\pi^2\hbar^2|\boldsymbol{r} - \boldsymbol{r}'|}\int_{-\infty}^\infty \rho\mathrm{d}\rho\frac{\mathrm{e}^{-\mathrm{i}\rho|\boldsymbol{r}-\boldsymbol{r}'|}}{k_0^2 - \rho^2 \pm \mathrm{i}\epsilon_0} \\
&= -\frac{\mathrm{i}m}{2\pi^2\hbar^2|\boldsymbol{r} - \boldsymbol{r}'|}\int_{-\infty}^\infty \rho\mathrm{d}\rho\frac{\mathrm{e}^{-\mathrm{i}\rho|\boldsymbol{r}-\boldsymbol{r}'|}}{\rho^2 - k_0^2 \mp \mathrm{i}\epsilon_0}.
\end{aligned} \tag{6.113}
$$

选取如图 6.12 所示积分围道, 我们得到

$$G_+ \sim \int_{-\infty}^\infty \rho\mathrm{d}\rho\frac{\mathrm{e}^{-\mathrm{i}\rho|\boldsymbol{r}-\boldsymbol{r}'|}}{\rho^2 - k_0^2 - \mathrm{i}\epsilon_0} = \int_{-\infty}^\infty \rho\mathrm{d}\rho\frac{\mathrm{e}^{-\mathrm{i}\rho|\boldsymbol{r}-\boldsymbol{r}'|}}{(\rho - k_0 - \mathrm{i}\epsilon_0)(\rho + k_0 + \mathrm{i}\epsilon_0)}. \tag{6.114}$$

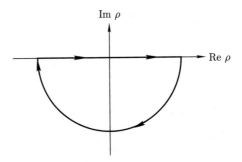

图 6.12 由于 $\mathrm{e}^{-\mathrm{i}\rho|\boldsymbol{r}-\boldsymbol{r}'|}$ 的存在, 积分围道应选取围绕下半平面的半圆

因为有一阶极点 $\rho = -(k_0 + \mathrm{i}\epsilon_0)$ 在下半平面, 因此积分结果为

$$G_+ = -\frac{\mathrm{i}m}{2\pi^2\hbar^2|\boldsymbol{r} - \boldsymbol{r}'|}(-2\pi\mathrm{i})\frac{-k_0\mathrm{e}^{\mathrm{i}k_0|\boldsymbol{r}-\boldsymbol{r}'|}}{-2k_0} = -\frac{m\mathrm{e}^{\mathrm{i}k_0|\boldsymbol{r}-\boldsymbol{r}'|}}{2\pi\hbar^2|\boldsymbol{r} - \boldsymbol{r}'|}. \tag{6.115}$$

同理可得

$$G_- \sim \int_{-\infty}^\infty \rho\mathrm{d}\rho\frac{\mathrm{e}^{-\mathrm{i}\rho|\boldsymbol{r}-\boldsymbol{r}'|}}{\rho^2 - k_0^2 + \mathrm{i}\epsilon_0} = \int_{-\infty}^\infty \rho\mathrm{d}\rho\frac{\mathrm{e}^{-\mathrm{i}\rho|\boldsymbol{r}-\boldsymbol{r}'|}}{(\rho + k_0 - \mathrm{i}\epsilon_0)(\rho - k_0 + \mathrm{i}\epsilon_0)} \tag{6.116}$$

有一阶极点 $\rho = k_0 - \mathrm{i}\epsilon_0$ 在下半平面, 积分结果为

$$G_- = -\frac{\mathrm{i}m}{2\pi^2\hbar^2|\boldsymbol{r}-\boldsymbol{r}'|}(-2\pi\mathrm{i})\frac{k_0\mathrm{e}^{-\mathrm{i}k_0|\boldsymbol{r}-\boldsymbol{r}'|}}{2k_0} = -\frac{m\mathrm{e}^{-\mathrm{i}k_0|\boldsymbol{r}-\boldsymbol{r}'|}}{2\pi\hbar^2|\boldsymbol{r}-\boldsymbol{r}'|}. \tag{6.117}$$

最后可以得到坐标表象下李普曼 – 施温格方程的显式表达. (6.115) 和 (6.117) 式分别代表向内和向外传播的球面波.

接下来, 我们进一步说明, 求解李普曼 – 施温格方程积分形式, 等价于对指定的边界条件求解薛定谔方程. 利用中心力场的格林函数, 对应每个波矢为 $\boldsymbol{k}$ 的平面波入态, 散射态 $|\boldsymbol{k}+\rangle$ 有积分表示, 即满足积分方程

$$\psi_{\boldsymbol{k}}^{(+)}(\boldsymbol{r}) = \frac{1}{(2\pi)^{3/2}}\mathrm{e}^{\mathrm{i}\boldsymbol{k}\cdot\boldsymbol{r}} + \int \mathrm{d}^3\boldsymbol{r}'G_+(\boldsymbol{r},\boldsymbol{r}')V(\boldsymbol{r}')\psi_{\boldsymbol{k}}^{(+)}(\boldsymbol{r}'). \tag{6.118}$$

这个方程是中心力场中粒子运动的李普曼 – 施温格方程, 其中 $\psi_{\boldsymbol{k}}^{(+)}(\boldsymbol{r}) \equiv \langle\boldsymbol{r}|\boldsymbol{k}+\rangle$.

证明如下: 由于 $(\nabla^2 + k^2)\exp(\mathrm{i}\boldsymbol{k}\cdot\boldsymbol{r}) = 0$, 我们有

$$(\nabla^2 + k^2)\int \mathrm{d}^3\boldsymbol{r}'G_+(\boldsymbol{r},\boldsymbol{r}')V(\boldsymbol{r}')\psi_{\boldsymbol{k}}^{(+)}(\boldsymbol{r}')$$

$$= \int \mathrm{d}^3\boldsymbol{r}'(\nabla^2 + k^2)G_+(\boldsymbol{r},\boldsymbol{r}')V(\boldsymbol{r}')\psi_{\boldsymbol{k}}^{(+)}(\boldsymbol{r}')$$

$$= 2m\int \mathrm{d}^3\boldsymbol{r}'\delta(\boldsymbol{r}-\boldsymbol{r}')V(\boldsymbol{r}')\psi_{\boldsymbol{k}}^{(+)}(\boldsymbol{r}')$$

$$= 2mV(\boldsymbol{r})\psi_{\boldsymbol{k}}^{(+)}(\boldsymbol{r}). \tag{6.119}$$

用 $E_{\boldsymbol{k}} - \widehat{H}_0 = (\nabla_r^2 + k^2)/(2m)$ 同时作用于 $\psi_{\boldsymbol{k}}^{(+)}(\boldsymbol{r})$, 则可验证满足李普曼 – 施温格方程的 $\psi_{\boldsymbol{k}}^{(+)}(\boldsymbol{r})$ 必定满足

$$\widehat{H}\psi_{\boldsymbol{k}}^{(+)}(\boldsymbol{r}) = E_{\boldsymbol{k}}\psi_{\boldsymbol{k}}^{(+)}(\boldsymbol{r}). \tag{6.120}$$

再有, 若 $V(\boldsymbol{r})$ 满足 "当 $r > b$ 时, $V(\boldsymbol{r}) = 0$", 则可证明李普曼 – 施温格方程满足出射边界条件 (见附录 6.1). 事实上,

$$\lim_{r\to\infty}\psi_{\boldsymbol{k}}^{(+)}(r) = \frac{1}{(2\pi)^{3/2}}\mathrm{e}^{\mathrm{i}\boldsymbol{k}\cdot\boldsymbol{r}} + \frac{\mathrm{e}^{\mathrm{i}kr}}{r}\int_{r'<b} \mathrm{d}^3\boldsymbol{r}'g(\widehat{\boldsymbol{r}},\boldsymbol{r}')V(\boldsymbol{r}')\psi_{\boldsymbol{k}}^{(+)}(\boldsymbol{r}'), \tag{6.121}$$

其中第二个积分中 $g(\widehat{\boldsymbol{r}},\boldsymbol{r}') = -(m/2\pi)\mathrm{e}^{-\mathrm{i}k\widehat{\boldsymbol{r}}\cdot\boldsymbol{r}'}$ 只与 $\widehat{\boldsymbol{r}}$ 有关, 与 r 无关. 相应的散射振幅是

$$f_{\boldsymbol{k}}(\boldsymbol{r}) = -\sqrt{2\pi}m\int \mathrm{d}^3\boldsymbol{r}'\mathrm{e}^{-\mathrm{i}k\boldsymbol{r}\cdot\boldsymbol{r}'}V(\boldsymbol{r}')\psi_{\boldsymbol{k}}^{(+)}(\boldsymbol{r}'). \tag{6.122}$$

该结果对 $V(r\to\infty) = O(r^{-3-\eta})$ $(\eta > 0)$ 时均成立.

需要说明的是, 李普曼 – 施温格方程是一个积分方程:

$$\psi_{\boldsymbol{k}}^{(+)}(\boldsymbol{r}) = \psi_{\boldsymbol{k}}^{(0)}(\boldsymbol{r}) - \frac{m}{2\pi}\int \mathrm{d}^3\boldsymbol{r}'\frac{\mathrm{e}^{\mathrm{i}k|\boldsymbol{r}-\boldsymbol{r}'|}}{|\boldsymbol{r}-\boldsymbol{r}'|}V(\boldsymbol{r}')\psi_{\boldsymbol{k}}^{(+)}(\boldsymbol{r}'), \tag{6.123}$$

它的解自动涵盖了实际问题的边界条件. 而薛定谔方程是一个微分方程:

$$\left(-\frac{\nabla^2}{2m} + \widehat{V}\right)\psi_{\boldsymbol{k}}^{(+)}(\boldsymbol{r}) = E_{\boldsymbol{k}}\psi_{\boldsymbol{k}}^{(+)}(\boldsymbol{r}), \tag{6.124}$$

从而其通解定解必须给定边界条件. 例如, 满足出射边界条件: 在 $r \to \infty$ 极限下

$$\psi_{\boldsymbol{k}}^{(+)}(\boldsymbol{r}) = \frac{1}{(2\pi)^{3/2}}\left[\mathrm{e}^{\mathrm{i}\boldsymbol{k}\cdot\boldsymbol{r}} + f_{\boldsymbol{k}}(\widehat{\boldsymbol{r}})\frac{\mathrm{e}^{\mathrm{i}k\cdot r}}{r}\right] + o\left(\frac{1}{r}\right). \tag{6.125}$$

而方程 (6.123) 可以自动给出 "薛定谔方程加上出射边界条件". 通过格林函数把微分方程转化为积分方程, 而格林函数在无穷远处的边界条件应与微分方程在无穷远处的边界条件相同.

在本节最后部分, 我们利用李普曼 – 施温格方程推导玻恩近似及其高阶修正. 由李普曼 – 施温格方程的递推解

$$|\psi_{\pm}\rangle = (1 + \widehat{G}_{\pm}\widehat{V} + \widehat{G}_{\pm}\widehat{V}\widehat{G}_{\pm}\widehat{V} + \cdots)|\phi\rangle, \tag{6.126}$$

可定义转移矩阵 $\widehat{T}$:

$$\widehat{V}|\psi_{+}\rangle = \widehat{T}|\phi\rangle, \tag{6.127}$$

则李普曼 – 施温格方程写为

$$\widehat{T}|\phi\rangle = \widehat{V}|\phi\rangle + \widehat{V}\widehat{G}_{+}\widehat{T}|\phi\rangle, \tag{6.128}$$

亦即有转移矩阵的玻恩级数

$$\widehat{T} = \widehat{V} + \widehat{V}\widehat{G}_{+}\widehat{T} = \widehat{V} + \widehat{V}\widehat{G}_{+}\widehat{V} + \widehat{V}\widehat{G}_{+}\widehat{V}\widehat{G}_{+}\widehat{V} + \cdots. \tag{6.129}$$

定义 $\mathfrak{F} = -(2\pi)^3 2m/(4\pi\hbar^2)$, 则散射振幅正比于转移矩阵的矩阵元

$$f(\boldsymbol{k}', \boldsymbol{k}) = \mathfrak{F}\langle\boldsymbol{k}'|\widehat{T}|\boldsymbol{k}\rangle, \tag{6.130}$$

其中出射波的波矢 $\boldsymbol{k}' = k\widehat{\boldsymbol{r}}$. 而散射振幅的玻恩级数是

$$f(\boldsymbol{k}', \boldsymbol{k}) = \sum_{n=1}^{\infty} f^{(n)}(\boldsymbol{k}', \boldsymbol{k}), \tag{6.131}$$

其中

$$f^{(1)}(\boldsymbol{k}', \boldsymbol{k}) = \mathfrak{F}\langle\boldsymbol{k}'|\widehat{V}|\boldsymbol{k}\rangle, \tag{6.132}$$

$$f^{(2)}(\boldsymbol{k}', \boldsymbol{k}) = \mathfrak{F}\langle\boldsymbol{k}'|\widehat{V}\widehat{G}_{+}\widehat{V}|\boldsymbol{k}\rangle, \tag{6.133}$$

$\cdots\cdots$

当我们将上述无穷级数截断到 $n = l$ 阶时, 就得到了散射振幅的 l 阶玻恩近似, 通常把最低阶近似解 $f^{(1)}$ 简称为玻恩近似.

显然, 格林函数起着传播子的作用, 例如, 在坐标表象中, 二阶玻恩振幅

$$f^{(2)}(\boldsymbol{k}', \boldsymbol{k}) = \mathfrak{F} \int \mathrm{d}^3 \boldsymbol{r}' \int \mathrm{d}^3 \boldsymbol{r}'' \langle \boldsymbol{k}' | \boldsymbol{r}' \rangle V(\boldsymbol{r}') \langle \boldsymbol{r}' | G_+ | \boldsymbol{r}'' \rangle V(\boldsymbol{r}'') \langle \boldsymbol{r}'' | \boldsymbol{k} \rangle$$

$$= \frac{\mathfrak{F}}{(2\pi)^3} \int \mathrm{d}^3 \boldsymbol{r}' \int \mathrm{d}^3 \boldsymbol{r}'' \mathrm{e}^{-\mathrm{i} \boldsymbol{k}' \cdot \boldsymbol{r}'} V(\boldsymbol{r}') G(\boldsymbol{r}', \boldsymbol{r}'') V(\boldsymbol{r}'') \mathrm{e}^{\mathrm{i} \boldsymbol{k} \cdot \boldsymbol{r}''} \quad (6.134)$$

可图示为图 6.13. 同样三阶振幅图示为图 6.14. 物理上, 高阶的玻恩近似振幅代表了粒子在散射体作用区域内的多次散射.

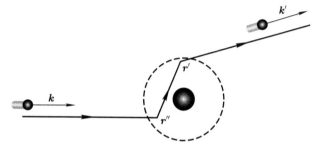

图 6.13　二阶散射振幅: $\boldsymbol{r}'$ 和 $\boldsymbol{r}''$ 的有效积分区域是势的作用范围, 有二次内部散射步骤

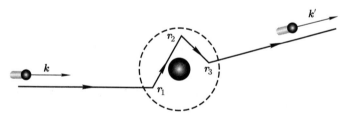

图 6.14　三阶振幅图示: 有三次内部散射步骤

在实际过程中, 我们需要计算散射振幅的多重积分. 例如, 对一阶振幅,

$$f^{(1)} = \mathfrak{F} \int \mathrm{d}^3 \boldsymbol{r}' \mathrm{e}^{\mathrm{i}(\boldsymbol{k}-\boldsymbol{k}') \cdot \boldsymbol{r}'} V(\boldsymbol{r}'). \quad (6.135)$$

而对于弹性散射, $|\boldsymbol{k}'| = |\boldsymbol{k}| = k$, 定义矢量 $\boldsymbol{q} = \boldsymbol{k}' - \boldsymbol{k}$ 如图 6.15 所示. 基于一阶玻恩近似的散射过程, 由于弹性散射, 三角形 ABC 是一个等腰三角形, $AB = AC$, 故 $q = 2k \sin \theta/2$. 于是

$$f^{(1)}(\boldsymbol{k}', \boldsymbol{k}) \equiv f^{(1)}(\theta)$$

$$= \mathfrak{F} \int_0^\pi \sin \theta \mathrm{d}\theta \int_0^{2\pi} \mathrm{d}\varphi \int_0^\infty r^2 \mathrm{e}^{-\mathrm{i}2kr \sin \theta/2} V(r) \mathrm{d}r$$

$$= 4\pi \mathfrak{F} \frac{1}{q} \int_0^\infty r V(r) \sin qr \mathrm{d}r. \quad (6.136)$$

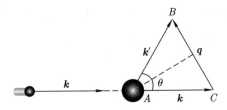

图 6.15　入射粒子动量的偏转

对于具体的库仑势

$$V(r) = \frac{ZZ'e^2}{r},\tag{6.137}$$

Ze 和 $Z'e$ 分别为散射粒子和散射中心的电荷量, 一阶散射振幅为

$$f^{(1)}(\theta) = -\frac{2mZZ'e^2}{\hbar^2 q^2},\tag{6.138}$$

而微分散射截面

$$\sigma(\theta) = |f(\theta)|^2 = \frac{m^2 Z^2 Z'^2 e^4}{4\hbar^4 k^4 \sin^4 \theta/2}.\tag{6.139}$$

如果把普朗克常量吸收到入射粒子速度 $v = \hbar k/m$ 中, 则我们得到著名的卢瑟福散射公式

$$\sigma(\theta) = \frac{Z^2 Z'^2 e^4}{4m^2 v^4 \sin^4 \theta/2}.\tag{6.140}$$

需要指出的是, 玻恩级数可能收敛也可能发散. 若玻恩级数收敛, 则其值等于准确的 $f_{\boldsymbol{k}}(\widehat{\boldsymbol{r}})$, 方程 (6.131) 中 "等号成立". 若玻恩级数发散, 则 (6.131) 式等号左边有限, 右边为 ∞, "等号不成立". 从物理角度看, 玻恩级数的收敛条件为: (1) $E_{\boldsymbol{k}}$ 足够大 (动能足够大). (2) $\widehat{V}$ 足够弱 (势能 $\widehat{V}$ 成为微扰), 例如 $\widehat{V} = g\widehat{U}$ (无量纲), 相应的玻恩级数是

$$f = -(2\pi)^2 m[g\langle \boldsymbol{k}'|\widehat{U}|\boldsymbol{k}\rangle + g^2 \langle \boldsymbol{k}'|\widehat{U}\widehat{G}_0(E_{\boldsymbol{k}} + \mathrm{i}0^+)\widehat{U}|\boldsymbol{k}\rangle + \cdots],\tag{6.141}$$

它是 g 的级数, 收敛半径记为 g_*, $|g| < g_*$ 时级数收敛, $|g| > g_*$ 时级数发散. 我们还要说明的是, 若 $\widehat{V}$ 足够弱或 $E_{\boldsymbol{k}}$ 足够大, 可视 $\widehat{V}$ 为微扰, 通常可对玻恩级数做截断, 只保留 $\widehat{V}$ 的低阶项.

6.6　分波法与低能散射

以上我们应用李普曼 – 施温格方程 (LSE) 给出了玻恩近似, 它一般适用于高能近似. 当散射粒子能量较低时, 我们可以采用分波法. 分波法是研究量子散射过程的另一种基本方法, 通常用来研究中心力场 $V(r)$ 的散射问题, 其要点是把入射和出射波函数, 按角动量本征态 —— 分波 (partial wave) 进行展开, 然后研究在 $r \to \infty$ 时它们的渐近行为.

为了求解中心力场中定态薛定谔方程

$$\left[-\frac{\hbar^2}{2m}\nabla^2 + \widehat{V}(r)\right]\psi_{\boldsymbol{k}}(\boldsymbol{r}) = E\psi_{\boldsymbol{k}}(\boldsymbol{r}) \tag{6.142}$$

(其中记 $E = \hbar^2 k^2/(2m)$), 我们对 $\psi_{\boldsymbol{k}}(\boldsymbol{r})$ 进行分波展开

$$\psi_{\boldsymbol{k}}(\boldsymbol{r}) = \sum_{l=0}^{\infty} c_l P_l(\cos\theta)\rho_l(r), \tag{6.143}$$

其中勒让德 (Legendre) 多项式 $P_l(\cos\theta) \propto Y_{l,0}(\theta)$ 代表了角动量本征态, 而 $\rho_l(r)$ 是径向波函数, 满足一维的径向本征方程

$$\frac{1}{r^2}\frac{\mathrm{d}}{\mathrm{d}r}\left[r^2\frac{\mathrm{d}}{\mathrm{d}r}\rho_l(r)\right] + \left[\frac{2m}{\hbar^2}(E-V) - \frac{l(l+1)}{r^2}\right]\rho_l(r) = 0. \tag{6.144}$$

选定粒子运动方向为 z 轴, 我们将通过渐近边界条件

$$\psi_{\boldsymbol{k}}(\boldsymbol{r}) \xrightarrow{r\to\infty} \mathrm{e}^{\mathrm{i}kz} + f(\theta,\varphi)\frac{\mathrm{e}^{\mathrm{i}kr}}{r} \tag{6.145}$$

来确定通解中的展开系数 c_l. 由于径向方程是一个二阶方程, 我们还需要考虑其他性质. 显然, 当 $r \to \infty$ 时, 我们要求 $V(r)$ 更快趋于零, 这时径向波函数应在远方的径向行为更像自由粒子, 满足

$$\frac{1}{r^2}\frac{\mathrm{d}}{\mathrm{d}r}\left[r^2\frac{\mathrm{d}}{\mathrm{d}r}\rho_l(r)\right] + \left[\frac{2mE}{\hbar^2} - \frac{l(l+1)}{r^2}\right]\rho_l(r) = 0. \tag{6.146}$$

它的解为球贝塞尔 (Bessel) 函数和球汉克尔 (Hankel) 函数的线性组合:

$$\rho_l(r) = 2k[Aj_l(kr) + Bn_l(kr)], \tag{6.147}$$

其中组合系数 A 和 B 由波函数的归一化条件所确定. $j_l(kr)$ 和 $n_l(kr)$ 的渐近行为是

$$\begin{cases} j_l(kr) \sim \dfrac{1}{kr}\sin\left(kr - \dfrac{l}{2}\pi\right), \\ n_l(kr) \sim \dfrac{1}{kr}\cos\left(kr - \dfrac{l}{2}\pi\right). \end{cases} \tag{6.148}$$

利用三角函数和差化积公式, 写下

$$\rho_l(r) \xrightarrow{r\to\infty} \frac{1}{kr}\sin\left(kr - \frac{1}{2}l\pi + \delta_l\right), \tag{6.149}$$

其中 δ_l 叫作 l 分波的相移.

另外, 沿着 z 方向的动量本征函数也可以按分波进行展开:

$$e^{ikz} = e^{ikr\cos\theta} = \sum_{l=0}^{\infty}(2l+1)i^l j_l(kr)P_l(\cos\theta). \tag{6.150}$$

当 $r \to \infty$ 时,

$$e^{ikz} \xrightarrow{|z|\to\infty} \sum_{l=0}^{\infty}\frac{2l+1}{2ikr}[e^{ikr}+(-1)^{l+1}e^{-ikr}]P_l(\cos\theta). \tag{6.151}$$

为了把径向渐近行为与平面波比较, 我们把径向波函数的渐近行为分离出球面波部分:

$$\rho_l(r) \xrightarrow{r\to\infty} \frac{(-i)^l}{2ikr}e^{-i\delta_l}[e^{ikr}+(-1)^{l+1}e^{-ikr}+(e^{2i\delta_l}-1)e^{ikr}]. \tag{6.152}$$

与方程 (6.151) 比较可以看出, 上面方程的最后一项

$$\rho_l \propto (e^{2i\delta_l}-1)\frac{e^{ikr}}{r} \tag{6.153}$$

代表散射的作用.

我们现在重新表达的边界条件为

$$\sum_{l=0}^{\infty}c_l\frac{(-i)^l}{2ikr}e^{-i\delta_l}[e^{ikr}+(-1)^{l+1}e^{-ikr}+(e^{2i\delta_l}-1)e^{ikr}]P_l(\cos\theta)$$

$$\xrightarrow{r\to\infty} \sum_{l=0}^{\infty}\frac{2l+1}{2ikr}[e^{ikr}+(-1)^{l+1}e^{-ikr}]P_l(\cos\theta)+f(\theta,\varphi)\frac{e^{ikr}}{r}, \tag{6.154}$$

则可以写下

$$c_l = (2l+1)i^l e^{i\delta_l}. \tag{6.155}$$

而散射振幅

$$f(\theta) \equiv f(\theta,\varphi) = \sum_{l=0}^{\infty}\frac{2l+1}{2ik}(e^{2i\delta_l}-1)P_l(\cos\theta) \tag{6.156}$$

正好是不同角动量分波的求和, 且与 φ 角无关.

总散射截面

$$\begin{aligned}
\sigma &= \int d\sigma = 2\pi\int_0^{\pi}|f(\theta)|^2\sin\theta d\theta \\
&= \frac{\pi}{k^2}\sum_{l=0}^{\infty}(2l+1)|e^{2i\delta_l}-1|^2 \\
&= \frac{4\pi}{k^2}\sum_{l=0}^{\infty}(2l+1)\sin^2\delta_l = \sum_{l=0}^{\infty}\sigma_l,
\end{aligned} \tag{6.157}$$

其中我们利用了勒让德多项式的正交关系

$$\int_0^\pi \sin\theta \mathrm{d}\theta P_l(\cos\theta) P_{l'}(\cos\theta) = \frac{2}{2l+1}\delta_{ll'},\tag{6.158}$$

而

$$\sigma_l = (2l+1)\frac{4\pi \sin^2\delta_l}{k^2}\tag{6.159}$$

称为 l 分波的散射截面. 这表明, 总散射截面正好是各分波散射截面相加之和.

我们注意到勒让德多项式的性质 $P_l(1) = 1$, 则

$$\begin{aligned}
f(\theta = 0) &= \sum_{l=0}^\infty \frac{2l+1}{2\mathrm{i}k}(\mathrm{e}^{2\mathrm{i}\delta_l} - 1) \\
&= \sum_{l=0}^\infty \frac{2l+1}{2k}[-\mathrm{i}(\cos 2\delta_l - 1) + \sin 2\delta_l].
\end{aligned}\tag{6.160}$$

取虚部可以得到

$$\mathrm{Im}f(0) = \sum_{l=0}^\infty \frac{2l+1}{k}\sin^2\delta_l = \frac{k}{4\pi}\sigma,\tag{6.161}$$

因此我们得到光学定理

$$\sigma = \frac{4\pi}{k}\mathrm{Im}f(0).\tag{6.162}$$

对于光学定理我们有不依赖于具体求解方程的普遍证明 (见附录 6.4).

附录 6.1　散射振幅 $f_k(\hat{r})$ 与 r 无关

当我们考虑中心力场散射问题时, 计算中涉及 r 的部分均为 $|\boldsymbol{r} - \boldsymbol{r}'|$ 的函数. 由于 $\boldsymbol{r}'$ 仅仅在相互作用区的小范围内积分, $r \to \infty$ 时,

$$\frac{1}{|\boldsymbol{r} - \boldsymbol{r}'|} = \frac{1}{r} + O\left(\frac{r'}{r^2}\right) \approx \frac{1}{r},\tag{6.163}$$

$$|\boldsymbol{r} - \boldsymbol{r}'| = r\left[1 - \hat{\boldsymbol{r}}\cdot\frac{\boldsymbol{r}'}{r} + O\left(\frac{r'^2}{r^2}\right)\right],\tag{6.164}$$

其中 $\hat{\boldsymbol{r}} = \boldsymbol{r}/r$ 为 $\boldsymbol{r}$ 的方向矢量. 其实, 上述两个渐近边界条件与中心力场中粒子的格林函数行为有关. 在散射理论应用方面, 格林函数 $G_0^{(+)}(E;\boldsymbol{r},\boldsymbol{r}')$ $(E > 0)$ 是满足如下方程和边界 (渐近) 条件的函数:

$$\left(E + \frac{\nabla_{\boldsymbol{r}}^2}{2m}\right)G_0^{(+)}(E;\boldsymbol{r},\boldsymbol{r}') = \delta(\boldsymbol{r} - \boldsymbol{r}'),\tag{6.165}$$

$$\lim_{r\to\infty} G_0^{(+)}(E;\boldsymbol{r},\boldsymbol{r}') = \frac{\mathrm{e}^{\mathrm{i}kr}}{r}g(\hat{\boldsymbol{r}},\boldsymbol{r}') + o\left(\frac{1}{r}\right),\tag{6.166}$$

其中 $k = \sqrt{2mE}$, $g(\hat{r}, r')$ 只与 $\hat{r}$ 有关, 与 r 无关.

需要强调的是, 边界条件对确定格林函数是必不可少的, 因为只满足方程 (6.164) 的 $G_0^{(+)}$ 并不唯一: 若 $G_0^{(+)}$ 满足这个方程, 则 $G_0^{(+)} + \exp(\mathrm{i} k \cdot r)$ 也满足此方程 ($k = \sqrt{2mE}/\hbar$). 而同时满足方程与边界条件的 $G_0^{(+)}$ 则是唯一的. 其实, 同时满足方程 (6.165) 与边界条件 (6.166) 的格林函数为

$$G_0^{(+)}(E; r, r') = -\frac{m}{2\pi} \frac{\mathrm{e}^{\mathrm{i}k|r-r'|}}{|r - r'|}. \tag{6.167}$$

由于 r 很大时,

$$k|r - r'| = kr - k\hat{r} \cdot r' + O\left(\frac{kr'^2}{r^2}\right), \tag{6.168}$$

其中 $\hat{r} \cdot r'$ 项与 r 大小无关, 只与其方向有关. 因此, 我们有

$$\lim_{r \to \infty} G_0^{(+)}(E; r, r') = -\frac{m}{2\pi} \frac{\mathrm{e}^{\mathrm{i}kr}}{r} \mathrm{e}^{-\mathrm{i}k\hat{r} \cdot r'} + o\left(\frac{1}{r}\right). \tag{6.169}$$

显然, $G_0^{(+)}(E; r, r')$ 满足条件 (6.166), 且

$$g(\hat{r}, r') = -\frac{m}{2\pi} \mathrm{e}^{-\mathrm{i}k\hat{r} \cdot r'}. \tag{6.170}$$

格林函数的以上性质可用来帮助我们计算散射振幅.

附录 6.2   离散系统的单粒子散射问题

根据 6.2 节中介绍的一维散射定态方法, 我们来研究一个离散系统的散射问题, 以下讨论中均令 $\hbar = 1$. 系统的总哈密顿量 $\hat{H} = \hat{H}_\mathrm{C} + \hat{H}_\mathrm{I}$, 其中

$$\hat{H}_\mathrm{C} = \sum_{j=-l}^{l} \omega \hat{a}_j^\dagger \hat{a}_j - \xi \sum_{j=-l}^{l} (\hat{a}_{j+1}^\dagger \hat{a}_j + \hat{a}_j^\dagger \hat{a}_{j+1}) \tag{6.171}$$

代表一个玻色型的紧束缚 (tight-binding) 系统, $\hat{a}_j^\dagger$ 和 $\hat{a}_j$ 是玻色子的产生、湮灭算子, $[\hat{a}_j, \hat{a}_i^\dagger] = \delta_{ji}(j, i = -l, -l+1, \cdots, l; N = 2l+1)$, 所有模式的本征频率都是 ω. 其中模式 $\hat{a}_0$ 与一个二能级原子相互作用 (见图 6.16), 作用方式用 JC 模型描述, 其相互作用哈密顿量是

$$\hat{H}_\mathrm{I} = \omega_e |e\rangle\langle e| + g(\hat{a}_0^\dagger |g\rangle\langle e| + h.c.). \tag{6.172}$$

在这个模型中, $\hat{H}_\mathrm{C}$ 的物理实现可以理解为一个单模共振腔耦合链形成的波导, 光子在不同腔间跳跃传播. 腔间光场模式的耦合是通过尾波交叠实现的 (见图 6.17). 把

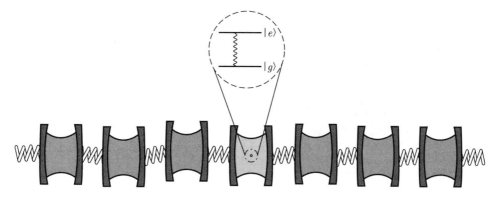

图 6.16　在耦合腔链中的某一个腔中放入一个二能级系统

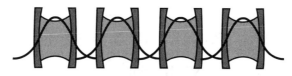

图 6.17　紧束缚模型

一个二能级原子置于其中的一个腔中, 光子和这个原子相互作用并发生散射. 我们可以通过离散傅里叶变换来对角化哈密顿量 $\widehat{H}_{\mathrm{C}}$. 令

$$\widehat{a}_j = \frac{1}{\sqrt{N}} \sum_k \mathrm{e}^{\mathrm{i}kj}\widehat{b}_k, \tag{6.173}$$

其中 $k = \dfrac{\pi n}{l}, n = -l, -l+1, \cdots, l-1, l$. 利用

$$\frac{1}{2l+1} \sum_{j=-l}^{l} \mathrm{e}^{\mathrm{i}(k-k')j} = \delta_{kk'}, \tag{6.174}$$

得到对角化的哈密顿量

$$\widehat{H}_{\mathrm{C}} = \sum_k \omega_k \widehat{b}_k^\dagger \widehat{b}_k, \tag{6.175}$$

其中

$$\omega_k = \omega - 2\xi \cos k \tag{6.176}$$

给出耦合腔中光子的能带结构和色散关系 (见图 6.18).

为了研究耦合腔波导中光子如何在二能级原子上散射, 我们求解本征方程

$$\widehat{H}|k\rangle = E_k|k\rangle, \tag{6.177}$$

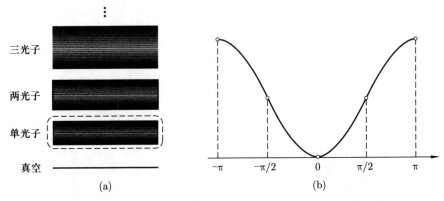

图 6.18   (a) 耦合腔波导的带状结构; (b) 一维耦合腔阵列的色散关系

同时要求 E_k 必须在单光子能带 $\{\hbar\omega_k\}$ 中. 本征函数满足单激发守恒形式, 可以设为

$$|k\rangle = \sum_j u_k(j)\widehat{a}_j^\dagger|0,g\rangle + u_e|0,e\rangle, \tag{6.178}$$

则有 $u_k(j)$ 和 u_e 满足的方程

$$\begin{cases} \omega u_k(j) - \xi[u_k(j-1) + u_k(j+1)] + gu_e\delta_{j0} = E_k u_k(j), \\ \omega_e u_e + gu_k(0) = E_k u_e. \end{cases} \tag{6.179}$$

消除上述方程中的系数 u_e, 我们得到单光子在腔链中运动的本征方程

$$[E_k - \omega - V_j(E_k)]u_k(j) = -\xi[u_k(j+1) + u_k(j-1)], \tag{6.180}$$

其中有效势

$$V_j(E_k) = \frac{g^2\delta_{j0}}{E_k - \omega_e} \tag{6.181}$$

类似于一个 δ 势, 但其大小依赖于入射粒子的能量, 我们称之为局域色散势. 当原子能级 (ω_e) 与光子能量 (E_k) 共振时其强度达到无穷大. 另外, 关于有效局域色散势 $V_j(E_k)$ 的作用, 图 6.19 展示了直观的物理图像:

(1) 当 $E_k < \omega_e$ 时, $V_j(E_k)$ 是一个势阱, 故有束缚态存在;

(2) 当 $E_k = \omega_e$ 时, $V_j(E_k) \to \infty$, 发生共振的全反射;

(3) 当 $E_k > \omega_e$ 时, $V_j(E_k)$ 是一个势垒, 与通常的 δ 势散射的行为类似.

考虑光子振幅在 $j = 0$ 处的连续性条件

$$u_k(0^+) = u_k(0^-). \tag{6.182}$$

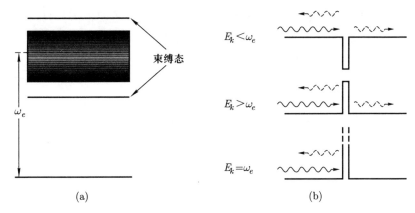

图 6.19　(a) 原子 – 耦合腔波导复合系统的能级结构图; (b) 有效色散势

与连续情况类似, 我们假设有散射解

$$\begin{cases} u_k(j) = e^{ikj} + r e^{-ikj}, & j < 0, \\ u_k(j) = s e^{ikj}, & j \geqslant 0. \end{cases} \tag{6.183}$$

将 (6.183) 式应用到 $j = 0$ 及 $j = \pm 1$ 的情况, 可得

$$u_k(0) = s = 1 + r, \tag{6.184}$$

$$u_k(-1) = e^{-ik} + r e^{ik}, \tag{6.185}$$

$$u_k(1) = s e^{ik} = e^{ik} + r e^{ik}. \tag{6.186}$$

将 (6.184)~(6.186) 式代入 $j = 0$ 时的本征方程 (6.180), 并利用 $V_j(E_k)$ 的定义 (6.181), 可得

$$\left[E_k - \omega + \frac{g^2}{\omega_e - E_k} \right] (1 + r) = -\xi [e^{-ik} + r e^{ik} + (1 + r) e^{ik}], \tag{6.187}$$

或等价的

$$r = \frac{-2\xi \cos k - E_k + \omega - g^2/(\omega_e - E_k)}{E_k - \omega + g^2/(\omega_e - E_k) + 2\xi e^{ik}}. \tag{6.188}$$

最后, 取 $E_k = \omega - 2\xi \cos k$ 并化简, 由此可以得到

$$r = \frac{-g^2}{g^2 + 2i\xi(\omega_e - \omega + 2\xi \cos k) \sin k}. \tag{6.189}$$

再通过关系 $1 + r = s$, 可得透射系数

$$s = \frac{2i\xi(\omega_e - \omega + 2\xi \cos k) \sin k}{g^2 + 2i\xi(\omega_e - \omega + 2\xi \cos k) \sin k}. \tag{6.190}$$

反射系数和透射系数在不同能区会展示不同的性质: 在高能区, 可以把 k 在 $\pm\pi/2$ 附近展开, 有 $\sin k \approx \pm 1$, $\cos k \approx \pi/2 \mp k$, 则有反射系数

$$r = \frac{-g^2}{g^2 + 2\mathrm{i}\xi(\omega_e - \omega_\pi \mp 2\xi k)}, \tag{6.191}$$

其中 $\omega_\pi = \omega - \pi\xi$. 在低能区, 我们在 $k = 0$ 附近展开色散关系, $\cos k \approx 1 - k^2/2$, $\sin k \approx k$, 则有

$$r = \frac{-g^2}{g^2 + 2\mathrm{i}\xi(\omega_e - \omega + 2\xi - \xi k^2)k}. \tag{6.192}$$

引入失谐量 $\Delta = E_k - \omega_e$, 则 (6.191) 式重新写为

$$r = \frac{-g^2}{g^2 - 2\mathrm{i}\xi\Delta\sin k}. \tag{6.193}$$

透射谱的线型如图 6.20(a), (b) 所示, 这两个区域的能带结构如图 6.20(c) 所示. 在失谐量 $\Delta = 0$ 时, 反射系数 $r = 1$, 此时从原子左边入射的光子被全反射.

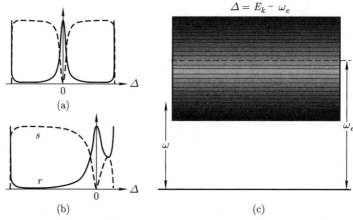

图 6.20 光子在低能和高能区的谱线线型[2]: 以下反射系数 (实线) 与透射系数 (虚线) 随着失谐量 $\Delta = E_k - \omega_e$ 变化. (a) 布雷特 (Breit) – 维格纳线型; (b) 法诺 (Fano) 线型. (c) 能带结构中的有效失谐量 Δ

最后我们展示, 这个系统中存在束缚态, 即光子局域在原子附近的单光子态 (见图 6.21) 时,

$$u_E(j) = \begin{cases} B\mathrm{e}^{-kj} & (j > 0), \\ B\mathrm{e}^{kj} & (j < 0), \end{cases} \tag{6.194}$$

[2]Zhou L, Gong Z R, Liu Y X, Sun C P, and Nori F. Phys. Rev. Lett., 2008, 101: 100501.

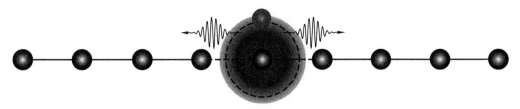

图 6.21 单光子在原子附近的束缚态

其中, $k > 0$ 意味着 $u_E(j \to \pm\infty) \to 0$, 即束缚态局域在 $j = 0$ 附近. 代入运动方程 (6.180), 我们得到

$$\omega + \frac{g^2}{\omega_e - E} - \xi(\mathrm{e}^k + \mathrm{e}^{-k}) = E, \tag{6.195}$$

于是得到能带附近的两个束缚态的能量

$$E_\pm = \frac{1}{2}(\omega_e + \widetilde{E}_k) \pm \frac{1}{2}\sqrt{(\omega_e - \widetilde{E}_k)^2 + 4g^2}, \tag{6.196}$$

其中 $\widetilde{E}_k = E_{ik} = \omega - 2\xi\cosh k$. 根据以上分析, 我们得到原子 – 腔耦合系统的能带结构图.

附录 6.3　关于光学定理的一般证明

在散射振幅的 $\widehat{T}$ 矩阵表达式

$$f(\theta = 0) = f(\boldsymbol{k}' = \boldsymbol{k}, \boldsymbol{k}) = \frac{4\pi^2 m}{\hbar^2}\langle\boldsymbol{k}|\widehat{T}|\boldsymbol{k}\rangle \tag{6.197}$$

中, 转移矩阵

$$\begin{aligned}
\mathrm{Im}\langle\boldsymbol{k}|\widehat{T}|\boldsymbol{k}\rangle &= \mathrm{Im}\langle\boldsymbol{k}|\widehat{V}|\psi_+\rangle \\
&= \mathrm{Im}\left[\langle\psi_+|\widehat{V}|\psi_+\rangle - \langle\psi_+|\widehat{V}\frac{1}{E - \widehat{H}_0 - \mathrm{i}\epsilon}\widehat{V}|\psi_+\rangle\right].
\end{aligned} \tag{6.198}$$

利用主值积分公式

$$\frac{1}{E - \widehat{H}_0 - \mathrm{i}\epsilon} = \mathcal{P}\left(\frac{1}{E - \widehat{H}_0}\right) + \mathrm{i}\pi\delta(E - \widehat{H}_0), \tag{6.199}$$

(6.198) 式右边变为

$$\mathrm{Im}\langle\psi_+|\widehat{V}|\psi_+\rangle - \mathrm{Im}\langle\psi_+|\widehat{V}\mathcal{P}\left(\frac{1}{E - \widehat{H}_0}\right)\widehat{V}|\psi_+\rangle - \mathrm{Im}\langle\psi_+|\widehat{V}\mathrm{i}\pi\delta(E - \widehat{H}_0)\widehat{V}|\psi_+\rangle. \tag{6.200}$$

由于 $\widehat{V}$ 和 $\widehat{V}\mathcal{P}(E-\widehat{H}_0)^{-1}\widehat{V}$ 是厄米的, 则

$$
\begin{aligned}
\operatorname{Im}\langle\boldsymbol{k}|\widehat{T}|\boldsymbol{k}\rangle &= -\pi\langle\boldsymbol{k}|\widehat{T}^\dagger\delta(E-\widehat{H}_0)\widehat{T}|\boldsymbol{k}\rangle \\
&= -\pi\int \mathrm{d}^3\boldsymbol{k}'\langle\boldsymbol{k}|\widehat{T}^\dagger|\boldsymbol{k}'\rangle\langle\boldsymbol{k}'|\widehat{T}|\boldsymbol{k}\rangle\delta\left(E-\frac{\hbar^2 k'^2}{2m}\right) \\
&= -\pi\int \frac{mk}{\hbar^2}|\langle\boldsymbol{k}'|\widehat{T}|\boldsymbol{k}\rangle|^2\mathrm{d}\Omega',
\end{aligned}
\tag{6.201}
$$

于是有光学定理

$$
\operatorname{Im}f(0) = \frac{4\pi^2 m}{\hbar^2}\left(-\frac{\pi mk}{\hbar^2}\int|\langle\boldsymbol{k}'|\widehat{T}|\boldsymbol{k}\rangle|^2\mathrm{d}\Omega'\right) \equiv \frac{k\sigma_{\text{tot}}}{4\pi}.
\tag{6.202}
$$

最后, 我们利用分波法讨论低能散射问题. 假设势的作用范围是 d, 粒子的物质波波长 λ 远远大于 d, $kd \ll 1$. 当 $r > d$ 时, 径向方程在能量 $E \sim 0$ 时变为

$$
\frac{1}{r^2}\frac{\mathrm{d}}{\mathrm{d}r}\left[r^2\frac{\mathrm{d}}{\mathrm{d}r}\rho_l(r)\right] - \frac{l(l+1)}{r^2}\rho_l(r) = 0,
\tag{6.203}
$$

于是

$$
\rho_l(r) \approx a_1 r^l + a_2 r^{-l-1}.
\tag{6.204}
$$

当 $r < d$ 时, 径向方程变为

$$
\frac{1}{r^2}\frac{\mathrm{d}}{\mathrm{d}r}\left[r^2\frac{\mathrm{d}}{\mathrm{d}r}\rho_l(r)\right] - \left[\frac{2mV(r)}{\hbar^2} + \frac{l(l+1)}{r^2}\right]\rho_l(r) = 0.
\tag{6.205}
$$

这时, 先假设有限 k 存在, 然后让它趋近于零,

$$
\rho_l(r) = 2k[b_1 j_l(kr) + b_2 n_l(kr)].
\tag{6.206}
$$

当 $k \to 0$ 时, 有

$$
j_l(x) \sim \frac{x^l}{(2l+1)!!}, \quad n_l \sim \frac{(2l-1)!!}{x^{l+1}},
\tag{6.207}
$$

利用 $r = d$ 处的边界条件, 可得

$$
\frac{a_1}{a_2} = \frac{b_1 k^l/(2l+1)!!}{b_2(2l-1)/k^{l+1}}
\tag{6.208}
$$

与 k 无关, 或 $b_1/b_2 \sim k^{-2l-1}$, 于是我们得到渐近行为

$$
\rho_l(r) \xrightarrow{r\to\infty} \frac{\sin(kr - l\pi/2 + \delta_l)}{r},
\tag{6.209}
$$

其中, $\tan\delta_l = b_2/b_1 \sim k^{2l+1}$, 从而有相移的低能极限

$$
\delta_l \approx k^{2l+1},
\tag{6.210}
$$

对于 s 分波而言, $\delta_0 = -ka$, 这时散射振幅

$$f(\theta) = \frac{1}{2\mathrm{i}k}(\mathrm{e}^{2\mathrm{i}\delta_l} - 1) \approx \frac{-1}{a^{-1} + \mathrm{i}k}. \tag{6.211}$$

由光学定理可得到总的散射截面

$$\sigma = \mathrm{Im}f(\theta = 0) = \frac{4\pi}{k^2}\sin^2\delta_0(k). \tag{6.212}$$

附录 6.4 中心力场中的波函数及其渐近行为

在这个附录中, 我们讨论球对称势 $\widehat{V}(r)$ 中的散射理论, 求解薛定谔方程

$$\left[-\frac{\nabla^2}{2m} + \widehat{V}(r)\right]\psi_{\boldsymbol{k}}^{(+)}(\boldsymbol{r}) = E_{\boldsymbol{k}}\psi_{\boldsymbol{k}}^{(+)}(\boldsymbol{r}), \tag{6.213}$$

其中 $r = |\boldsymbol{r}|$. 由于 $\widehat{V}(r)$ 与 $\boldsymbol{r}$ 的方向无关, 因此 $\{\widehat{\boldsymbol{L}}^2, \widehat{L}_z\}$ 是守恒量完备组. 现在我们分离变量 (分离 r 与 $\widehat{\boldsymbol{r}}$), 其中方向矢量可以用 $\widehat{\boldsymbol{r}} = (\theta, \varphi)$ 极角表示. 在角动量表象 $\{Y_l^m(\widehat{\boldsymbol{r}})\}$ 中, 薛定谔方程可以写为只与 r 有关的一维常微分方程.

在下面的讨论中, 我们做以下符号约定 (以后不再重复): $\boldsymbol{v}$ 表示矢量, v 表示 $\boldsymbol{v}$ 的模 (即 $v = |\boldsymbol{v}|$), $\widehat{\boldsymbol{v}}$ 表示 $\boldsymbol{v}$ 的方向矢量 (沿 $\boldsymbol{v}$ 的方向, 长度为 1), $\theta(\boldsymbol{a}, \boldsymbol{b})$ 表示 $\boldsymbol{a}, \boldsymbol{b}$ 的夹角, 用 $Y_l^m(\widehat{\boldsymbol{r}}) = Y_l^m(\theta, \phi)$ 代表球谐函数, 它们是 $\widehat{\boldsymbol{L}}^2$ 和 $\widehat{L}_z$ 的共同本征函数 (简单起见, 令 $\hbar = 1$):

$$\begin{cases} \widehat{\boldsymbol{L}}^2 Y_l^m(\widehat{\boldsymbol{r}}) = l(l+1)Y_l^m(\widehat{\boldsymbol{r}}), \\ \widehat{L}_z Y_l^m(\widehat{\boldsymbol{r}}) = mY_l^m(\widehat{\boldsymbol{r}}). \end{cases} \tag{6.214}$$

球谐函数和勒让德函数 P_l 的关系是

$$Y_l^m(\widehat{\boldsymbol{r}}) = Y_l^m(\theta, \varphi) = (-1)^m\sqrt{\frac{(2l+1)(l-m)!}{4\pi(l+m)!}}P_l^m(\cos\theta)\mathrm{e}^{\mathrm{i}m\varphi}. \tag{6.215}$$

而平面波的角动量分波展开

$$\begin{aligned} \psi_{\boldsymbol{k}}^{(0)}(\boldsymbol{r}) = \langle\boldsymbol{r}|\boldsymbol{k}\rangle &= \frac{1}{(2\pi)^{3/2}}\mathrm{e}^{\mathrm{i}\boldsymbol{k}\cdot\boldsymbol{r}} = \frac{1}{(2\pi)^{3/2}}\mathrm{e}^{\mathrm{i}kr\cos[\theta(\boldsymbol{k},\boldsymbol{r})]} \\ &= \frac{1}{(2\pi)^{3/2}}\sum_{l=0}^{\infty}(2l+1)\mathrm{i}^l\frac{\widehat{j}_l(kr)}{kr}P_l[\cos[\theta(\boldsymbol{k},\boldsymbol{r})]]. \end{aligned} \tag{6.216}$$

由于 $\psi_{\boldsymbol{k}}^{(0)}(\boldsymbol{r})$ 是 $\boldsymbol{L}\cdot\boldsymbol{k}$ 的本征态, 本征值为 0, 则 $\psi_{\boldsymbol{k}}^{(0)}(\boldsymbol{r})$ 只与 $\theta(\boldsymbol{k},\boldsymbol{r})$ 和 r 有关, 与 $\boldsymbol{r}$ 的另一方位角无关. 其中, 黎卡提 (Riccati) –贝塞尔函数 $\widehat{j}_l(z) = zj_l(z)$, 而 $j_l(z)$ 为球贝塞尔函数. 再利用勒让德函数加法公式

$$P_l[\cos[\theta(\boldsymbol{k}, \boldsymbol{r})]] = \frac{4\pi}{2l+1} \sum_{m=-l}^{l} Y_l^m(\widehat{\boldsymbol{r}}) Y_l^m(\widehat{\boldsymbol{k}})^*, \tag{6.217}$$

可以得到

$$\psi_{\boldsymbol{k}}^{(0)}(\boldsymbol{r}) = \sqrt{\frac{2}{\pi}} \sum_{l=0}^{\infty} \sum_{m=-l}^{l} \mathrm{i}^l \frac{\widehat{j_l}(kr)}{kr} Y_l^m(\widehat{\boldsymbol{r}}) Y_l^m(\widehat{\boldsymbol{k}})^*. \tag{6.218}$$

以下我们讨论径向波函数的性质. 先求解中心力场中粒子的径向薛定谔方程, 并由此计算分波的散射振幅. 做变换 $\psi_{l,\boldsymbol{k}}(r) = r\rho_l(r)$, 则径向薛定谔方程 (6.146) 变为

$$\left(-\frac{1}{2m}\frac{\mathrm{d}^2}{\mathrm{d}r^2} + \frac{l(l+1)}{2mr^2} + V(r)\right)\psi_{l,\boldsymbol{k}}(r) = \frac{k^2}{2m}\psi_{l,\boldsymbol{k}}(r). \tag{6.219}$$

它的解只与 l 有关, 与 m 无关. 作为一个 2 阶 1 维常微分方程, 其边界条件 $(r \to 0)$ 是

$$\psi_{l,\boldsymbol{k}}(r=0) = 0 \quad (与 \ \psi_{\boldsymbol{k}}^{(+)}(r \to 0) \ 的边界条件对应), \tag{6.220}$$

而它在 $r \to \infty$ 的边界条件可以用如下方式得到.

利用

$$\begin{aligned}
\psi_{\boldsymbol{k}}^{(+)}(r \to \infty) &= \frac{1}{(2\pi)^{3/2}} \left[\mathrm{e}^{\mathrm{i}\boldsymbol{k}\cdot\boldsymbol{r}} + f_{\boldsymbol{k}}(r)\frac{\mathrm{e}^{\mathrm{i}kr}}{r} \right] \\
&= \frac{1}{(2\pi)^{3/2}} \left[\mathrm{e}^{\mathrm{i}\boldsymbol{k}\cdot\boldsymbol{r}} - (2\pi)^2 m\langle k\widehat{\boldsymbol{r}}|\widehat{V}|\boldsymbol{k}+\rangle \frac{\mathrm{e}^{\mathrm{i}kr}}{r} \right],
\end{aligned} \tag{6.221}$$

将 $|\boldsymbol{k}\rangle$, $|k\widehat{\boldsymbol{r}}\rangle$, $|\boldsymbol{k}+\rangle$ 的分波展开式代入上式, 最后得到

$$\psi_{\boldsymbol{k}}^{(+)}(r \to \infty) = \sum_{l,m} \sqrt{\frac{2}{\pi}} \frac{\mathrm{i}^l}{kr} [\widehat{j_l}(kr) + kf_l(k)\mathrm{e}^{\mathrm{i}(kr-l\pi/2)}] Y_l^m(\widehat{\boldsymbol{r}}) Y_l^m(\widehat{\boldsymbol{k}})^*, \tag{6.222}$$

其中, 分波散射振幅是

$$f_l(k) = -\frac{2m}{k^2} \int_0^\infty \mathrm{d}r' \widehat{j_l}(kr') V(r') \psi_{l,\boldsymbol{k}}(r'), \tag{6.223}$$

以及

$$\begin{aligned}
f_{\boldsymbol{k}}(\widehat{\boldsymbol{r}}) &= -(2\pi)^2 m\langle k\widehat{\boldsymbol{r}}|\widehat{V}|\boldsymbol{k}+\rangle \\
&= \sum_{l=0}^\infty f_l(k) P_l[\cos(\theta(\boldsymbol{k}, \widehat{\boldsymbol{r}}))](2l+1) \\
&= \sum_{l,m} f_l(k)(4\pi) Y_l^m(\widehat{\boldsymbol{r}}) Y_l^m(\widehat{\boldsymbol{k}})^*.
\end{aligned} \tag{6.224}$$

进一步利用特殊函数渐近形式

$$\lim_{z \to \infty} \widehat{j}_l(z) = \sin\left(z - \frac{l}{2}\pi\right), \tag{6.225}$$

得到无穷远处径向渐近行为

$$\lim_{r \to \infty} \psi_{l,\boldsymbol{k}}(r) = \sin\left(kr - \frac{l}{2}\pi\right) + k f_l(k) \mathrm{e}^{\mathrm{i}(kr - l\pi/2)}, \tag{6.226}$$

其中, 第一项代表了入射波, 而第二项代表了球面出射波.

再注意到在 $r \to \infty$ 时 ($r \gg 1/k$ 且 $V(r) \approx 0$), 径向薛定谔方程中 $V(r)$ 与 $l(l+1)/(2mr^2)$ 均 $\to 0$, 从而薛定谔方程成为

$$-\frac{1}{2m}\frac{\mathrm{d}^2}{\mathrm{d}r^2}\psi_{l,\boldsymbol{k}}(r) = \frac{k^2}{2m}\psi_{l,\boldsymbol{k}}(r). \tag{6.227}$$

因此, $\psi_{l,\boldsymbol{k}}(r \to \infty)$ 可以写成 $\sin(kr - l\pi/2)$ 与 $\exp[\mathrm{i}(kr - l\pi/2)]$ 的线性组合, 其中 $\sin(kr - l\pi/2)$ 的系数为 1.

我们还可以考虑径向波函数边界条件的另一种表达式, 考虑 r 足够大, 以至于 $V(r) \approx 0$ 的区域. 此区域径向薛定谔方程变为

$$\left[-\frac{1}{2m}\frac{\mathrm{d}^2}{\mathrm{d}r^2} + \frac{l(l+1)}{2mr^2}\right]\psi_{l,\boldsymbol{k}}(r) = \frac{k^2}{2m}\psi_{l,\boldsymbol{k}}(r). \tag{6.228}$$

这个方程的两个特解为 $\widehat{j}_l(kr)$ 与 $\widehat{n}_l(kr)$, 其中, $\widehat{n}_l(kr)$ 是所谓的黎卡提 – 诺依曼 (Neumann) 函数. 现在定义 $\widehat{h}_l^{(\pm)}(z) = \widehat{n}_l(z) \pm \mathrm{i}\widehat{j}_l(z)$, 关于 $\widehat{j}_l, \widehat{n}_l, \widehat{h}_l^{(\pm)}$ 的性质在小 l 时的行为, 详见泰勒的专著[③]. 以下我们仅列出其常用性质:

$$\widehat{n}_l(z) \xrightarrow{z \to 0} z^{-l}(2l - 1)!!, \tag{6.229}$$

$$\widehat{j}_l(z) \xrightarrow{z \to 0} \frac{z^{l+1}}{(2l+1)!!}, \tag{6.230}$$

$$\widehat{h}_l^{(\pm)}(z) \xrightarrow{z \to \infty} \mathrm{e}^{\mathrm{i}(z - l\pi/2)}, \tag{6.231}$$

$$\widehat{j}_l(z) \xrightarrow{z \to \infty} \sin\left(z - \frac{l}{2}\pi\right), \tag{6.232}$$

$$\widehat{j}_0(z) = \sin z, \quad \widehat{n}_0(z) = \cos z, \quad \widehat{h}_0^{(\pm)}(z) = \mathrm{e}^{\pm \mathrm{i}z}. \tag{6.233}$$

$\widehat{j}_l(kr)$ 与 $\widehat{h}_l^{(\pm)}(kr)$ 可以叠加出来方程 (6.228) 线性无关的特解, 则前面 $\psi_{l,\boldsymbol{k}}(r)$ 的边界条件也可以表示为

$$\psi_{l,\boldsymbol{k}}(r \to \infty) = \widehat{j}_l(kr) + k f_l(k)\widehat{h}_l^{(+)}(kr), \tag{6.234}$$

[③]Taylor J R. Scattering Theory: The Quantum Theory on Nonrelativistic Collisions. New York: John Wiley & Sons, 1972.

其中

$$f_l = -\frac{2m}{k^2} \int_0^\infty \mathrm{d}r' \widehat{j_l}(kr') V(r') \psi_{l,\boldsymbol{k}}(r').$$ (6.235)

也就是说在 $r \to \infty$ ($V(r) \approx 0$) 时, 可把 $\psi_{l,\boldsymbol{k}}(r)$ 写成 $\widehat{j_l}(kr)$ 与 $\widehat{h_l^{(+)}}(kr)$ 的线性组合, 其中 $\widehat{j_l}(kr)$ 的系数为 1.

注意此边界条件与之前第一种表述是不矛盾的: $\psi_{l,\boldsymbol{k}}(r)$ 在 $V(r) \approx 0$ 的区域都有 $\widehat{j_l}(kr) + k f_l(k) \widehat{h_l^{(+)}}(kr)$ 的行为. 在 $V(r) \approx 0$, 且 $r \gg 1/k$ 的区域, 此行为进一步可近似为

$$\sin\left(kr - \frac{l}{2}\pi\right) + k f_l(k) \mathrm{e}^{\mathrm{i}(kr - l\pi/2)}.$$ (6.236)

以上关于中心力场中粒子运动的薛定谔方程的解的行为可以总结如下:

(1) 平面波分波展开:

$$\langle \boldsymbol{r} | \boldsymbol{k} \rangle = \frac{1}{(2\pi)^{3/2}} \mathrm{e}^{\mathrm{i}\boldsymbol{k}\cdot\boldsymbol{r}} = \sqrt{\frac{2}{\pi}} \sum_{l=0}^\infty \sum_{m=-l}^l \mathrm{i}^l \frac{\widehat{j_l}(kr)}{kr} Y_l^m(\widehat{\boldsymbol{r}}) Y_l^m(\widehat{\boldsymbol{k}})^*.$$ (6.237)

(2) 散射态分波展开:

$$\langle \boldsymbol{r} | \boldsymbol{k}+ \rangle = \sqrt{\frac{2}{\pi}} \sum_{l=0}^\infty \sum_{m=-l}^l \mathrm{i}^l \frac{\psi_{l,\boldsymbol{k}}(r)}{kr} Y_l^m(\widehat{\boldsymbol{r}}) Y_l^m(\widehat{\boldsymbol{k}})^*.$$ (6.238)

(3) 散射振幅分波展开:

$$f_{\boldsymbol{k}}(\widehat{\boldsymbol{r}}) = \sum_{l,m} f_l(k)(4\pi) Y_l^m(\widehat{\boldsymbol{r}}) Y_l^m(\widehat{\boldsymbol{k}})^*$$
$$= \sum_{l=0}^\infty f_l(k) P_l[\cos[\theta(\boldsymbol{k},\widehat{\boldsymbol{r}})]](2l+1),$$ (6.239)

其中

$$f_l(k) = -\frac{2m}{k^2} \int_0^\infty \mathrm{d}r' \widehat{j_l}(kr') V(r') \psi_{l,\boldsymbol{k}}(r').$$ (6.240)

因此, 分波法将计算 $|\boldsymbol{k}+\rangle$, $f_{\boldsymbol{k}}(\widehat{\boldsymbol{r}})$ 转化为计算 $\psi_{l,\boldsymbol{k}}(r)$ 与 $f_l(k)$.

第七章　量子测量与量子力学诠释问题

量子力学的建立奠定了物质科学的基础, 推动了当代的科学技术革命, 深刻地影响了社会经济发展. 然而, 对于量子力学诠释 (interpretation of quantum mechanics) —— 波函数如何刻画微观世界、量子力学如何刻画测量过程, 人们迄今为止尚未达成共识. 量子测量问题是量子力学诠释的核心, 它使得量子力学的哥本哈根诠释本身存在一种二元结构: (1) 微观世界的运动用量子力学描述, 对应一个幺正演化过程 (简称 U 过程); (2) 对量子系统观察或测量依赖于量子系统外部的经典世界 (仪器、观察者、环境), 所借助的波包塌缩是非幺正的, 不能用量子力学的幺正演化描述 (简称 R 过程). 对此, 爱因斯坦、薛定谔和温伯格 (Weinberg) 等一些著名学者提出了尖锐的批评. 80 年过去了, 为克服量子力学的哥本哈根诠释二元论困境, 人们提出了各种各样的量子力学诠释, 包括多世界诠释、量子退相干诠释、自洽历史诠释以及量子达尔文主义等.

7.1　背景: 量子力学基础的二元结构与哥本哈根诠释

量子力学不仅为人类认识微观物质世界奠定了科学基础, 而且推动了核能、激光和半导体等现代技术的创新. 然而, 作为量子力学核心观念的波函数在实际中的意义如何? 如何定义量子测量? 爱因斯坦和玻尔对此展开了激烈的学术争论. 直到今天, 量子力学发展还处在一种二元状态: 量子力学在应用方面一路高歌猛进, 但在基础概念诠释方面却莫衷一是.

事实上, 量子力学的这样一个二元状态, 主要来自附加在玻恩概率诠释之上的 "哥本哈根诠释" 之独有的部分: 外部经典世界存在是诠释量子力学所必需的, 它不服从薛定谔方程, 导致非幺正演化的波包塌缩 —— R 过程, 使得量子力学具有二元化的逻辑结构. 按照波包塌缩对测量的诠释, 虽然量子系统服从薛定谔方程, 但测量它的仪器和观察者却服从经典定律. 然而, 包括爱因斯坦和薛定谔等量子理论的创立者在内的许多物理学家并不满意哥本哈根诠释导致的量子力学二元状态. 1979 年诺贝尔物理学奖得主温伯格在《爱因斯坦的错误》一文中, 直接批评哥本哈根诠释倡导者玻尔对测量过程的讨论:

"量子经典诠释的玻尔版本有很大的瑕疵, 其原因并非爱因斯坦所想象的. 哥本哈根诠释试图描述观测 (量子系统) 所发生的状况, 经典地处理观察者与测量的过程. 这种处理方法肯定是不对的: 观察者与他们的仪器也得遵守同样的量子力学规则, 正如宇宙中的每一个量子系统都必须遵守量子力学规则 …… 哥本哈根诠释明显地可以解释量子系统的量子行为, 但它并没有达成解释的任务, 那就是应用波函数演化确定性方程 (薛定谔方程) 于观察者和他们的仪器."

哥本哈根诠释是由玻尔和海森堡等人在 1925—1927 年间发展起来的量子力学的一种诠释, 对玻恩所提出的波函数的概率诠释进行了推广和引申, 突出地强调了波粒二象性、不确定性原理和互补原理. 人们心目中的量子力学哥本哈根诠释有各种各样的版本, 但其核心内容就是: 若要诠释量子世界, 外部的经典世界必不可少.

大家知道, 微观世界运动的基本规律服从薛定谔方程, 可以用波函数演化描述, 等效地, 也可以用所涉及的不可对易力学量的运动方程和系统定态波函数加以描述. 运动方程的两种描述保证了波函数服从态叠加原理: 如果 $|\phi_1\rangle$ 和 $|\phi_2\rangle$ 满足运动方程, 则它们的线性叠加

$$|\phi\rangle = c_1|\phi_1\rangle + c_2|\phi_2\rangle \quad (|c_1|^2 + |c_2|^2 = 1) \tag{7.1}$$

也满足运动方程. 当 $|\phi_1\rangle$ 和 $|\phi_2\rangle$ 是某一个力学量 $\widehat{A}$ 的本征态 (对应本征值 a_1 和 a_2) 时, 根据玻恩概率诠释, 对 $|\phi\rangle$ 测量 $\widehat{A}$, 只能随机地得到 a_1 或 a_2, 相应的概率是 $|c_1|^2$ 或 $|c_2|^2$. 以上就是玻恩概率诠释的全部内容, 不必附加任何假设, 用它就足以理解各种理论问题和实验中迄今为止得到的所有数据, 它可以预言从基本粒子到宏观固体的诸多物理特性和效应.

哥本哈根诠释引入附加的假设, 本质上是希望从认识论上拓展玻恩概率诠释. 为此, 冯·诺依曼进一步追问测量后的波函数是什么, 并要求对紧接着的重复测量给出相同的结果. 冯·诺依曼先把测量理解为相互作用产生了仪器 (D) 和系统 (S) 的关联或纠缠: 相互作用使总系统 $D+S$ 的波函数演化为一种量子纠缠态:

$$|\psi(0)\rangle = |\phi\rangle \otimes |d\rangle \rightarrow |\psi(t)\rangle = c_1|\phi_1\rangle \otimes |d_1\rangle + c_2|\phi_2\rangle \otimes |d_2\rangle. \tag{7.2}$$

根据 (7.2) 式, 一旦发现了仪器在态 $|d_1\rangle$ 上, 则整个波函数塌缩到 $|\phi_1\rangle \otimes |d_1\rangle$, 从而由仪器状态 $|d_1\rangle$ 读出系统状态 $|\phi_1\rangle$. 自此, 人们把这种波包塌缩现象简化为一个不能由薛定谔方程描述的非幺正过程: 在 $|\phi\rangle$ 上测量 $\widehat{A}$, 一旦得到结果 a_1, 则测量后的波函数变为 $|\phi\rangle$ 的一个分支 $|\phi_1\rangle$. 这个假设的确保证了紧接着的重复测量给出相同的结果.

玻尔不满足于物理层面上的直接描述和数学表达, 对波包塌缩的 "神秘" 行为, 进行了 "哲学" 高度的提升: 只有外部经典世界的存在, 才能引起波包塌缩这种非幺正变化. 外部经典世界 (测量仪器和观察者) 存在是诠释量子力学所必不可少的. 于是, 加上这个波包塌缩假设, 哥本哈根诠释把量子力学全部内容归纳为以下 6 条:

(1) 量子系统的状态用满足薛定谔方程的波函数来描述, 量子系统的力学量用满足海森堡方程和对易关系的算子来描述 (海森堡、薛定谔);

(2) 量子力学对微观的描述本质上是概率性的, 一个事件发生的概率密度是其波函数分量的绝对值平方 (玻恩);

(3) 力学量服从不确定性原理: 一个量子粒子的位置和动量无法同时被准确测量 (海森堡);

(4) 互补原理: 物质具有波粒二象性, 一个实验可以展现物质的粒子行为或波动行为, 但二者不能同时出现 (玻尔);

(5) 对应原理: 大尺度宏观系统的量子行为接近经典行为 (玻尔);

(6) 外部经典世界是诠释量子力学所必需的, 测量仪器必须是经典的 (玻尔、海森堡).

一般说来, (1), (2) 两条构成量子力学标准数学构架, 而作为 "哥本哈根诠释" 主体的后四条, 则不能看成量子力学原理的基本部分. 大家知道, 只要用波函数玻恩诠释给出力学量平均值公式, 就可以推导出不确定关系, 因此第 (3) 条 —— 海森堡不确定关系并不独立于第 (2) 条. 第 (4) 条实质上是前三条的演绎和哲学 "提升", 它凸显了量子力学的基本特性 —— 不能同时用坐标和动量定义微观粒子轨道. 第 (4) 条关于玻尔互补原理的后半句话, 即 "波动性和粒子性在同一个实验中互相排斥, 不能同时出现" 经常被人们忽略, 但它却是互补原理的精髓所在. 玻尔本人甚至认为互补原理可以推广到心理学乃至社会学, 以彰显其普遍性. 当然, 不少人并不认可互补原理的原创物理贡献. 量子力学的奠基者之一, 也被视为哥本哈根学派主力的狄拉克在 1963 年谈到互补原理时说: "我一点也不喜欢它 …… 它没有给你提供任何以前没有的公式." 这件事从侧面反映了互补原理不可以用数学清楚和准确地表达出来.

通过以下具体例子, 我们能够说明上述互补原理的独立性问题. 在粒子双缝干涉实验中, 要探知粒子路径意味着实验强调粒子性, 波动性自然消失, 干涉条纹也随之消失, 发生了退相干. 玻尔互补原理对此进行了哲学性的诠释: 谈论粒子走哪一条缝, 是在强调粒子性, 因为只有粒子才有位置描述; 强调粒子性, 波动性消失了, 随即也就退相干了. 然而, 海森堡用自己的不确定关系对这种退相干现象给出了物理性的解释: 探测粒子经过哪一条缝, 就要对粒子的位置进行精确测量, 从而对粒子的动量产生很大的扰动, 导致粒子物质波的波矢或波长剧烈涨落变化, 从而干涉条纹消失. 海森堡本人认为, 不确定关系很好地印证了互补原理. 玻尔本人也认为不确定关系是波粒二象性的很好展现: Δx 很小, 意味着位置确定, 这对应着粒子性, 这时 Δp 很大, 波矢不确定, 所以波动性消失了.

其实, 哥本哈根诠释第 (5) 条 —— 对应原理可以视为薛定谔方程半经典近似的结果, 可以断定只有第 (6) 条才是 "哥本哈根诠释" 特有的独立部分, 也正是它导致了量子力学诠释的二元论结构: 微观系统服从导致幺正演化的薛定谔方程 (U 过程), 但对其测量过程的描述则必须借助于经典世界, 它导致非幺正的突变 (R 过程). 然而, 正如温伯格指出的, 仪器本身是由微观组元构成, 其每一个组元服从量子力学, 因而经典与量子之间的边界是模糊的. 为了保证哥本哈根诠释理论的自洽性, 就要根据实际需要调整边界的位置, 可以在仪器 – 系统之间, 也可以在仪器 – 人类观察者之间, 甚至可以在视觉神经和人脑之间.

哥本哈根诠释还有一个会引起歧义的地方: 波包塌缩与狭义相对论有表观上的冲突. 例如, 如图 7.1 所示, 一个粒子在 $t = 0$ 时刻局域在一个空间点 A 上, 波函数为 $\psi(x) \sim \sum_p \exp(\mathrm{i}px)$. 在 $t = T$ 时测量其动量得到确定的动量 p, 则波包塌缩为动量本征态 $\sim \exp(\mathrm{i}px)$, 其空间分布在 T 时刻后不再定域, 而是在整个空间均匀分布. 因此, 测量引起的波包塌缩导致了定域性的破坏: 虽然 B 点处在过 A 点的光锥之外 (即 A 和 B 两点距离是类空的, A 和 B 之间不能以小于光的速度传递实物粒子、能量和信息, 通常不存在因果关系), 但在 $t > T$ 的时刻, 我们仍有可能在 B 点发现粒子. 按照狭义相对论, 信号最快是以光的速度传播, 而瞬时发生的波包塌缩现象, 意味着存在 "概率意义" 的超光速 —— T 时刻测量粒子动量会导致系统以一定概率 (通常很小很小)"超光速" 地塌缩到不同的动量本征态上. 这个例子表明, 如果简单地相信波包塌缩是一个基本原理, 就会出现与狭义相对论矛盾的悖论. 事实上, 对于单一的测量, 我们并不能在 B 点确定地发现粒子, 因此, "事件" A 和 B 的联系只是概率性的, 而概率性的 "超光速" 现象和因果关系没有必然联系.

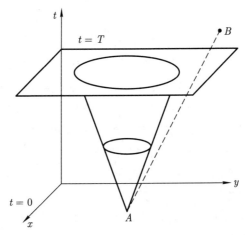

图 7.1 四维时空中的整体波包塌缩: 对 A 点定域态的动量测量, 如果接受哥本哈根诠释, 则会认为系统塌缩到动量本征态, 从而可以出现在类空点 B 上

以上分析表明, 哥本哈根诠释带来概念困难的关键是广为大家质疑的第 (6) 条——

经典仪器的必要性或波包塌缩. 量子力学的其他诠释, 如多世界诠释、退相干诠释乃至隐变量理论, 均是在一定程度上否定这一点.

7.2 测量过程的量子理论

测量是科学定量化描述客体的基本特征. 物理学不仅以测量为其关键, 而且也必须能够描述测量过程本身. 一般来讲, 测量的物理本质是通过相互作用, 用一种已定标了的物理系统 (仪器) 对被测系统进行定量化标定. 然而, 测量对于宏观经典系统和微观量子系统的影响却有很大区别. 对于宏观经典系统而言, 测量装置 (或仪器) 对被测系统状态的反作用可以忽略, 或通过系统误差分析在确定的精确度上扣除测量的影响. 在经典世界里, 对不同物理量的测量原则上可以互不影响, 同时进行. 对于微观量子系统而言, 测量对被测系统的影响原则上却不可忽略. 哥本哈根学派对此进行了过度的哲学解读, 甚至认为测量之前系统的客观属性是不存在的. 当然, 大多数人相信, 微观系统存在独立于主观意识之外的客观属性, 因此希望量子力学应该在这个意义下也是客观的, 能够统一地描述一个量子系统的测量过程 (以下简称量子测量), 包括被测系统和测量装置. 为此, 我们必须回答以下的基本问题: 什么是量子测量? 如何描述量子测量? 测量后的效果是什么?

关于 "测量后系统状态是什么", 波包塌缩假设可以一般地表述如下: 对处于叠加态

$$|\psi\rangle = \sum_n c_n |n\rangle \tag{7.3}$$

上的量子系统, 测量力学量 $\hat{A}$, 其中 $|n\rangle$ 是 $\hat{A}$ 对应于本征值 a_n 的本征函数. 一旦在一次测量中得到确定性的结果 a_n, 则系统波函数变为 $|n\rangle$, 即

$$|\psi\rangle = \sum_n c_n |n\rangle \rightarrow |n\rangle. \tag{7.4}$$

这个假设也叫投影 (projection) 假说或者波函数约化 (reduction) 假说. 它是一个非幺正过程, 不能由量子力学的薛定谔方程描述. 这个假设的出发点, 是要保证第一次测量后的后续测量给出相同结果. 根据玻恩概率诠释, 在塌缩的状态 $|n\rangle$ 上进行 $\hat{A}$ 的第二次测量, 得到确定性结果 a_n.

对于测量后系统的状态怎么改变, 海森堡提出了 "退相干" 的解释. 他认为测量后, 仪器会在系统的叠加态的每一个分支引入随机相位, 即测量后叠加态 $|\psi\rangle = \sum_n c_n |n\rangle$ 变为

$$|\psi_f\rangle = \sum_n c_n e^{i\theta_n} |n\rangle, \tag{7.5}$$

其中 θ_n 为随机相位, 其相对相因子

$$e^{i(\theta_n - \theta_m)} \equiv e^{i\Delta_{nm}} \tag{7.6}$$

也是随机的, 而完全随机性要求

$$\langle e^{i\theta_n} \rangle = 0, \quad \langle e^{i\Delta_{mn}} \rangle = 0, \tag{7.7}$$

即相对于相因子的平均为零.

对系统的上述随机变量 θ_n 或 Δ_{mn} 进行平均, 平均后的系统的密度矩阵是

$$
\begin{aligned}
\overline{\rho}_f \equiv \langle \widehat{\rho}_f \rangle &= \langle |\psi_f\rangle\langle\psi_f| \rangle \\
&= \sum_n |c_n|^2 |n\rangle\langle n| + \sum_{m,n} c_m^* c_n |n\rangle\langle m| \langle e^{i\Delta_{mn}} \rangle = \sum_n |c_n|^2 |n\rangle\langle n|.
\end{aligned} \tag{7.8}
$$

海森堡的上述唯象描述意味着, 测量后的系统完成了从相干的量子状态 $\widehat{\rho}(0)$ 到经典随机态的转变, 即

$$\widehat{\rho}(0) = \sum_n |c_n|^2 |n\rangle\langle n| + \sum_{m\neq n} c_m^* c_n |n\rangle\langle m| \rightarrow \overline{\rho}_f = \sum_n |c_n|^2 |n\rangle\langle n|. \tag{7.9}$$

这种非对角项消逝的过程叫作量子退相干 (quantum decoherence), 退相干后波函数描述的 "量子概率" 变成了经典概率, 波包塌缩就转化为经典概率的随机实现问题. 其实, 根据玻恩概率诠释的第二种描述 —— 观测结果是期望值, 则有第二次测量时的期望值

$$\overline{A}_f = \text{Tr}(\widehat{A}\overline{\rho}_f) = \sum_n |c_n|^2 \langle n|\widehat{A}|n\rangle, \tag{7.10}$$

与开始测量时的期望值

$$\overline{A}(0) = \text{Tr}(\widehat{A}(0)\widehat{\rho}(0)) = \sum_n |c_n|^2 \langle n|\widehat{A}|n\rangle \tag{7.11}$$

一样. 因此, 海森堡的退相干假设与波包塌缩假设都能满足可重复性的要求, 可重复性要求并不能排除波包塌缩以外的其他假设.

如果把测量过程描述为海森堡提出的退相干过程, 则可以不借助任何经典理论而只用量子力学来表述测量过程. 冯·诺依曼首先把测量考虑为系统和仪器相互作用的结果. 他考虑到被测系统 S 和测量仪器 D 可以构成一个封闭系统, 显然, 它服从量子力学幺正演化定律. 对 S 的力学量 $\widehat{A}$ 进行测量, 通常要求 $\widehat{A}$ 是 S 的守恒量, 即 $[\widehat{H}_S, \widehat{A}] = 0$ ($\widehat{H}_S$ 是系统 S 的自由哈密顿量), 非守恒量原则上是不能被严格测量的. 设仪器 D 的哈密顿量为 $\widehat{H}_d$, 而它与 S 的相互作用部分 $\widehat{V}$ 也不会影响系统的演化, 即

$$[\widehat{H}_S, \widehat{V}] = 0, \tag{7.12}$$

于是, 有总体哈密顿量

$$\widehat{H} = \widehat{H}_S + \widehat{H}_d + \widehat{V}. \tag{7.13}$$

$\widehat{H}_S$ 和 $\widehat{A}$ 的共同波函数记为 $|n\rangle$, 即

$$\widehat{A}|n\rangle = a_n|n\rangle, \tag{7.14}$$

$$\widehat{H}_S|n\rangle = E_n|n\rangle. \tag{7.15}$$

与相互作用可对易的要求进一步给出

$$\widehat{V}|n\rangle = \widehat{V}_n(D)|n\rangle, \tag{7.16}$$

其中 $\widehat{V}_n = \widehat{V}_n(D)$ 代表了对系统状态 (用 n 标志) 的依赖. 设总系统开始时处在初态

$$|\psi(0)\rangle = \left(\sum_n c_n|n\rangle\right) \otimes |d\rangle, \tag{7.17}$$

其中 $|d\rangle$ 是仪器初态, 则在测量过程中, 波函数变为一个纠缠态:

$$
\begin{aligned}
|\psi(t)\rangle &= \mathrm{e}^{-\mathrm{i}(\widehat{H}_S + \widehat{H}_d + \widehat{V})t} \sum_n c_n|n\rangle \otimes |d\rangle \\
&= \sum_n \mathrm{e}^{-\mathrm{i}E_n t} c_n|n\rangle \otimes \mathrm{e}^{-\mathrm{i}(\widehat{H}_d + \widehat{V}_n(D))t}|d\rangle \\
&\equiv \sum_n c_n|n(t)\rangle \otimes |d_n(t)\rangle,
\end{aligned}
\tag{7.18}
$$

其中

$$|d_n(t)\rangle = \mathrm{e}^{-\mathrm{i}(\widehat{H}_d + \widehat{V}_n)t}|d\rangle \tag{7.19}$$

代表了对应着系统状态 $|n\rangle$ 的仪器 D 的状态. 如果在 t 时刻仪器状态是正交的, 即

$$\langle d_n(t)|d_m(t)\rangle = \delta_{mn}, \tag{7.20}$$

这时, $|\psi(t)\rangle$ 是一个关于基矢 $|n\rangle$ 的施密特分解, c_n 恰为施密特系数, 则称这个特殊的相互作用实现了一个理想的预测量 (pre-measurement). 显然, 预测量过程 $|\psi(0)\rangle \rightarrow \sum_n c_n|n\rangle \otimes |d_n\rangle$ 既是幺正的, 也无须显式地引入随机相位假设.

如果观察者不介意系统以外的部分及其状态是什么, 这种 "忽视" 意味着对系统以外的自由度求迹, 于是得到系统的末态

$$
\begin{aligned}
\widehat{\rho}_S(t) &= \mathrm{Tr}_d(|\psi(t)\rangle\langle\psi(t)|) \\
&= \sum_n |c_n|^2|n\rangle\langle n| + \sum_{m \neq n} c_m^* c_n|n\rangle\langle m| \otimes F_{mn}(t),
\end{aligned}
\tag{7.21}
$$

其中系统外部波函数的重叠积分

$$F_{mn}(t) = \langle d_m(t)|d_n(t)\rangle \qquad (7.22)$$

被称为退相干因子. 对于理想测量, 重叠积分

$$F_{mn}(t) \to 0, \qquad (7.23)$$

即测量会导致退相干产生.

仪器 – 系统相互作用形成两者的量子纠缠态 (7.18), 导致了预测量. 其解释是基于冯·诺依曼本人提出的波包塌缩假设: 在纠缠态 $|\psi(t)\rangle = \sum_n c_n|n\rangle \otimes |d_n\rangle$ 上, 由于 $|d_n\rangle$ 是一个宏观态, 不施以干扰就能观察到 $|d_n\rangle$, 则总体便塌缩到 $|n\rangle \otimes |d_n\rangle$, 由此推断出系统在 $|n\rangle$ 上. 那么, 怎么判断仪器在 $|d_n\rangle$ 上? 必须有第二个仪器 $D(2)$ 测量第一个仪器 $D(1) = D$. 依此下来, 就有一个仪器链 —— 冯·诺依曼链, 那么冯·诺依曼链的末端是什么? 维格纳等人认为必须是一个有意识的观察者, 通过测量得到结果的过程是一个有观察者介入的过程, 因此通过包含主观要素的测量确定下来的微观系统的性质, 不能独立于人的意识而存在. 这个结论显然有悖常识, 但其实质是采用了很多人反对的波包塌缩假设.

7.3   量子测量的典型例子: 施特恩 – 格拉赫实验

本节用施特恩 (Stern) – 格拉赫 (Gerlach) 实验 (简称 SG 实验) 来展示以上描述的量子测量过程 —— 由末态底片上银原子的空间分布 "测量" 银原子的自旋. 从初态

$$|\Psi(0)\rangle = (c_+|\uparrow\rangle + c_-|\downarrow\rangle) \otimes |\psi(0)\rangle \qquad (7.24)$$

到纠缠态

$$|\Psi(t)\rangle = c_+|\uparrow\rangle \otimes |\psi_+(x,t)\rangle + c_-|\uparrow\rangle \otimes |\psi_-(x,t)\rangle \qquad (7.25)$$

的演化, 代表了一个典型的预测量过程. 从装置出来的银原子初态空间部分 $|\psi(0)\rangle$ 近似为一个高斯波包, 内态部分处在 "自旋态" $|\uparrow\rangle$ 和 $|\downarrow\rangle$ 的相干叠加上, 然后在非均匀磁场作用下空间状态分为两个波包. 理想预测量的条件 $\langle\psi_+|\psi_-\rangle \to 0$ 意味着在底片上空间波函数 $\psi_+(x,t)$ 和 $\psi_-(x,t)$ 重叠积分为零, 如图 7.2 所示. 施特恩 – 格拉赫实验反映了这样一种关联, 即从原子的空间分布 (在胶片上的两个斑点) 可以读出内部状态自旋的存在.

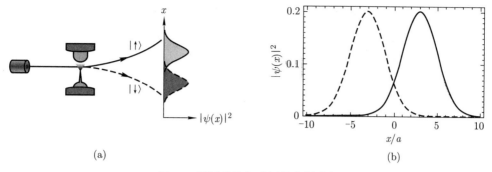

图 7.2   通过非均匀磁场的高斯波包

事实上, 考虑磁矩为 μ、质量为 m 的粒子在沿 x 方向的非均匀磁场中运动的哈密顿量是

$$\widehat{H} = \frac{\widehat{p}^2}{2m} - \mu B(\widehat{x})\widehat{\sigma}_3. \tag{7.26}$$

把磁场对空间的依赖近似地线性化到 x 的一阶项, $B(\widehat{x}) \approx \partial_x B(x)|_{x=0}\widehat{x}$, 上式可以重新写成

$$\widehat{H} = \frac{\widehat{p}^2}{2m} - f\widehat{x}\widehat{\sigma}_3. \tag{7.27}$$

在经典意义下, $f = \mu\partial_x B(x)|_{x=0}$ 代表磁矩在非均匀磁场中的受力.

设系统的初态是

$$\langle x|\Psi(0)\rangle = (c_+|\uparrow\rangle + c_-|\downarrow\rangle) \otimes \psi(x), \tag{7.28}$$

其中

$$\psi(x) = \left(\frac{1}{2\pi a^2}\right)^{1/4} \mathrm{e}^{-x^2/(4a^2)} \tag{7.29}$$

是一个高斯波包. 在磁场中, 处在自旋态 $|\uparrow\rangle$ 和 $|\downarrow\rangle$ 上的粒子将分别受到方向相反的力 $\pm f$ 的作用, 在运动过程中空间部分分裂为两束, 即两个高斯波包. 这个现象可以用总体波函数的时间演化描述:

$$\begin{aligned}
|\Psi(t)\rangle &= \mathrm{e}^{-\mathrm{i}\widehat{H}t}|\Psi(0)\rangle \\
&= c_+|\uparrow\rangle \otimes \mathrm{e}^{-\mathrm{i}(\widehat{p}^2/(2m)-f\widehat{x})t}|\psi\rangle + c_-|\downarrow\rangle \otimes \mathrm{e}^{-\mathrm{i}(\widehat{p}^2/(2m)+f\widehat{x})t}|\psi\rangle.
\end{aligned} \tag{7.30}$$

在坐标表象中进行计算, 最后得到的波函数是

$$\langle x|\Psi(t)\rangle = c_+|\uparrow\rangle \otimes \psi_+(x) + c_-|\downarrow\rangle \otimes \psi_-(x), \tag{7.31}$$

其中

$$\psi_\pm(x) = \frac{(a^2/2\pi)^{1/4}}{\sqrt{a^2+\mathrm{i}t/2m}} \exp\left\{-\frac{\mathrm{i}f^2t^3}{6m} - \frac{[x \mp ft^2/(2m)]^2}{4(a^2+\mathrm{i}t/2m)} \pm \mathrm{i}ftx\right\} \tag{7.32}$$

就是分别与 $|\uparrow\rangle$ 和 $|\downarrow\rangle$ 相关联的空间分布, 理想的情况下它们对应于胶片上两个可以分辨的亮点. 如上所述, 一个理想的测量要求实验能够很好地区分 $\psi_+(x)$ 和 $\psi_-(x)$, 则要考虑它们的重叠积分是否为零. 若 $\langle\psi_+|\psi_-\rangle = 0$, 则称测量为理想的; 若 $\langle\psi_+|\psi_-\rangle \neq 0$, 则称测量为非理想的. 在上述施特恩 – 格拉赫实验中, 重叠积分为

$$|F(t)| = |\langle\psi_+|\psi_-\rangle| = \exp\left(-2a^2f^2t^2 - \frac{f^2t^4}{8a^2m^2}\right). \tag{7.33}$$

显然 $F(t \to \infty) = 0$, 即经过足够长的时间, $\langle\psi_+|\psi_-\rangle \to 0$, 则施特恩 – 格拉赫实验实现了一个理想的量子预测量.

7.4 量子退相干、环境辅助量子测量与薛定谔猫

以上阐述的量子测量理论存在一个问题: 由于 $|\psi\rangle = \sum_n c_n|n\rangle \otimes |d_n\rangle$ 也可以在另一组基上表达为 $|\psi\rangle = \sum_n b_n|\phi_n\rangle \otimes |d_n'\rangle$ ($|\phi_n\rangle$ 是 $\{|n\rangle\}$ 的线性组合), 可以根据系统任何给定的基矢 $|\phi_n\rangle$ 进行施密特分解, 相互作用导致的抽象的纠缠态 $|\psi\rangle$ 无法直接描述量子测量, 因为我们无法预先知道为什么要选基矢 $\{|n\rangle\}$ 而不是 $\{|\phi_n\rangle\}$. 这就是所谓的预选基 (preferred basis) 问题.

为了克服这种 "预选基" 困难, 楚雷克 (Zurek) 等人在冯·诺依曼量子测量模型中引入了系统 – 仪器与环境的作用, 系统 – 仪器形成的复合系统进一步再与环境量子纠缠. 事实上, 我们假设系统 – 仪器的复合系统被置于一个环境 E 中, 其初态为 $|e\rangle$. 设 $\{|n\rangle|n = 1, 2, \cdots\}$ 是被测系统希尔伯特空间 V_S 的完备正交基矢, $\{|d_n\rangle|n = 1, 2, \cdots\}$ 是仪器希尔伯特空间子空间相应的一组矢量. 量子测量过程可表达为由因子化初态

$$|\psi(0)\rangle = \left(\sum_n c_n|n\rangle\right) \otimes |d\rangle \otimes |e\rangle \tag{7.34}$$

到量子纠缠态

$$|\psi(t)\rangle = \sum_n c_n|n\rangle \otimes |d_n\rangle \otimes |e_n\rangle \equiv \sum_n c_n|n, d_n\rangle \otimes |e_n\rangle \tag{7.35}$$

的时间演化, 其中 $|d\rangle$ 是仪器初态, $|e\rangle$ 是环境的初态, $|e_n\rangle$ 是环境通过特定相互作用产生的与仪器系统相关联的末态.

在量子测量的上述描述中, 量子退相干的出现是动力学产生量子纠缠的必然结果. 考察量子态 (7.35) 对应的约化密度矩阵

$$\hat{\rho}_S(t) = \sum_n |c_n|^2|n, d_n\rangle\langle n, d_n| + \sum_{m \neq n} c_n c_m^*|n, d_n\rangle\langle m, d_m|\langle e_m|e_n\rangle, \tag{7.36}$$

如果测量是理想的, 它能够 "很好地区分" 仪器状态, 环境态的重叠积分

$$\langle e_m | e_n \rangle = \int \psi_m^*(q) \psi_n(q) \mathrm{d}q \tag{7.37}$$

必须趋近于零. 其中, q 笼统代表环境的集体坐标 $\psi_n(q) = \langle q | e_n \rangle$. 于是, 约化密度矩阵变成了一个混合态:

$$\widehat{\rho}_S(t) = \widehat{\rho}_d(t) \equiv \sum_n |c_n|^2 |n, d_n\rangle\langle n, d_n|. \tag{7.38}$$

这就是说, 环境选择了特定的系统 – 仪器因子化基矢 $|n, d_n\rangle$ 进行退相干, 形成理想的经典关联 (7.38), 从而形式上解决了偏好基矢问题.

在因子化基矢 $|n, d_n\rangle$ 形成的经典关联 (7.38) 中, 仪器的状态直接对应着系统的状态 $|n\rangle$, 而一旦换了环境基矢, 这种理想的对应就不再存在. 具体地讲, 如果由 $|e_n\rangle$ 的线性组合构成新的环境基矢 $|e_n'\rangle$, 则由 $|\psi(t)\rangle = \sum_n c_n' |z_n\rangle \otimes |e_n'\rangle$ 给出的系统 – 仪器的约化密度矩阵中, $|z_n\rangle$ 会是 $|n, d_n\rangle$ 的线性组合, 不再是因子化的, 这使得仪器与系统状态的理想对应消失了, 从而导致新的约化密度矩阵无法表征仪器状态并对系统态标定. 现在的关键问题是要明确什么情况下重叠积分 (7.37) 为零, 而且要在很短的时间内变为零. 如果把环境想象成一个由 N 个无相互作用粒子组成的宏观物体, 其状态必为其组元状态的 N 重直积, 即具有因子化结构

$$|e_n\rangle = \prod_{j=1}^{N} |e_n(j)\rangle, \tag{7.39}$$

于是退相干因子变为

$$F_{mn}(t) = \prod_{j=1}^{N} F_{mn}(j, t) \equiv \prod_{j=1}^{N} \langle e_m(j) | e_n(j) \rangle. \tag{7.40}$$

由于 $F_{mn}(j, t) = |\langle e_m(j) | e_n(j) \rangle| \leqslant 1$, 当 N 趋于无穷大时, N 个小于 1 的量之积有可能变为零, 即 $F_{mn}(t) \xrightarrow{N \to \infty} 0$, 于是

$$\widehat{\rho}_S(t) \to \widehat{\rho}_d(t). \tag{7.41}$$

这表明, 因子化环境导致了仪器和系统之间的经典关联. 事实上, 因子化结构是量子测量动力学模型的普遍要求, 在附录 7.1 中, 我们将详细介绍一个具体的有因子化结构的量子测量动力学模型 —— 海普 (Hepp) – 科尔曼 (Coleman) 模型.

对于两态系统, 退相干后的约化密度矩阵 $\widehat{\rho} = |c_1|^2 |1, d_1\rangle\langle 1, d_1| + |c_2|^2 |2, d_2\rangle\langle 2, d_2|$ 代表了关联是以经典概率的方式出现. 如果由 $|1\rangle$ 代表明天下雨, $|2\rangle$ 代表不下雨, $|d_1\rangle$

和 $|d_2\rangle$ 代表预报的结果, 这个密度矩阵描述了明天下雨的概率为 $|c_1|^2$, 不下雨的概率为 $|c_2|^2$, 这是一种经典随机现象, 没有任何量子相干效应, 不依赖于观察者的主观测量. 测量是一个产生经典关联的动力学过程, 无须基于波包塌缩假设! 上述关于量子测量导致量子退相干的讨论, 无须引入 "不可控制扰动" 的主观参与的观念: 把量子退相干或波包塌缩理解为相干条纹的消失, 便可利用系综的观念解释现有实验的一切问题, 而不必强调单粒子测量的随机塌缩的假设.

其实, 环境诱导退相干的概念来源于人们解决所谓的 "薛定谔猫佯谬" 的理论探索. 为什么常态下像 "薛定谔猫" 这样宏观物体不会展现量子相干性? 泽和朱斯认为, 宏观物体必定和外部环境相互作用, 即使组成环境的单个微粒与宏观物体碰撞时能量交换可以忽略不计, 环境也能够与宏观物体形成量子纠缠, 记录宏观物体的运动信息, 从而发生量子退相干. 量子退相干理论最近已引起物理学界的极度重视, 一个重要原因是量子计算机研究的兴起. 量子计算利用量子相干性 —— 量子并行和量子纠缠以增强计算能力, 而退相干对其物理实现造成了巨大障碍, 如何克服退相干带来的误差是量子计算的瓶颈问题.

20 世纪 90 年代初, 人们意识到上述讨论可以帮助我们解决薛定谔猫佯谬: 对于宏观物体 —— 薛定谔猫而言, 我们必须视其为一个多自由度系统, 猫的死与活代表了集体自由度. 作为一个宏观物体通常会发生环境诱导的退相干, 即使把它与外界环境隔离, 内部自由度也会对集体自由度起到环境的作用, 我们称之为内部环境. 因此, 完整的薛定谔猫的状态应该写成

$$|猫态\rangle = \frac{1}{\sqrt{2}} \left(|死\rangle \otimes \prod_{j=1}^{N} |d_j\rangle + |活\rangle \otimes \prod_{j=1}^{N} |l_j\rangle \right). \tag{7.42}$$

这时, 如果我们不在乎猫的内部状态, 只关心猫的 "死" 与 "活", 我们只须采用猫的约化密度矩阵

$$\begin{aligned} \widehat{\rho} &= \mathrm{Tr}_E(|猫态\rangle\langle猫态|) \\ &= \frac{1}{2}(|死\rangle\langle死| + |活\rangle\langle活|) + \frac{1}{2}(|死\rangle\langle活|F + |活\rangle\langle死|F^*), \end{aligned} \tag{7.43}$$

其中退相干因子

$$F = \prod_{j=1}^{N} \langle d_j|l_j\rangle \tag{7.44}$$

是猫的微观组元状态 $|d_j\rangle$ 和 $|l_j\rangle$ 重叠积分的乘积. 由于 $|\langle d_j|l_j\rangle| \leqslant 1$, 则在宏观极限 $N \to \infty$ 时, $F \to 0$, 薛定谔猫密度矩阵的非对角元消失, 即不存在死猫和活猫之间的相干叠加. 当然, 在超冷、高压等极端条件下, 还是有可能存在宏观物体的相干叠加

态, 如超导、超流和玻色 – 爱因斯坦凝聚. 薛定谔猫佯谬的出现, 是由于人们在谈论它的时候, 没有考虑内部自由度, 而内部自由度形成了一个环境, 它会导致猫的集体状态 "死" 和 "活" 之间没有长寿命的相干叠加.

对于上述薛定谔猫佯谬问题分析, 人们可能会提出以下质疑: 为什么不同的集体态 $|死\rangle$ 和 $|活\rangle$ 会与不同的内部状态 $\prod_{j=1}^{N} |d_j\rangle$ 和 $\prod_{j=1}^{N} |l_j\rangle$ 相关联? 如果内部状态 $|d_j\rangle = |l_j\rangle$ 对所有的 j 成立, 则退相干因子 $\prod_{j=1}^{N} \langle d_j|l_j\rangle$ 必为 1, 因而不存在量子退相干. 然而一般讲来, 对于实际的物理问题, 这是不可能的. 由于薛定谔猫是一个宏观物体, 它具有非常大的希尔伯特空间和特别密集的能谱. 由于能级间隔很小, 内部状态即便经历了一个很小的扰动, 也很容易跃迁到不同的状态上, 这种不稳定性会导致 $|死\rangle$ 和 $|活\rangle$ 关联的内部状态不一样. 从而, 不同的内部状态会对 "死" 和 "活" 的集体自由度产生不同的影响.

其实在环境的影响下, 宏观物体的退相干速度很快. 针对各种实际的宏观粒子, 泽和朱斯仔细地研究了它们在各种环境中空间运动的退相干问题, 他们得到一般的系统约化密度矩阵的坐标表示

$$\rho(x, x') = \rho(x, x', 0)\mathrm{e}^{-\Lambda t(x-x')^2}, \tag{7.45}$$

其中局域化因子

$$\Lambda = \frac{q^2 N v \sigma_{\mathrm{eff}}}{V} \tag{7.46}$$

取决于环境粒子在宏观物体上的有效散射截面 σ_{eff}. 表 7.1 中给出了各种尺度物体的局域化因子. 它表明了在多数情况下, 宏观物体的相干性会迅速消失. 例如, 实验室 "真空" 中的一粒尘埃, 它的相干性在 10^{-23} s 内就消失了.

表 7.1　各种尺度物体的局域化因子 (单位: $\mathrm{cm}^{-2} \cdot \mathrm{s}^{-1}$)

环境	10^{-3} cm (尘埃)	10^{-5} cm (尘埃)	10^{-6} cm (大分子)
宇宙背景辐射	10^6	10^{-6}	10^{-12}
300 K 光子	10^{19}	10^{12}	10^6
地球表面阳光	10^{21}	10^{17}	10^{13}
空气分子	10^{36}	10^{32}	10^{30}
实验室真空 (10^3 颗粒/cm^3)	10^{23}	10^{19}	10^{17}

7.5   量子力学的多世界诠释 —— 相对态表述

在量子力学幺正演化的框架内, 多世界诠释无须引入任何附加的假设, 就能自洽地描述量子测量问题. 隐变量理论在理论体系上超越了量子力学框架, 本质上是比量子力学更基本的理论, 但由于它与贝尔不等式相互矛盾, 因此不能作为解决量子测量问题的候选者. 自 20 世纪 80 年代初开始, 人们又提出了各种看似形式迥异的量子力学诠释, 如退相干理论、自洽历史诠释、粗粒化退相干历史和量子达尔文主义等. 后来经深入研究, 人们意识到, 这些诠释大致上是多世界诠释思想的拓展和推广.

量子力学的多世界诠释最早出现在于埃弗里特 (Everett) 的博士论文中. 1957 年,《现代物理评论》发表了这个博士论文的简化版. 发表文章的题目 "量子力学的相对态表述" 在科学上表述得很准确, 但文章发表后却被学界冷落多年. 20 世纪 60 年代末, 德威特 (DeWitt) 在研究量子宇宙学问题时, 重新发现了这个 "世界上保守好的秘密", 并把它更名为 "多世界理论". 这个引人注目的名称复活了埃弗里特沉寂多年的观念, 也引起了诸多新的误解和争论.

多世界诠释认为, 微观世界中的量子态是不能孤立存在的, 它必须相对于它外部, 包括仪器、观察者乃至环境中各种要素在内的一切加以定义. 因此, 微观系统不同分支量子态 $|n\rangle$ 也必须相对于仪器状态 $|d_n\rangle$、观察者的状态 $|o_n\rangle$、环境的状态 $|e_n\rangle$ 等来确定. 因此, 微观系统状态嵌入一个如下的世界波函数或称宇宙波函数 (universal wavefunction) 之中:

$$|\varphi\rangle = \sum_n c_n |n\rangle \otimes |d_n\rangle \otimes |o_n\rangle \otimes \cdots \otimes |e_n\rangle. \tag{7.47}$$

它是所有分支波函数的叠加, 不能独立存在. 埃弗里特等人认为, 如果考虑全了整个世界的各个部分细节, c_n 可以对应于微正则系综 $c_n = 1/\sqrt{N}$, N 是宇宙所有微观状态数. 进一步可以证明, 不必预先假设玻恩规则, 通过粗粒化, 即可以得到 $|c_n|^2$ 代表事件 n 发生的概率. 当然, 这种处理取决于人们对概率起因 (主观的还是客观的) 的理解.

多世界诠释还认为, 量子测量过程是相互作用导致的世界波函数的幺正演化过程, 测量结果就存在于它的某一个分支之中. 每一个分支都是 "真实" 存在的, 只是作为观察者 "你" "我" 恰好处在那个分支中. 薛定谔猫在死 (活) 态上, 对应着放射性的核处在激发态 $|1\rangle$ (基态 $|0\rangle$) 上, 这时观察者观测到了猫是死 (活) 的, 我们写下猫态

$$|猫态\rangle = \frac{1}{\sqrt{2}}(|-\rangle + |+\rangle) \equiv \frac{1}{\sqrt{2}}(|死\rangle \otimes |1\rangle \otimes |o_1\rangle + |活\rangle \otimes |0\rangle \otimes |o_0\rangle). \tag{7.48}$$

多世界诠释认为, 在上述的多分量叠加态中, 两个分支

$$|-\rangle = |死, 1, o_1\rangle \equiv |死\rangle \otimes |1\rangle \otimes |o_1\rangle, \tag{7.49}$$

$$|+\rangle = |活, 0, o_0\rangle \equiv |活\rangle \otimes |0\rangle \otimes |o_0\rangle \tag{7.50}$$

都是真实存在的. 测量得到某种结果, 如猫还活着, 只是因为观察者恰好处在 $|+\rangle$ 这个分支中, 如图 7.3 所示.

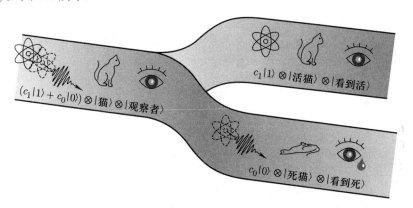

图 7.3 "薛定谔猫佯谬" 多世界图像. 处在基态 $|0\rangle$ 和激发态 $|1\rangle$ 叠加态上的放射性核, 通过某种装置与猫发生相互作用. 处在 $|1\rangle$ 态的核会辐射, 触动某种装置杀死猫, 而处在 $|0\rangle$ 态的核不辐射, 猫活着. 这个相互作用结果使得世界处在两个分支上: 在 "死猫" 的分支上, 核辐射了, 杀死了猫, 观察者悲伤, 也看到了这个结果, 整个世界也为之动容; 在 "活猫" 分支上, 没有辐射, 没有猫死, 没有悲伤的观察者和悲切的世界. 两个分支都存在, 但观察者们不会互知彼此

如果上述理论诠释仅仅到此为止, 人们会质疑多世界理论, 视之为形而上学: 仅说碰巧观察者待在一个分支内, 观察者在不同分支里看到了不同的结果, 观察者便 "一分为二" 了, 人们显然不会接受这种看似荒诞的本体论世界观. 然而, 埃弗里特和德威特利用不附加任何假设的量子力学理论, 自洽地说明不同分支之间, 不能交流任何信息. 因此, 在特定的一个分支内, 观察者 "看到" 的结果是唯一的. 我们通过明确定义什么是客观的量子测量, 严格地证明这个结论. 在方法论的层面上, 埃弗里特的多世界诠释与量子色动力学 (QCD) 非常类似: QCD 假设了夸克, 但 "实验观察" 并没有直接看到夸克的存在, 所幸 QCD 本身预言了渐近自由, 它意味着夸克可能被禁闭, 两个夸克离得越近, 它们相互作用越弱, 反之在一定程度上, 距离越远, 相互作用越强, 因而不存在自由夸克. 当然, 严格地讲, 渐近自由是依据微扰 QCD 证明的, 而禁闭问题本质可能是非微扰的.

理论本身可以解释理论预言与经验的表观矛盾, 这一点正是成功理论的深邃和精妙所在. 作为理论中间的要素, 不自由的夸克和不可观测的世界分裂都是一样的 "真

实", 其关键是量子力学的多世界诠释能否自证 "世界分裂" 的不可观测性. 事实上, 为了证明多世界诠释中世界的分裂是不可观测的, 埃弗里特首先明确了什么是 "观察" 或 "测量". 测量是系统和仪器之间形成经典关联, 如果要求这种关联是理想的, 则要求对应于不同系统分支态的仪器态是正交的 (完全可以区分). 如果观察者可以用另外的仪器去测量原来的仪器状态, 得到相同的对应读数, 则两个仪器间形成理想的经典关联.

假设观察者 A 和 B 一起测量系统 S, 如果 A 和 B 与系统 S 分别形成相同的经典关联, 则我们说 A 和 B 观察 S 得到了相同的结果. 我们先假设三者的相互作用导致系统演化到一个我们称之为世界波函数的纠缠态

$$|\varphi\rangle = \sum_s c_s |s, a_s, b_s\rangle, \tag{7.51}$$

在每一个分支

$$|s, a_s, b_s\rangle \equiv |s\rangle \otimes |a_s\rangle \otimes |b_s\rangle \tag{7.52}$$

中, $\{|s\rangle\}$ 是系统的完备的基矢, $\{|a_s\rangle\}$ 和 $\{|b_s\rangle\}$ 分别是与系统基矢 $|s\rangle$ 相对应的观察者 A 和 B 的量子态基矢. 为了简单起见, 一般情况下 $|b_s\rangle$ 可以代表系统和观察者 A 以外的世界所有部分, 包括观察者 B 和整个环境, 通常不预先要求它们是正交的.

由于 B 是宏观的, 则它对量子态 $|s\rangle$ 的反映是敏感的, 理想测量条件满足: $\langle b_s | b_{s'} \rangle = \delta_{ss'}$. "忽略" 掉 B 的自由度, 系统和观察者 A 之间形成一个经典关联:

$$\widehat{\rho}_{SA} = \text{Tr}_B(|\varphi\rangle\langle\varphi|) = \sum_s |c_s|^2 |s, a_s\rangle\langle s, a_s|. \tag{7.53}$$

进而, 如果观察者 A 的态是正交的, $\langle a_s | a_{s'} \rangle = \delta_{ss'}$, 则 $\widehat{\rho}_{SA}$ 代表一种 "理想" 的经典关联. 同样, 如果 A 是宏观的, "忽略" 掉 A 的自由度, 我们得到 S 和 B 之间的关联

$$\widehat{\rho}_{SB} = \text{Tr}_A(|\varphi\rangle\langle\varphi|) = \sum_s |c_s|^2 |s, b_s\rangle\langle s, b_s|. \tag{7.54}$$

这时, 如果观测的对象是系统的力学量 $\widehat{A}$, $|s\rangle$ 是它的本征态, $\widehat{A}|s\rangle = \lambda_s |s\rangle$, 系统本征态也是正交的, 它使得仪器和观察者之间也形成理想的经典关联

$$\widehat{\rho}_{AB} = \text{Tr}_S(|\varphi\rangle\langle\varphi|) = \sum_s |c_s|^2 |a_s, b_s\rangle\langle a_s, b_s|. \tag{7.55}$$

以上分析表明, 观察者 A 和 B 共同测量系统 S 的 (厄米) 力学量 $\widehat{A}$. 一个理想的测量要求相互作用导致的纠缠态 $|\varphi\rangle$ 是一个格林伯格 (Greenberger) – 霍恩 (Horne) – 塞林格 (Zeilinger) (GHZ) 型态, 即 $\{|s\rangle\}$, $\{|a_s\rangle\}$ 和 $\{|b_s\rangle\}$ 是三个正交集, 而且 A 和 B 与系

统 S 形成相同的经典关联, 从而得到相同的观察结果, 而且 A 和 B 之间比对, 也得到一样的结果, 因而我们说这样的测量是客观的.

我们可以用反证法说明世界分裂是不可观察的. 设量子系统只有三个状态, 而世界波函数为

$$|\varphi\rangle = c_1|s_1, a_1, b_1\rangle + c_2|s_2, a_2, b_2\rangle + c_3|s_3, a_3, b_3\rangle, \tag{7.56}$$

假设 B 能够观察到世界分裂, 他以相同状态 $|b_1\rangle = |b_2\rangle$ 处于两个分支中, 对应于两个系统状态, 即观察者 B 不能区分 $|s_1\rangle$ 和 $|s_2\rangle$. 事实上, 在这种情况下

$$|\varphi\rangle = (c_1|s_1, a_1\rangle + c_2|s_2, a_2\rangle)|b_1\rangle + c_3|s_3, a_3, b_3\rangle, \tag{7.57}$$

于是可以说观察者 B 同时处于第一和第二分支上, 看到了世界的 "分裂". 这时, 我们有 AS 系统的约化密度矩阵

$$\begin{aligned}\widehat{\rho}_{SA} = &|c_1|^2|s_1, a_1\rangle\langle s_1, a_1| + |c_2|^2|s_2, a_2\rangle\langle s_2, a_2|\\&+ (c_1^*c_2|s_1, a_1\rangle\langle s_2, a_2| + h.c.) + |c_3|^2|s_3, a_3\rangle\langle s_3, a_3|,\end{aligned} \tag{7.58}$$

其中, 非对角项的存在意味着观察者 A 和系统 S 之间不能形成很好的经典关联, 也就是说 A 也不是一个合格的观察者. 反过来, 如果 A 观察到世界 "分裂", B 也不是一个理想的观察者. 因为 A 和 B 至少有一个是理想的观察者, 则世界 "分裂" 是不可观察的.

以上分析表明, 多世界诠释似乎完美地解决了哥本哈根诠释中面临的关键问题, 但其自身仍然在逻辑上存在漏洞, 即偏好基矢问题. 我们以自旋测量为例说明这个问题. 设自旋 1/2 系统世界波函数为

$$|\phi\rangle = \frac{1}{\sqrt{2}}(|\uparrow\rangle \otimes |U_\uparrow\rangle - |\downarrow\rangle \otimes |U_\downarrow\rangle), \tag{7.59}$$

其中 $|U_\uparrow\rangle$ ($|U_\downarrow\rangle$) 代表相对于自旋态 $|\uparrow\rangle$ ($|\downarrow\rangle$) 的宇宙其他所有部分的态. 按多世界理论的观点, 测得了自旋向上态 $|\uparrow\rangle$, 是因为它的相对态 $|U_\uparrow\rangle = |d_\uparrow, o_\uparrow, \cdots\rangle$ 包含了指针向上的仪器 $D_\uparrow$、看到这个现象的观察者 $O_\uparrow$ 以及相应的环境等. 多世界诠释的要点是认为另外一个分支 $|U_\downarrow\rangle = |d_\downarrow, o_\downarrow, \cdots\rangle$ 仍然是 "真实" 存在的, 但处在另一个 (向上) 分支中的观察者无法与这个分支进行通信, 不能感受到向下分支的存在.

然而, 量子态 $|\phi\rangle$ 的表达式不唯一, 即原来的世界波函数也可以表达为

$$|\phi\rangle = \frac{1}{\sqrt{2}}(|+\rangle \otimes |U_+\rangle - |-\rangle \otimes |U_-\rangle), \tag{7.60}$$

其中新的基矢 $|\pm\rangle = (|\uparrow\rangle \pm |\downarrow\rangle)/\sqrt{2}$ 代表自旋向左或向右的态, 而 $|U_\pm\rangle = (|U_\uparrow\rangle \pm |U_\downarrow\rangle)/\sqrt{2}$ 代表系统与世界相对应的部分. 很显然, $|U_\pm\rangle$ 不会简单地写成仪器和观察者的因子化

形式, 它不再是仪器、观察者和环境其他部分的简单乘积, 测量的客观性不能得以保证. 因此, 很多理论物理学家觉得多世界理论在逻辑上存在上述不足. 1981 年, 楚雷克把泽在 1970 年提出的量子退相干观念应用到量子测量或多世界理论, 为解决偏好基矢问题开辟了一个新的研究方向.

7.6　量子纠缠与贝尔不等式

在 3.1 节我们曾经针对复合系统提出了量子纠缠态的概念. 考虑双粒子复合系统, 设 $\{|\phi_n\rangle|n = 1, 2, \cdots, d_1\}$ 和 $\{|x_m\rangle|m = 1, 2, \cdots, d_2\}$ 分别为粒子 1 和粒子 2 的希尔伯特空间 V_1 和 V_2 的基矢, 且分别为其力学量 A 和 B 的本征态:

$$A|\phi_n\rangle = a_n|\phi_n\rangle, \quad B|x_m\rangle = b_m|x_m\rangle. \tag{7.61}$$

这个复合系统纠缠态的标准形式是

$$|\psi\rangle = \sum_n \lambda_n|\phi_n\rangle \otimes |x_n\rangle. \tag{7.62}$$

若 $\{\lambda_n\}$ 中至少有两个非零, 则意味着两个系统存在某种关联, 即一旦指定测量量 A 和 B 及其测量的 "确定" 基矢 $|\phi_n\rangle$ 和 $|x_n\rangle$, 则当两个观察者分别 "同时" 测 A 和 B 时, 有表 7.2 描述的测量值关联. 然后两个粒子分开足够远, 以至于距离是类空的. 若集合 $\{\lambda_n\}$ 中至少有两个非零, 则意味着两个系统存在某种关联, 即一旦指定对测量者甲测量 A 得到确定的值 a_n, 系统整体塌缩到基矢量 $|\phi_n\rangle \otimes |x_n\rangle$, 在此可以确定 B 的值 b_n. 甲乙之间测量值的关联如表 7.2 所示. 这时对粒子 2 测 B 就得到 b_n, 也就是说, 在类空的距离上不影响粒子 2, 可以在无穷遥远的地方测量到 B 的值. 表 7.2 给出了 A-B 关联测量的 "真值表". 从这个意义上说, B 对应着粒子 2 的一个物理实在要素.

表 7.2　两体纠缠态的测量值关联

测量	测量结果			
观察者甲测量 A	a_1	a_2	$\cdots$	a_n
测量后塌缩状态	$|\phi_1\rangle \otimes |x_1\rangle$	$|\phi_2\rangle \otimes |x_2\rangle$	$\cdots$	$|\phi_n\rangle \otimes |x_n\rangle$
观察者乙测量 B	b_1	b_2	$\cdots$	b_n

然而, 事先给定了基矢作为测量的参照标准, 上表描述的关联与经典关联事件本质没有区别: 甲与乙约定在一个暗盒里放两个球, 他们事先知道是一黑一白. 甲从中摸出一个球, 不看它是什么颜色就带它远行, 不管他走多远, 一旦发现他所持之球为黑, 瞬间即知留在乙处暗盒里的球为白色, 反之亦然. 这种关联如表 7.3 所示. 显然这种关联是平凡的, 而量子态所代表的关联远不止这些.

表 7.3 两体经典分布的测量值关联

	观察结果	
甲	白	黑
乙	黑	白

我们以两个自旋粒子系统的贝尔态

$$|B\rangle = |00\rangle = \frac{1}{\sqrt{2}}(|\uparrow\rangle \otimes |\downarrow\rangle - |\downarrow\rangle \otimes |\uparrow\rangle) = \frac{1}{\sqrt{2}}(|+\rangle \otimes |-\rangle - |-\rangle \otimes |+\rangle) \tag{7.63}$$

为例, 说明量子纠缠态的奇妙所在. 这里

$$|\pm\rangle = \frac{1}{\sqrt{2}}(|\uparrow\rangle \pm |\downarrow\rangle) \tag{7.64}$$

代表着 σ_x 的两个本征态. 显然, 对同一个贝尔态测量 σ_z 或 σ_x 会有两种不同的关联结果 (见表 7.4). 然而, 与只有一种关联方式的甲乙黑白球的经典例子相比, 量子纠缠

表 7.4 两自旋贝尔态上 σ_x 和 σ_z 的关联测量结果

测量方式	测量结果	
测自旋 1 的 σ_z	$\uparrow$	$\downarrow$
塌缩后状态	$|\uparrow, \downarrow\rangle$	$|\downarrow, \uparrow\rangle$
测自旋 2 的 σ_z	$\downarrow$	$\uparrow$
测自旋 1 的 σ_x	$\leftarrow$	$\rightarrow$
塌缩后状态	$|\leftarrow, \rightarrow\rangle$	$|\rightarrow, \leftarrow\rangle$
测自旋 2 的 σ_x	$\rightarrow$	$\leftarrow$

态描述的关联有无穷种可能. 设 $\boldsymbol{a}$ 是一个单位矢量,

$$\sigma_a = \boldsymbol{\sigma} \cdot \boldsymbol{a} = 2S \cdot \boldsymbol{a}, \tag{7.65}$$

其本征值为 ± 1 的本征函数记为 $|\sigma_a = 1\rangle$, $|\sigma_a = -1\rangle$, 我们有关联表 7.5. 特别是, 对于

表 7.5 $\boldsymbol{\sigma} \cdot \boldsymbol{a}$ 的测量结果

	测量结果	
测自旋 1 的 $\boldsymbol{\sigma} \cdot \boldsymbol{a}$	1	-1
测自旋 2 的 $\boldsymbol{\sigma} \cdot \boldsymbol{a}$	-1	1

量子情况我们还可以考虑对自旋 1 和自旋 2 进行方向不一致的测量. 对自旋 1 测 $\boldsymbol{\sigma} \cdot \boldsymbol{a}$, 对自旋 2 测 $\boldsymbol{\sigma} \cdot \boldsymbol{b}(\boldsymbol{a} \neq \boldsymbol{b})$, 这两种测量结果之间的关联如何描述? 这种测量没有直接的

经典对应, 但量子力学可以给出精确的描述, 即测量关联力学量 $\widehat{Q}(\boldsymbol{a}, \boldsymbol{b}) = \boldsymbol{\sigma} \cdot \boldsymbol{a} \otimes \boldsymbol{\sigma} \cdot \boldsymbol{b}$, 得到关联函数 $Q(\boldsymbol{a}, \boldsymbol{b}) = \langle \psi | \widehat{Q}(\boldsymbol{a}, \boldsymbol{b}) | \psi \rangle$. 当 $|\psi\rangle = |B\rangle$ 时, 可以证明

$$Q(\boldsymbol{a}, \boldsymbol{b}) = -\boldsymbol{a} \cdot \boldsymbol{b} = -\cos\theta_{ab}. \tag{7.66}$$

为了证明 (7.66) 式, 我们考虑到 $|B\rangle$ 满足 $(\boldsymbol{\sigma} \otimes 1 + 1 \otimes \boldsymbol{\sigma})|B\rangle = 0$ (总角动量为零的自旋单态 $|00\rangle$), 则 $\boldsymbol{\sigma} \otimes 1 |B\rangle = -1 \otimes \boldsymbol{\sigma} |B\rangle$, 于是

$$\begin{aligned}
\widehat{Q}(\boldsymbol{a}, \boldsymbol{b})|B\rangle &= \boldsymbol{\sigma} \cdot \boldsymbol{a} \otimes \boldsymbol{\sigma} \cdot \boldsymbol{b} |B\rangle \\
&= (\boldsymbol{\sigma} \cdot \boldsymbol{a} \otimes 1)(1 \otimes \boldsymbol{\sigma} \cdot \boldsymbol{b})|B\rangle \\
&= -(\boldsymbol{\sigma} \cdot \boldsymbol{a} \otimes 1)(\boldsymbol{\sigma} \cdot \boldsymbol{b} \otimes 1)|B\rangle \\
&= -(\boldsymbol{\sigma} \cdot \boldsymbol{a})(\boldsymbol{\sigma} \cdot \boldsymbol{b}) \otimes 1 |B\rangle.
\end{aligned} \tag{7.67}$$

因此, $Q(\boldsymbol{a}, \boldsymbol{b}) = -\langle B|(\boldsymbol{\sigma} \cdot \boldsymbol{a})(\boldsymbol{\sigma} \cdot \boldsymbol{b}) \otimes 1 |B\rangle$. 利用公式 $(\boldsymbol{\sigma} \cdot \boldsymbol{a})(\boldsymbol{\sigma} \cdot \boldsymbol{b}) = \boldsymbol{a} \cdot \boldsymbol{b} + \mathrm{i}\boldsymbol{\sigma} \cdot (\boldsymbol{a} \times \boldsymbol{b})$, 则有

$$Q(\boldsymbol{a}, \boldsymbol{b}) = -\boldsymbol{a} \cdot \boldsymbol{b} - \mathrm{i}\langle B|\boldsymbol{\sigma} \otimes 1|B\rangle \cdot (\boldsymbol{a} \times \boldsymbol{b}) = -\boldsymbol{a} \cdot \boldsymbol{b}. \tag{7.68}$$

显然, 两个自旋不论相距多远, 只要 $\boldsymbol{a} \cdot \boldsymbol{b} \neq 0$ (不正交), 它们在 $\boldsymbol{a}$ 和 $\boldsymbol{b}$ 上投影测量结果就是关联的. 由于 $\sigma_x|\uparrow\rangle = |\downarrow\rangle$, $\sigma_x|\downarrow\rangle = |\uparrow\rangle$, 以及 $\sigma_y|\uparrow\rangle = \mathrm{i}|\downarrow\rangle$, $\sigma_y|\downarrow\rangle = -\mathrm{i}|\uparrow\rangle$, 则在因子化的贝尔态 $|B_+\rangle = |\uparrow\uparrow\rangle$ 和 $|B_-\rangle = |\downarrow\downarrow\rangle$ 上, x 和 y 方向上的关联为零. "两个自旋不论相距多远, 它们的测量结果都是关联的" 这种事实, 被认为是量子非定域性 (quantum nonlocality)

在类空距离 $(|x_1 - x_2| > ct)$ 上, 两自旋非零的长程关联 $Q(\boldsymbol{a}, \boldsymbol{b})$ 代表了量子力学特有的非定域性. 这种非定域性在量子多体系统中很常见, 如超导和玻色 – 爱因斯坦凝聚中的非对角长程序, 但是否出现在类空的距离上, 当时实验上并无答案. 然而, 量子非定域性并不意味着超光速的 "超距作用 (效应)" (action at a distance). 在类空距离 $|x_1 - x_2| > ct$ 上两个力学量 $A(x_1, 0)$ 和 $B(x_2, t)$ 的关联函数

$$\langle A(x_1, 0)B(x_2, t)\rangle \neq 0, \tag{7.69}$$

只是意味着 "测量" A 确实会影响对 B 的 "测量". 关联函数所涉及的均为对期望值的测量, 并没有对波函数变化采用波包塌缩的假设, 更不涉及传递信息或能量的单粒子事件, 关联之间的关系只是反映了统计平均的结果, 并不违背狭义相对论.

事实上, 量子非定域性最早是由爱因斯坦及其合作者提出来的 (见附录 7.2), 他们通过所谓的 EPR 佯谬, 质疑量子力学描述的完备性. 他们考虑了一个两粒子系统, 其

动量和坐标分别为 p_1 和 p_2 以及 x_1 和 x_2. 注意到 $[\hat{x}_1 - \hat{x}_2, \hat{p}_1 + \hat{p}_2] = 0$, 则它们有共同本征函数

$$\phi_k(x_1, x_2) \propto \mathrm{e}^{-\mathrm{i}k(x_1 - x_2 + x_0)}. \tag{7.70}$$

可以验证 $(p_1 + p_2)\phi_k(x_1, x_2) = 0$. 它们叠加形成一个 EPR 态, 其在坐标表象下写作

$$\langle x_1, x_2 | \mathrm{EPR} \rangle = \psi_{\mathrm{EPR}}(x_1, x_2) \equiv \int_{-\infty}^{\infty} \mathrm{e}^{\mathrm{i}k(x_1 - x_2 + x_0)} \mathrm{d}k = 2\pi\delta(x_1 - x_2 + x_0). \tag{7.71}$$

用 $u_p(x_1) = \exp(\mathrm{i}px_1)$ 代表粒子 1 的动量本征态, 则上式重新写成

$$\psi_{\mathrm{EPR}}(x_1, x_2) = \int_{-\infty}^{\infty} u_k(x_1) u_{-k}(x_2 - x_0) \mathrm{d}k. \tag{7.72}$$

当我们测得粒子 2 动量为 $-k$, 则粒子 1 动量为 k. 一旦测得粒子 1 在 x_1, 则粒子 2 在 $x_1 - x_0$.

爱因斯坦等人指出, 如果粒子 1 和 2 相距很远, 对粒子 1 的测量, 不会影响粒子 2, 即不应该在类空连线上出现测量结果互相关联的非定域性问题. 然而, 上述基于量子力学的分析表明, 处在纠缠态 $|\mathrm{EPR}\rangle$ 或贝尔态 $|B\rangle$ 上的测量结果是有关联的, 即使对两个粒子两次测量的时空点的距离是类空的. 这与狭义相对论有表观上的矛盾. 正是这种矛盾或佯谬代表了量子力学具有非定域性的特征, 但只要不直接应用波包坍缩的观念就不会出现超光速的物理效应.

我们可以用贝尔不等式表征这种非定域性. 这种非定域性看上去存在某种经典的起因, 也就是说存在某种经典不可见的变量 ("隐变量") 把 "超距" 的测量结果关联在一起. 然而, 贝尔在 1964 年的一篇论文中比较确定地否定了 "隐变量" 的存在. 考虑在 a, b, c 三个方向测量自旋, 他发现依据量子力学计算的关联 (量子纠缠) 的结果, 完全不同于隐变量理论给出的不等式, 从而使人们能够在实验上判定谁是谁非, 结果是后来一系列实验否定了玻姆局域隐变量理论.

根据 "黑白球" 暗盒的经典关联类比, 事先知道了盒中有黑白两球, 甲乙取黑或取白完全由 λ 的值决定 (见表 7.3). 一般说来, λ 也可以连续取值, 上述关联效应有如图 7.4 所示的形象展示, 其中经典 "自旋" 取连续的方向: 用方向角 $\lambda = \theta$ 刻画隐变量, 粒子 j 沿 a 方向的自旋的测量值 $\sigma_j(a, \lambda)$ 由隐变量 λ 决定. 局域性表现在 $\sigma(a, \lambda)$ 只是 λ 的函数, 与它的积分过程无关. 参数 λ 及其分布在粒子分离前就给定了, 不存在非定域性, 通常 λ 取值可以不确定, 在经典意义下可以是随机的, 其分布函数 $P(\lambda)$ 满足

$$P(\lambda) \geqslant 0, \quad \int_0^1 P(\lambda)\mathrm{d}\lambda = 1. \tag{7.73}$$

显然, 上述隐变量理论力图把量子力学描述为与经典统计力学类似的概率性统计理论: 力学量的取值由隐变量 λ 的值决定, 只是由于某种技术限制, 无法准确地确定

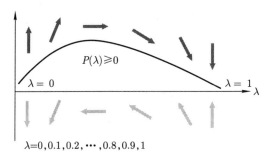

图 7.4　隐变量连续取值对应的自旋关联

λ 和相应力学量的值, 因而只能退而求其次, 研究这些力学量的隐变量概率分布 $P(\lambda)$. 如同经典统计力学, 它认为其研究对象 (如大量气体分子) 的位置、速度等力学量都有确定的取值, 但由于技术的限制, 无法对它们进行准确的计算和测量, 而只能研究其取值的概率分布. 这样的理解显然非常符合人们的直觉. 如果一个物理系统包含两个或多个处于空间不同位置的粒子 (两个粒子的距离为 d), 人们在讨论量子力学和隐变量理论的关系时, 会很自然地要求隐变量理论满足狭义相对论的要求, 即如果对一个粒子进行了一次测量, 那么在测量后小于 d/c 的这段时间内 (c 是光速), 该测量不会对另一个类空距离上的粒子产生任何影响, 当然也不会改变另一个粒子的力学量的取值. 满足这种 "爱因斯坦分隔性" 要求的隐变量理论称为 "定域隐变量理论".

　　按照玻姆的描述, 我们用参数 λ 刻画对应于贝尔基 $|B\rangle$ 的自旋系综: 粒子 1 在 $\boldsymbol{a}$ 方向分量的取值 $\sigma(\boldsymbol{a},\lambda)(\in\{\pm1\})$ 是由 λ 决定的, 同样粒子 2 有 $\sigma(\boldsymbol{b},\lambda)$. λ 决定了两粒子自旋取值的经典关联, 即测量粒子 1, 得到 $\sigma(\boldsymbol{a},\lambda)$ 取值 σ_0, 可以定出 $\lambda=\lambda_0$, 从而进一步推断得到粒子 2 的自旋取值 $\sigma(\boldsymbol{b},\lambda=\lambda_0)$. 由此可给出粒子 1 和 2 分别沿 $\boldsymbol{a}$ 和 $\boldsymbol{b}$ 测量值的关联

$$\langle(\boldsymbol{\sigma_1}\cdot\boldsymbol{a})(\boldsymbol{\sigma_2}\cdot\boldsymbol{b})\rangle=\int\mathrm{d}\lambda P(\lambda)\sigma_1(\boldsymbol{a},\lambda)\sigma_2(\boldsymbol{b},\lambda). \tag{7.74}$$

可以计算

$$\begin{aligned}I&\equiv\langle(\boldsymbol{\sigma_1}\cdot\boldsymbol{a})(\boldsymbol{\sigma_2}\cdot\boldsymbol{b})\rangle-\langle(\boldsymbol{\sigma_1}\cdot\boldsymbol{a})(\boldsymbol{\sigma_2}\cdot\boldsymbol{c})\rangle\\&=\int\mathrm{d}\lambda P(\lambda)[\sigma_1(\boldsymbol{a},\lambda)\sigma_2(\boldsymbol{b},\lambda)-\sigma_1(\boldsymbol{a},\lambda)\sigma_2(\boldsymbol{c},\lambda)].\end{aligned} \tag{7.75}$$

而 $\sigma_2^2(\boldsymbol{b},\lambda)=1$, 则

$$I=\int\mathrm{d}\lambda P(\lambda)\sigma_1(\boldsymbol{a},\lambda)\sigma_2(\boldsymbol{b},\lambda)[1+\sigma_1(\boldsymbol{b},\lambda)\sigma_2(\boldsymbol{c},\lambda)]. \tag{7.76}$$

上述推导的最后一步用到了 $\sigma_1(\boldsymbol{b},\lambda)=-\sigma_2(\boldsymbol{b},\lambda)$. 而这个关联的绝对值最多等于绝对

值的积分, 即

$$I \leqslant \int \mathrm{d}\lambda P(\lambda)[1 + \sigma_1(\boldsymbol{b}, \lambda)\sigma_2(\boldsymbol{c}, \lambda)] = 1 + \langle (\boldsymbol{\sigma}_1 \cdot \boldsymbol{b})(\boldsymbol{\sigma}_2 \cdot \boldsymbol{c}) \rangle, \qquad (7.77)$$

从而有原始的贝尔不等式

$$|\langle (\boldsymbol{\sigma}_1 \cdot \boldsymbol{a})(\boldsymbol{\sigma}_2 \cdot \boldsymbol{b}) \rangle - \langle (\boldsymbol{\sigma}_1 \cdot \boldsymbol{a})(\boldsymbol{\sigma}_2 \cdot \boldsymbol{c}) \rangle| \leqslant 1 + \langle (\boldsymbol{\sigma}_1 \cdot \boldsymbol{b})(\boldsymbol{\sigma}_2 \cdot \boldsymbol{c}) \rangle. \qquad (7.78)$$

这个不等式和量子力学的结论是矛盾的. 设 $\boldsymbol{a}, \boldsymbol{b}, \boldsymbol{c}$ 在一个平面内, 夹角依次差 $60°$, 则根据量子力学的计算,

$$Q(\boldsymbol{a}, \boldsymbol{b}) = Q(\boldsymbol{b}, \boldsymbol{c}) = -\cos\frac{\pi}{3} = -\frac{1}{2}, \quad Q(\boldsymbol{a}, \boldsymbol{c}) = -\cos\frac{2\pi}{3} = \frac{1}{2}, \qquad (7.79)$$

因而

$$|Q(\boldsymbol{a}, \boldsymbol{b}) - Q(\boldsymbol{a}, \boldsymbol{c})| = 1 > 1 + Q(\boldsymbol{b}, \boldsymbol{c}) = \frac{1}{2}. \qquad (7.80)$$

对照贝尔不等式, 量子力学的结果与之相矛盾, 而后来的各种实验支持量子力学的结果, 从而证明了局域隐变量理论不成立.

然而, 若直接以原始的贝尔不等式为对象进行实验检验则会存在实现上的困难. 观察贝尔不等式 (7.78) 的两边可以发现, 该不等式的左边要求实验者乙一侧的方向参数必须调至 $\boldsymbol{b}$, 不等式右边却要求实验者甲一侧的参数也要同样地调至 $\boldsymbol{b}$, 这将导致以下两个实验逻辑上的问题: (1) 同时调整距离很远乃至类空的两个仪器的参数匹配至完全一致, 不仅在实际上是不现实的, 在原理上也是不允许的 (不能交流信息). (2) 贝尔曾强调了 "在粒子飞行过程中改变测量仪器设置" 的重要性. 在类空距离上同步设置操作仪器, 才能确保偏振器之间没有任何直接信号交换. 为了在现实实验中检验形式如 (7.78) 式的贝尔不等式, 两个实验者即使允许及时传递两侧仪器的参数信息, 以同步调控得到精确一致的方向参数 $\boldsymbol{b}$, 在技术上这也是一个十分困难的任务.

为了克服这个困难, 克劳泽 (Clauser)、霍恩 (Horne)、希莫尼 (Shimony) 和霍尔特 (Holt) 在 1969 年给出了贝尔不等式的一个更便于实验检验的版本 —— CHSH 不等式. 该不等式也适用于处于空间不同位置的两个自旋1/2粒子 1 和 2. 如前所述, 定域隐变量理论给出粒子 i ($i = 1, 2$) 的力学量 $\boldsymbol{\sigma}_i \cdot \boldsymbol{n}$ 的取值 $\sigma_i(\boldsymbol{n}, \lambda)$ 只能为 $+1$ 或者 -1. 这导致对于任意四个单位矢量 $\boldsymbol{a}_1, \boldsymbol{b}_1, \boldsymbol{a}_2$ 和 $\boldsymbol{b}_2$ 都有

$$\sigma_1(\boldsymbol{a}_1, \lambda)[\sigma_2(\boldsymbol{a}_2, \lambda) + \sigma_2(\boldsymbol{b}_2, \lambda)] + \sigma_1(\boldsymbol{b}_1, \lambda)[\sigma_2(\boldsymbol{a}_2, \lambda) - \sigma_2(\boldsymbol{b}_2, \lambda)] = \pm 2.$$

注意上式对所有的隐变量值 λ 均成立. 因此, 将上式乘以隐变量概率分布 $P(\lambda)$ 并积分, 就得到

$$|\langle \boldsymbol{a}_1, \boldsymbol{a}_2 \rangle + \langle \boldsymbol{a}_1, \boldsymbol{b}_2 \rangle + \langle \boldsymbol{b}_1, \boldsymbol{a}_2 \rangle - \langle \boldsymbol{b}_1, \boldsymbol{b}_2 \rangle| \leqslant 2. \qquad (7.81)$$

这就是 CHSH 不等式. 其中 $\langle \boldsymbol{a}, \boldsymbol{b} \rangle \equiv \langle (\boldsymbol{\sigma}_1 \cdot \boldsymbol{a})(\boldsymbol{\sigma}_2 \cdot \boldsymbol{b}) \rangle$. 检验这个不等式并不要求同时调节两侧仪器有某个相同参数, 使实验验证定域隐变量理论变得更加现实. 注意 CHSH 不等式对于任何定域隐变量理论也都成立.

　　2022 年诺贝尔物理学奖授予法国、美国和奥地利的三位科学家阿斯佩 (Aspect)、克劳泽和塞林格, 以表彰他们利用纠缠光子实验检验贝尔不等式以及在开拓量子信息科学方面做出的贡献. 其中, 克劳泽发展了第一个实际的贝尔实验 (见图 7.5(a)), 实验结果明显违反贝尔不等式, 从而支持了量子力学, 也就意味着量子力学不能被使用隐变量的理论所取代. 阿斯佩进一步发展了这一实验 (见图 7.5(b)), 在光子离开信号源的飞行中, 快速切换测量方向, 弥补了局域性漏洞. 塞林格科研组开始使用非线性晶体产生纠缠光子对以及随机数发生器来切换测量装置 (图 7.5(c)), 进一步关闭了局域性漏洞. 另外, 塞林格科研组成功进行了量子隐形传态的演示实验, 可以将量子态从一个粒子转移到远距离的另一个粒子. 在这个基础上, 塞林格科研组进行了量子通信的演示实验. 可见贝尔不等式在量子力学基本问题和量子信息研究中都有着不可或缺的地位, 它的违背直接地揭示了量子力学的基本特征 —— 量子非定域性.

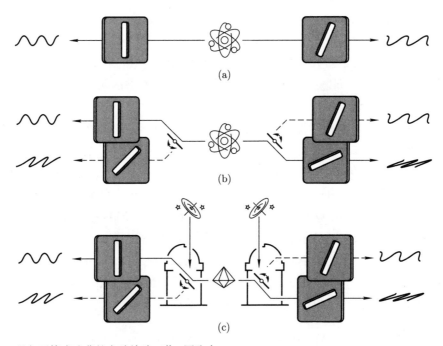

图 7.5　贝尔不等式违背的实验检验工作 (图取自 *Scientific Background on the Nobel Prize in Physics 2022*): (a) 克劳泽发展了第一个实际的贝尔实验; (b) 阿斯佩在光子离开信号源的飞行中, 快速切换测量方向; (c) 塞林格科研组开始使用非线性晶体产生纠缠光子对以及随机数发生器来切换测量装置

7.7 量子自洽历史、量子达尔文主义和各种诠释的统一

量子退相干理论强调的是环境引起的量子退相干, 但对于整个宇宙而言, 谈论其环境是没有意义的, 宇宙本质上是一个孤立系统. 如果有朝一日人们完成了引力量子化, 没有环境影响, 经典引力如何出现? 没有经典引力, 我们如何理解苹果落地和月球绕地而行, 如何描述整个宇宙在经典引力作用下的演化? 因此, 为了描述量子宇宙的所有物理过程, 我们的确需要一个更加普遍的量子力学诠释: 这里没有外部测量, 也没有外部环境, 一切都在宇宙内部自动涌现; 在宇宙内部看到一个从量子化宇宙约化出来的经典世界, 以及经典引力支配的各种各样的现象. 针对这个问题, 基于格里菲斯 (Griffiths) 和欧内斯 (Omnes) 等人提出的自洽历史处理 (consistent history approach), 哈特尔 (Hartle) 和盖尔曼 (Gell-man) 等人发展了退相干历史的量子力学诠释.

量子力学自洽历史诠释是格里菲斯在 1983 年提出来的. 与多世界诠释一样, 量子力学自洽历史诠释也是从世界波函数出发. 它定义的 "历史" 是有各种测量介入的离散时间演化序列. 如图 7.6 所示, 我们用一个投影算子序列描述测量结果:

$$\widehat{M}_j = \widehat{P}_{j1} \otimes \widehat{P}_{j2} \otimes \widehat{P}_{j3} \otimes \cdots \otimes \widehat{P}_{jl}. \tag{7.82}$$

它定义了量子世界包含自由时间演化和测量的历史. $\widehat{P}_j$ 代表在 $t = j$ 时的到某本征态上的投影. 不同的历史, 相当于多世界理论中世界分裂的不同分支. 显然, 任意给定一个历史的集合, 不同的历史之间有干涉效应, 每一个历史相互 "独立", 不能定义经典概率. 为了衍生出经典概率, 格里菲斯对描述历史的投影算子乘积给出了自洽条件 $\mathrm{Tr}(\widehat{M}_j \widehat{\rho} \widehat{M}_{j'}) = 0 (j \neq j')$, 其中 $\widehat{\rho}$ 代表系统的密度矩阵. 满足这个条件的历史集合中的历史被称为自洽的历史. 对每一组自洽的历史, 可以赋予一个经典概率描述: $\mathrm{Pr}(j) = \mathrm{Tr}(\widehat{M}_j \widehat{\rho} \widehat{M}_j)$. 如果把每一个历史对应于多世界理论中世界波函数时间域上的一个分支, 自洽历史处理可以视为多世界理论的某种推广发展. 在这个意义下, 多世界可以看成我们唯一宇宙 "多种选择的历史". 按哈特尔和盖尔曼的观点, 虽然世界只有一个, 但却可以经历很多个可能历史组.

自洽历史诠释的坐标表示本质上可以导致退相干历史诠释. 哈特尔和盖尔曼等人发现, 带有测量的历史序列可以用路径积分表达. 针对量子引力和宇宙学, 他们提出今称为退相干历史的量子力学诠释: 宇宙系统演化过程粗粒化抹除若干可观察对象类之间的量子相干性, 经典概率可以自洽地赋予每一个可能的路径. 事实上, 对任何瞬间宇宙中发生的事件做精确化的描述, 构成了一个完全精粒化历史 (completely fine-grained history). 不同精粒化的历史之间是相互干涉的, 不能用独立的经典概率加以描述. 但是, 由于宇宙内部的观察者能力的局限性或需求的不同, 只能用简化的图像描述宇宙

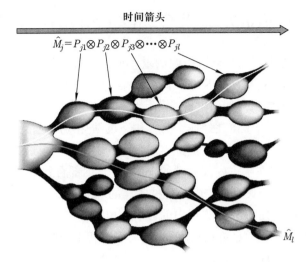

图 7.6　自洽历史诠释与多世界理论的相似性: "世界只有一个, 历史是多重的"

(如只用粒子的质心动量和坐标刻画粒子的运动), 这本质上是对大量精粒化历史进行分类的粗粒化 (coarse-grained) 描述. 粗粒类内的宏观性可以抹除各类粗粒化历史之间的相干性, 从而使得粗粒化的历史形成所谓退相干历史 (decoherence history). 通过这种退相干历史的描述, 原则上对量子引力到经典引力的约化给出了自洽的描述.

我们还可以借助 "薛定谔猫" 来展示什么是退相干历史诠释. 假设 "猫" 作为一个宏观物体是由大量有空间自由度的粒子组成的, 每一个粒子都有自己空间运动的 "轨迹", 满足各自的薛定谔方程, 它们每一个的演化过程构成了 "猫" 的精粒化历史, 代表了 "猫" 的所有微观态的动力学细节. 如果用路径积分描述这些 "历史", 则不同路径之间是干涉的. 由于这些粒子间存在相互作用, 则 "精粒化历史" 对应的 "轨道" 与自由粒子的轨道不是一一对应的. 现在我们不关心组成 "猫" 的每一个粒子的运动细节, 只关心它的质心或者其他宏观自由度. 某个特定宏观自由度的运动是微观自由度某种集体合作的结果, 可以视为 "猫" 的所有微观演化过程的粗粒化. 由于相对运动的影响, 它的相干叠加态的时间演化会导致相位差的不确定性, 从而相干性消逝. 如图 7.7 所示, 从路径积分的观点看, 粗粒化后两条不同路径是不相干的, 从而导致所谓退相干历史.

不管退相干历史也好, 自洽历史也好, 仍然存在偏好基矢的取向问题. 同一个世界, 有不同组合的自洽历史集, 选择哪一个, 有观察者或者 "你" "我" 的偏好. 楚雷克提出了量子达尔文主义的观点去解决这个问题. 量子达尔文主义认为, "微观量子系统是可测量的" 这一经典属性是由宏观外部环境决定的, 只有那些在环境中能够稳定 (robust) 存在的性质才是微观系统的真正属性. 只有那些在环境中残存下来的属性才是客观的,

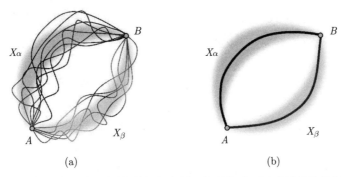

图 7.7 粗粒化导致观察结果的量子退相干: 从轨道到轨道类的路径积分

因为它不取决于个别人的意识, 而是取决于它以外包括许多个人的整个环境, 这一点很像多世界的相对态. 在量子达尔文的诠释中, 环境的作用不再仅仅是一个产生噪声的破坏者, 它本质上还是一个有足够信息冗余度的记录器和见证者. 如果把环境分成几个子系统, 把其中的一个或几个用来记录系统信息, 其他的则用来比对是否记录到相同的信息, 若不同的部分都记录了相同的东西, 则这是一个微观系统固有的, 可在经典世界展现的东西, 只有这样的属性才是客观的.

诺贝尔奖获得者阿罗什 (Haroche) 指出: "大部分测量远不是教科书中的投影假设" (Most measurements are far from obeying the textbook projection postulate). 既然测量是一个相互作用导致的幺正演化, 要形成一个理想的仪器与被测系统之间的量子纠缠, 则需要一定的演化时间. 当测量仪器变得足够宏观, 这个时间会变得无穷之短, 这个过程就是所谓的渐近退相干过程. 阿罗什在精心设计的腔量子电动力学实验中观察到了由演化时间表征的单个系统的渐近退相干过程. 到底是哥本哈根诠释的投影测量还是与 "多世界" 有关的幺正演化测量, 我们有可能根据测量时间效应在实验上加以区分. 因此, 量子力学诠释问题之争绝不是在讨论 "针尖上的天使", 而是可以有实验验证的科学问题.

量子芝诺效应的实验验证曾经被人看成对波包塌缩的证实. 过去的十多年, 针对量子芝诺效应根源, 人们系统地探讨了量子力学诠释问题. 针对两个已有的用波包塌缩诠释的实验, 人们能够给出无需波包塌缩的动力学解释, 进而设计了核磁共振测量系统, 实现了有别于波包塌缩的量子测量. 实验的确展示了测量时间的效应, 有人利用超导量子比特系统验证了这些理论预言. 这些研究结果表明, 解释量子力学现象并非一定需要哥本哈根的波包塌缩诠释! 依据物理学界并无共识的哥本哈根诠释, 不加甄别地发展依赖诠释的量子技术, 在量子技术发展中会遭遇科学基础方面的问题. 显然, 如果不能正确地理解量子力学波函数如何描述测量, 就会得到 "客观世界很有可能并不存在" 的错误结论. 因此, 澄清量子力学诠释概念上的问题不仅可以解决科学认识上的疑难, 而且可以防止量子技术发展误入歧途.

附录 7.1   量子测量的动力学模型

为了突出量子测量动力学理论的基本思想, 海普首先提出了一个精确可解模型, 被测量的系统是个极端相对论性粒子, 但测量的只是它的自旋自由度, 它的信息在由宏观多自旋组成的仪器中得以放大. 科尔曼在后来的通信中改进了这个模型, 所以该模型被称为海普 – 科尔曼 (HC) 模型. 首先需要讨论在什么情况下能 "很好地区分" 仪器状态: 若退相干因子的重叠积分为零, 则称实现了一个理想的量子测量. 我们将论证, 仪器或环境的宏观性会使上述要求得以满足. 以下介绍主要依据贝尔的表述进行, 并对海普的讨论加以适当的修正.

在海普 – 科尔曼模型中, 被测系统是一个动能项为 $c\hat{p}$、自旋为 $1/2$ 的极端相对论性粒子. 用 $\hat{\sigma}_1(0)$, $\hat{\sigma}_2(0)$ 和 $\hat{\sigma}_3(0)$ 表示它的自旋算子, 环境 (相当于原来海普模型中的仪器) 是由 N 个固定于格点上的自旋 $1/2$ 的粒子组成的阵列. 当极端相对论性粒子通过这个自旋阵列时, 由于自旋耦合阵列中的自旋将在这个粒子的影响下按某种方式旋转, 于是可从阵列旋转的形式确定被测粒子的自旋状态. 现在写下海普 – 科尔曼模型的哈密顿量

$$\hat{H} = c\hat{p}_x + \frac{1}{2}[1 + \hat{\sigma}_3(0)]\sum_{j=1}^{N} V(x-j)\hat{\sigma}_2(j), \tag{7.83}$$

其中 $V(x)$ 是依赖于位置 x 的耦合常数, $\hat{\sigma}_2(j)(j=1,2,3,\cdots,N)$ 代表阵列中第 j 个粒子自旋的泡利矩阵. 由于相互作用项中出现 $[1+\hat{\sigma}_3(0)]/2$, 这导致不同自旋态的极端相对论性粒子将对环境产生不同的影响. 记

$$|\uparrow\rangle = \begin{bmatrix} 1 \\ 0 \end{bmatrix}, \quad |\downarrow\rangle = \begin{bmatrix} 0 \\ 1 \end{bmatrix}. \tag{7.84}$$

设初始时刻环境中的每个自旋均处于自旋向下的状态, 即

$$|e\rangle = |\downarrow\rangle_1 \otimes |\downarrow\rangle_2 \otimes \cdots \otimes |\downarrow\rangle_N \tag{7.85}$$

代表环境的初态. 由

$$|\Psi(x,-\infty)\rangle = \langle x|\Psi(-\infty)\rangle = \phi(x)(\alpha|\uparrow\rangle + \beta|\downarrow\rangle) \otimes |e\rangle \tag{7.86}$$

代表大系统 (被测系统 – 环境) 的初态. 这里 $\phi(x) = \langle x|\phi\rangle$ 代表极端相对论性粒子的空间波函数, 而其自旋处于相干叠加态 $\alpha|\uparrow\rangle + \beta|\downarrow\rangle$ 上.

相互作用

$$\widehat{H}_{\mathrm{I}} = \sum_{j=1}^{N} \frac{1}{2} V(x - j + ct)[1 + \widehat{\sigma}_3(0)]\widehat{\sigma}_2(j) \tag{7.87}$$

导致相应的演化矩阵

$$\widehat{U}_{\mathrm{I}}(t) = \prod_{j=1}^{N} \mathrm{e}^{-\mathrm{i}F(x-j+ct)\widehat{\sigma}_2(j)[1+\widehat{\sigma}_3(0)]/2}, \tag{7.88}$$

其中

$$F(x - j + ct) = \int_{-\infty}^{t} V(x - j + ct')\mathrm{d}t' = \frac{1}{c}\int_{-\infty}^{x-j+ct} V(y)\mathrm{d}y. \tag{7.89}$$

通过计算, 可以直接求出 t 时刻的波函数

$$|\Psi(x,t)\rangle = \widehat{U}(t)|\Psi(x,-\infty)\rangle$$

$$= \phi(x - ct)\left(\alpha|\uparrow\rangle \otimes \prod_{j=1}^{N} \widehat{U}_j(t)|\downarrow\rangle_j + \beta|\downarrow\rangle \otimes |e\rangle\right), \tag{7.90}$$

其中

$$\widehat{U}_j(t) = \mathrm{e}^{-\mathrm{i}F(x-j+ct)\widehat{\sigma}_2(j)} = \cos F(x - j + ct) - \mathrm{i}\widehat{\sigma}_2 \sin F(x - j + ct) \tag{7.91}$$

是自旋阵列中第 j 个自旋的有效演化矩阵.

选择 $V(x)$ 在整个空间上积分是有限的且归一化为 $\displaystyle\int_{-\infty}^{\infty} V(x)\mathrm{d}x = \pi/2$, 则当 $t \to \infty$ 时, $F(x - j + ct) \to \pi/2$. 由于上述特殊相互作用的选取, 粒子和仪器的不同关联会在环境上留下不同的宏观效应, 即有

$$\begin{aligned}
\widehat{U}(t)|\uparrow(0)\rangle \otimes |\downarrow\rangle \otimes \cdots \otimes |\downarrow\rangle &\sim |\uparrow(0)\rangle \otimes |\uparrow\rangle \otimes \cdots \otimes |\uparrow\rangle, \\
\widehat{U}(t)|\downarrow(0)\rangle \otimes |\downarrow\rangle \otimes \cdots \otimes |\downarrow\rangle &\sim |\downarrow(0)\rangle \otimes |\downarrow\rangle \otimes \cdots \otimes |\downarrow\rangle.
\end{aligned} \tag{7.92}$$

上式表明, 如果被测粒子处于自旋向上状态, 它通过环境自旋阵列后, 环境阵列中的 N 个自旋将全部反转, 而当被测离子处于自旋向下状态时, 阵列中自旋将不变. 当 N 很大时, 总自旋改变的效应是十分明显的, 从而实现了一个理想的量子测量. 需要指出的是, 在宏观极限下, 有限时间演化仍然能够很好地描述量子测量过程. 这时, 阵列在 z 方向自旋平均值的改变为

$$\Delta S_z = \frac{1}{2}\sum_{j=1}^{N} \langle\Psi(t)|\widehat{\sigma}_3(j)|\Psi(t)\rangle + \frac{1}{2}N = |\alpha|^2 \sum_{j=1}^{N} \sin^2 F(x - j + ct). \tag{7.93}$$

在弱耦合极限下, $\int_{-\infty}^{t} V(y)\mathrm{d}y$ 是一个小量, 即 $\sin^2 F(x-j) \approx F^2(x-j+ct)$. 假设 $V(x)$ 是一个常数, 则有 $\Delta S_z = |\alpha|^2 N V^2 t^2$. 通常取范霍夫 (van Hove) 极限: 在 $N \to \infty$ 和 $V \to 0$ 时 $V\sqrt{N} \to$ 有限值. 这时自旋的改变是有限大的宏观量.

相对于自旋状态, 极端相对论性粒子的约化密度矩阵

$$\widehat{\rho} = \mathrm{Tr}_d[|\Psi(t)\rangle\langle\Psi(t)|]$$

$$= |\phi(x-ct)|^2[|\alpha|^2|\uparrow\rangle\langle\uparrow| + |\beta|^2|\downarrow\rangle\langle\downarrow| + \alpha\beta^*|\uparrow\rangle\langle\downarrow|F(N,t) + h.c.] \qquad (7.94)$$

的非对角元伴随着一个因子化的退相干因子

$$F(N,t) = \prod_{j=1}^{N}\langle\downarrow|\widehat{U}_j(t)|\downarrow\rangle = \prod_{j=1}^{N}\cos F(x-j). \qquad (7.95)$$

显然, $|\cos F(x-j)| \leqslant 1$, 若 $F(x-j) \neq n\pi$ $(n = 1, 2, \cdots)$. 当 $N \to \infty$ 时, $F(N,t) \to 0$. 组成环境的粒子数 $N \to \infty$, 意味着环境是宏观的, 故 $N \to \infty$ 极限称为宏观极限. 以后将进一步证明 $F(N,t)$ 的因子化结构是实现量子退相干的关键.

上述讨论表明, 作为一个典型例子, 海普 – 科尔曼模型显示了在量子力学框架下实现 "波包塌缩" 的可能性. 但由于海普 – 科尔曼模型没有包含环境自由能量项 $\sum_{j=1}^{N}\omega_j\widehat{\sigma}_3(j)$ 和被测粒子的自由能量项 $\omega_j\widehat{\sigma}_3(0)$, 故不能描述测量过程中能量交换等问题. 1991 年纳米克 (Namik)、中里 (Nakazato) 和帕斯卡齐奥 (Pascazio) 首先推广了海普 – 科尔曼模型, 使之包含了这些自由能量项, 正确地描述了相关的物理问题. 而后, 人们通过分析和推广这些模型发现, 退相干因子的因子化结构对实现量子退相干起着关键作用.

附录 7.2　爱因斯坦 – 波多尔斯基 – 罗森 (EPR) 佯谬

1935 年, 爱因斯坦、波多尔斯基和罗森合作, 从一个新的角度对量子力学的哥本哈根诠释提出了批评. 这一次爱因斯坦没有质疑量子力学的正确性, 而是以佯谬的形式 (爱因斯坦 – 波多尔斯基 – 罗森佯谬, 简称 EPR 佯谬) 指出量子力学的不完备性. 在题为 "能认为量子力学对物理实在的描述是完备的吗" 的论文 (下称 "EPR 论文") 中, 他们借助检验两个粒子量子纠缠所呈现出的长程 (非定域) 关联性行为, 凸显定域实在性的要求与量子力学完备性之间的矛盾.

以爱因斯坦一贯的、直面真理的学术风格, EPR 的论述立足于严谨的思想观念、明晰的基本假设和缜密的逻辑方法, 不像玻尔采用过度哲学化的、形而上的论述, 使得人们无法用实验方法加以验证. 爱因斯坦、波多尔斯基和罗森结合了当时被较多接受的物理理论定域性 (locality) 和实在性 (reality) 的观念, 形成后来被称为定域实在论的物理观点. 定域性 (亦即爱因斯坦的可分隔性) 是指: 在给定区域发生的事件 (原因) 对其他区域的事件 (结果) 的影响, 只能以不超过光速的速度传递, 从而不破坏时空因果关系. 实在性要求, 每一个可以通过 "严格测量" 确定的物理实在必须能在物理理论中找到对应的物理量, 这时我们称这个理论是完备的. 这里的 "严格测量" 是指在不干扰系统时原则上可精确测定对应于每一个物理实在的物理量的值. EPR 佯谬的论证要点是基于波函数描述的量子力学不能满足定域性和实在性的要求, 从而是不完备的. 爱因斯坦并不强调实在性要素, 他论证的关键是展示非定域性, 即对于处于 EPR 态的粒子 1 中进行的任何力学量测量, 都会导致粒子 2 的特定量子态. 然而, 由于狭义相对论的要求, 粒子 2 的真实状态不能依赖于对类空距离上粒子 1 的测量, 在这个意义上, 量子力学波函数描述的不完备是由于它不能与真实物理状态一一对应.

针对 EPR 佯谬, 1964 年, 贝尔石破天惊地做出了今天称之为 "贝尔定理" 的重要发现. 他基于玻姆的定域隐变量理论, 推导出了特定纠缠态上关联测量满足的基本不等式 —— 贝尔不等式. 贝尔发现, 量子力学关于这种关联的计算结果违背贝尔不等式, 这展示了量子力学中必定存在非定域性问题, 从而断定定域实在论不成立. 量子力学已经是一个极为成功的科学分支, 到 1964 年为止, 量子力学预测的每一个结果都得到了实验证实, 原则上我们无须进一步通过实验验证贝尔不等式的违背. 但贝尔认为, 量子非定域性展现的效应太鬼魅了, 而且常常被误解为有 "超距作用 (效应)", 而已有的相关实验检验只是旁证, 因此有必要在非常严苛的条件下对贝尔不等式的违背直接进行实验验证, 把量子力学最奇特的特征充分展示出来. 诺贝尔奖评奖委员会在介绍 2022 年诺贝尔物理学奖的科学背景的结语中也强调了这个问题: "对大多数研究人员来说, 原子和物理光学领域中充分的实验证据证实了量子力学的强大预测能力. 因此, 对他们来说, 克劳泽和阿斯佩的实验并不令人惊讶."

爱因斯坦、波多尔斯基和罗森认为, 物理理论必须满足以下两个条件: (1) 物理理论的正确与否取决于物理理论的预测与实验结果的符合程度; (2) 物理理论必须给出对系统的完备描述. 量子力学显然满足条件 (1), 其预测与所有实验结果之间没有什么明显矛盾, 但量子力学是否完备, 这正是 EPR 文章质疑的核心问题. 对此, 爱因斯坦等首先对分析问题所涉及的两个概念给出了严格定义: (1) 物理实在: 若在对于系统不造成任何扰动的情况下, 能以等于 1 的概率准确地预测物理量的数值, 则存在对应于这物理量的物理实在的要素. (2) 完备性: 物理实在的每个要素都必须在物理理论里有其对应部分. 根据玻姆等人的分析, EPR 的论证过程还隐含了以下的假设: (1) 世界能够正确地分解为一个个独立存在的 "物理实在的要素". (2) 定域性: 如果两个系统相互作用产生关联态后分开距离足够远 (类空), 对其中一个系统的任何操作, 都不会引起第二个系统的任何实质性变化. (3) EPR 在推断多个要素构成物理实在时, 明显地使用了量子力学哥本哈根诠释的标志性假设 —— 波包塌缩 (或叫波函数约化): "第二个系统留在了对应于本征值的波函数给出的态 ⋯⋯ 这是波包约化的过程" (the second system is left in the state given by the wave function corresponding to the eigenvalue⋯ This is the process of reduction of wave packet). 需要指出的是, 因为这个假设, 量子非定域性才隐喻了 "超光速" 的 "超距作用" 的结论.

我们以图 7.8 所示的二自旋系统为例说明什么是物理实在和怎样依据假设 (1) ∼ (3) 描述它, 以及量子力学的完备性. 甲、乙两人分别对一定距离上的处于纠缠态 $|B\rangle$ 上的两个自旋系统进行测量. 根据假设 (3), 在哥本哈根诠释的意义下, 测量是投影测量, 测量后导致波包塌缩. 例如, 由于 $|B_1\rangle = (|\uparrow\downarrow\rangle - |\downarrow\uparrow\rangle)/\sqrt{2}$, 若甲测量自旋 1 的 σ_z 值为 1, 则整体波函数塌缩到 $|\uparrow\downarrow\rangle$ 上, 从而在 $|\uparrow\downarrow\rangle$ 推断出乙测量 2 的自旋可以确定性地得到 $\sigma_z = -1$ (反之亦然). 假设两者之间的距离类空, 关于自旋 1 的测量原则上不影响自旋 2 的状态. 同样地, 贝尔态还可以写为 $|B_2\rangle = (|\rightarrow, \leftarrow\rangle - |\leftarrow, \rightarrow\rangle)/\sqrt{2}$, 甲可以对自旋 1 测量 σ_x, 从而推断出自旋 2 的 σ_x 取值 (见表 7.6). 根据假设 (2), 由于两自旋之间的距离类空, 两种测量是互不影响的, 因而 σ_x 和 σ_z 同时为自旋 2 的物理实在. 然而, 在乙看来, $[\sigma_x, \sigma_z] \neq 0$, 不确定关系使得 σ_x 和 σ_z 不能同时精确测准, 因而 σ_x 和 σ_z 不能同时成为粒子 2 的物理实在. 这种不一致性揭示了量子力学有内在逻辑的矛盾, 它本质上来自波函数描述的不完备性.

图 7.8 二自旋贝尔态的关联测量

当然, 也有人质疑 EPR 推理分析中物理实在的假设, 认为物理实在是相对的: 对乙来说, σ_x 和 σ_z 不是同时存在的物理实在, 但对于遥远的甲来说, σ_x 和 σ_z 却是同时存在的物理实在. 然而, 这种相对主义的做法, 使得对什么是量子力学物理实在的问题的解答更趋向主观主义的观点, 因为实在性问题依赖于不同的观察者.

现在我们再一次强调, 爱因斯坦等所质疑的量子力学不完备是特指哥本哈根诠释加持下的 "量子力学": 波函数描述单粒子的物理实在, 测量力学量 $\hat{A}$ 一旦确定了随机结果中的一个, 则波函数会塌缩到 $\hat{A}$ 对应的本征态上. 由此推理, 如果这个粒子是复

合系统的一部分 (剩余部分为 $\widehat{B}$), 则关于 $\widehat{A}$ 的塌缩过程也会引起 $\widehat{B}$ 的同步塌缩. 然而, 在贝尔不等式违背的理论和实验分析中, 从未涉及具体的波包塌缩问题, 所有的讨论只是关于各种期望值的量子力学计算. 因此, 不管是隐变量的讨论, 还是量子力学关于关联函数的计算, 原则上均不涉及任何实际发生的塌缩过程. 从这个意义上讲, 类空点间关联函数不为零, 只是代表了量子力学中存在非定域性, 从逻辑上无法推断这就是超光速的 "超距作用".

表 7.6　二自旋贝尔态上 σ_x 和 σ_z 的关联测量结果

测量方式	测量结果	
测自旋 1 的 σ_z	↑	↓
塌缩后状态	$\lvert\uparrow,\downarrow\rangle$	$\lvert\downarrow,\uparrow\rangle$
测自旋 2 的 σ_z	↓	↑
测自旋 1 的 σ_x	←	→
塌缩后状态	$\lvert\leftarrow,\rightarrow\rangle$	$\lvert\rightarrow,\leftarrow\rangle$
测自旋 2 的 σ_x	→	←

最后我们指出, 摒弃波包塌缩假设, 虽然使得人们无法通过类空距离上的遥测来确定 "物理实在", 但却可以避免物理实在依赖观察者的主观主义, 从而维护量子力学的内在自洽性. 从量子力学完备性的角度讲, 不采用波包塌缩的假设, 就不能由粒子 1 的测量结果以 1 的概率准确获得粒子 2 的知识, 物理实在的要素被大大缩减了, 可能不太 "完备" 了. 然而, 在这种情况下, 虽然付出的代价是承认量子力学理论的物理实在要素数目少于对应的经典物理实在要素的数目, 但前面与狭义相对论的矛盾却被彻底克服了, 理论的自洽性也得到了保障, 从而类空距离上量子关联函数非零且可突破贝尔不等式限制的量子特性被明确地凸显出来, 导致了关于检验量子力学适用性的基础物理实验 —— 贝尔实验.

习　题

1. 在系统和仪器之间, 什么样的相互作用会导致代表预测量的量子纠缠呢? 一般说来, 要求演化矩阵具有形式

$$\widehat{U}(t)=\sum_n \mathrm{e}^{-\mathrm{i}E_n t}|n,d_n\rangle\langle n,d_n|\otimes\widehat{U}_n(t),$$

其中 $\widehat{U}_n(t)$ 是作用在外部空间上的有效演化矩阵, 它把 $|e\rangle$ 演化成 $|e_n\rangle$. 待测的可观测量 $\widehat{A}$ 在演化的过程中是不变的, 是一个守恒量. 可以断定, 量子系统加上仪器

的总哈密顿量的形式必为

$$\widehat{H} = \widehat{H}_{\mathrm{S}} + \widehat{H}_{\mathrm{I}} + \widehat{H}_e + \widehat{H}_d = \widehat{H}_0 \otimes \widehat{I} + \sum_n |n\rangle\langle n|\widehat{H}_n,$$

其中 $\widehat{H}_{\mathrm{S}}, \widehat{H}_{\mathrm{I}}, \widehat{H}_e, \widehat{H}_d$ 分别代表系统、相互作用、环境和仪器哈密顿量,

$$\widehat{H}_0 = \widehat{H}_{\mathrm{S}} + \widehat{H}_d = \sum_n E_n |n, d_n\rangle\langle n, d_n|,$$

$$\widehat{H}_n = \widehat{U}_n(t)^{-1}\mathrm{i}\frac{\partial}{\partial t}\widehat{U}_n(t),$$

$$\widehat{H}_{\mathrm{I}} = \sum_n \widehat{V}_n(x)|n, d_n\rangle\langle n, d_n|, \quad \widehat{V}_n = (\widehat{H}_n - \widehat{H}_e).$$

很明显, $\widehat{H}$ 满足所谓的量子非破坏测量条件:

$$[\widehat{H}_0, \widehat{H}_{\mathrm{I}}] = 0, \quad [\widehat{H}_e, \widehat{H}_{\mathrm{I}}] \neq 0.$$

在以上方程中, 第一式代表产生量子纠缠的相互作用, 它不影响系统的状态, 而第二式代表系统影响仪器的状态.

2. 如果系统初态为 $|\phi(0)\rangle = \sum_n c_n|n\rangle$, 仪器的初态为 $|d\rangle$, 试计算该系统在 t 时刻的波函数.

参 考 文 献

海森伯, 2017. 量子论的物理原理. 王正行, 李绍光, 张虞, 译. 北京: 高等教育出版社.

何祚庥, 1993. 物理, 22(7): 419.

喀兴林, 1999. 高等量子力学. 北京: 高等教育出版社.

卡西第, 2002. 海森伯传. 戈革, 译. 北京: 商务印书馆.

克劳, 2009. 狄拉克: 科学和人生. 肖明, 龙芸, 刘丹, 译. 长沙: 湖南科学技术出版社.

派斯, 2001. 尼耳斯·玻尔传. 戈革, 译. 北京: 商务印书馆.

派斯, 2002. 基本粒子物理学史. 关洪, 杨建邺, 王自华, 等译. 武汉: 武汉出版社.

彭桓武, 2001. 物理, 30(5): 267.

彭桓武, 徐锡申, 1998. 理论物理基础. 北京: 北京大学出版社.

孙昌璞, 2000. 物理, 29(08): 457.

孙昌璞, 2001. 物理, 30(05): 310.

孙昌璞, 葛墨林, 2022. 经典杨–米尔斯场理论. 北京: 高等教育出版社.

孙昌璞, 全海涛, 2013. 物理, 42(11): 756.

孙昌璞, 衣学喜, 周端陆, 郁司夏, 2000. 量子退相干问题//曾谨言, 裴寿镛. 量子力学新进展: 第一辑. 北京: 北京大学出版社.

汪克林, 曹则贤, 2014. 物理, 43(6): 381.

温伯格, 2016. https://new.huanqiukexue.com/a/qianyan/tianwen_wuli/2016/1123/26804.html.

吴大猷, 1983a. 理论物理 (第六册): 量子力学 (甲部). 北京: 科学出版社.

吴大猷, 1983b. 理论物理 (第七册): 量子力学 (乙部). 北京: 科学出版社.

吴兆颜, 2008. 高等量子力学. 长春: 吉林大学出版社.

曾谨言, 2013. 量子力学: 卷 I. 5 版. 北京: 科学出版社.

曾谨言, 2014. 量子力学: 卷 II. 5 版. 北京: 科学出版社.

邹鹏程, 2003. 量子力学. 2 版. 北京: 高等教育出版社.

Adler S L, 2004. Quantum Theory as an Emergent Phenomenon: The Statistical Mechanics of Matrix Models as the Precursor of Quantum Field Theory. Cambridge University Press.

Ai Q, Xu D Z, Yi S, et al., 2013. Scientific Reports, 3: 1752.

Bell J S, 1975. Hev. Phys. Acta, 48: 93.

Bohm D, 1951. Quantum Theory. Prentice-Hall Inc.

Bohm D, 1952. Phys. Rev., 85(2): 180.

Born M, 1924. Z. Physik, 26: 379.

Born M, 1926. Z. Physik, 37: 863; Z. Physik, 38: 803.

Born M and Einstein A, 1971. Born-Einstein Letters: Friendship, Politics and Physics in Uncertain Times. Macmillan Press.

Born M, Heisenberg W, and Jordan P, 1926. Z. Physik, 35: 557.

Born M and Jordan P, 1925. Z. Physik, 34: 858.

Brune M, Hagley E, Dreyer J, et al., 1996. Phys. Rev. Lett., 77: 4887.

Byrne P, 2010. The Many Worlds of Hugh Everett III: Multiple Universes, Mutual Assured Destruction, and the Meltdown of a Nuclear Family. Oxford University Press.

DeWitt B and Graham N, 1973. The Many-Worlds Interpretation of Quantum Mechanics. Princeton University Press.

Dirac P A M, 1925. Proc. Roy. Soc. (London) A, 109: 642.

Dirac P A M, 1947. The Principles of Quantum Mechanics. 3rd ed. Oxford University Press.

Eckart C, 1926a. Proc. Natl. Acad. Sci. USA, 12: 684.

Eckart C, 1926b. Phys. Rev., 28: 711.

Everett H, 1957. Rev. Mod. Phys., 29(3): 454.

Gell-Mann M and Hartle J B, 1990. Quantum Mechanics in the Light of Quantum Cosmology//Zurek W. Complexity, Entropy, and the Physics of Information. Addison-Wesley.

Gell-Mann M and Hartle J B, 1993. Phys. Rev. D, 47(8): 3345.

Ghirardi G C, Rimini A, and Weber T, 1985. A Model for a Unified Quantum Description of Macroscopic and Microscopic Systems//Accardil, et al. Quantum Probability and Applications. Springer.

Ghirardi G C, Rimini A, and Weber T, 1986. Phys. Rev. D, 34: 470.

Griffiths R B, 1984. Journal of Statistical Physics, 36(1-2): 219.

Griffiths R B, 2003. Consistent Quantum Theory. Cambridge University Press.

Harrington P M, Monroe J T, and Murch K W, 2017. Phys. Rev. Lett., 118: 240401.

Heisenberg W, 1925. Z. Physik, 33: 879.

Heisenberg W, 1932. Nobel Lectures in Physics. http://www.nobelprize.org/nobel prizes/ physics/laureates/1932/heisenberg-lecture.html.

Hepp K, 1972. Hev. Phys. Acta, 45: 237.

Jammer M, 1966. The Conceptual Development of Quantum Mechanics. MacGraw-Hill.

Jammer M, 1974. The Philosophy of Quantum Mechanics. John Wiley & Sons.

Jammer M and Merzbacher E, 1966. The Conceptual Development of Quantum Mechanics. McGraw-Hill.

Joos E, Zeh H D, 1985. Zeitschrift Für Physik B Condensed Matter, 59(2): 223.

Joos E, Zeh H D, Kiefer C, et al., 2003. Decoherence and the Appearance of a Classical World in Quantum Theory. Springer-Verlag.

Lehner C, 2012. The Everett Interpretation of Quantum Mechanics: Collected Works 1955— 1980 with Commentary. Princeton University Press.

Li S W, Cai C Y, Liu X F, and Sun C P, 2018. Found Phys., 48: 654.

Mermin N D, 2004. Physics Today, 57(5): 10.

Mott N F, 1978. Preface of *My Life* by Max Born. Taylor & Francis.

Mott N F and Massey D S, 1987. Theory of Atomic Collisions. Oxford University Press.

Nakazato H and Pascazio S, 1993. Phys. Rev. Lett., 70: 1.

Namik M and Pascazio S, 1991. Phys. Rev. A, 44: 39.

Northey M and Mckibbin J, 2012. Many Worlds?: Everett, Quantum Theory, & Reality. Oxford University Press.

Ollivier H, Poulin D, and Zurek W H, 2004. Phys. Rev. Lett., 93(22): 220401.

Pauli W, 1926. Z. Physik, 36: 336.

Peres A, 1995. Quantum Theory: Concepts and Methods. Kluwer Academic Publishers.

Peres A, 2002. Stud. History Philos. Modern Physics, 33 (23): 407.

Sakurai J and Napolitano J, 2011. Modern Quantum Mechanics. 3rd ed. World Pub. Co.

Schiff L I, 2014. Quantum Mechanics. McGraw-Hill.

Schrödinger E, 1926a. Ann. Physik, 79: 361, 489, 734; 80: 437; 81: 109.

Schrödinger E, 1926b. Ann. D. Physik, 387: 734.

Sun C P, 1993. Phys. Rev. A, 48: 898.

Sun C P, Yi X X, and Liu X J, 1995. Fortschritte der Physik-Progress of Physics, 43: 585.

't Hooft G, 2007. Journal of Physics: Conference Series, 67: 012015.

Tipler F J, 2014. Proceedings of the National Academy of Sciences, 111(31): 11281.

von Neumann J, 1955. Mathematical Foundations of Quantum Mechanics. Princeton University Press.

Wallace D, 2014. The Emergent Multiverse: Quantum Theory acording to the Everett Interpretation. Oxford University Press.

Weinberg S, 2005. Physics Today, 58(11): 31.

Weinberg S, 2015. Lectures on Quantum Mechanics. 2nd ed. Cambridge University Press.

Xu D Z, Ai Q, and Sun C P, 2011. Phys. Rev. A, 83: 022107.

Zeh H D, 1970. Foundations of Physics, 1(1): 69.

Zheng W Q, Xu D Z, Peng X H, et al., 2013. Phys. Rev. A, 87: 032112.

Zurek W H, 1981. Phys. Rev. D, 24(6): 1516.

Zurek W H, 2003. Rev. Mod. Phys., 75: 715.

索　引